DATA COMMUNICATIONS AND COMPUTER NETWORKS

데이터 통신과 컴퓨터 네트워크

임효택 지음

홍릉과학출판사

PREFACE

이 책은 초판이었던 "컴퓨터 네트워크"의 개정판이다. 그동안 데이터 통신 및 컴퓨터 네트워크 분야에서도 많은 변화와 기술발전이 있어 왔기에 이에 대한 부분을 개정판에 포함하였다. 개정판은 초판의 뼈대는 유지하면서 기본 원리와 개념을 명확하게 설명하는데 중점을 두었고 세부내용은 최신 데이터를 반영하여 알기 쉽고도 꼼꼼하게 보강하였다. 이를 위해 내용을 알기 쉽게 이해할 수 있도록 다양한 그림과 예제를 추가하였다. 특히 3부의 네트워크 프로그래밍은 최근에 많이 사용하고 있는 Python 언어를 사용하여 예제 프로그램을 만들었고 초보자도 쉽게 따라갈 수 있도록 기초부터 프로토콜 응용까지 상세히 설명하였다.

이 책의 내용을 충분히 이해한다면 데이터 통신과 컴퓨터 네트워크에 관한 기본적인 개념, 프로토콜 그리고 프로그램으로 구현하는 기법을 익히게 된다. 따라서 좀 더 심도 있는 내용을 공부하기 위한 기반을 갖추게 될 것이라고 확신한다.

누구를 위한 책인가

이 책은 데이터통신 및 컴퓨터 네트워크의 분야에 대한 기본 개념과 프로토콜의 이해와 이를 기반으로 한 네트워크 프로그래밍 기법을 익히는 것이 목적이다. 따라서 컴퓨터공학과, 정보통신공학과, 전자공학과 등과 같이 컴퓨터 관련학과에 적합하며 한 학기 강의교재에 맞도록 이해하기 쉽게 구성하였다.

이 책의 구성요소

전체적인 구성은 다음과 같이 3부로 구성되어 있다.

PART 01 개념

제1장은 컴퓨터 네트워크의 기초적인 내용을 간단히 소개한다. 컴퓨터 네트워크가 정보화 사회에 미치는 영향, 컴퓨터 네트워크 구조, 표준화 관련 내용을 담았다.

제2장은 데이터 통신을 위한 기초적인 개념을 다룬다. 데이터 통신망, 통신코드, 전송 모드, 스위칭 기법 그리고 패리티코드, CRC, 해밍 코드와 같은 오류탐지 및 정정코드와 관련된 내용을 설명하였다.

제3장은 국제표준화기구에서 제정한 대표적인 통신프로토콜 표준인 OSI 7계층 참조모델과 현재 인터넷에서 사용되고 있는 TCP/IP 프로토콜 구조를 정리하였고 이들 두 프로토콜을 비교하였다.

PART 02 프로토콜

제4장은 LAN의 표준안 및 프로토콜 참조모델 등 개요부터 현재 널리 사용되어지고 있는 LAN 프로토콜인 IEEE 802.3(Ethernet), IEEE 802.4(Token bus)의 동작원리 및 특징을 다루고 있으며 무선 LAN, 고속 및 기가비트 이더넷 등의 고속 통신망을 설명한다.

제5장은 프로토콜 스택 중에서 네트워크 계층 관련 주제를 설명한다. IP 주소, 서브넷 개념 및 인터넷 계층에 속하는 IP, IPv6, ARP, ICMP 등의 프로토콜을 다루며 RIP와 같은 라우팅 프로토콜에 대하여 상세히 설명한다.

제6장은 프로토콜 스택 중에서 트랜스포트 관련 주제를 설명한다. Stop-and-Wait, Go-Back-N, Selective Repeat와 같은 오류제어 기법에 대하여 상세히 설명하며 인터넷의 트랜스포트 계층인 TCP 및 UDP을 상세히 다룬다.

제7장은 프로토콜 스택 중에서 응용계층 관련 주제를 설명한다. 이 장에서는 OSI 참조모델 및 인터넷의 응용 서비스들을 설명하며 특별히 인터넷의 HTTP, FTP, SMTP, DNS와 같은 응용계층 프로토콜들을 상세히 다룬다.

제8장은 OSI 참조모델 및 인터넷에서 사용되는 데이터의 압축기법과 보안기법에 대하여 알기 쉽게 설명한다.

PART 03 프로그래밍

제9장은 네트워크 프로그래밍을 위해 꼭 알아두어야 할 기초적인 내용인 TCP/IP 모델, IP 주소와 포트번호, 소켓과 Python 소켓 클래스 등을 포함하고 있다.

제10장은 PyCharm 통합 개발 환경을 이용하여 콘솔 응용 프로젝트를 만드는 방법을 다루고 있다. 그리고 Python socket 클래스를 이용하여 클라이언트와 서버 소켓 프로그램을 만드는 방법과 프로그램의 추적과 디버깅 및 실행을 다룬다.

제11장과 12장은 각각 TCP와 UDP 기반의 소켓 프로그래밍에 관한 부분을 상세히 다루고 있다.

제13장은 널리 사용되는 네트워크 서비스인 웹 서버, 이메일 서버, 파일 서버에 접속하는 간단한 클라이언트 프로그램을 Python으로 만드는 방법을 설명한다.

강의 계획표

제1~10장은 데이터 통신과 컴퓨터 네트워크의 기본 개념을 확실히 다지는데 초점을 두었고 제 11장~13장은 수강학생의 수준과 진도에 따라 선별하여 추가할 수 있다.

주차	교재	주제
1	1장	네트워크 기초
2	2장	데이터 통신
3	2장	데이터 통신
4	3장	OSI 참조모델과 인터넷 구조
5	4장	데이터링크 계층과 LAN
6	5장	네트워크 계층과 라우팅
7	5장	네트워크 계층과 라우팅
8	중간 고사	
9	6장	트랜스포트 계층
10	6장	트랜스포트 계층
11	7장	응용 계층
12	7장	응용 계층
13	8장	데이터 압축과 보안
14	9장, 10장	네트워크 프로그래밍 기초, 소켓 프로그래밍
15	11장, 12장, 13장(선택)	TCP소켓, UDP소켓, 네트워크 프로토콜
16	기말 고사	

예제 소스

3부의 프로그래밍에서 사용된 예제 소스는 아래 URL에서 내려 받을 수 있다.

http://kowon.dongseo.ac.kr/~htlim/netbook

강의 보조자료

교수자를 위해 필요한 강의 보조 자료들은 홍릉과학출판사 웹 페이지를 통하여 이용할 수 있으며 URL은 아래와 같다.

http://www.hongpub.co.kr/

감사의 글

이 책을 출간하면서 정성스럽게 원고를 교정하고 편집해준 홍릉과학출판사 편집부 관계자에게 특별한 고마움을 전한다. 또한 원고 정리를 위해 애써 준 동서대학교의 조셉 위탄토 학생에게도 고마운 마음을 전한다. 끝으로 부족한 부분이 많은 책이지만 독자들의 정성 어린 조언과 의견을 받아들여 앞으로도 지속적인 수정 및 보완에 힘쓸 것을 약속드리는 바이다.

2019년 1월

저자 씀

CONTENTS

PART 1 개념

CHAPTER 01 네트워크 기초

CHAPTER 02 데이터 통신

CHAPTER 03 OSI 참조모델과 인터넷 프로토콜 구조

PART 2
프로토콜

CHAPTER 04 데이터링크 계층과 LAN

CHAPTER 05 네트워크 계층과 라우팅

CHAPTER 06 트랜스포트 계층

CHAPTER 07 응용 계층

CHAPTER 08 데이터 압축과 암호화

PART 3 프로그래밍

CHAPTER 09 네트워크 프로그래밍 기초

CHAPTER 10 소켓 프로그래밍

APPENDIX

Wireshark 소개

PART 1

개념

01. 네트워크 기초

02. 데이터 통신

03. OSI 참조모델과 인터넷 프로토콜 구조

CHAPTER 01

네트워크 기초

1.1 | 개요

컴퓨터 통신 또는 **컴퓨터 네트워크**라는 용어는 정보화 사회에서 필연적인 도구로서 컴퓨터의 급격한 보급 확대 및 정보의 공유를 위해 생긴 새로운 용어이다. 현재 보급되어 있는 컴퓨터에 통신 기능을 부가하여 입력한 자료 또는 입력 후 가공 처리된 자료를 인터넷과 같은 통신망 등을 이용하여 원격지의 다른 컴퓨터나 호스트 컴퓨터로부터 정보를 송수신하는 행위라고 말할 수 있으며, 컴퓨터 통신 소프트웨어는 이러한 컴퓨터 통신을 가능하게 해주는 프로그램이라고 할 수 있다.

개인용 컴퓨터의 고성능화, 기억장치의 대용량화, 응용 프로그램의 고급화 및 다양화 등의 기술적 진보와 대량 생산에 의한 가격 하락으로 컴퓨터 보급은 급속히 확산되고 있다. 컴퓨터 보급이 대중화됨에 따라 컴퓨터는 단순한 계산이나 문서 편집을 위한 단독적인 도구로서 뿐만 아니라 컴퓨터에 통신 기능을 부가하여 누군가와 정보를 주고받을 필요성이 자연적으로 발생하게 되었다. 이에 따라 새로운 서비스가 나타나게 되었고 이용자가 늘어남에 따라 보다 나은 서비스를 위한 하드웨어 및 소프트웨어가 개발되면서 컴퓨터 통신이 발전을 거듭하게 되었다.

사용자는 컴퓨터 통신을 이용하여 통신 서비스(전자메일, 웹 서비스, 화상회의 등), 거래 처리 서비스(홈뱅킹, 온라인 쇼핑, 주식매매 등), 정보검색 서비스(뉴스, 통계 정보 서비스 등)를 활용할 수 있다. 이렇듯, 시간과 노력을 절약하면서도 업무의 생산성을 높일 수 있다는 점이 컴퓨터 통신의 가장 큰 장점이라고 할 수 있다.

정보화 사회란 산업화 사회가 어느 수준 이상으로 발전된 기반 위에서 컴퓨터와 통신을 매개로 한 정보산업이 중심이 되어 이들에 의해 생산되는 정보가 사회 전반에 걸쳐 경제적인 부가가치를 창출해 내는 사회라고 할 수 있다.

1.2 | 컴퓨터 네트워크 기초 용어

- **컴퓨터 네트워크(Computer Network)**: 컴퓨터 네트워크는 전송 매체를 매개로 서로 연결되어 데이터를 공유하고 교환하는 컴퓨터 또는 시스템의 모음이다.
- **인터넷(Internet)**: 인터넷은 대표적인 컴퓨터 네트워크로서 정보를 공유하고 교환하기 위해 전 세계적으로 연결되어 있는 국제적인 통신망이다. 인터넷은 정보 공유를 목적으로 1960년대 ARPANET이라는 이름으로 탄생되었으며 대표적으로 사용되는 프로토콜은 TCP와 IP 프로토콜이다.
- **프로토콜(Protocol)**: 전송 매체를 통해 서로 연결된 시스템끼리 정보교환을 위해 필요한 통신 규약을 말한다. 통신 규약에는 쌍방 간에 교환되는 메시지 형식과 수행해야 할 행위 등을 정의한다. 프로토콜의 예로, HTTP, TCP, IP 등을 들 수 있다.
- **노드(Node)**: 노드는 컴퓨터 네트워크에 연결된 컴퓨터 또는 네트워크 장비를 일반화한 용어이며 네트워크 장비에는 라우터 또는 스위치 등이 포함된다. 네트워크 장비 측면에서 노드는 보통 부분적인 통신구조를 가진다. 예를 들어 라우터는 물리계층에서 네트워크 계층까지를 포함하며 응용계층을 포함하지 않는다.
- **호스트(Host)**: 사용자의 요청을 처리하는 컴퓨터를 일반화 한 용어이며 호스트는 노드의 일부분이다. 통신구조 측면에서 호스트는 물리계층부터 응용계층까지 모든 계층을 포함하는 완전한 통신구조를 가진다.
- **클라이언트(Client), 서버(Server)**: 클라이언트는 서비스를 요청하는 호스트이고, 서버는 서비스 요청을 받아 서비스를 제공하는 호스트이다. 호스트는 다양한 서비스를 상호작용으로 주고받는다. 따라서 임의의 호스트는 클라이언트가 될 수도 있고 서버가 될 수도 있다. 따라서 어떤 호스트에서 대해서는 클라이언트가 될 수 있고 다른 호스트에 대해서는 서버가 될 수도 있다.
- **네트워크 인터페이스(Interface)**: 네트워크 인터페이스는 호스트와 컴퓨터 네트워크의 연결 지점을 말하며 보통 네트워크 인터페이스 카드(NIC)라고 말한다. 하지만 반드시 하드웨어일 필요는 없으며 소프트웨어로도 구현이 가능하다.
- **전송 매체(Transmission Medium)**: 전송 매체는 데이터를 전송하기 위해 송신측 호스트와 수신측 호스트 사이를 상호 연결하는 물리적인 선로를 말한다. 전송 매체는 유선(Wired) 전송 매체와 무선(Wireless) 전송 매체로 구분할 수 있으며 각 매체에는 전송지연, 대역폭 등 고유한 특성이 있다.

- **채널(Channel):** 채널은 유선과 같은 전송매체 또는 무선(Radio) 채널과 같이 다중화(Multiplexing)된 매체에서 하나의 논리적 연결(Logical Connection)을 말한다. 채널은 송신측에서 수신측으로 데이터 또는 신호를 전송하기 위해 사용되며 채널의 전송 용량은 bps(bit per second) 단위의 전송률 또는 Hz 단위의 대역폭(Bandwidth)으로 표시한다.

1.3 | 컴퓨터 통신구조

두 호스트가 데이터를 성공적으로 교환하기 위해서는 상호 간에 협약된 일종의 규약, 즉 프로토콜이 있어야 한다.

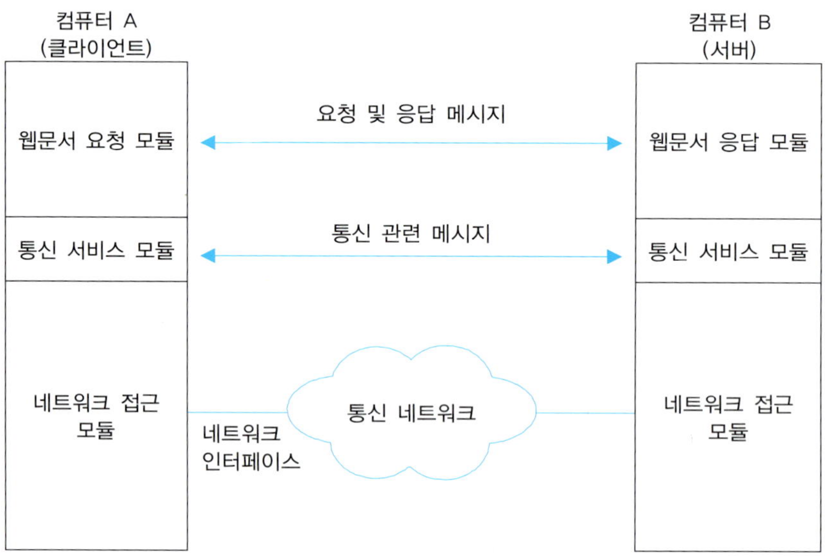

그림 1.1 **웹 서비스를 위한 간단한 통신구조**

[그림 1.1]은 컴퓨터 네트워크 서비스의 예로 자주 사용하는 웹 서비스를 위해 필요한 간단한 통신구조를 보여주고 있다. 이 통신구조는 세 개의 모듈이 사용되며 이는 두 호스트간에 데이터를 교환하기 위해 하나의 모듈로 처리하기에는 너무 복잡하기 때문이다.

클라이언트(컴퓨터 A)는 서버(컴퓨터 B)에 "연결 요청"을 보내고 응답을 기다린다. 대응되는 서버는 연결 요청을 받게 되고 "연결 응답" 메시지를 보낸다. 이때 웹 문서를 요청하는 것이 문제없다는 것을 알게 된 클라이언트는 웹 페이지의 이름을 GET 명령에 포함하여 서버로 보낸다. 마침내 서버는 웹 문서의 내용을 클라이언트로 보내고 클라이언트는 화면에 웹 페이지를 출력한다.

가장 위 계층에 있는 요청 모듈과 응답 모듈은 클라이언트와 서버 간에 웹 문서를 요청하고 응답하는 일을 담당하는 모듈이며 아래 계층인 통신 서비스 모듈을 이용하여 데이터를 교환한다. 또한 통신 서비스 모듈은 네트워크를 통해 실제 데이터 전송을 위해 아래 계층의 네트워크 접근 모듈을 이용한다.

이렇게 하나의 큰 모듈로 구현하는 것 보다 기능별로 통신 기능을 갖는 모듈들로 하나의 통신구조를 이루고 있으며, 이러한 구조를 **컴퓨터 통신구조(Communication Architecture)**라 한다. 위에서 살펴본 바와 같이 컴퓨터 통신구조는 계층화(Layering)되어 있으며 곧바로 이해하기는 힘들 수 있다. 이러한 계층화 개념은 인터넷에서 사용하는 프로토콜 등을 뒷장에서 상세히 다루게 되며 명확하게 이해할 수 있을 것이다.

현재 가장 널리 이용되고 있는 컴퓨터 통신구조로는 ISO(International Standard Organization)의 OSI(Open System Interconnection) 7계층 구조와 인터넷의 프로토콜 구조가 대표적이다. 이에 대해서는 뒷장에서 자세히 다루기로 하겠다.

1.4 | 컴퓨터 네트워크의 장점

컴퓨터 네트워크를 통해 얻는 장점은 크게 두 가지 부류, 즉 연결(Connectivity)과 공유(Sharing)로 구분해 볼 수 있다. 사용자는 컴퓨터 네트워크를 통해 서로 연결되어 여러 가지 방면으로 협업이 가능하다. 이러한 연결과 공유를 통해 현대 사회에서의 업무는 보다 효율적이고 성과도 향상된다. 이러한 면이 컴퓨터 네트워크가 왜 가치 있는지를 나타내고 있다.

컴퓨터 네트워크를 통해 얻을 수 있는 몇 가지 장점을 열거하면 다음과 같다.

연결과 통신

사무실이나 빌딩 내에 있는 사용자는 LAN(Local Area Network) 통해 서로 연결된다. 이러한 규모의 LAN은 보다 큰 규모의 WAN(Wide Area Network)에 연결되어 원격의 사용자와 서로 통신을 할 수 있다. 이러한 연결과 통신을 통해 네트워크를 사용하지 않을 때 보다 쉽고 효율적으로 정보를 전송할 수 있다.

데이터 공유

데이터 공유는 컴퓨터 네트워크를 사용하는 가장 중요한 이유 중의 하나이다. 네트워크를 사용하기 전에는 데이터를 공유하기 위해 플로피 디스크(Floppy disk)와 같은 장치에 복사해서 상대에게 전달하는 불편함이 있었다. 컴퓨터 네트워크는 이러한 데이터 공유를 보다 쉽고 빠르게 한다.

하드웨어 공유

네트워크를 통해 하드웨어 장치를 공유할 수 있다. 예를 들어 빌딩 내에 있는 10명의 직원에게 프린터를 주는 것 보다 직원 모두가 사용할 수 있도록 프린터를 공유할 수 있다. 이러한 하드웨어 공유를 통해 경비를 절감할 수 있다.

데이터 보안과 관리

관리자는 중요 데이터를 네트워크에 연결된 서버에 정기적으로 저장하고 누가 이러한 정보를 읽고 수정할 수 있는 있는지를 관리할 수 있다.

성능 개선

처리해야 할 업무를 네트워크에 연결되어 있는 여러 컴퓨터에 분산하여 동시에 처리하도록 함으로서 성능을 향상시킬 수 있다.

컴퓨터 네트워크는 여러 가지 장점을 제공하지만 단점도 있다. 비용적인 측면에서 하드웨어, 소프트웨어 및 설치 비용, 유지 및 관리 비용 등이 필요하다. 또한 중요 데이터를 위한 보안 관리를 제대로 하지 못하면 해커나 승인되지 않은 불법 사용자에게 노출될 수 있는 위험성을 안고 있다.

1.5 | 표준화

표준화 필요성

최근 정보통신 기술의 발전은 수년 전만 하더라도 상상하기 힘들 정도로 빠른 속도로 이뤄지고 있으며, 이용자 요구사항을 충족시켜 주는 서비스도 다양하게 그리고 급속도로 변화해가고 있다. 정보통신 표준이란 궁극적으로 정보통신망 및 정보통신 서비스를 제공하거나 이용하는 데 필요한 정보통신 시스템 간에 미리 합의된 규약의 집합이라 볼 수 있으며, 이러한 정보통신 시스템 간의 프로토콜을 정립하는 활동을 **표준화**라고 한다. 그리고 표준화란 한마디로 표준을 설정하고 이것을 활용하는 조직적인 행위라 볼 수 있으며, 이는 정보통신 분야에 있어서 공통성, 통일성, 호환성 등을 확보하기 위한 일반적 요구사항이라고 볼 수 있다.

정보통신의 효율적인 운용성을 확보하기 위해서는 통신망 상호 간, 통신망과 단말 시스템 간, 또는 단말기기 시스템 상호 간의 호환성을 갖는 통신을 확보하는 것이 필수적이다. 이러한 표준화를 통해 사용자의 편리성 확보, 표준화된 정보통신 시스템의 원활한 구축은 국제 경쟁력 강화를 위한 필수적인 수단이다.

표준화 기구

다음은 정보통신 표준화 분야에서 핵심적인 역할을 수행하고 있는 국제 표준화 기구들을 보여주고 있다.

ISO(International Organization for Standards, www.iso.org)

ISO는 1947년에 창설되어 물질과 서비스 등의 국제적인 교류를 용이하게 하고 과학기술 활동, 경제 활동 등 각 분야에서 국제적인 협력을 증진시키기 위하여 공업규격의 국제적인 통일과 조정을 목적으로 설립된 기관이다. 또한, 이 기구는 세계 각국의 공업표준화 기관이 그 나라를 대표하여 가맹하여 구성되었으며 우리나라는 1963년 6월에 정식으로 가입하였다.

ISO의 표준화 작업의 추진을 해당 분야의 전문위원회(TC: Technical Committee)가 있어 그 소관 업무를 관장하며 이 위원회가 OSI 모델을 설계하였으며 이 모델 각 계층에서의 프로토콜을 표준화하였다. 네트워크 구조의 표준화는 TC 97 전문위원회가 중심이 되어 수행하고 있다. 이 TC 97은 1960년에 설립되어 지금까지 정보 교환용 부호, 기본형 전송제어 절차 등의 ISO 권고를 만들었으며 정보통신의 표준화를 도모하였다. 또한, OSI의 기본 개념인 개방형 시스템 간 상호 접속을 위한 참조모델을 표준화하여 이를 기초로 필요한 프로토콜의 표준화를 작성하였으며 7계층과 각 계층 간의 기능 분담이 확정되었다.

ITU-T(International Telecommunication Union-Telecommunication, www.itu.int)

ITU의 상설기관으로 전기통신(Telecommunication) 국제 표준에 대한 연구 및 표준화를 수행하는 기관으로 1993년 이전에는 CCITT라는 이름을 사용하였다. ITU-T가 만들어 내는 국제 표준들은 "권고(Recommendation)"라고 불리며 국제법의 일부로 채택되었을 경우에 의무 사항임을 알려 준다. ITU-T 산하의 11개 연구 그룹(SG; Study Group)에서 표준화 작업을 수행하고 있으며 최근에는 협력을 통한 표준화의 필요성이 증대됨에 따라 연구그룹 간 긴밀한 협력을 통하여 이에 대한 활발한 표준화 활동이 이루어지고 있다.

ANSI(American National Standards Institute, www.ansi.org)

ANSI는 미국의 국립표준협회로서 1918년에 창설되었으나 1969년에 현재의 구조와 이름을 갖게 되었다. 정보통신 표준화의 중요성이 부각되어 1984년 정보통신 표준화를 전담하는 T1 위원회가 산하에 설치되어 국제 표준제정기구와의 협력을 강화하고 정보통신 기기 제조자와 정보통신 사업자 간의 상호 접속과 운용성 확보를 위한 국가 차원의 정보통신 표준화를 적극 추진하고 있다. ASCII(American Standard Code for Information Interchange) 코드와 SCSI(Small Computer System Interface) 표준이 ANSI에서 제정되었다.

EIA(Electronic Industries Association, www.eia.org)

전자공업협회는 1924년에 RMA(Radio Manufacturers Association)로 창설되었으나 그 후 EIA로 개편되었고 이는 미국의 전자공업 관련 기업체의 협의체를 말한다.

TIA(Telecommunications Industries Association, www.tiaonline.org)

TIA는 EIA의 통신 부분에 관한 표준화를 맡고 있다. 통신(Communication), 케이블(Wiring) 및 전송(transmission)은 서로 관련이 되고, TIA와 EIA 또한 서로 관련이 되기 때문에 EIA 또는 TIA가 제정한 표준은 보통 "EIA/TIA"로 시작한다. 예를 들어, 최근 이더넷 케이블로 사용되는 UTP(Unshielded Twisted Pair)와 STP(Shielded Twisted Pair)의 표준은 각각 EIA/TIA 568A와 EIA/TIA 568B이다.

IEEE(Institute of Electrical and Electronics Engineers, www.ieee.org)

전기/전자, 컴퓨터 및 통신 분야의 표준을 제정하는 학계 및 전문가의 모임으로서 기본적으로 OSI의 계층 1과 2에 관심을 두고 있다. 다음은 가장 많이 알려진 IEEE 표준 중 일부를 보여주고 있다.

- IEEE 802.1(LAN/MAN)
- IEEE 802.3(Ethernet)

- IEEE 802.5(Token Ring)
- IEEE 802.11(Wireless LAN)

ETSI(European Telecommunications Standards Institute, www.etsi.org)

1988년 유럽공동체(EC) 집행위원회의 결정에 의해 전기통신 분야의 단일 유럽표준 제정을 촉진하기 위해 설립된 비영리 기구이다. ETSI는 전기통신 분야뿐만 아니라 전기통신과 정보기술의 공통 분야, 전기 통신과 방송의 공통 분야에서 유럽 통신표준을 제정하고 있다

IETF(Internet Engineering Task Force, www.ietf.org)

인터넷 표준규격을 개발하고 있는 미국 IAB(Internet Architecture Board) 산하의 조사위원회로서 1986년 1월에 설립되었다. 주요 업무로는 인터넷 표준규격을 제정하는 것이며 인터넷 상에서의 여러 문제들을 해결하기 위해 엔지니어들과 프로그래머들이 상호 협의하는 포럼을 개최하고 있기도 하다. IETF에서 만든 표준은 RFC(Request For Comments)로 시작한다.

연습문제

1.1 데이터 통신과 컴퓨터 네트워킹을 위한 표준을 만든 주된 국제 표준 기관들을 나열하시오.

1.2 프로토콜이란 무엇이며, 왜 필요한지 설명하시오.

1.3 다음 용어를 설명하시오.

1) 노드

2) 호스트

3) 네트워크 인터페이스

1.4 컴퓨터 네트워크를 통해 얻을 수 있는 장점에 대하여 간단히 설명하시오.

CHAPTER 02

데이터 통신

2.1 | 데이터 통신망

데이터 통신망은 정보통신망의 가장 광범위한 의미를 지니며 넓은 의미에서 정보통신망과 유사 개념으로 간주될 수 있다. 데이터 통신은 호스트 간에 직접적으로 점-대-점(Point-to-point) 연결을 통해 이루어져 왔으나 실용적이지 못해 통신망을 통한 데이터 통신으로 발전하였다.

점-대-점 통신

가장 단순한 형태의 데이터 통신은 [그림 2.1]과 같이 전송매체를 통해 점-대-점 형태로 직접 연결되어 있는 두 호스트 간에 이루어진다. 하지만 두 개의 호스트 사이를 직접 점-대-점 방식으로 연결하는 것은 비실용적이며 이는 다음과 같은 상황을 야기시킬 수 있다.

- 두 개의 호스트가 지리적으로 매우 멀리 떨어져 있을 경우 호스트 간에 전용 회선을 설치하려면 상당한 비용을 감수해야 한다.

그림 2.1 간단한 점-대-점 연결

- 여러 개의 호스트가 존재하고 서로 1:1로 통신하고자 할 때 전송매체 설치 비용이 급속도로 증가할 것이다. 예를 들어 호스트의 수를 N으로 가정할 때 필요한 전송매체의 수는 $N \cdot (N-1)/2$가 된다. [그림 2.2]는 점-대-점 방식에서 필요한 전송매체의 수를 예를 들어 보여주고 있다. 따라서 호스트를 새로 추가할 경우 회선 비용이 만만치 않아 실용적이지 못하다.

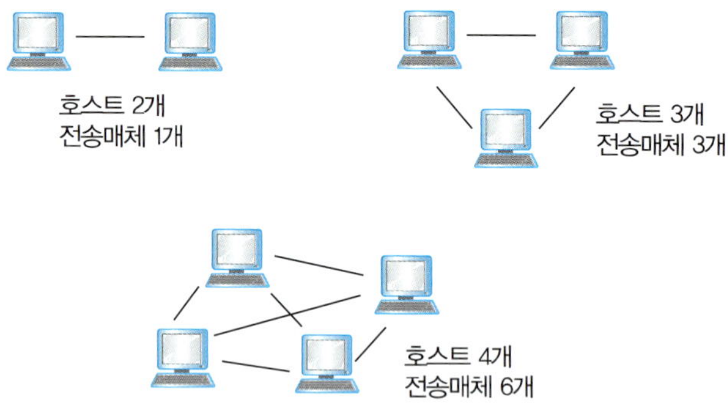

그림 2.2 **점-대-점 방식의 통신 예**

통신망 방식

이러한 문제의 해결 방안은 각 호스트를 통신망(Communication network)에 접속시키는 것이다. [그림 2.3]은 일반적인 방법으로 이 개념을 설명하고 있다. 상대방과 통신하려는 **호스트(Host)**는 컴퓨터, 스마트폰, 터미널 IP, 전화기 및 기타 통신 장치 등이 포함되며 각 호스트는 통신망의 **노드(Node)**에 연결된다. 통신망의 노드는 호스트의 데이터 통신이 가능하게 하는 통신망의 인터페이스이며 라우터(Router)가 대표적인 통신망 노드에 해당한다.

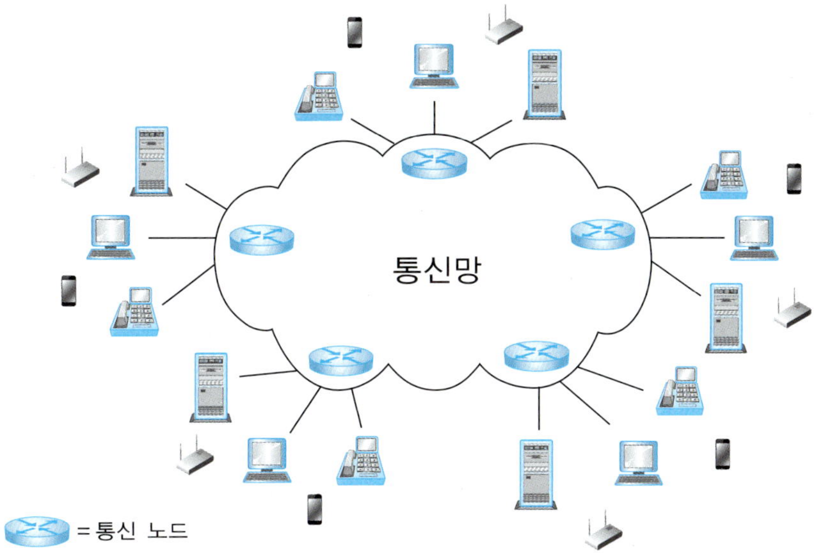

그림 2.3 **통신망을 통한 연결**

다음은 최근에 많이 사용하고 있는 통신망들을 설명하고 있다.

- 전화망(PSTN: Public Switched Telephone Network)

두 호스트 간에 지리적으로 멀리 떨어져 있어서 점-대-점 연결을 할 수 없는 경우 [그림 2.4]와 같이 모뎀과 전화망을 통해 데이터 통신을 할 수 있다. 전화망은 PSTN이라고도 하며 인터넷이 활성화되기 이전에 많이 사용하던 방식이다.

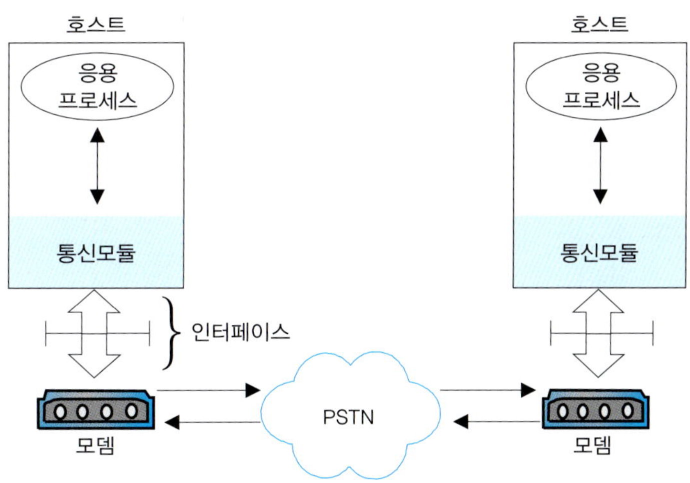

그림 2.4 **전화망을 이용한 통신**

LAN(Local Area Network)

건물 또는 학교 등과 같이 한정된 공간에 있는 컴퓨터들이 서로 통신을 하기 위해 연결한 통신망을 LAN이라고 한다. [그림 2.5]는 여러 개의 LAN이 인터넷에 연결되어 있는 예를 보여주고 있다.

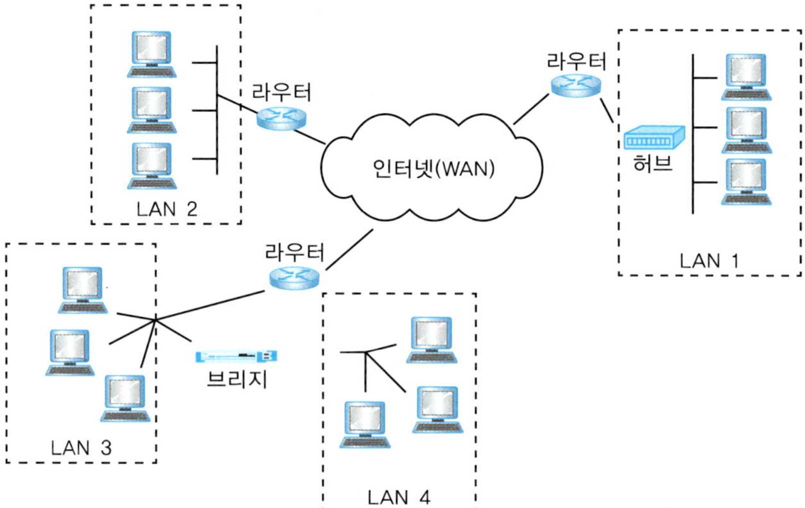

그림 2.5 **LAN 환경 하에서의 통신**

WAN(Wide Area Network)

컴퓨터가 도시 또는 국가와 같이 멀리 떨어져 있을 경우에는 역시 공용 통신망을 사용해야 하는데, 이러한 공용 통신망을 WAN이라 하며 대표적인 예로 인터넷을 들 수 있다. LAN은 WAN의 일부라고 볼 수 있다.

무선 네트워크(Wireless Network)

스마트폰과 같은 무선 단말기를 사용하여 무선 AP(Access Point)를 통해 인터넷에 연결하고 통신을 할 수 있는 네트워크를 말한다.

2.2 | 인코딩과 문자코드

2.2.1 인코딩(Encoding)

본 절에서 인코딩 용어는 디지털 데이터를 실제 전송매체를 통해 전송하기 위해 전송 신호로 인코딩하는 것을 말한다. [그림 2.6]은 전송매체를 통해 메시지를 전송하는 과정으로서, 송신측에서 메시지를 인코딩하고 수신측에서 디코딩하는 처리과정을 보여주고 있다.

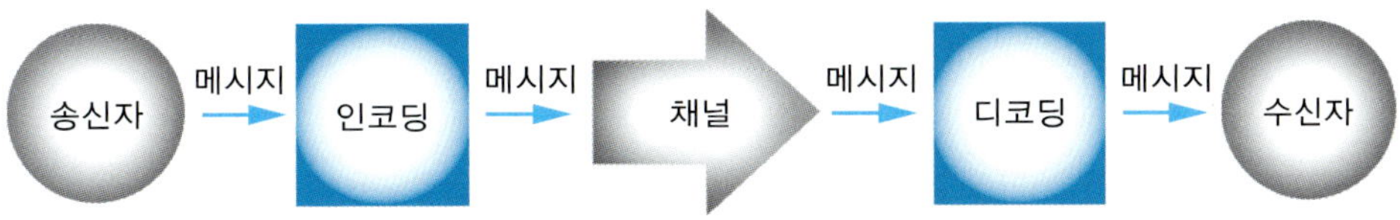

그림 2.6 통신에서의 인코딩과 디코딩

인코딩은 전송매체를 통과하기 위해서 전압값에 따라 비트 0과 1을 대응시키는 방식을 통해 이루어지는데, 대표적으로 NRZ(Non Return to Zero), RZ(Return to Zero), 맨체스터 인코딩(Manchester Encoding), 차등 맨체스터 인코딩(Differential Manchester Encoding) 등으로 구분된다.

이러한 디지털 데이터의 전송 신호화를 위한 인코딩은 다음과 같은 몇 가지 사항이 고려되어야 한다.

- 인코딩된 신호는 제한된 채널에서 보다 많은 양의 데이터를 전송하기 위해 될 수 있는 한 적은 대역폭을 가져야 한다.
- 송수신의 동기화를 쉽게 하기 위해서는 인코딩된 신호는 전압의 변화가 자주 일어나야 한다.
- 장거리 전송을 위해서 인코딩된 신호는 신호의 감쇠(Attenuation)가 작아야 한다. 또한, 디지털 인코딩 방식은 사용되는 전압값과 비트의 대응관계에 따라서 다음과 같이 세 가지 방식으로 나눌 수 있다.

단극형(Unipolar)

단극형 방식은 전압 값 0과 + 또는 − 값 중 하나만을 사용하여 사용 전압의 극성이 +나 −의 한쪽만 사용되는 방식을 말한다. 예를 들어, 비트 1을 +5V에 대응시키고, 비트 0을 0V에 대응시키면, +극만 사용한 단극형 인코딩이라고 한다.

- **극형(Polar)**

극형 방식은 + 전압 값에 비트 1을 대응시키고, − 전압 값에 0을 대응시키는 방식이다. 예를 들면, +5V에 비트 1을 대응시키고, −5V에 비트 0을 대응시키면, 극형 인코딩 방식이 된다.

- **양극형(Bipolar)**

양극형은 전압 값 0V와 + 전압, 그리고 − 전압을 모두 사용하는 방식으로, 0V에는 비트 0을 대응시키고, + 전압과 − 전압에는 교대로 비트 1을 대응시킨다.

이번 절에서 사용되는 다음의 NRZ, RZ, 맨체스터, 차등 맨체스터 인코딩의 예시에는 모두 극형 방식의 그림을 사용하였다.

NRZ(Non Return to Zero)

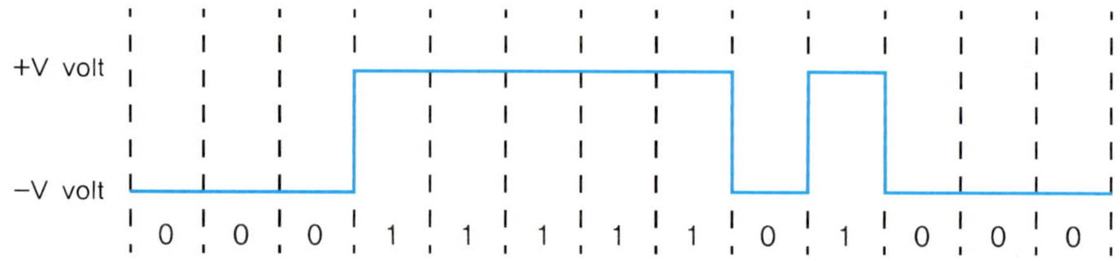

그림 2.7 NRZ

NRZ 방식은 인코딩 방법 중 초창기에 많이 사용되던 방법으로, 낮은 전압 값에 비트 0을 높은 전압 값에 비트 1을 대응시킨다. 이름 그대로 비트 하나를 전송하고도, 전압 0으로 돌아가지 않는 것이 NRZ의 특징이다.

[그림 2.7]에서 보는 것과 같이 NRZ는 직관적으로 이해하기가 가장 쉬운 형태이다. 하지만 그만큼 단점도 있다. 우선 자체 신호만으로는 **동기화(Synchronization)**에 어려움이 있다는 점과 비트 1이나 0이 계속적으로 반복되는 경우 수신측에서는 정확히 몇 개의 비트가 수신되었는지 알기 어려울 수 있다.

동기화(Synchronization)

송신측과 수신측 간에 정보를 보내는 송신 시점과 이를 받는 수신 시점을 약속하는 절차이다. 이는 다시 말해서 전송된 데이터의 시작과 끝의 구분이 가능하도록 하는 기능이다.

RZ(Return to Zero)

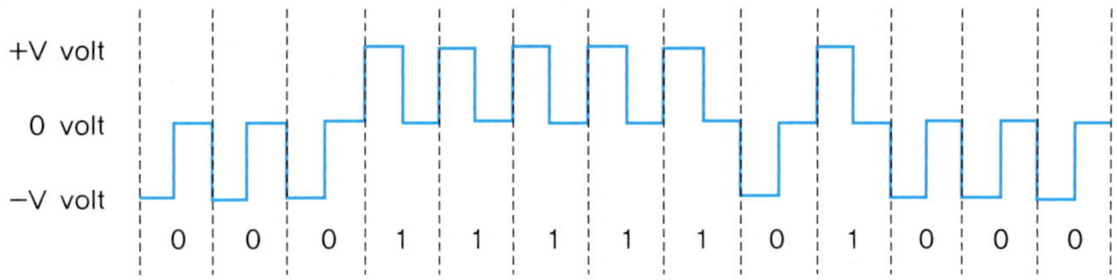

그림 2.8 RZ

RZ 방식은 이름 그대로 매 비트를 전송할 때 전압 0으로 계속 돌아가는 방식으로, 0V가 동기화 신호로 작용할 수 있다.

[그림 2.8]에서와 같이 각 비트 시간을 반으로 나누었을 때, 첫 번째의 절반 부분은 전송할 비트 값을 나타내는 전압 값이 되고, 두 번째의 절반 부분은 0V로 돌아간다. 따라서 NRZ보다는 동기화에 좀 더 유리하다.

맨체스터 인코딩(Manchester Encoding)

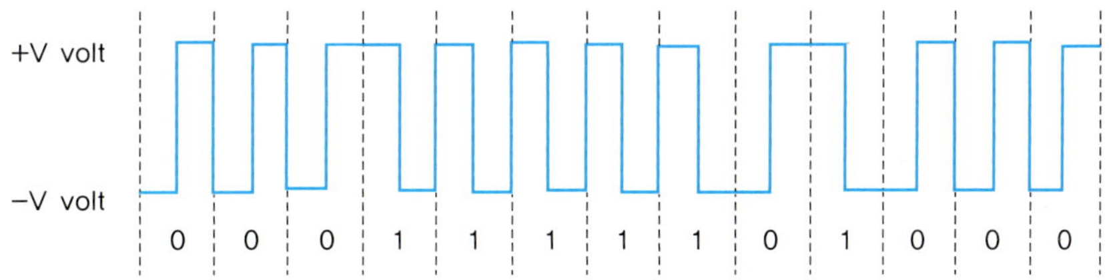

그림 2.9 맨체스터 인코딩

맨체스터 인코딩은 IEEE 802.3 이더넷(Ethernet)에서 사용되는 표준 디지털 인코딩 방식으로, 각 비트 시간을 반으로 나누었을 때 중간에서 항상 전압의 변화가 발생한다.

[그림 2.9]에서 보면, 비트 1은 비트 시간 한가운데에서의 전압 변화가 +V에서 −V로 변하는 것을 알 수 있고, 비트 0은 전압 변화가 −V에서 +V로 변하는 것을 알 수 있다. 맨체스터 부호화는 NRZ나 RZ에 비해서 복잡도가 증가하고 일반적으로 신호가 더 높은 주파수를 형성하며 전송 시에 더 큰 대역폭을 필요로 하지만, 동기화가 유리하고 약간의 오류검출 기능을 제공할 수 있다(각 비트에서 전압의 변화가 없는 경우 신호에 오류가 있음을 알 수 있다).

차등 맨체스터 인코딩(Differential Manchester Encoding)

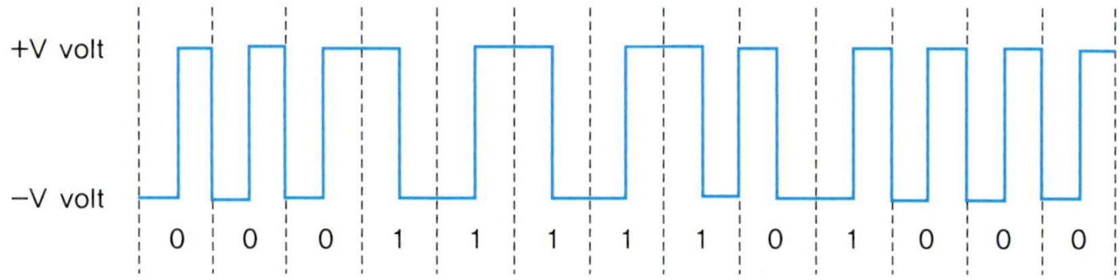

그림 2.10 **차등 맨체스터 인코딩**

차등 맨체스터 인코딩은 맨체스터 인코딩을 약간 변형한 형태로, 역시 비트 시간의 중앙에서 전압의 변화가 일어나는 것은 맨체스터 인코딩과 동일하다. 다른 점은 비트 0과 1에 대한 신호의 대응방법인데, 맨체스터 인코딩은 각 비트에 대하여 신호가 결정되지만, 차등 맨체스터 인코딩은 그렇지 않다.

[그림 2.10]을 보면, 각 비트와 비트 사이의 경계에서 전압 변화가 발생한 경우에는 뒤에 위치한 비트가 0임을 알 수 있다. 즉 앞의 신호가 어떻게 되었든 간에, 뒤에 오는 비트가 1이면, 비트 간의 경

비트 위치			7	0	0	0	0	1	1	1	1
			6	0	0	1	1	0	0	1	1
			5	0	1	0	1	0	1	0	1
4	3	2	1								
0	0	0	0	NUL	DLE	SP	0	@	P	₩	p
0	0	0	1	SOH	DC1	!	1	A	Q	a	q
0	0	1	0	STX	DC2	"	2	B	R	b	r
0	0	1	1	ETX	DC3	#	3	C	S	c	s
0	1	0	0	EOT	DC4	$	4	D	T	d	t
0	1	0	1	ENQ	NAK	%	5	E	U	e	u
0	1	1	0	ACK	SYN	&	6	F	V	f	v
0	1	1	1	BEL	ETB	'	7	G	W	g	w
1	0	0	0	BS	CAN	(	8	H	X	h	x
1	0	0	1	HT	EM	)	9	I	Y	i	y
1	0	1	0	LF	SUB	*	:	J	Z	j	z
1	0	1	1	VT	ESC	+	;	K	[	k	{
1	1	0	0	FF	FS	,	〈	L	₩	l	|
1	1	0	1	CR	GS	–	=	M	]	m	}
1	1	1	0	SO	RS	.	〉	N	^	n	~
1	1	1	1	SI	US	/	?	O	_	o	DEL

그림 2.11 **ASCII 코드**

계에서 전압 변화가 일어나지 않고, 뒤에 오는 비트가 0이면, 비트 간의 경계에서 항상 전압 변화가 발생한다. 따라서 차등 맨체스터 인코딩은 하나의 비트 시간만을 놓고 보면, 그 값이 0인지 1인지 구분할 수 없게 된다. 즉, 연속적인 신호가 있어야만 신호가 나타내는 비트 값을 알 수 있다는 점이 위에 설명한 다른 인코딩 방법과 구별되는 차등 맨체스터 인코딩의 특징이다.

차등 맨체스터 인코딩도 맨체스터 인코딩처럼 NRZ 인코딩이나, RZ 인코딩보다 더욱 큰 대역폭을 필요로 하고, 맨체스터 인코딩보다도 더 복잡한 구성으로 되어 있지만, 잡음에 대한 면역성이 더욱 뛰어나다. 차등 맨체스터 인코딩은 IEEE 802.5 토큰 패싱 링(Token passing ring) 방식에서 사용되는 디지털 인코딩 표준이다.

2.2.2 문자 코드

데이터를 교환하는데 있어서 가장 성가신 문제 중의 하나는 서로 다른 코드를 사용하는 호스트 간에 통신을 하는 것이다. 이는 서로 다른 언어를 사용하는 사람들끼리 의사소통하는 문제와 같다고 할 수 있다. 따라서 컴퓨터와 관련된 여러 장치들 간의 통신을 위해서는 어떤 표준화된 통신 코드가 존재하게 되었다. 물론 컴퓨터와 통신에 관련된 여러 회사들이 나름대로 자신들의 고유한 코드 체계를 사용하기도 하지만 어느 정도는 통일화된 상태라고 할 수 있다.

이와 관련하여 가장 널리 쓰이는 코드가 바로 ASCII 코드이다. 본 절에서는 일반적으로 널리 쓰이고 있는 코드들에 대해 간단히 알아보기로 한다.

ASCII(American Standard Code for Information Interchange) 코드

ASCII 코드는 ANSI 표준화 기구에서 제정했고 현재 거의 모든 컴퓨터에서 이 코드를 사용할 만큼 표준 코드 체계가 되었다. ASCII 코드는 [그림 2.11]에서 보는 바와 같이 각 문자를 7비트로 표현하므로 총 128($=2^7$)개의 문자를 표현할 수 있다.

ASCII로 128개의 문자까지만 표현할 수 있기 때문에 추가로 문자를 표현할 필요성이 있어 기존 7비트에 1비트를 추가하여 8비트를 사용한 코드가 정의되었다. 이런 코드를 확장(extended) ASCII코드라고 하는데, 256($=2^8$)개의 문자를 표현할 수 있다. 기존의 7비트 ASCII 코드에는 가장 왼쪽 비트에 0을 추가하여 8비트 형식이 되게 했다.

ASCII 코드에서 각 코드는 출력 가능한 코드와 출력이 불가한 코드로 분류할 수 있다. 출력 가능한 코드는 문자, 숫자, 콤마, 대괄호와 같은 문자들이며 출력이 불가한 코드는 LF(Line Feed)와 같이 키보드에 나타나 있지 않는 문자들이다.

실제로 ASCII 코드를 통해 어떻게 전송이 이루어지는지 알아보기 위해 컴퓨터가 16진수 표현으로 "4F6C640A0D"를 프린터로 전송한다고 가정하자. 프린터가 ASCII 코드를 받으면 각 코드를 분석하여 16진수 표현 4F, 6C, 64에 각각 대응하는 문자 o, l, d를 출력한다.

다음의 두 코드 0A와 0D는 출력 불가능 코드로서 코드표에서 보면 LF(Line Feed)와 CR(Carriage Return)을 나타내고 있다. 프린터가 0A를 받으면 아무 것도 출력하지 않고 다음 줄로 계속 진행하게 된다. 0D의 경우에는 다음 줄의 맨 왼쪽으로 커서를 움직이게 한다. 다시 말해 LF와 CR은 키보드의 엔터키(Enter 키)와 같은 의미이다.

비트 위치			4	0	0	0	0	0	0	0	0	1	1	1	1	1	1	1	1
			3	0	0	0	0	1	1	1	1	0	0	0	0	1	1	1	1
			2	0	0	1	1	0	0	1	1	0	0	1	1	0	0	1	1
			1	0	1	0	1	0	1	0	1	0	1	0	1	0	1	0	1
8	7	6	5																
0	0	0	0	NUL	SOH	STX	ETX	PF	HT	LC	DEL			SMM	VT	FF	CR	SO	SI
0	0	0	1	DLE	DC1	DC2	DC3	RES	NL	BS	IL	CAN	EM	CC		IFS	IGS	IRS	IUS
0	0	1	0	DS	SOS	FS		BYP	LF	EOB	PRE			SM			ENQ	ACK	BEL
0	0	1	1			SYN		PN	RS	UC	EOT					DC4	NAK		SUB
0	1	0	0	SP										¢	.	〈	(	+	|
0	1	0	1	&										!	$	*	)	;	¬
0	1	1	0	–	/										'	%	–	〉	?
0	1	1	1											:	#	@	,	=	"
1	0	0	0		a	b	c	d	e	f	g	h	i						
1	0	0	1		j	k	l	m	n	o	p	q	r						
1	0	1	0			s	t	u	v	w	x	y	z						
1	0	1	1																
1	1	0	0		A	B	C	D	E	F	G	H	I						
1	1	0	1		J	K	L	M	N	O	P	Q	R						
1	1	1	0			S	T	U	V	W	X	Y	Z						
1	1	1	1	0	1	2	3	4	5	6	7	8	9						□

그림 2.12 EBCDIC 코드

EBCDIC(Extended Binary Coded Decimal Interchange Code) 코드

다음으로 널리 쓰이는 코드가 바로 EBCDIC이다. 이는 IBM 메인 프레임과 주변 장치에서 주로 사용된다. EBCDIC는 [그림 2.12]과 같이 8비트 코드로 구성되며 256 문자를 표현할 수 있다. ASCII와 마찬가지로 출력 가능 문자와 그렇지 못한 문자들로 나눌 수 있다.

2.3 | 전송 모드

전송 모드(Transmission Mode)는 전송 매체로 연결된 호스트 또는 노드간에 데이터를 보내는 방법을 말한다. 본 절에서는 직렬과 병렬 전송 비동기식과 비동기식 전송 그리고 데이터 전송의 방향에 관하여 논하고자 한다.

2.3.1 직렬과 병렬 전송(Serial and Parallel Transmission)

▎병렬 전송▎

병렬 전송은 여러 전송라인을 통해 여러 비트들을 동시에 전송하는 것을 말한다. 이러한 병렬 전송은 두 장치들 간의 거리가 짧은 경우에 일반적으로 사용된다. 예를 들어, [그림 2.13] (a)와 같이 같은 사무실 내에 있는 PC에서 프린터로 전송하는 것은 대표적인 병렬 전송의 예라고 할 수 있다. 가장 보편적인 또다른 예는 컴퓨터와 주변 장치들 간의 연결이다. 다른 예로는 CPU, 메모리, 컨트롤러 사이의 연결을 들 수 있다.

병렬 전송은 거리가 길 경우 장점을 잃어버린다. 거리가 긴 경우에 대해서 여러 라인을 사용하는 것은 하나의 라인을 사용하는 것보다 비용이 많이 든다. 또한 긴 라인을 통해서 전송하는 것은 신호 감쇠를 줄이기 위해 두꺼운 라인이 필요하다. 짧은 거리에서 비트들은 동시에 보내고 거의 동시에 받을 수 있지만 거리가 길 경우 전송라인의 저항이 약간의 시간 차이를 만들어 수신측에서는 다른 시간에 도착할 수 있는 문제가 생길 수 있다.

▎직렬 전송▎

직렬 전송은 [그림 2.13] (b)와 같이 양방향으로 단지 하나의 라인을 사용하여 하나씩 모든 비트를 보낸다. 긴 거리일 경우 병렬 전송에 비해 적은 비용이 들고 적합하지만 비트를 하나씩 보내게 되므로 병렬 전송보다 더 느리다.

[표 2.1]은 직렬과 병렬 전송을 몇 가지 항목을 통해 비교하고 있다.

표 2.1 **직렬 전송과 병렬 전송의 비교**

항목	직렬 전송	병렬 전송
의미	한번에 1비트 전송, 양방향	한번에 여러 비트 전송
비용	비용 적음	비용 큼
클록당 전송 비트	1 비트	8 비트 또는 1바이트
속도	느림	빠름
응용	긴 거리에 적합 예: 컴퓨터-컴퓨터	짧은 거리에 적합 예: 컴퓨터-프린터

직렬 전송은 다음 절에 소개될 동기식과 비동기식 전송으로 분류할 수 있다.

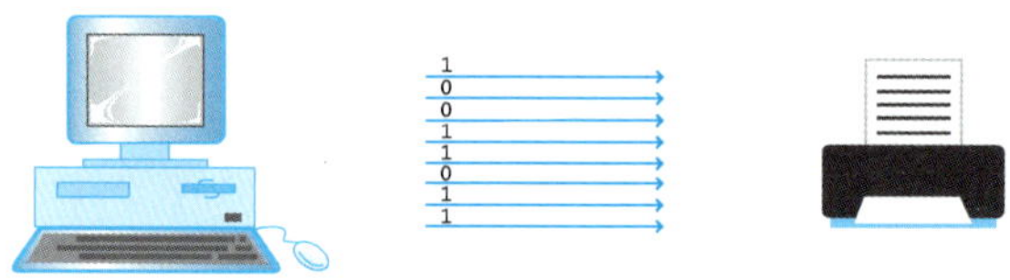

(a) 병렬 전송

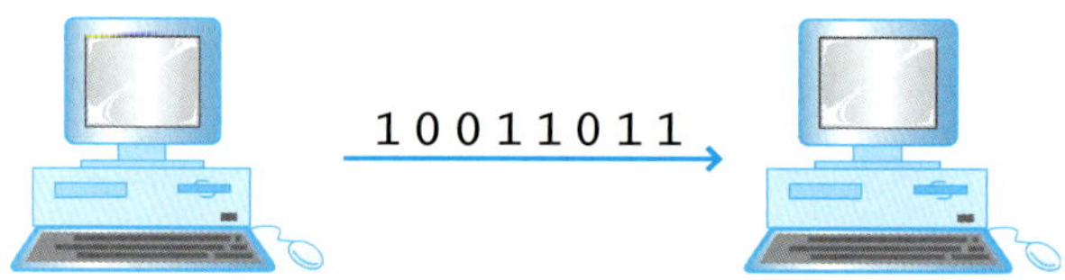

(b) 직렬 전송

그림 2.13 **병렬과 직렬 전송**

2.3.2 동기식과 비동기식 전송

직렬 전송에서는 두 가지 전송 방식, 즉 동기식과 비동기식 전송으로 구분할 수 있다.

비동기식 전송(Asynchronous Transmission)

비동기식 전송은 한 번에 한 문자씩 보내거나 받는 방식이다. 이때 문자는 7~8 비트로 구성되며, 문자의 앞에 시작비트(Start bit)를, 끝에는 정지비트(Stop bit)를 첨가해서 보내는 방법이다. 이 방식은 동기식 전송과 같이 송신측과 수신측 사이에 동기를 맞추기 위한 클럭 신호를 사용하지 않는다.

[그림 2.14] (a)는 비동기식으로 문자를 전송하는 방식을 보여주고 있다. 각 문자에 대해 시작비트

는 수신측에 문자에 해당하는 비트가 따라올 것이라는 것을 알려주는 역할을 한다. 문자 비트들을 모두 수신했을 때 정지비트가 뒤따른다.

비동기식 전송은 키보드와 프린터와 같은 느린 장치들을 위해 사용되며 높은 오버헤드를 가지고 있다. 위의 예에서 시작비트와 정지비트는 전체 전송에서 약 25%의 오버헤드를 필요로 한다. 작은 데이터를 전송하는 느린 장치에서는 이것은 작은 문제가 되지만 많은 데이터를 전송할 경우 심각한 문제가 된다.

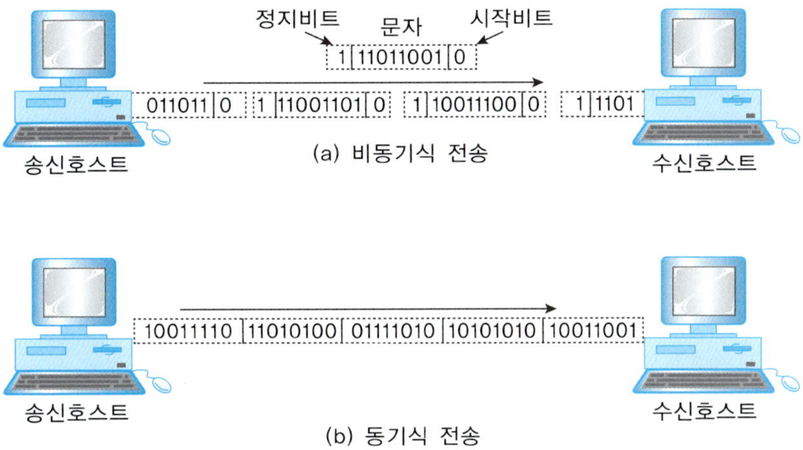

그림 2.14 **비동기식과 동기식 전송**

동기식 전송(Synchronous Transmission)

동기식 전송은 좀 더 효율적으로 전송하기 위한 방법으로 한 문자 단위가 아니라 [그림 2.14] (b)와 같이 미리 정해진 수 만큼의 문자들을 하나의 그룹으로 만들어서 일시에 전송하는 방법이다. 이러한 그룹을 **프레임(Frame)**이라 한다. 동기식 방법에서 데이터와는 별도로 송신측과 수신측이 하나의 기준 클록으로 동기신호를 맞추어 동작한다. 이를 위해서 데이터 전송을 위한 라인과는 별도로 동기화를 위한 클록 라인이 필요하다.

[표 2.2]는 동기식 전송과 비동기식의 특징을 비교하고 있다.

표 2.2 동기식 전송과 비동기식 전송의 비교

항목	동기식 전송	비동기식 전송
의미	프레임 형태로 데이터 전송	한번에 한 문자씩 전송
전송속도	빠름	느림
비용	비용 큼	비용 적음
동기화	클럭 신호	문자당 시작비트, 정지비트
효율성	높음	낮음
오버헤드	낮음	높음

동기식 전송은 다시 바이트기반 전송과 문자기반 전송으로 구분할 수 있으며 [그림 2.15]는 두 가지 부류의 프레임을 보여주고 있다.

문자기반 전송(Character-Oriented Transmission)

문자기반 전송은 각 프레임을 문자의 연속으로 간주하는 방식이다. [그림 2.15] (a)는 BISYNC (Binary Synchronous Communication) 프로토콜에서 사용하는 문자기반 전송의 프레임 형식을 보여주고 있으며 가장 왼쪽 필드를 시작으로 하여 전송한다.

SYN 문자는 프레임의 시작을 나타내기 위해 사용한다. STX(Start Of Text)와 ETX(End Of Text)는 프레임에서 데이터 부분의 시작과 끝이 어디인지를 알려주며 SOH(Start of Header)는 헤더의 시작이 어디인지를 알려준다. 문자기반 전송에서 ETX 문자가 데이터 필드내에 포함될 수 있어서 수신측은 이 부분을 프레임의 마지막으로 인식할 수 있는 문제점이 있다.

(a) 문자기반 프레임 형식

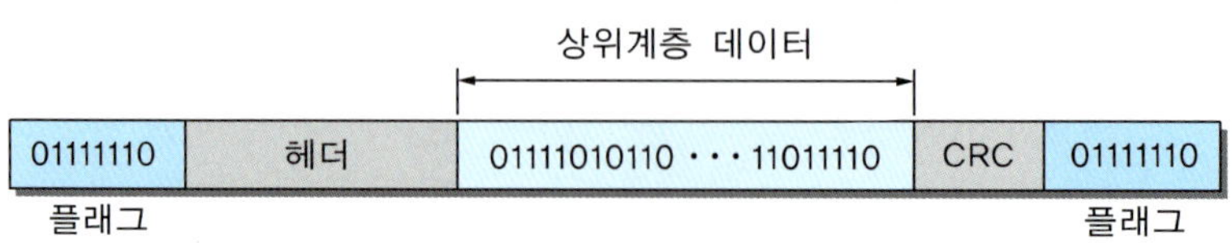

(b) 비트기반 프레임 형식

그림 2.15 동기식 전송의 프레임 형식

이러한 문제점은 송신측에서 데이터 필드내의 ETX 앞에 DLE(Data-Link-Escape) 문자를 추가하고, 수신측에서는 추가된 DLE를 제거함으로서 해결한다. 이러한 해결 방법을 **문자 스터핑(Character Stuffing)**이라고 한다. 문자기반 전송을 사용하는 프로토콜에는 BISYNC를 포함하여 PPP (Point-to-Point Protocol), DDCMP(Digital Data Communications Message Protocol) 등이 있다.

비트기반 전송(Bit-Oriented Transmission)

비트기반 전송은 각 프레임을 비트의 연속으로 간주하는 방식이다. [그림 2.15] (b)는 비트기반 전송의 프레임 형식을 보여주고 있다. 비트기반 전송은 프레임의 시작과 끝을 알리기 위해 **플래그(Flag)**라고 하는 특수한 비트 패턴, "01111110"을 사용한다. CRC(Cyclic Redundancy Check)는 프레임의 오류 검출을 위해 사용하는 코드이다.

비트기반 전송에서 데이터 필드에는 어떠한 내용이라도 포함될 수 있다. 다시 말해서, 플래그 패턴이 데이터 필드에 존재하게 되면 수신측에서는 이 부분을 프레임의 마지막으로 인식할 수 있는 문제점이 생긴다. 이러한 문제점은 문자기반 전송에서 문자 스터핑 방식으로 해결한 것처럼 비트기반 전송에서는 [그림 2.16]과 같이 **비트 스터핑(Bit Stuffing)**이라고 하는 간단한 방법으로 해결이 가능하다.

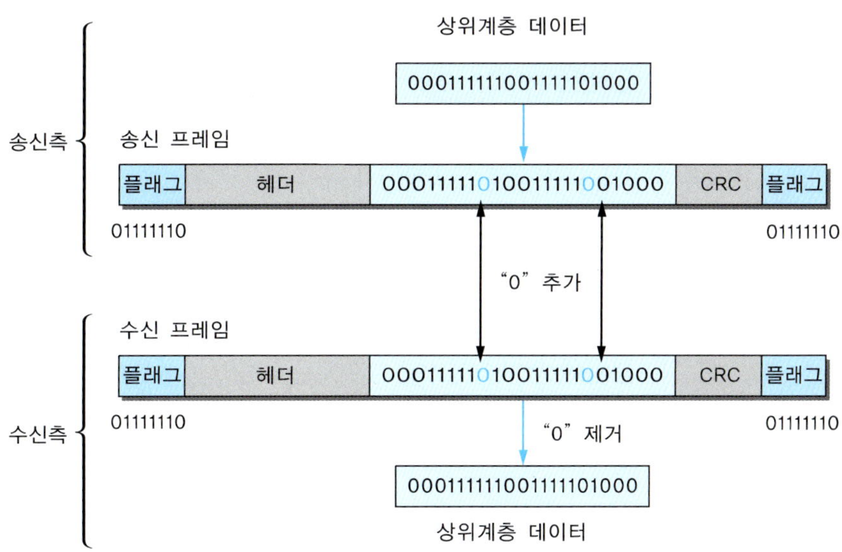

그림 2.16 **비트 스터핑**

송신 호스트에서는 프레임을 전송하기 전에 플래그 사이의 비트들에 대하여 조사한다. [그림 2.16]과 같이 데이터 필드 내에 연속되는 5개의 1을 발견한다면 다섯 번째의 1 뒤에 0을 추가로 삽입한다. 이렇게 함으로써 발생할 수도 있는 플래그 패턴의 발생을 방지한다.

이렇게 변형 되어진 데이터는 원래의 데이터와 일치하지 않으므로 수신측에서 원래의 데이터로 다시 변형해야 한다. 연속되는 5개의 1이 수신되고 다음 비트가 0이면, 수신측에서는 0을 비트 스터핑된 것이라고 간주하고 제거한다. 프레임의 시작과 끝에 위치한 플래그는 비트 스터핑을 하지 않으므로 유일하게 연속되는 6개의 1이 포함된다.

비트기반 전송을 사용하는 프로토콜에는 현재 사용하고 있는 인터넷에서의 이더넷(Ethernet)과 HDLC(High-level Data Link Control) 등이 있다.

동기식 전송은 일반적으로 비동기식 전송에 비해서 더 빠르다. 비동기식 전송처럼 각 문자에 대해서 시작 비트나 정지 비트를 사용하지 않으며 한 번 플래그 패턴이 감지되면 나머지들이 도착하는 대로 계속 빠르게 받게 되기 때문에 오버헤드는 작아진다. 이는 데이터 비트의 수가 증가함에 따라 오버헤드의 비율은 더욱 감소한다.

2.3.3 단방향, 반이중, 전이중

데이터 전달은 통신채널이나 전송매체 상에서 단방향(Simplex), 반이중(Half-duplex), 전이중(Full-duplex) 중 하나의 형태를 갖는다. [그림 2.17]은 이들 세 가지 방식을 보여주고 있다.

단방향 형태는 단 한 방향으로만 신호 전송이 가능한 형태로 공항 모니터, 프린터, 텔레비전 방송 등을 예로 들 수 있다. 어떤 응용은 호스트 간에 양쪽으로 데이터를 보내고 받는 경우가 필요할 수 있다. 반이중 방식은 무전기와 같이 양쪽 방향에서 데이터를 보내고 받을 수 있지만 교대로 주고 받는 방식이다.

가장 효과적인 방식은 전이중 방식으로서 양쪽의 호스트가 동시에 데이터를 전송할 수 있다. 인터넷에 연결되어 있는 컴퓨터는 인터넷으로 데이터를 보내고 동시에 데이터 수신이 가능하기 때문에 전이중 방식이다. 네트워크를 통한 전이중 방식은 데이터를 정확하고 효율적으로 송수신하기 위한 프로토콜이 필요하다.

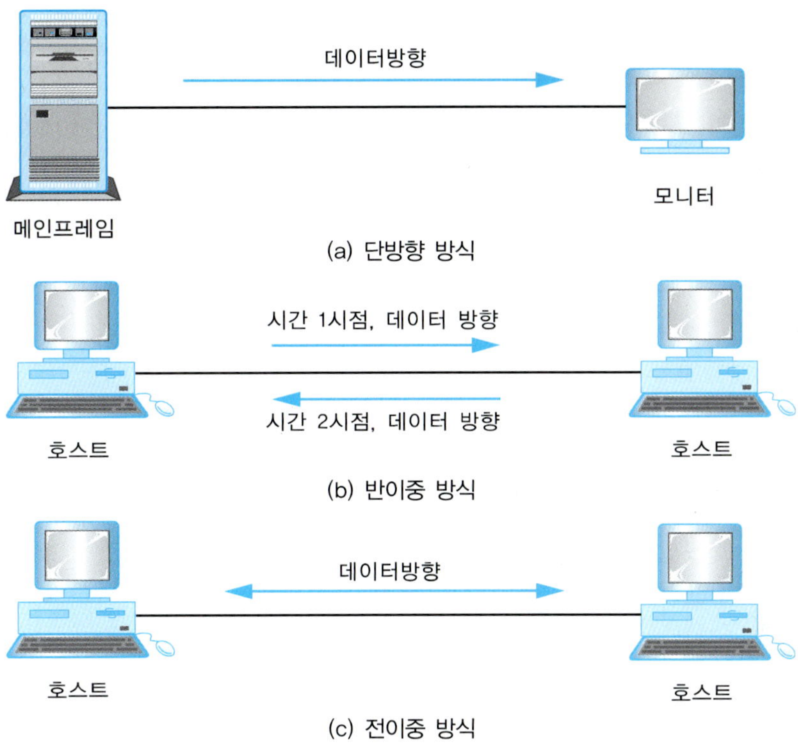

그림 2.17 **단방향, 반이중, 전이중 방식**

2.4 | 교환 기술

앞에서 점-대-점 형태의 전송매체를 통해 연결되어 있는 두 호스트 간의 통신에 관하여 살펴보았다. 이러한 연결 방식은 매우 단순한 형태로 몇 가지 상황에서 매우 비현실적이다. 예로, 원활한 통신을 제공하기 위해서는 통신을 원하는 호스트 간에 전용선을 모두 설치해야만 하는데 이러한 환경에서는 N개의 호스트가 있다고 할 때 $N \cdot (N-1)/2$개의 연결선을 필요로 한다. 따라서 새로운 호스트를 첨가하고자 할 경우 그 설치가 간단하지가 않다.

이러한 문제점을 해결하기 위한 방법은 **교환 기술(Switching Technology)**을 이용하여 통신망을 구축하는 것이다. 즉, 호스트를 통신망에 연결하여 임의의 호스트간에 데이터 교환을 효과적으로 제공하도록 하는 방법이다. 통신망에서 교환기의 역할을 수행하는 장치를 **노드(Node)**라 하며 노드는 데이터의 내용에는 관계하지 않고 데이터를 목적지까지 제대로 도착할 때까지 데이터를 다른 노드로 전달하는 역할을 수행한다. 인터넷의 라우터가 대표적인 노드의 예라고 할 수 있다.

각 노드는 다른 노드와 어떠한 형태로든 전송매체를 통해 연결되어 있으며 이러한 노드들이 전송매체로 연결되어 있는 형태를 **토폴로지(Topology)** 또는 구성형태라고 하며, 토폴로지로 연결된 노드들의 그룹을 **통신망(Communication network)**이라 한다.

[그림 2.18]은 이러한 개념들을 일반적으로 보여주고 있다. 상호 간의 통신을 원하는 장비들을 **호스트** 또는 스테이션(Station)이라고 부르며 컴퓨터, 전화기, 터미널 등의 장비가 이에 속한다. 각 호스트는 노드와 연결되어 있고 노드에 붙어 있는 호스트들이 컴퓨터와 같은 장비일 때, 이 모두를 포함하여 컴퓨터망 또는 **컴퓨터 네트워크(Computer network)**라 한다.

그럼 노드 사이에서의 데이터 이동은 어떻게 이루어지는 것일까? 통신망은 데이터를 전달하는 데 사용되는 교환 기술에 따라 구분될 수 있으며 이 교환 기술에는 다음과 같은 종류가 있다.

- 회선 교환(Circuit switching)
- 메시지 교환(Message switching)
- 패킷 교환(Packet switching)

2.4.1 회선 교환

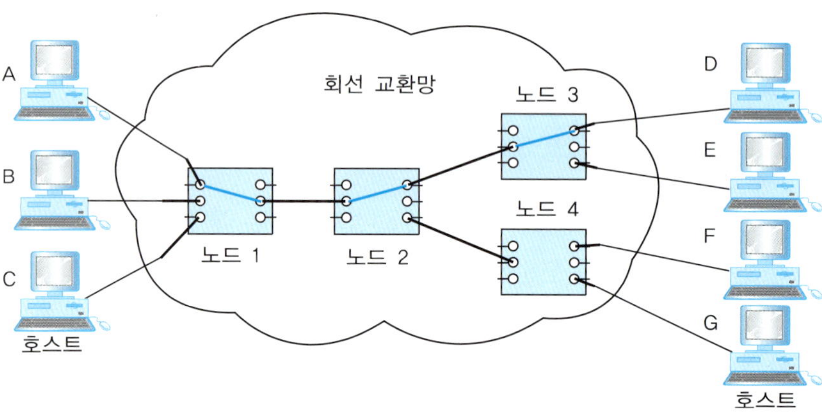

그림 2.18 **회선 교환의 물리적 회선**

회선 교환 기술은 기존의 공중전화망에서 사용된 기술을 기반으로 하고 있으며 송신 호스트와 수신 호스트 사이에 물리적인 회선이 연결된다. 전화를 사용하여 멀리 떨어져 있는 사람과 통화하는 과정을 살펴보면 수화기를 들어 전화번호를 누르면 통화를 원하는 전화기의 벨이 울리게 된다. 상대방이 수화기를 들면 그때부터 통화가 가능하게 되고 양쪽에서 전화를 끊음으로써 통화가 끝나게 된다. 컴퓨터 통신망에서의 회선 교환도 같은 방식으로 데이터를 전송하게 되며, 그 신호가 음성에만 국한되지 않는다. 회선교환은 데이터 교환을 위해 두 호스트 사이에 물리적 회선(Physical Circuit)이 연결되어 있어야 한다. 물리적 회선은 두 호스트 사이에 데이터를 위한 전기 신호가 전송될 수 있는 경로를 의미한다.

회선 교환은 데이터를 전송하기 전에 회선 설정과정이 필요하며 다음으로 데이터 전송과정, 마지막으로 회선 해제과정 순서로 이루어진다.

첫 번째로 **회선 설정과정**을 보자. 전화번호를 눌러 벨이 울리도록 하는 과정으로서 데이터가 전송되기 전 두 호스트 간에 회선이 설정되어 있어야 한다. [그림 2.18]은 호스트 A와 D 사이에 회선이 설정되어 있음을 보여주고 있다. 이러한 회선 설정을 위한 과정을 설명하면 다음과 같다.

호스트 A가 호스트 D와 통신을 원한다면 A는 자신과 연결된 노드 1에 D와의 연결을 요구하는 요청(request)신호를 보낸다. A와 노드 1의 연결은 전용선을 사용하는 것이 보통이다. 노드 1는 수신 호스트 D까지의 경로로 노드 2를 선택하게 되는데 이는 자신의 라우팅(Routing) 정보에 따라 결정한다. 이제 노드 1은 노드 2와의 회선을 설정하기 위해서 TDM(Time Division Multiplexing)이나 FDM(Frequency Division Multiplexing)을 이용하여 비어있는 채널을 할당하며 D와의 접속을 원하는 신호를 보내게 된다.

이제 노드 2에서 노드 3에게 위와 같은 과정을 반복하면 A에서 노드 1, 2, 3을 지나는 회선이 설정된다. 노드 3에서는 D로의 연결을 완결 짓는다. 만약 위의 과정에서 노드 1에서 노드 2로, 혹은 노드 2에서 노드 3으로의 회선 설정이 불가능할 때에는 다른 노드를 거쳐 연결하는 방법을 취하게 된다. 목적지 D까지 회선 설정이 불가능이거나 바쁜(busy) 상태라면 회선 설정은 실패하게 된다.

두 번째로 **데이터 전송과정**을 보자. 이는 상대방이 수화기를 들어 대화하는 과정으로서 회선 설정이 성공하면 호스트 A와 D는 네트워크를 거쳐 데이터를 전송되게 된다. 노드 간의 통신은 회선 설정과정에서 설정된 채널을 통하여 이루어진다.

마지막으로 **회선 해제과정**을 보자. 통화가 끝나 전화를 끊는 단계로 데이터 전송이 끝난 후 두 호스트 중에서 한 호스트의 요청으로 회선은 해제된다. 이미 점유하고 있는 자원을 반환하여 다른 사용자들이 사용할 수 있도록 회선이 설정된 노드로 해제 신호가 전달된다.

[그림 2.19]는 회선 교환 네트워크를 구성하는 중요 장비인 회선 노드 또는 스위치의 단면을 보여주고 있다. 회선 노드는 두 호스트가 서로 데이터를 교환할 수 있도록 물리적 경로를 연결하게 해주

며 디지털 스위치(Digital Switch)가 이러한 기능을 맡고 있다. 그림에서 점선은 현재 연결중인 상태를 표시하고 있다. 네트워크 인터페이스(Network Interface)는 호스트 또는 다른 노드를 연결하기 위한 하드웨어이며 다른 노드로의 회선 연결을 할 때 보통 TDM을 이용하여 채널을 할당한다. 제어장치(Control Unit)의 주요 기능은 요청을 받는 대로 회선연결의 설정, 유지 및 해제 등을 제어하는 역할을 한다.

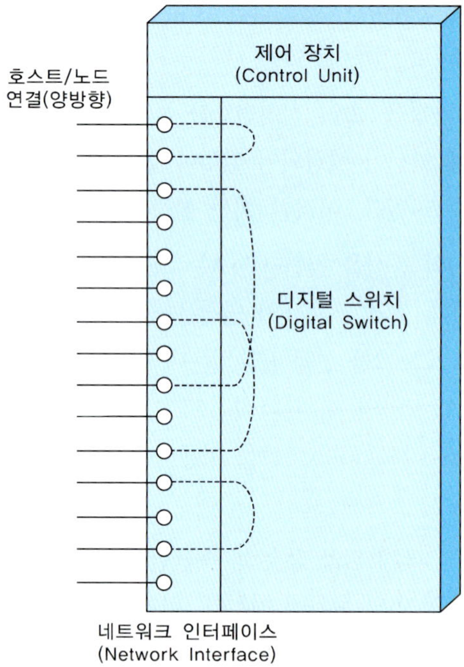

그림 2.19 **회선 교환의 노드**

회선 교환의 단점은 회선을 설정하여 해제하기 전까지의 기간 동안 모든 채널의 대역폭을 독점하게 된다는 것이다. 데이터 전송이 이루어지지 않는 시간 동안에도 두 호스트 간에 설정된 회선은 주어진 대역폭을 다른 사용자에게 대여하지 않는다. 그러나 회선이 설정되기까지 지연 시간은 있지만 일단 회선이 설정된 이후에는 전송매체를 지나는 전파 지연시간 이외에는 다른 지연시간이 없기 때문에 데이터는 일정한 데이터 전송률로 전송된다.

[그림 2.20] (a)는 회선 교환에서의 회선 연결설정, 데이터 전송, 회선 해제과정이 시간의 흐름에 따라 진행하는 과정을 보여주고 있다.

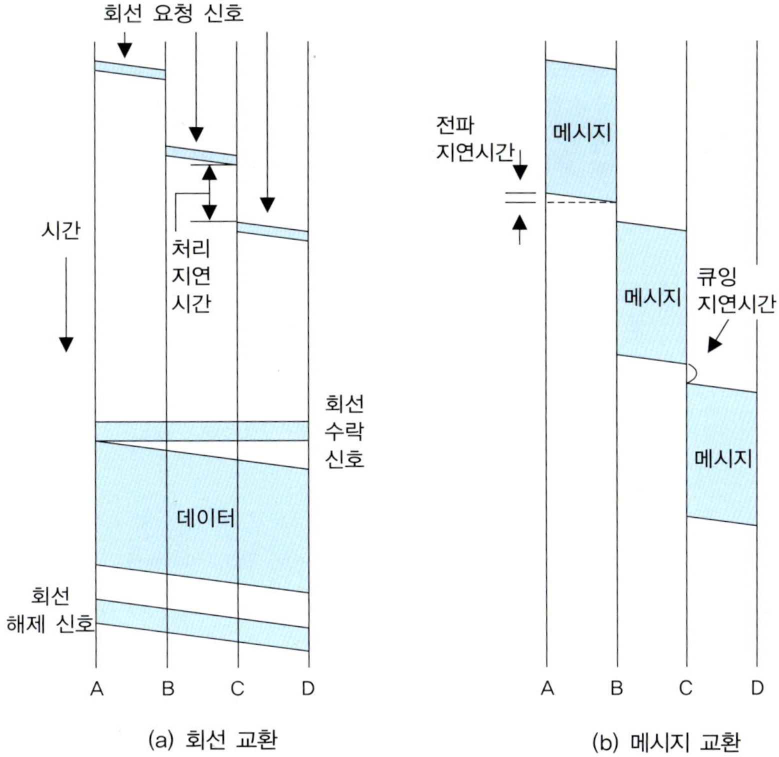

그림 2.20 **회선 교환과 메시지 교환**

TDM과 FDM

다중화(Multiplexing)란 다수의 송신 호스트가 보내는 데이터를 하나의 전송매체를 통해 동시에 전송하는 기술을 말한다. 즉, 전송매체가 갖고 있는 대역폭을 다수의 채널(Channel)로 분할하여 각각의 호스트가 하나의 채널을 사용하도록 하는 기술이다. 이는 N개의 호스트가 전송매체의 대역폭을 공유하는 의미를 내포하고 있다.

TDM(Time Division Multiplexing)은 전송매체의 대역폭을 타임 슬롯(Time slot)으로 분할하여 각 호스트는 할당된 타임 슬롯을 사용하는 방식이며 디지털 신호에서 사용한다. FDM(Frequency Division Multiplexing)은 전송매체의 대역폭을 주파수(Frequency)로 분할하여 각 호스트는 할당된 주파수를 사용하는 방식이며 아날로그 신호에서 사용한다. [그림 2.21]은 TDM과 FDM을 사용하는 예를 보여주고 있다.

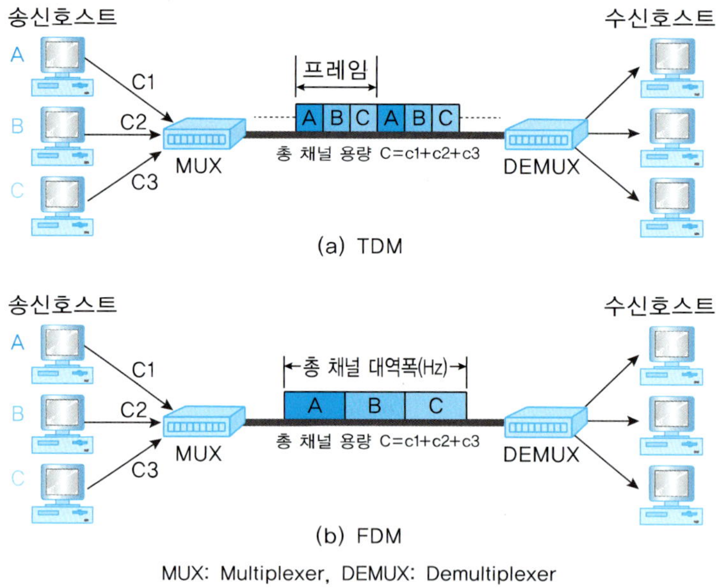

그림 2.21 **TDM과 FDM의 예**

2.4.2 메시지 교환

일상생활에서 전화는 물론 편지를 통해 멀리 떨어져 있는 상대방과 교신한다. 회선 교환이 전화에 비교된다면 메시지 교환은 편지에 비교될 수 있다. 우리가 편지지에 원하는 내용을 적은 다음 편지봉투에 받는 이의 주소를 써서 우체통에 넣으면 우편배달 과정을 거쳐 편지는 상대방의 우편함에 도착하게 된다. 받는 사람은 자신이 원하는 때에 우편함을 확인하여 편지를 받아 볼 수 있게 되는 것이다.

메시지 교환 방식에서는 **메시지(Message)**라는 논리적 단위를 전송하며 송신 호스트와 수신 호스트 간에 미리 경로를 설정할 필요가 없다. 메시지의 헤더에 목적지의 주소를 표시하여 목적지까지의 중간 노드로 전송한다. 각 노드는 이전 노드에서 보낸 메시지 전부를 받을 때까지 메시지를 버퍼에 저장한다. 메시지 전부를 받고 나면 또 다른 노드에게 전송하는데 이러한 방식을 **저장-전달(Store-and-Forward)**라고 한다. [그림 2.20] (b)는 메시지 교환방식의 전송과정을 시간의 흐름에 따라 보여주고 있다.

메시지 교환 방식은 한 개의 메시지를 복사하여 여러 목적지로 보낼 수 있으며, 메시지의 우선순위를 정해 필요한 메시지를 먼저 전송시킬 수 있다. 또한 메시지 단위로 오류 제어를 할 수 있는 등의 많은 장점을 지니고 있다. 하지만 메시지가 노드에 잠시 저장되기 때문에 그만큼의 지연이 발생하여 실시간을 요하는 통신에서는 사용하기 어려운 점이 있다.

2.4.3 패킷 교환

패킷 교환은 회선 교환과 메시지 교환의 장점을 취하면서 만들어진 교환 방식이다. 메시지 교환 방식이 메시지라는 논리적 단위로 데이터를 전송했다면 패킷 교환에서는 패킷이라는 단위로 데이터를 전송한다. 그럼 패킷과 메시지의 차이점은 무엇일까? 메시지는 사용자에 따라, 혹은 전달하고자 하는 내용에 따라 그 크기가 다양하다. 이에 반해 패킷은 정해진 형식에 맞추어진 데이터 단위이다. 전송할 데이터가 많으면 데이터를 패킷 단위로 쪼개어 전송한다. 패킷에는 목적지 주소 및 패킷의 성격, 형식 등 패킷이 안전하게 목적지에 도달하기 위해 필요한 정보들이 저장된다.

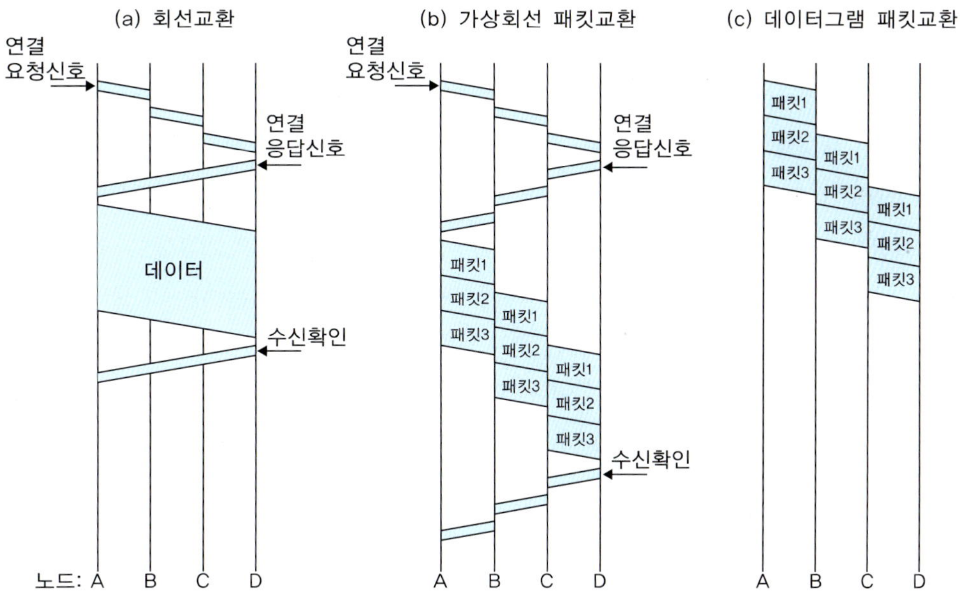

그림 2.22 **회선 교환, 가상회선, 데이터그램 패킷 교환의 차이**

패킷을 목적지까지 전달하기 위해서 두 가지 방식이 쓰이고 있는데 그 하나가 **가상회선(Virtual Circuit)** 방식이고, 다른 하나는 **데이터그램(Datagram)** 방식이다. [그림 2.22]는 회선 교환과 가상회선 및 데이터그램 패킷 교환의 처리과정을 시간의 흐름에 따라 보여주고 있다.

가상회선

패킷 교환망에서 송신 호스트에서 라우터를 거쳐 수신 호스트까지 연결되는 채널을 가상회선(Virtual Circuit)이라 부르는데, 이는 회선 교환과 달리 물리적 전용회선이 있다는 것을 의미하지 않는다. [그림 2.23]은 가상회선과 물리적 회선과의 차이를 보여주고 있다. 하나의 물리적 회선은 여러 개의 가상회선으로 분할되어 각각의 호스트가 하나의 가상회선을 사용할 수 있다.

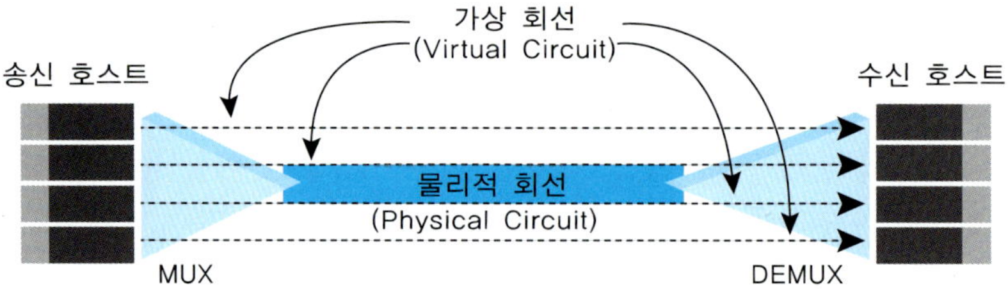

그림 2.23 **가상회선과 물리적 회선의 비교**

가상회선 방식에서는 논리적인 가상회선을 설정한 후, 전송하기를 원하는 패킷들을 전송하기 시작한다. 이 패킷들을 이미 설정된 논리적인 회선을 통해서 전송되므로 수신 호스트에 도착한 패킷이 송신지에서 보낸 패킷 순서와 같다. 모든 패킷의 전송이 끝난 후에는 가상회선을 해제한다.

회선 교환 방식에서는 실제 데이터 전송이 이루어지고 있지 않은 경우에도 계속해서 회선을 독점적으로 점유하게 되는 비효율성이 발생하는데, 패킷 교환 방식에서는 하나의 물리적인 회선을 여러 개의 논리적인 회선으로 공유할 수 있는 경제성을 가지고 있다. 회선 교환이 하드웨어적 개념이라면 패킷 교환은 소프트웨어적 교환 방식이다. 따라서 라우터와 같은 패킷 교환기는 컴퓨터의 기능을 가지고 있으며 여러 소프트웨어 서비스를 제공 받을 수 있다.

[그림 2.24] (a), (b)는 가상회선 전송의 네트워크 예와 노드 A의 라우팅 테이블을 보여주고 있다. 각 노드의 라우팅 표는 IN(입력) 링크(Link)와 IN VCI(가상회선 번호, Virtual Circuit Identifier) 그리고 대응하는 OUT(출력) 링크와 OUT VCI로 구성된다. 예를 들어, 노드 A의 라우팅 테이블은 링크 1을 통해 VCI 8을 갖는 패킷이 도착하면 새로운 VCI 2를 갖는 패킷을 만들어 링크 3을 통해 보내야 함을 나타내고 있다. 노드 A는 새로운 가상회선이 설정될 때 네트워크 트래픽에 관한 정보를 이용하여 라우팅 테이블을 갱신한다. [그림 2.24] (c)는 이미 설정된 가상회선에서 패킷이 전송되는 예를 보여주고 있다.

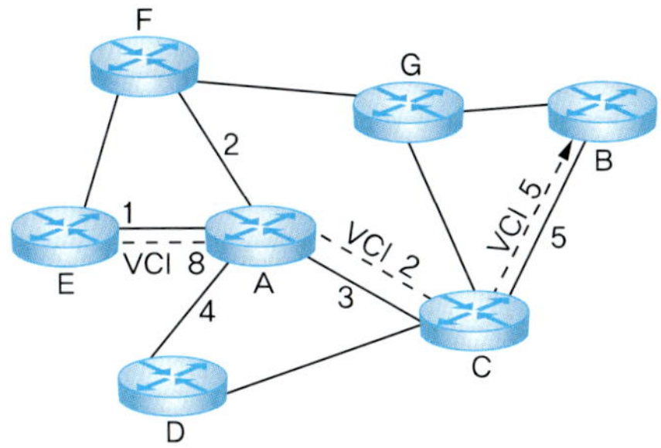

(a) 네트워크 예

IN		OUT	
링크	VCI	링크	VCI
1	8	3	2
2	5	4	1

(b) A의 라우팅 테이블

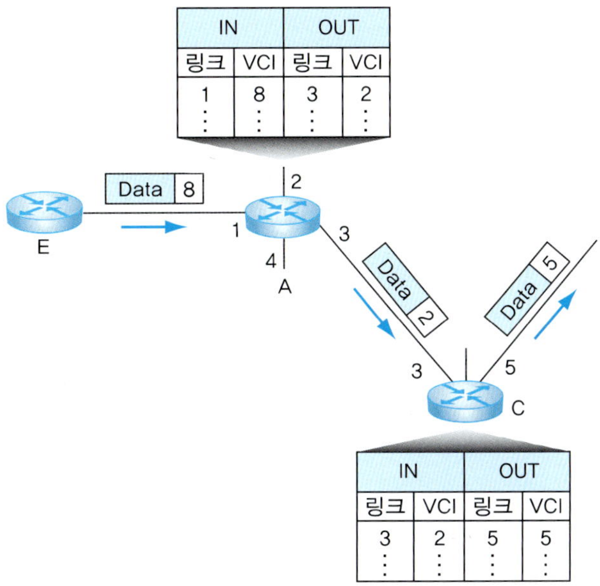

(c) 패킷 전송 예

그림 2.24 **가상회선 전송 예**

데이터그램(Datagram)

데이터그램 방식에서는 메시지 교환 방식처럼 하나의 패킷이 독립적으로 전송되며 패킷을 전달하기 전에 가상회선과 같이 논리적인 연결을 설정하는 과정이 없다. 네트워크를 거치는 동안 패킷의 순서는 보낸 순서와 다르게 도착될 수 있기 때문에 수신 호스트에서 재 정렬해야 하는 부담을 안는다. 그러나 적은 수의 패킷을 전송할 때에는 미리 가상회선을 설정해야 한다는 부담이 없어지며, 매 패킷마다 새로운 전송 통로를 배정하기 때문에 네트워크 내의 상황에 능동적으로 대처할 수 있다. 따라서 네트워크 내의 한 노드에서 고장이 발생하면 그 노드를 통과하는 모든 논리적 회선을 잃어버리지만,

데이터그램은 다른 경로로 전송이 가능하기 때문에 훨씬 더 신뢰성 있는 자료 전송을 제공하게 된다.

데이터그램 방식으로 전송하는 경우 각 노드는 [그림 2.25]에 나타낸 것과 같은 라우팅 테이블을 유지한다. 노드 A는 랜덤 변수 또는 주기적 순서를 이용하여 출력 링크들 중 하나를 선택할 수 있다. 랜덤 변수 방법에서는 목적지 B로 향하는 패킷을 위한 링크를 선택하기 위해 노드 A는 0과 1사이의 랜덤변수를 발생시킨다. 만일 이수가 0.8보다 작다면 패킷은 링크 3을 통해 전송되고 그렇지 않으면 링크 2를 통해 전송된다. 주기적 순서를 이용하는 방법에서, 노드 A는 B로 향하는 패킷들을 링크 3, 3, 3, 3, 2, 3, 3, 3, 3, 2의 순서로 패킷들을 전송한다. 이 링크 순서는 라우팅 테이블에 명시된 바와 같이 패킷들의 80%를 링크 3을 통해 전송하고 20%를 링크 2를 통해 전송한다.

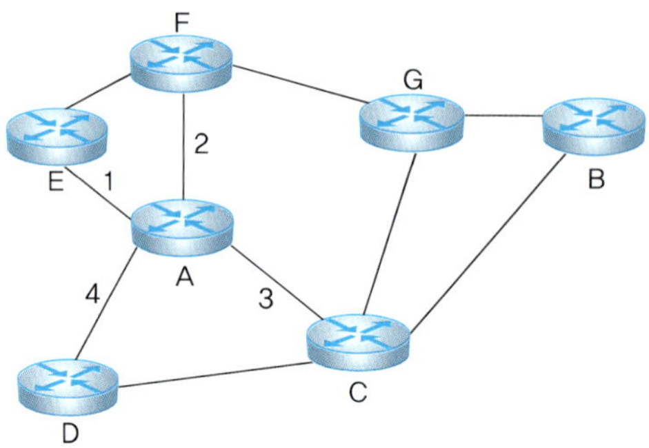

(a) 네트워크 예

목적지	링크	비율
B	2 3	0.2 0.8
C	3 4	0.8 0.2

(b) A의 라우팅 테이블

그림 2.25 **데이터그램 전송 예**

패킷 교환과 회선 교환 비교

패킷 교환과 회선 교환의 성능을 비교하기 위해 간단한 예를 보기로 하자. 사용자들이 10Mbps 링크(Link)를 공유한다고 가정하자. 또한 각 사용자는 1Mbps의 속도로 데이터를 보내는 전송 시간과 데이터를 보내지 않는 비전송 시간을 반복한다고 하자. 또한 사용자는 전체 시간의 20%를 전송 시간으로 사용하며 80%를 비전송 시간을 갖는다고 가정하자.

회선 교환의 경우 1Mbps가 항상 각 사용자를 위해 예약되어 있어야만 한다. 따라서 동시에 10명(= 10Mbps/1Mbps)만 링크를 사용할 수 있다.

패킷 교환의 경우, 임의의 사용자가 데이터를 보내고 있을 확률은 0.2, 즉 20%이다. 만약 35명의 사용자들이 있다면, 10명 보다 많은 사용자가 동시에 데이터를 전송할 확률은 약 0.07이며 10명 이하의 사용자가 동시에 데이터를 전송할 확률은 0.93(1−0.07)이다. 이는 이항 분포(Binomial Distribution)를 사용하여 계산할 수 있다.

- 10명 이하의 동시 사용자가 있는 경우, 데이터가 링크에 도착하는 비율은 링크의 용량인 10Mbps보다 작거나 같다. 따라서 10명 이하의 동시 사용자가 있을 때, 사용자의 패킷들은 회선 교환의 경우와 마찬가지로 지연시간 없이 링크를 사용한다.
- 10명 보다 많은 동시 사용자가 있는 경우는 패킷의 도착률이 링크의 용량을 초과하고 패킷을 처리하는데 시간이 걸릴 수 있다. 하지만 10명 보다 많은 동시 사용자가 있을 확률(0.07)은 매우 작다.

이 예에서 보는 바와 같이 패킷 교환은 거의 회선 교환과 같은 성능을 가질 수 있으며 사용자 수에 있어서는 회선 교환보다 약 3배 이상을 허용할 수 있다.

패킷 교환과 회선 교환이 널리 이용되고 있지만, 추세는 패킷 교환의 방향으로 진행하고 있고, 오늘날의 많은 회선 교환을 기반으로 한 전화망들이 점차적으로 패킷 교환으로 전환되고 있으며 특히 값 비싼 해외 전화를 이용하는 대신에 패킷 교환을 이용한 인터넷 전화를 이용하고 있다.

패킷 교환과 메시지 교환 비교

패킷 교환과 매시지 교환의 성능을 비교하기 위해 4.5M(4.5×10^6)비트 메시지를 고려하자. 송신 호스트와 수신 호스트 사이에 두 개의 라우터(교환기)와 세 개의 링크가 있고, 각 링크는 1.5Mbps의 속도를 갖는다고 가정하자.

송신 호스트에서 수신 호스트까지 메시지 교환방식으로 메시지를 전송하는 데 걸리는 시간을 계산해 보자. 송신 호스트에서 이 메시지를 첫 번째 라우터로 이동하는 데 3초($= 4.5 \cdot 10^6$bits/1.5Mbps)가 걸린다. 라우터는 저장-전달(Store-and-Forward) 전송을 하기 때문에 첫 번째 라우터는 전체 메시지를 다 수신하기 전에는 어떠한 비트도 다음 링크로 전달하지 않는다. 첫 번째 라우터가 전체 메시지를 다 수신하면, 두 번째 라우터까지 이동하는 데 3초가 걸린다. 따라서 이 메시지를 송신 호스트에서 두 번째 라우터까지 전송하는 데는 6초가 걸린다. 이러한 방식으로 하면, 송신 호스트에서 수신 호스트까지 메시지를 전송하는 데 전체 9초가 걸린다는 것을 알 수 있다. [그림 2.26]은 이러한 과정을 보여주고 있다.

같은 예를 가지고 패킷 교환으로 전송하는 경우를 고려해 보자. 패킷의 길이는 1.5K(1.5×10^3)비트라고 가정하면 송신 호스트는 메시지를 3,000개의 패킷으로 나눈다. 메시지 교환과 마찬가지로 네트워크에 혼잡이 없다고 할 때 패킷 교환으로 3,000개의 패킷을 송신 호스트에서 수신 호스트로 보내는 데 걸리는 시간을 계산해 보자.

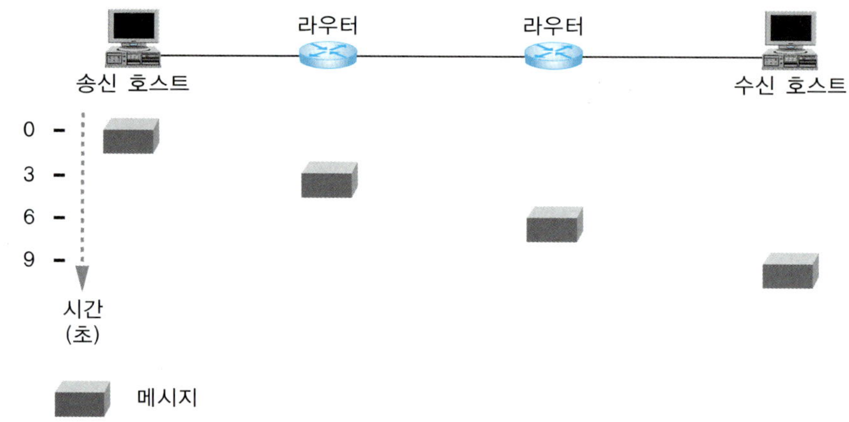

그림 2.26 메시지 교환의 메시지 전송시간

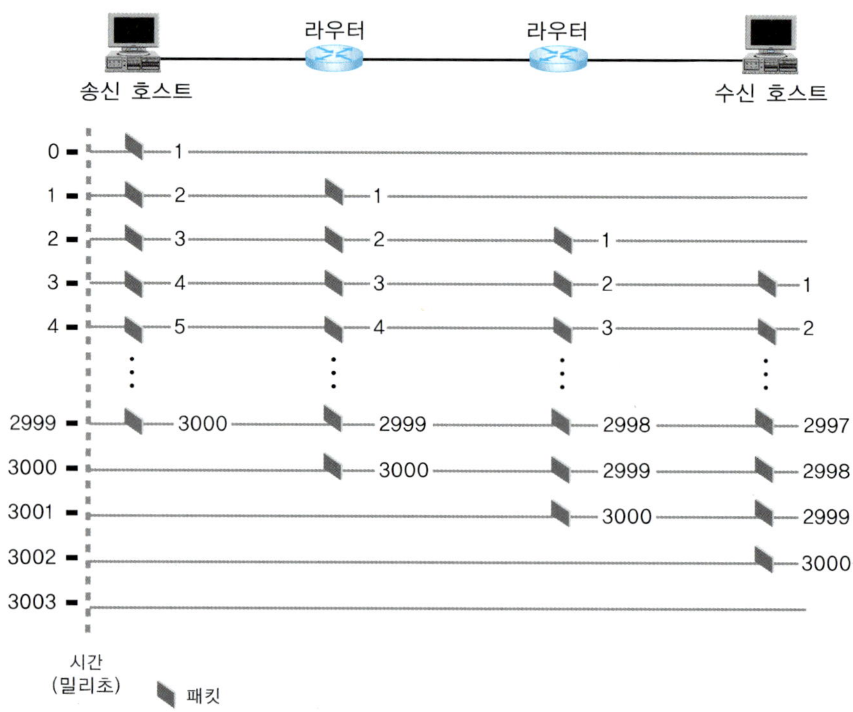

그림 2.27 패킷 교환의 메시지 전송시간

[그림 2.27]에서 보는 바와 같이 1번 패킷을 송신 호스트가 첫 번째 라우터로 전송하는데 1 밀리 초(Milli-second)가 걸린다. 그리고 첫 번째 라우터가 두 번째 라우터로 이 1번 패킷을 이동하는 데 1밀리 초가 걸린다. 이때 1번 패킷이 전송되는 동안에 동시에 2번 패킷이 송신 호스트에서 첫 번째 라우터로 전송된다. 따라서 2번 패킷이 첫 번째 라우터에 2밀리 초가 지난 후에 도착한다. 이러한 방식으로 마지막 패킷인 3000번 패킷이 첫 번째 라우터에 완전히 수신되는 데 걸리는 시간이 3,000밀리 초(즉 3초)라는 것을 알 수 있다. 이 마지막 패킷이 두 개의 링크를 더 거쳐 가야하기 때문에 마지막 패킷이 목적지에 3.002초에 도착된다.

같은 환경하에서 패킷 교환은 메시지 교환을 통해 걸린 시간보다 약 3배 정도로 지연 시간을 절감하였다.

가상회선과 데이터그램 방식 비교

가상회선 방식은 경로 선택을 데이터 전송 전에 경로를 설정할 때 한 번만 수행하며, 데이터그램 방식은 각 패킷마다 교환 노드가 경로를 선택해야 한다. 따라서, 교환 노드에서의 패킷 처리는 가상회선 방식이 데이터그램 방식보다 더 신속하다. 지정된 시간 내에 데이터를 전송할 경우와 많은 양의 데이터를 연속으로 보낼 경우에는 가상회선 방식이 유리하며, 짧은 메시지의 일시적인 전송에는 데이터그램 방식이 적합하다. 신뢰성 면에서는 데이터그램 방식이 우월한데, 네트워크 내의 어느 한 노드가 고장일 경우 데이터그램 방식은 우회 경로로 패킷을 보내지만, 가상회선 방식은 그 노드를 통하는 모든 가상회선을 잃게 된다.

[표 2.3]은 데이터그램 방식과 가상회선 방식의 차이를 항목별로 비교하고 있다.

표 2.3 데이터그램 방식과 가상회선 방식의 비교

항목	데이터그램	가상회선
연결 설정	불필요	필요
주소	패킷: 송신자, 수신자 주소 포함	패킷: VCI 포함
상태 정보	라우터: 연결 상태 정보 미포함	라우터: 연결 상태정보 포함
라우팅	패킷은 독립적	연결 설정시 결정
라우터 고장	영향 없음	관련 VC 종료
Qos	어려움	쉬움
혼잡 제어	어려움	쉬움
사용 예	인터넷	ATM

2.5 | 오류 검출과 교정 기법

송신자가 보내는 데이터는 컴퓨터 네트워크를 따라 전송되면서 오류가 발생할 수 있다. 오류는 크게 아래와 같이 단일 비트 오류와 버스트(Burst) 오류로 분류한다.

- 단일 비트 오류는 바이트 또는 데이터 단위에서 하나의 비트만 0에서 1 또는 1에서 0으로 변경된 것을 말하며 아래 그림에서 보여주고 있다.

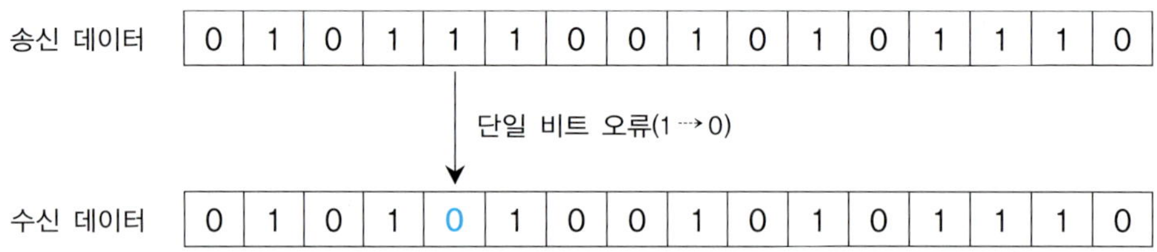

- 버스트 오류는 데이터 단위에서 두 개 이상의 비트들이 0에서 1 또는 1에서 0으로 변경된 것을 말한다. 버스트 오류는 아래 그림과 같이 오류가 연속으로 발생하는 것을 의미하는 것은 아니며 오류가 생긴 비트들 사이에 오류 없는 정상적인 비트가 있을 수 있다. 버스트 오류의 길이는 첫 번째 오류 비트부터 마지막 오류 비트까지의 길이로 계산한다.

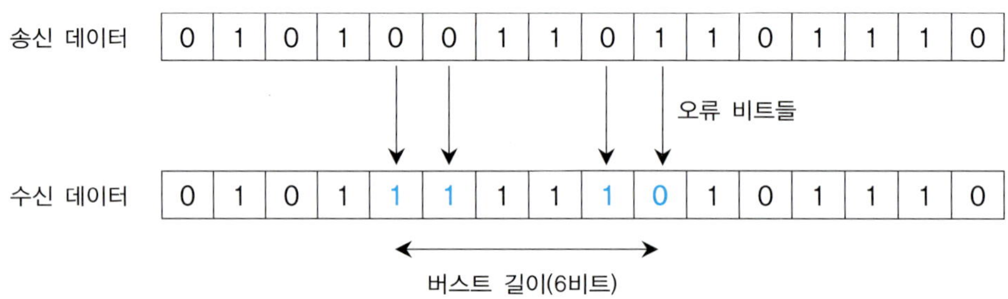

전송 중의 오류를 검출(Detection)하고 교정(Correction)하는 것은 크게 **순방향 오류 교정(FEC: Forward Error Correction)**과 **자동 반복요청(ARQ: Automatic Repeat Request)** 방식으로 나눌 수 있다. FEC는 오류를 검출할 뿐만 아니라 그 오류의 위치까지 알 수 있도록 충분한 여분의 오류 교정 코드를 포함시켜 전송하며, 오류 비트의 위치를 알게 함으로써 오류 교정이 가능하다. 이것은 전파 지연이 큰 원거리 전송에서 적합하다.

ARQ는 피드백 오류 교정(Feedback Error Correction)이라고도 하며 오류 발생 비트 위치는 모르나 오류가 있는지 없는지를 검출할 수 있을 정도의 적은 비트의 오류 검출 코드를 포함시켜 전송하며,

교정은 재전송으로 해결한다. ARQ 방식은 필요한 여분의 비트수가 상대적으로 적어도 되는 이점이 있으나, FEC 방식은 중단 없는 연속적인 데이터 그룹의 전송이 가능하다. FEC 방식은 전송매체의 오류율 특성을 어느 정도 알고 있을 때 사용되고, ARQ 방식은 전송매체의 오류율 특성이 확실하지 않는 경우나 고 신뢰성을 확보하기 위해 사용된다.

오류 검출은 다음 원리로 동작한다. 우선 데이터 프레임에 오류 검출 코드를 구성하는 여분의 비트를 송신측에서 추가한다. 이 코드는 프레임의 데이터에 함수를 적용하여 계산한다. 수신측은 송신측에서 했던 계산과 동일하게 계산하여 송신측에서 받은 코드와 비교한다. 비교한 값이 서로 일치하면 오류가 없는 것으로 판단하고 일치하지 않으면 오류가 생긴 것으로 판단한다. 물론 오류의 검출은 그 오류를 교정해 주는 동작이 따르지 않는다면 아무 쓸모가 없다.

다음은 널리 사용되는 오류 검출 기법인 단순 패리티 검사, 첵섬 그리고 순환 중복 검사(CRC)에 대하여 설명한다. 또한 오류 교정기법의 하나인 해밍 코드에 대하여 설명한다.

2.5.1 단순 패리티 검사(Simple Parity Check)

단순 패리티는 ARQ에서 사용되는 오류 검출 방법으로서 패리티 검사에 의해 오류가 있다는 것이 발견되면 재전송으로써 교정을 수행하게 된다. 가장 간단한 비트 오류 검출 방식은 한 패리티 비트를 프레임의 각 문자 끝에 추가하는 것이다. 일반적인 예로, ASCII 문자를 전송할 때 각 7비트 ASCII 문자에 패리티 비트를 추가한다. 이 패리티 비트 값은 자신을 포함하여 1의 개수가 짝수 개이면 짝수 패리티(Even Parity)가 되고 홀수 개이면 홀수 패리티(Odd Parity)가 된다.

[그림 2.28]은 홀수 패리티를 사용한 경우의 패리티 검사과정을 보여주고 있다. 송신측 호스트가 ASCII 코드 G(1110001)를 홀수 패리티를 사용해 전송한다면, 11100011을 보내게 된다. 수신측 호스트는 수신한 문자를 조사하여 전체 1의 수가 홀수이면 오류가 발생하지 않은 것으로 간주한다. 한 비트나 임의의 홀수 개 비트가 전송 중 바뀌면(예: 11000011), 수신기는 오류를 검출할 수 있다. 그러나 두 개 혹은 임의의 짝수 개의 비트가 바뀌면 오류를 검출해 내지 못한다.

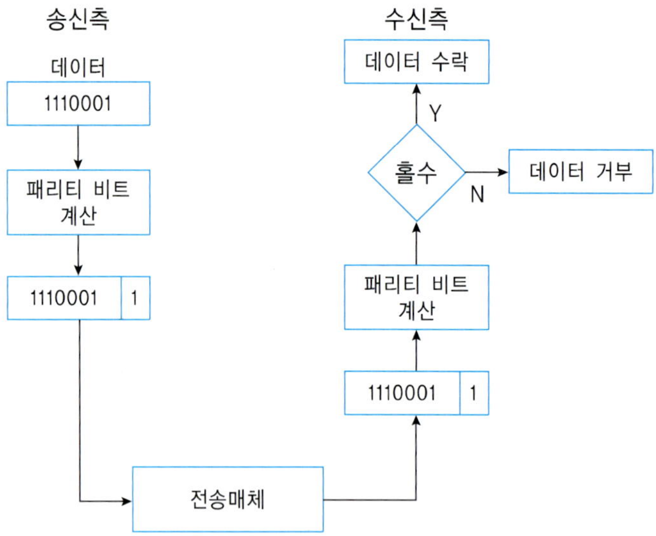

그림 2.28 **패리티 검사과정(홀수 패리티)**

[그림 2.29]에는 짝수 패리티 방식을 사용하여 7비트 문자 데이터를 전송하는 예가 나타나 있다.

문 자							패리티 비트
0	0	0	0	0	0	0	0
0	0	0	0	0	0	1	1
0	0	0	0	0	1	0	1
0	0	0	0	0	1	1	0

그림 2.29 **짝수 패리티 문자의 전송 예**

2.5.2 2차원(Two-Dimensional) 패리티 검사

앞에서 설명한 패리티 검사는 각 문자마다 패리티 비트를 추가한 1차원 패리티 검사이며 오류를 검출하는데 한계를 가지고 있다. 이러한 문제점을 개선하기 위해 2차원 패리티 검사는 문자의 비트를 2차원 배열형태로 구성하여 각 행(Row)과 열(Column)마다 패리티 비트를 계산하는 방식이다.

[그림 2.30]은 송신측에서 2차원 패리티를 계산하여 데이터를 송신하는 예를 보여주고 있다. 이 경우에 32 비트의 데이터를 보내기 위해 13비트의 패리티 비트가 추가로 필요하다. 2차원 패리티 검사는 3비트의 오류까지 검출할 수 있으며 4비트의 오류까지지도 검출할 수 있다. 단, 행과 열 방향에서

모두 짝수 개의 오류가 발생하면 오류를 검출하지 못한다. 예를 들어, 두 개의 문자코드 11001101과 10101100을 고려해 보자. 만일 이들 두 코드의 첫 번째 비트와 세 번째 비트에서 각각 오류가 발생하여 01101101과 00001100 값이 수신측에 도착하면 오류를 검출하지 못한다.

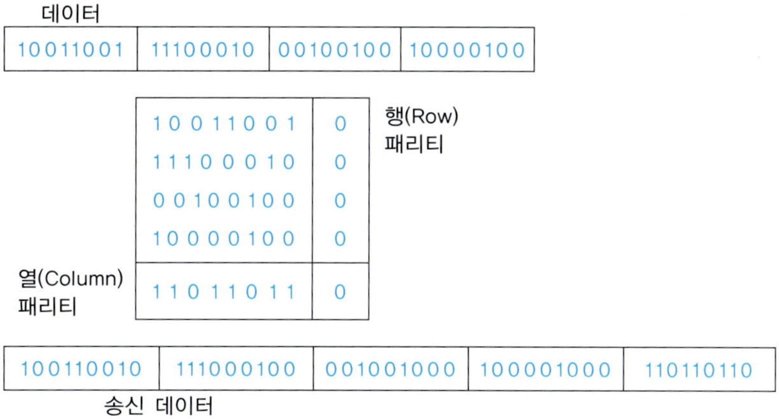

그림 2.30 **2차원 패리티 계산 예**

2.5.3 책섬(Checksum)

첵섬 동작절차는 먼저 송신측에서 데이터를 m 비트의 세그먼트들로 분리한다. 다음으로 이들 m 비트의 세그먼트들을 모두 더하고 난 후 1의 보수(Complement)를 수행한 값이 첵섬이 된다. 더하기를 하는 과정에서 가장 왼쪽 비트(MSB, Most Significant Bit)에서 캐리(Carry)가 생기면 구해진 합에 더한다.

수신측에서는 송신측에서 받은 모든 m 비트의 세그먼트들과 함께 첵섬도 모두 더한다. 만약 어떤 오류가 패킷에 있지 않다면 모두 더한 값은 m 비트가 모두 1이 되며 비트중의 하나라도 0이면 패킷에 오류가 있다는 것을 의미한다.

[그림 2.31]은 데이터가 4개의 8비트 세그먼트들로 분리된 경우 송신측과 수신측에서 첵섬을 이용하여 오류를 검출하는 과정을 보여주고 있다.

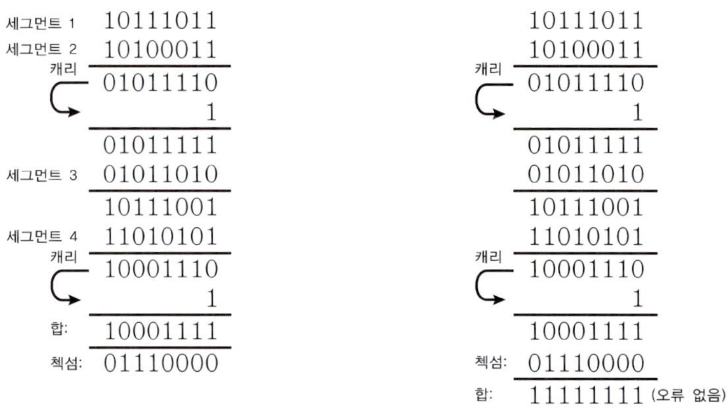

(a) 송신측의 책섬 계산 (b) 수신측의 책섬 검사

그림 2.31 **책섬 동작과정**

2.5.4 순환 중복 검사(CRC: Cyclic Redundancy Check)

CRC는 오류 검출에 주로 사용되며 매우 강력하면서도 쉽게 구현할 수 있는 기술로서 이진 나누기를 이용한다. CRC에서 송신측은 미리 정의된 이진수로 나누어질 수 있도록 전송하고자 하는 데이터의 끝에 FCS(Frame Check Sequence)라는 여분의 비트를 추가한다. 수신측에서는 수신된 데이터를 미리 정의된 이진수로 나누어 나머지가 없으면 오류 없이 데이터를 수신한 것으로 판단한다. 만일 나머지가 있으면 오류가 발생한 것으로 간주한다.

[그림 2.32]는 송신측과 수신측에서의 CRC 동작과정을 보여주고 있다.

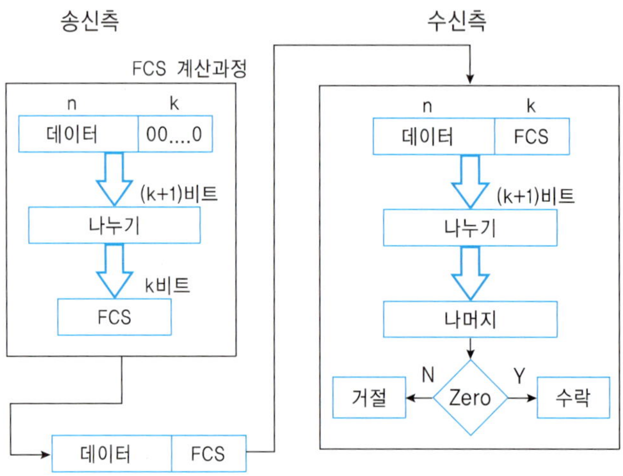

그림 2.32 **CRC 동작 과정**

CRC에서 이루어지는 덧셈 연산은 모듈로-2(Modulo-2) 연산을 사용한다. 이 연산은 캐리(Carry) 없는 2진 덧셈과 같으며 Exclusive OR(배타적 논리합)과 같은 결과를 갖는다.

송신측에서의 처리 과정은 다음과 같다.

1) 송신 호스트는 n비트 프레임을 $(k+1)$비트 이진수로 나누어 k비트 FCS를 생성한다. 여기서 $(k+1)$비트 이진수는 송신측과 수신측이 서로 알고 있는 생성 다항식(Generator Polynomial)의 계수(Coefficient)이다.
   i) 나누기 연산 전에 프레임을 k비트 왼쪽으로 이동한다. 이는 프레임 다음에 k비트 FCS를 추가하기 위함이다.
   ii) 나누기 연산으로 생긴 k비트 나머지(Remainder)가 FCS가 된다.
2) 송신 호스트가 네트워크를 통해 전송할 데이터는 프레임과 FCS이며 총 $(n+k)$비트이다.

수신측에서의 처리 과정은 다음과 같다.

1) 수신 호스트는 송신 호스트가 보낸 $(n+k)$비트 데이터를 받는다.
2) 수신한 $(n+k)$비트 데이터를 생성 다항식의 계수로 나누어 나머지가 0이면 오류가 발생하지 않은 것으로 판단하고 0이 아니면 오류가 발생한 것으로 판단한다.

다음은 CRC 동작 원리를 좀 더 명확하게 설명하고 있다.

CRC 동작원리

CRC 동작 원리를 간단하게 설명하기 위해 다음과 같은 표기를 사용한다.

- **$M(x)$**: 사용자가 전송하려고 하는 n비트의 데이터. 예를 들어 사용자가 전송하려는 데이터가 "1011"이면, 다항식 $M(x)=x^3+x^1+1$이 된다.
- **$G(x)$**: 송신측과 수신측이 같이 알고 있는 $(k+1)$비트 생성 다항식
- **$R(x)$**: k 비트의 나머지(단, $n>k$)
- **$Q(x)$**: 몫

이라 할 때 다음과 같은 등식이 성립한다.

$$\frac{M(x)\times 2^k}{G(x)} = Q(x) + \frac{R(x)}{G(x)}$$

송신측에서 실제로 전송되는 데이터는 $M(x)\times 2^k + R(x)$이다. 데이터 $M(x)$에 2^k를 곱하는 이유는 데이터를 k비트 왼쪽으로 이동하고 오른쪽에 k비트 FCS를 추가하기 위함이다.

이 데이터가 올바르게 수신되었다고 가정해보자. 수신측에서 $G(x)$로 나누어 보면 다음과 같다.

$$\frac{M(x)\times 2^k + R(x)}{G(x)} = Q(x) + \frac{R(x)}{G(x)} + \frac{R(x)}{G(x)} = Q(x)$$

위의 식에서 최종적으로 $Q(x)$만 남는 이유는 모듈로-2 덧셈에서 같은 수를 더하면 0이 되기 때문이다. 위의 식은 수신측에서 받은 데이터를 $G(x)$로 나누었을 때 나머지가 없으면(0) 데이터가 올바르게 수신되었다는 것을 의미한다.

FCS를 계산하기 위하여 이진 나누기를 할 때는 10진수의 나누기와 약간 다른 방법이 사용된다. [그림 2.33]는 FCS를 계산하는 방법을 보여주고 있다.

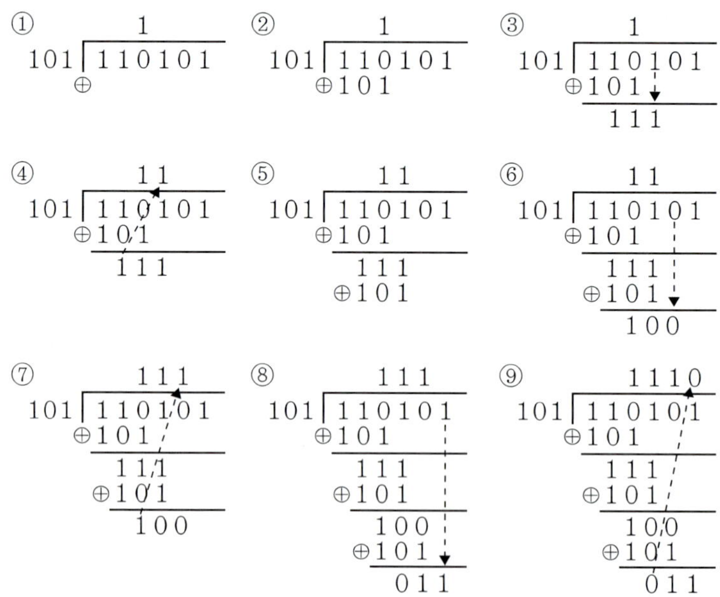

그림 2.33 **FCS를 계산하는 예**

다음은 국제 표준으로 자주 이용되고 있는 생성 다항식을 보여주고 있다.

$$CRC-12 = X^{12} + X^{11} + X^3 + X^2 + 1$$

$$CRC-16 = X^{16} + X^{15} + X^2 + 1$$

$$CRC-CCITT = X^{16} + X^{12} + X^{5} + 1$$

$$CRC-32 = X^{32} + X^{26} + X^{22} + X^{16} + X^{12} + X^{11} + X^{10} + X^{8} + X^{5} + X^{4} + X^{2} + X^{1}$$

[그림 2.34]는 순환 정복 검사의 예를 보여주고 있다.

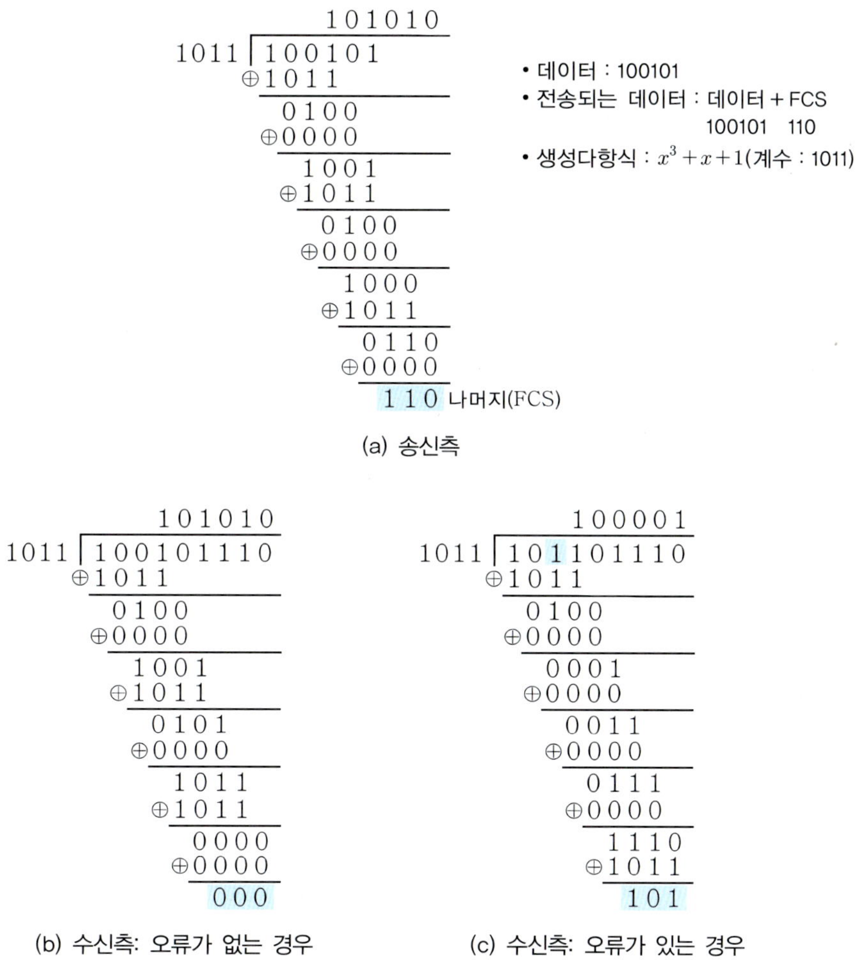

그림 2.34 **순환 중복 검사의 예**

2.5.3 해밍 코드(Hamming Code)

해밍 코드는 1950년에 미국의 Bell 연구소의 Richard Hamming에 의해 고안 되었으며, 최대 1비트 오류를 교정하거나 2비트 오류를 검출할 수 있다. 해밍 코드는 n비트의 데이터에 k개의 패리티 비트를 더하여 $(n+k)$비트의 코드워드(Codeword)를 생성한다. $n+k$개의 비트 중 단일 비트 오류를 구분하기 위해서는 다음과 같은 관계가 유지되어야 한다.

$$2^k - 1 \geq n + k$$

해밍 코드의 가장 기본적인 생각은 신드롬(Syndrome)이 표현하는 십진수가 바로 오류 발생 위치를 표시하고 만일 신드롬의 모든 비트가 '0'이면 오류가 발생하지 않도록 코드를 설계하는 것이다. 신드롬 값 C는 k개의 비트로 이루어지고 0에서 2^k-1 사이의 값을 가진다.

❙ 해밍 코드 동작절차 ❙

해밍 코드의 동작절차를 설명하기 위해 송신측은 8비트 데이터를 가지고 있다고 가정하자. 앞의 식을 적용하면 4비트 패리티 비트가 필요하므로 코드워드의 길이는 12비트가 된다. 여기서 4비트의 패리티 비트는 2^0, 2^1, 2^2, 2^3에 해당하는 비트에 위치한다.

[표 2.4]는 코드워드 내의 비트번호, 이진수 표현과 함께 패리티 비트 및 데이터 비트가 저장 될 비트번호를 나타내고 있다.

표 2.4 패리티 비트의 위치

비트번호	이진수 표현	패리티 비트	데이터 비트
1	0 0 0 1	P_1	
2	0 0 1 0	P_2	
3	0 0 1 1		D_3
4	0 1 0 0	P_4	
5	0 1 0 1		D_5
6	0 1 1 0		D_6
7	0 1 1 1		D_7
8	1 0 0 0	P_8	
9	1 0 0 1		D_9
10	1 0 1 0		D_{10}
11	1 0 1 1		D_{11}
12	1 1 0 0		D_{12}

4개의 패리티 비트가 들어갈 위치가 정해졌으면 각 패리티 값은 어떻게 구해지는지 살펴보자.

우선 첫 번째 패리티 비트(P_1)는 이진수 표현의 하위로부터 첫 번째 열이 '1'이 되는 비트들에 대하여 XOR 연산을 수행한다. 즉, 1, 3, 5, 7, 9, 11의 비트번호에 있는 데이터 비트들을 XOR(Exclusive OR, ⊕) 연산 값이 P_1이 된다. 여기서 비트번호 1은 P_1 자신의 위치에 있으므로 제외된다. 수식으로 표현하면 다음과 같다.

$$P_1 = D_3 \oplus D_5 \oplus D_7 \oplus D_9 \oplus D_{11}$$

여기서 중요한 것은 XOR의 속성 때문에 데이터 비트와 P_1을 포함해서 1의 개수가 짝수가 된다. 즉 P_1은 짝수 패리티(Even Parity)가 된다.

동일한 방식으로 두 번째 패리티 비트(P_2)는 이진수 표현의 하위로부터 두 번째 열이 '1'이 되는 비트들에 대하여 XOR 연산을 수행한다. 즉, 2, 3, 6, 7, 10, 11의 비트번호에 있는 데이터 비트들을 XOR 연산 값이 P_2 값이 된다. 여기서 비트번호 2는 P_2 자신의 위치에 있으므로 제외된다. 수식으로 표현하면 다음과 같다.

$$P_2 = D_3 \oplus D_6 \oplus D_7 \oplus D_{10} \oplus D_{11}$$

세 번째 패리티 비트(P_4)와 네 번째 패리티 비트(P_8)는 각각 이진수 표현의 하위로부터 세 번째와 네 번째 열이 '1'이 되는 비트들에 대하여 XOR 연산을 수행한다. 즉, P_4는 4, 5, 6, 7, 12의 비트번호, P_8은 8, 9, 10, 11, 12의 비트번호에 있는 데이터 비트에 대하여 XOR 연산을 수행한다. 마찬가지로 비트번호 4는 P_4 자신의 위치에 있으므로 제외되며 비트번호 8은 P_8 자신의 위치에 있으므로 제외된다. 수식으로 표현하면 다음과 같다.

$$P_4 = D_5 \oplus D_6 \oplus D_7 \oplus D_{12}$$

$$P_8 = D_9 \oplus D_{10} \oplus D_{11} \oplus D_{12}$$

이와 같은 연산을 통해 송신측은 12비트의 코드워드를 만들게 되며 수신측으로 전송할 수 있다.

수신측은 송신측이 보낸 코드워드를 받으면 오류가 발생하였는지를 체크하기 위해 신드롬($C_8 C_4 C_2 C_1$) 값을 계산한다. 여기서 C_1은 비트번호 1, 3, 5, 7, 9, 11 위치에 대한 값의 XOR 연산이며 수식으로 표현하면 다음과 같다.

$$C_1 = P_1 \oplus D_3 \oplus D_5 \oplus D_7 \oplus D_9 \oplus D_{11}$$

위식은 패리티 비트와 데이터 비트를 포함하고 있지만 수신측은 수신된 값이 데이터 비트인지 패리티 비트인지를 알지 못한다. 따라서 비트번호를 사용하여 연산을 한다.

같은 방식으로 C_2, C_4, C_8을 수식으로 표현하면 다음과 같다.

$$C_2 = P_2 \oplus D_3 \oplus D_6 \oplus D_7 \oplus D_{10} \oplus D_{11}$$

$$C_4 = P_4 \oplus D_5 \oplus D_6 \oplus D_7 \oplus D_{12}$$

$$C_8 = P_8 \oplus D_9 \oplus D_{10} \oplus D_{11} \oplus D_{12}$$

이러한 연산을 통하여 신드롬이 표현하는 십진수가 오류가 발생한 위치를 표시한다. 만일 수신측에서 오류 없이 코드워드를 수신했다고 가정하면 XOR 속성으로 인해 신드롬 값은 0000이 되어 십진수로 0이 된다. 즉, 오류가 발생하지 않았음을 의미한다. 만일 9번 비트의 데이터가 오류가 발생하였다고 가정하면 D_9값이 변동되었음을 의미한다. D_9 값의 변동은 XOR 속성으로 인해 C_1, C_8 값을 변경시켜 신드롬 값은 1001이 되며 십진수 9가 오류가 발생한 비트번호를 나타낸다. 오류가 발생한 위치를 알게 되면 해당 비트의 데이터 교정이 가능하다.

해밍 코드의 인코딩과 디코딩 예

해밍 코드의 인코딩 및 디코딩 과정을 예를 들어 설명해 보기로 하자.

송신측에서 8비트 데이터 '11000100'을 해밍 코드로 인코딩하는 과정은 [표 2.5]에서 보여주고 있다. 먼저 8비트 데이터 워드에서 필요한 패리티 비트수(k)는 앞에서 다룬 식에 의거하여 4이므로 코드워드의 전체 비트수는 12이다. 이들 4개의 패리티 비트들이 놓일 위치는 2의 배수, 즉 1, 2, 4, 8에 위치한다. 여기서 코드워드를 '--1-100-0100'이라 표기하기로 한다. '-'는 패리티 비트가 놓일 위치를 나타낸다.

첫 번째 패리티(P_1)는 3, 5, 7, 9, 11 위치에 대하여 짝수 패리티가 되도록 맞추어지므로 코드워드의 첫 번째 비트는 '0'이 되어 전체가 '0-1-100-0100'이 된다. 즉 P_1은 3, 5 ,7, 9, 11 비트에 있는 값들의 XOR(Exclusive OR, 배타적 논리합)을 수행한 값이 된다. 여기서 비트 1은 P_1이 들어가야 할 위치이므로 XOR 연산에 포함되지 않는다.

두 번째 패리티(P_2)는 3, 6, 7, 10, 11 위치에 대한 연산 값이 부여되고 그 결과는 '001-100-0100'이 된다. 세 번째 패리티(P_4)는 5, 6, 7, 12 위치에 대하여 부여되고 그 결과는 '0011100-0100'

이 된다. 네 번째 패리티(P_8)는 9, 10, 11, 12 위치에 대하여 부여되고 결국 '001110010100'이라는 코드워드를 얻는다.

표 2.5 인코딩 과정

비트 위치	1	2	3	4	5	6	7	8	9	10	11	12
데이터 비트			1		1	0	0		0	1	0	0
패리티 비트	P_1	P_2		P_4				P_8				

$P_1 = XOR(3, 5, 7, 9, 11) = 1 \oplus 1 \oplus 0 \oplus 0 \oplus 0 = 0$
$P_2 = XOR(3, 6, 7, 10, 11) = 1 \oplus 0 \oplus 0 \oplus 1 \oplus 0 = 0$
$P_4 = XOR(5, 6, 7, 12) = 1 \oplus 0 \oplus 0 \oplus 0 = 1$
$P_8 = XOR(9, 10, 11, 12) = 0 \oplus 1 \oplus 0 \oplus 0 = 1$

이렇게 작성된 코드가 과연 전송 중에 발생하는 단일 오류를 교정할 수 있는가를 시험하기 위하여 1비트 오류를 가정하여 보자. 즉 코드워드 '001110010100'이 채널을 통하여 전송되는 도중 다섯 번째 위치에서 오류가 발생하게 되었다고 가정하자($1 \rightarrow 0$). 이렇게 되면 수신측에서 받는 메시지는 '001100010100'이 된다. 이때 수신측에서는 송신측과 똑같은 방법으로 패리티를 검사하고 오류의 위치를 찾아내어 이를 교정해야 한다.

첫 번째 패리티 검사는 1, 3, 5, 7, 9, 11 위치에 대한 XOR 연산이 실시되며 그 결과(C_1)는 '1'이 된다. 두 번째 패리티 검사는 2, 3, 6, 7, 10, 11 위치에 대한 XOR 연산이 실시되며 그 결과(C_2)는 '0'이 된다. 세 번째 패리티 검사는 4, 5, 6, 7, 12 위치에 대한 XOR 연산이 실시되며 그 결과(C_4)는 '1'이 된다. 네 번째 패리티 검사는 8, 9, 10, 11, 12 위치에 대한 XOR 연산이 실시되며 그 결과(C_8)는 '0'이 된다. 결국 계산된 신드롬, $C(= C_8\,C_4\,C_2\,C_1)$는 '0101'이 되며 이는 십진수로 '5'를 나타낸다.

따라서 코드워드의 다섯 번째 위치에서 오류가 발생되었음을 알 수 있으며 이는 다섯 번째 위치의 값을 1로 교정할 수 있는 것이다. 이렇게 되면 수신측에서는 재전송 요구 없이 송신측에서 전송한 그대로의 메시지를 얻게 되며 여기서 패리티 검사 비트로 사용된 1, 2, 4, 8 위치를 제거하게 되면 원래의 정보 '11000100'을 추출할 수 있게 된다.

[표 2.6]은 수신측에서 오류가 발생하지 않은 경우, 첫 번째 그리고 다섯 번째 비트에서 오류가 발생한 경우의 신드롬 값을 보여주고 있다.

표 2.6 디코딩 과정

비트 위치	1	2	3	4	5	6	7	8	9	10	11	12	C_8	C_4	C_2	C_1
오류 없음	0	0	1	1	1	0	0	1	0	1	0	0	0	0	0	0
1번 비트 오류	1	0	1	1	1	0	0	1	0	1	0	0	0	0	0	1
5번 비트 오류	0	0	1	1	0	0	0	1	0	1	0	0	0	1	0	1

$C_1 = \mathrm{XOR}(1, 3, 5, 7, 9, 11)$: 즉 2^0 자리가 1인 것들
$C_2 = \mathrm{XOR}(2, 3, 6, 7, 10, 11)$: 2^1 자리가 1인 것들
$C_4 = \mathrm{XOR}(4, 5, 6, 7, 12)$: 2^2 자리가 1인 것들
$C_8 = \mathrm{XOR}(8, 9, 10, 11, 12)$: 2^3 자리가 1인 것들

연습문제

2.1 다음 인코딩 방법에 대해서 간략히 서술하시오.

1) NRZ(Non Return to Zero)

2) RZ(Return to Zero)

3) 맨체스터 부호화(Manchester Encoding)

4) 차등 맨체스터 부호화(Differential Manchester Encoding)

2.2 맨체스터(Manchester) encoding으로 "00011010"을 부호화하시오. (즉, 전압의 변화를 그릴 것)

2.3 다음 용어에 대하여 간략히 서술하시오.

1) simplex

2) half-duplex

3) duplex

2.4 동기식 전송과 비동기식 전송 방식의 차이점과 장단점에 대하여 설명하시오.

2.5 Bit Stuffing이 무엇인지 그리고 이것이 왜 필요한지를 설명하시오.

2.6 상위 계층에서 받은 비트 패턴이 "0111111101111101111111100111"과 같은 경우 송신측에서 비트 스터핑을 하면 어떻게 되는가?

2.7 ASCII 문자들을 1비트 시작 비트와 2비트 정지 비트 그리고 1비트 패리티 비트를 사용하여 비동기 방식으로 전송한다고 할 때 다음의 전송 속도(bps)에 대하여 초당 몇 문자를 전송할 수 있는지 계산하시오.

1) 1200

2) 2400

3) 9600

2.8 직렬 전송과 병렬 전송의 장단점을 기술하라.

1) 직렬

2) 병렬

2.9 전파 지연시간(Propagation delay)이란 무엇인가?

2.10 20개 컴퓨터 사이를 각각 점대점 방식으로 연결하기 위해서는 얼마나 많은 연결이 필요한가?

2.11 회선 교환이란 무엇인가, 그리고 그것의 주된 특징은 무엇인가?

2.12 회선 교환방식을 사용하는 네트워크를 고려해 보자. 아래 사항을 가정하였을 때 호스트 A에서 호스트 B로 640,000 비트 크기의 파일을 보내기 위해 얼마의 시간이 걸리는지 계산하시오.

(가정) 링크 대역폭은 1.536 Mbps이며 초당 24 슬롯(slot)을 가진 TDM을 사용한다. 그리고 회선을 설정하기 위한 시간은 500msec이다.

2.13 패킷 스위칭은 무엇인가? 그리고 패킷 스위칭이 오늘날 인터넷에서 사용되는 이유는 무엇인가?

2.14 패킷 스위칭 방식에서 송신자는 큰 파일을 어떠한 방식으로 전송하는가?

2.15 패킷 스위칭에서 Virtual circuit과 Datagram방식의 차이점과 장단점을 간단히 설명하시오

1) 차이점:

2) 장단점:

2.16 패킷의 데이터가 1010101101와 같은 비트 패턴을 가지며 짝수 패리티(even parity)를 사용한다고 가정하자. 이때 송신측에서 추가되는 패리티 비트 값을 구하시오.

2.17 2차원 패리티 검사는 1비트의 오류를 검출하고 교정할 수 있다는 것을 예를 들어 보이시오. 또한 2비트의 오류를 탐지할 수 있으나 교정은 할 수 없다는 것을 예를 들어 보이시오.

2.18 CRC에서 전송하려는 원래의 데이터와 생성 다항식이 다음과 같은 경우 FCS를 구하시오.

1) 데이터: 10111001, 생성 다항식: 10101

2) 데이터: 11010011, 생성 다항식: 100101

2.19 CRC에서 수신한 데이터와 생성 다항식이 다음과 같은 경우 오류가 발생하였는지 검사하시오.

1) 수신 데이터: 101000110101010, 생성 다항식: 110101

2) 수신 데이터: 1101001110100, 생성 다항식: 100101

3) 수신 데이터: 11101001111100, 생성 다항식: 100101

2.20 송신자가 '001010110'을 Hamming coding 방법을 이용하여 수신자에게 보내려 한다. 아래의 물음에 답하시오.

1) Hamming codeword를 만드시오.

2) 수신자가 데이터를 받았을 때 8번째 bit에 오류가 발생했다고 가정해 보자. 이때 신드롬(C) 값을 계산함으로써 오류가 발생한 위치를 알 수 있다. 신드롬 값을 계산하기 위한 절차를 보이시오.

2.21 송신자가 '10011010'을 해밍 코드를 이용하여 수신자에게 보내려 한다. 해밍 코드워드를 만드시오.

2.22 수신측에서 다음과 같은 해밍 코드워드를 받았다고 가정해 보자. 오류 없이 제대로 수신하였는지를 보이시오. 오류가 있다면 오류가 발생한 위치를 나타내시오.

1) 0 1 0 0 0 1 0 1 1 1 0 1

2) 1 0 1 0 0 1 1 0 1 1 0 0

3) 1 0 1 1 0 1 0 0 1 1 0 1 1 0 0 0

2.23 오류 검출 기법 중 패리티 검사, CRC, 해밍 코드의 서로간의 차이점과 어떤 경우에 사용하는지 서술하시오.

2.24 아래 그림과 같은 환경에서 송신 호스트에서 수신 호스트까지 이동하는데 걸리는 시간을 패킷 스위칭과 메시지 스위칭인 경우에 대하여 각각 계산하시오.

(가정) 메시지 크기: 6M bit, 각 링크 속도: 2 Mbps, 패킷의 크기: 2K bit, 네트워크에 병목현상도 없으며 전파 지연시간(propagation delay)도 없다고 가정한다.

CHAPTER 03

OSI 참조모델과 인터넷 프로토콜 구조

3.1 | OSI 참조모델

3.1.1 개요

1970년대에 들어와서 많은 회사들이 컴퓨터 네트워크를 발전시켰다. 각 회사는 그들 나름대로의 특성에 알맞은 네트워크 또는 구조를 채택하게 됨으로써 서로 다른 구조를 사용하였다. 이는 타사의 제품끼리는 네트워크 또는 구조가 서로 호환이 되지 않아 통신되지 않은 결과를 초래하게 되었다. 1970년대 후반 국제 표준화 기구인 ISO는 네트워크 설계의 호환성을 증진시키기 위해 **OSI(Open Systems Interconnection, 개방형 상호접속) 참조 모델**이라는 구조를 제안하였다. 7개 계층으로 계층화된 OSI 참조 모델의 목적은 시스템 연결을 위한 표준을 제시하여 현존하는 표준들이 OSI 참조 모델 안에 존재하도록 하기 위한 것이다.

OSI란 말은 개방형(open) 시스템 간에 정보를 교환하기 위한 표준을 가질 수 있다는 것을 의미하며, 이때 적용 가능한 표준을 상호 간에 사용하게 된다. 여기서 시스템이 개방되어 있다는 것은 어떤 특정 시스템의 구현, 기법이나 연결의 수단 같은 것들을 의미하는 것이 아니라 적용 가능한 표준을 상호 간에 인정하고 지원하는 것을 말하는 것이다. OSI 참조 모델에서 제시한 개방형 시스템의 통신 기능은 [그림 3.1]에서 네트워크 계층 이하 물리 계층까지를 **하위 계층**, 트랜스포트 계층 이상 응용 계층까지를 **상위 계층**이라고 한다. 하위 계층은 물리 계층, 데이터 링크 계층 및 네트워크 계층으로 구성되고, 그 목적은 상위 계층이 필요로 하는 성능과 품질의 데이터 전송을 보장하는 것이다.

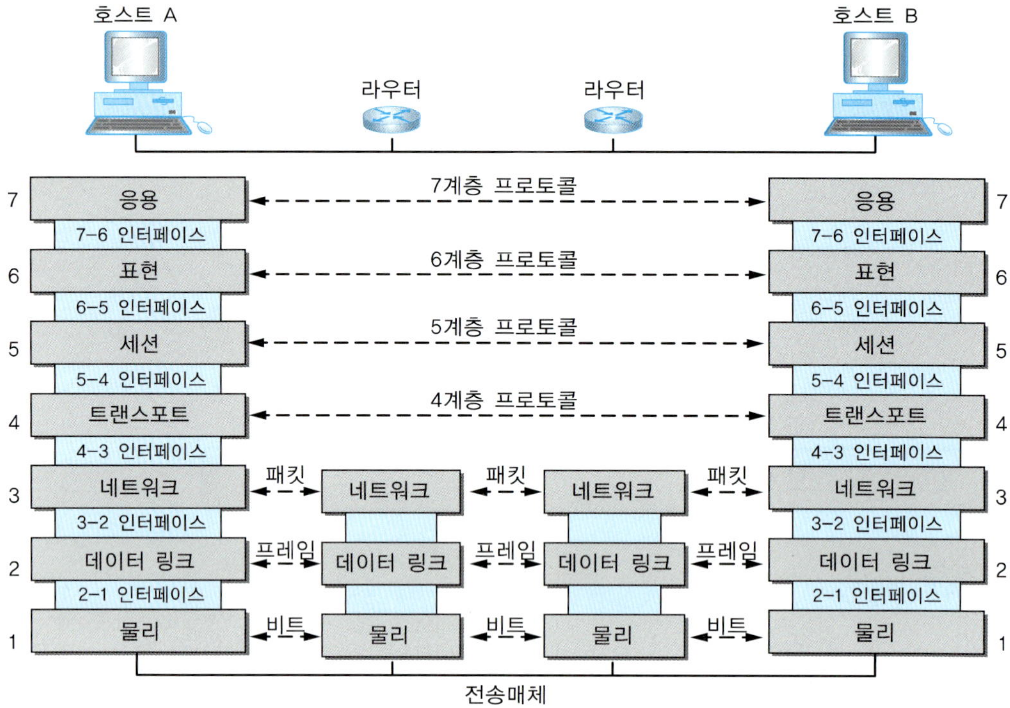

그림 3.1 OSI 참조모델

3.1.2 계층 구조

계층 구조는 크고 복잡한 시스템을 기능별로 나누어 개발 과정을 단순화 하는데 매우 유용하게 사용된다. 시스템이 계층 구조를 가질 때 각 계층이 제공하는 서비스를 변경하기가 쉬어진다. 즉 임의의 계층이 상위 계층에게 서비스를 제공하고 하위계층의 서비스를 이용하는 계층 구조는 임의의 계층에서 서비스 변경이 있어도 시스템의 나머지 부분에 변화를 주지 않는다. 지속적으로 변화되는 복잡하고 커다란 시스템에 대하여 시스템의 다른 요소들에 영향을 주지 않고 임의의 계층의 서비스 변경이 가능한 것은 계층화의 중요한 장점이다.

OSI 참조모델은 7계층으로 구성된 통신구조이다. N계층의 프로토콜 모듈은 상대방의 동일 계층 프로토콜 모듈과 통신을 하며 동일 계층에 있는 N 계층끼리의 통신 규약을 **N 계층 프로토콜**이라 한다. 하지만, N 계층 프로토콜이 상대방의 동일 계층에 데이터를 직접 전달하는 것이 아니라 하위 계층인 N-1 계층의 서비스를 이용한다.

즉 송신측 N+1 계층 프로토콜이 상대방 N+1 프로토콜로 데이터를 송신하고자 할 때 송신측 N 계층에게 서비스를 요청하고 N계층은 N-1 계층에게 서비스를 요청하는 과정으로 진행된다. 이러한 과정을 OSI 7계층 모델에서 살펴보면 응용계층의 데이터는 표현계층으로 전달되고, 표현 계층은 자신의 헤더 정보를 추가한 후 세션 계층으로 전달된다. 데이터 전달 과정은 마지막 계층인 물리 계층까지 반복되어 물리 계층을 통해 실제로 데이터가 전송되는 것이다.

반대로 수신측에서는 물리계층에서 데이터를 수신하여 상위 계층에 전달하는 과정을 반복한다. 최종적으로 해당 계층에 도달하면서 해당 계층의 프로토콜 동작이 수행된다. 결과적으로 OSI 7계층 모델에서 상위 계층(예: N+1계층)은 하위 계층(예: N계층)의 **서비스 사용자(Service User)**가 되며 하위 계층은 상위 계층의 **서비스 제공자(Service Provider)**가 된다.

동일 호스트상의 서비스 사용자(예: N+1 계층)와 서비스 제공자(예: N 계층)간에 주고 받는 데이터를 **서비스 프리미티브(Service Primitive)**라고 하며 [그림 3.2]에서 보여주고 있다.

즉, N 계층의 서비스는 N 서비스 프리미티브와 이 프리미티브에 관련된 파라미터로 규정할 수 있다. N 서비스 프리미티브는 요청(request), 통지(indication), 응답(response), 확인(confirm)으로 구분된다. 이들 프리미티브들의 개념을 전화 서비스로 설명하면 서비스 사용자가 전화번호를 파라미터

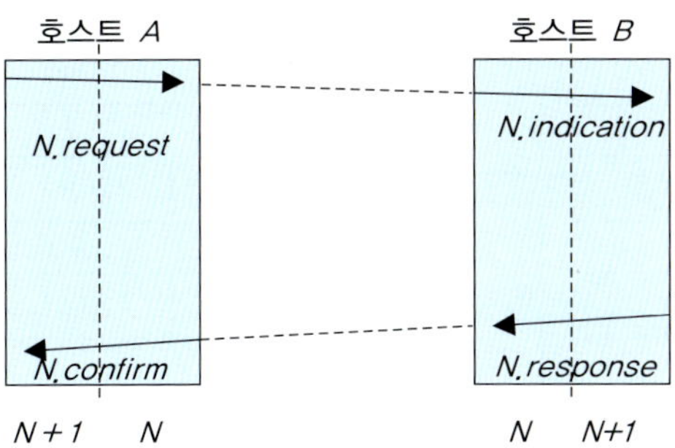

(a) 서비스 프리미티브 종류

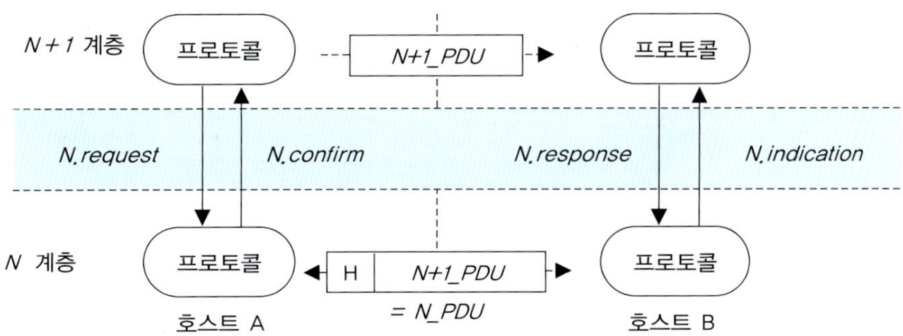

(b) 서비스 프리미티브와 PDU

그림 3.2 OSI 참조모델에서의 통신

로 하여 전화 연결을 요청하는 것이 요청 프리미티브에 해당된다. 서비스 제공자는 요청를 받아 상대방에게 전화벨을 울리는 것이 통지 프리미티브에 해당된다. 상대 서비스 사용자가 수화기를 드는 상태가 응답 프리미티브에 해당된다. 서비스 사용자는 상대방과의 연결이 확립된 상황을 알게 될 때가 확인 프리미티브에 해당된다.

서비스 프리미티브를 사용하여 N+1 계층의 송신 데이터(PDU: Protocol Data Unit)는 N 계층의 서비스 데이터 단위(SDU: Service Data Unit)로 N 계층에 넘겨지며 N 계층에서는 여기에 프로토콜 제어 정보(PCI: Protocol Control Information)를 헤더로 붙여 N 계층 PDU를 만든다. 이 N 계층 PDU도 N-1 계층의 서비스 데이터가 되어 N-1 계층에 전달된다. 이러한 계층간 데이터의 전달 과정을 **캡슐화(Encapsulation)**라고 부른다. OSI 7계층 참조 모델의 캡슐화는 [그림 3.3]에서 보여주고 있다.

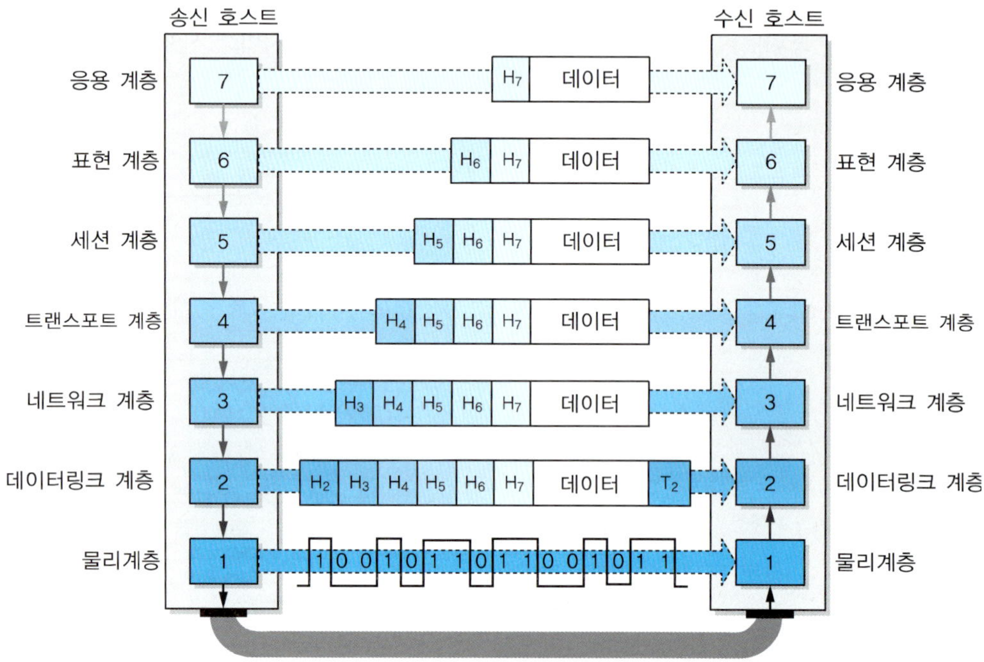

H_n : n 계층 헤더(Header), T_2 : 계층 2의 트레일러(Trailer)

그림 3.3 **OSI 7계층의 캡슐화**

3.1.3 OSI 7계층

OSI 7계층 모델은 7개의 계층으로 통신 프로토콜을 구현하기 위한 통신구조이며 각 계층의 기능을 간단히 설명하면 다음과 같다.

물리 계층(Physical Layer)

물리계층은 OSI 7계층 중 계층1에 해당하며 전송매체에 대한 전기적, 기계적인 인터페이스를 다룬다. 전송하고자 하는 데이터를 전송매체에 적합한 전기적 신호로 바꾸는 기능을 가지고 있다. 물리 계층은 하드웨어로 구현되며 계층 2 이상은 대부분 소프트웨어로 구현한다. 다음은 물리 계층에 해당하는 관련되는 장치들이다.

- 리피터(Repeater), 허브(Hub), 케이블, 이더넷(Ethernet) 등과 같은 하드웨어 장치
- LAN에서 사용하는 UTP(Unshielded Twisted Pair), STP(Shielded Twisted Pair)와 같은 케이블
- LAN의 UTP 케이블에 연결하는 RJ-45 코넥터(Connecter)

데이터 링크 계층(Data Link Layer)

데이터 링크 계층은 물리 계층을 통해 전송되는 데이터의 오류 문제를 해결하여 신뢰성 있는 데이터 전송 기능을 제공한다. 이를 통해 상위 계층인 네트워크 계층에게 오류 문제에 대한 부담을 줄여준다. 데이터 링크 계층에서 전송하는 데이터 단위를 **프레임(Frame)**이라 하며 이 프레임에 동기화, 오류 제어 및 흐름 제어 기능을 통해 오류 문제를 해결한다. 다음은 데이터 링크 계층의 주요 기능은 다음과 같다.

- **순서 제어**: 데이터의 순차적 전송을 위해 프레임 번호 부여
- **오류 제어**: 오류 검출과 교정
- **흐름 제어**: 연속적인 프레임을 전송할 때 수신측이 수신이 가능한지 여부를 제어
- **프레임 동기화**: 데이터 전송시 프레임 단위로 전송

네트워크 계층(Network Layer)

네트워크 계층은 네트워크 상에 존재하는 라우터와 같은 노드(Node)를 거칠 때마다 목적지로의 경로를 찾아주는 **라우팅(Routing)** 역할을 하는 계층이다.

네트워크 계층의 데이터 전송 단위를 **패킷(Packet)**이라 부르며 패킷 내에는 송신 호스트의 주소와 목적지 호스트의 주소를 포함하고 있다. 라우터에 패킷이 도착하면 패킷의 목적지 주소에 따라 적합한 라우터로 중개하며 이러한 과정을 통해 최종 목적지에 도착한다. 라우터가 패킷을 중개할 때 자신이 관리하고 있는 **라우팅 테이블(Routing Table)**을 사용한다.

인터넷에서는 IP 프로토콜이 네트워크 계층에 해당하며 IP 주소가 이 계층에서 사용하는 주소이다. 따라서 라우터와 같은 노드가 네트워크 계층까지 필요한 이유는 바로 이러한 라우팅 역할을 수행하기 위함이다. ITU-T에서 제정한 X.25 프로토콜이 대표적인 OSI 7계층 구조의 네트워크 계층이다.

트랜스포트 계층(Transport Layer)

트랜스포트 계층은 라우터와 같은 노드와는 상관없이 단대단(End-to-end) 신뢰성 있는 데이터전송 기능을 제공한다. 이를 위해 단대단 오류 복구, 흐름 제어 기능 등을 포함하고 있다.

네트워크 계층은 호스트에서 호스트로의 데이터 전송에 관계되는 것과는 다르게 트랜스포트 계층은 호스트 내에서 동작하는 프로세스(Process)에서 프로세스로의 데이터 전송이다. 이러한 의미에서 단대단 전송이라는 용어는 프로세스와 프로세스 간의 전송을 말한다. 따라서 트랜스포트 계층의 데이터 전송 단위(PDU, Protocol Data Unit)에는 송신측 포트(Port)번호와 수신측 포트 번호를 포함한다. 포트번호는 특정 프로세스를 나타내기 위해 트랜스포트 계층에서 사용하는 주소이다. 인터넷 통신구조에서 TCP와 UDP가 트랜스포트 계층에 해당한다.

세션 계층(Session Layer)

세션 계층은 양 끝단에 있는 응용 프로세스간의 통신을 제어하는 기능을 제공한다. 즉, 응용프로세스간 대화를 위해 세션을 설정하여 사용하는 기능을 제공하며 다음과 같은 내용을 포함한다.

- **대화(Dialogue) 형태**: 단방향(Simplex), 반이중(Half Duplex), 전이중(Full Duplex)
- **복구(Recovery) 기능**: 체크포인트(Checkpoint) 기능을 제공하여 체크 포인트 사이에 오류가 있을 때 마지막 체크포인트 이후의 모든 데이터를 세션 계층이 재전송하는 기능

표현 계층(Presentation Layer)

표현 계층은 호스트간에 교환되는 데이터의 표현방법(Syntax)와 의미(Semantic)를 다루는 계층이다. 즉, 송신 호스트는 데이터를 양쪽 호스트가 이해할 수 있는 표준화 된 형식으로 인코딩(Encoding)하고, 수신 호스트는 표준화 된 형식을 수신측에 적합한 형식으로 디코딩(Decoding)하는 기능을 말한다.

표현 계층은 이외에도 데이터의 안전하고 효율적인 전송을 위해 암호화(Encryption)하거나 압축(Compression)하는 기능도 갖고 있다.

| 응용 계층(Application Layer) |

응용 계층은 OSI 7계층 중에서 최상위 계층에 있으며 사용자에게 필요한 응용 서비스를 제공하는 계층이다. 다음은 OSI응용 계층에 해당하는 프로토콜 예를 보여주고 있다.

- **FTAM(File Transfer Access and Management)**: 파일 전송 프로토콜이며 인터넷의 FTP와 유사한 서비스이다. FTAM은 가상 파일의 개념을 도입하여 실제 파일에 대한 구체적인 지식이 없어도 파일을 주고 받거나 관리할 수 있는 기능을 제공하는 서비스이다.
- **VT(Virtual Terminal)**: 가상 단말 서비스 프로토콜이며 인터넷의 Telnet과 유사하다. VT는 원격 호스트에 접근하여 원격 호스트의 터미널(Terminal) 기능을 제공하는 서비스이다.

3.2 | 인터넷 프로토콜 구조

3.2.1 배경

인터넷은 원래 미 국방성(DOD: Department Of Defense)에서 연구원들과 관련 업체들 간의 정보 공유를 목적으로 1966년에 ARPANET이라는 이름으로 탄생되었으며 NCP라는 프로토콜을 기반으로 하였다.

ARPANET의 사용자들이 늘어나면서 원격 로그인(Remote Login), 파일 전송(File Transfer), 전자 메일(E-mail), 동호인 그룹(Usenet) 등과 같은 서비스가 만들어졌고 접속하는 컴퓨터의 기종들도 다양해졌다. 이런 과정에서 ARPANET 운영자들은 NCP 프로토콜이 다른 통신망들과 연결하는데 부적합하다는 결론을 내리고 TCP/IP(Transmission Control Protocol/Internet Protocol)라는 새로운 통신 프로토콜을 개발하였다. 이를 계기로 컴퓨터 상호간의 데이터 전달을 위한 통신구조를 만들었으며 현재까지도 인터넷에서 사용하는 통신구조이다. 인터넷 통신구조를 통해 그동안 프로토콜 문제로 인해 이 기종 간에 연결이 불가능했던 업체나 기관들도 통신이 가능하게 되었다.

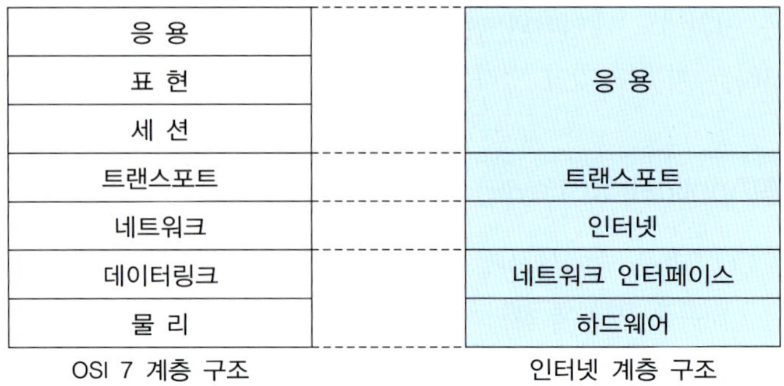

그림 3.4 **인터넷 프로토콜과 OSI 계층 비교**

하지만 인터넷 프로토콜 구조는 앞 절에서 설명한 ISO OSI 참조 모델을 따르지 않고 5계층으로 이루어져 있다. OSI 참조 모델은 7개의 너무 많은 계층으로 이루어져 있어서 다소 무리가 있었다. 따라서 인터넷 프로토콜 구조는 [그림 3.4]에서 보는 바와 같이 OSI 7계층과는 다르게 5개 계층을 사용한다.

3.2.2 인터넷 프로토콜 구조

인터넷 프로토콜 구조

인터넷 프로토콜 구조는 5개 계층으로 구성되어 있으며 각 계층의 이름은 위에서부터 응용(Application), 트랜스포트(Transport), 인터넷(Internet), 네트워크(Network) 인터페이스 그리고 물리 계층이다.

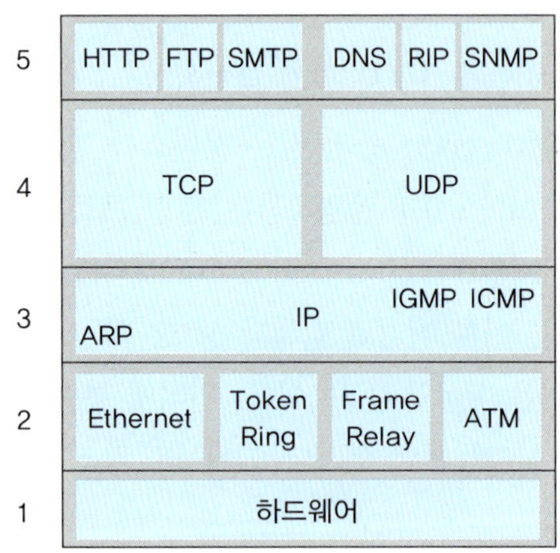

그림 3.5 **인터넷 프로토콜 계층 구조**

[그림 3.5]는 인터넷 프로토콜 구조의 각 계층에서 사용되는 종류를 보여주고 있으며 계층별로 간단히 설명하면 다음과 같다.

네트워크 인터페이스 계층

네트워크 인터페이스 계층(네트워크 접근 계층 또는 데이터링크 계층)은 프레임(Frame)을 네트워크 전송매체로 전달하는 것과 네트워크 전송매체에서 프레임을 받아들이는 과정을 담당한다. TCP/IP는 네트워크 접근 방법, 프레임 포맷, 매체에 대해 독립적으로 동작하도록 설계되어 있으며 이러한 이유로, TCP/IP는 서로 다른 네트워크 형태를 연결하는데 사용되어 질 수 있다. 여러 네트워크 형태로는 이더넷(Ethernet), 토큰버스(Token Bus), 토큰링(Token Ring)과 같은 LAN기술과 X.25, 프레임 릴레이(Frame Relay)와 같은 WAN기술을 포함한다. 특정 네트워크 기술을 개발하는 독립 회사들은 ATM(Asynchronous transfer Mode)과 같은 기술을 TCP/IP에 적용하고 있다.

네트워크 인터페이스 계층은 OSI 모델에서 데이터 링크 계층에 해당하며 이와 관련된 하드웨어가 물리 계층(Physical layer)에 해당된다.

인터넷 계층

인터넷 계층은 OSI 모델의 네트워크 계층에 해당하며 어드레싱(addressing), 패키징(packaging), 라우팅(routing) 기능을 제공한다. 핵심 프로토콜은 IP, ARP, ICMP, IGMP 등을 포함한다.

- IP(Internet Protocol)은 IP 주소를 이용하여 패킷의 라우팅을 담당하는 프로토콜
- ARP(Address Resolution Protocol)은 IP 주소를 네트워크 인터페이스 계층의 주소(MAC 주소 또는 물리적 하드웨어 주소)로 변환하는 역할을 담당
- ICMP(Internet Control Message Protocol)은 IP 패킷의 전달에 따른 오류나 상태를 리포트하고 진단하는 기능을 제공
- IGMP(Internet Group Management Protocol)은 IP 멀티캐스트(multicast) 그룹의 관리를 책임

트랜스포트 계층

트랜스포트 계층은 두 호스트 간에 단대단(End-to-End) 통신을 제공한다. 트랜스포트 계층의 핵심 프로토콜은 TCP와 UDP(User Datagram Protocol)이다.

- TCP는 1대1의 연결형, 신뢰성 있는 통신 서비스를 제공한다. TCP는 TCP 연결 설정과 보낸 패킷의 확인, 순서화, 전달 중 손상된 패킷을 복구하는 기능을 갖고 있다.
- UDP는 1대1, 1대다의 비연결형, 비신뢰적인 통신 서비스를 제공한다. UDP는 주로 전달해야 할 데이터의 크기(하나의 패킷으로 보낼 수 있는 데이터와 같은 경우)가 작을 때나, TCP 연결 확립에 의한 부하를 피하려고 할 때, 혹은 상위 프로토콜이 신뢰할 수 있는 전달을 책임지는 경우에 사용된다.

응용 계층

응용 계층은 사용자와 가장 밀접한 관계를 가지고 있는 계층이다. 여러 가지 응용 계층 프로토콜이 존재하며 지속적으로 새로운 프로토콜이 개발되고 있다.

가장 많이 알려진 응용 계층 프로토콜에는 다음과 같은 것들이 있다.

- HTTP(HyperText transfer Protocol)은 WWW의 Web 페이지 파일을 전송하는데 사용
- FTP(File transfer Protocol)은 상호 파일 전송을 위해 사용
- SMTP(Simple Mail transfer Protocol)은 메일 메시지와 그에 추가된 첨부 파일을 전송하기 위해 사용

또한, 다음과 같은 응용 계층 프로토콜이 TCP/IP 네트워크를 관리하거나 지원한다.

- DNS(Domain Name System)은 호스트 이름을 IP 주소로 변환하기 위해 사용
- RIP(Routing Information Protocol)은 IP 네트워크상에서 라우팅 정보를 교환하기 위해 라우터가 사용하는 프로토콜
- SNMP(Simple Network Management Protocol)은 네트워크 관리 콘솔과 네트워크 장비(라우터, 브리지, 지능형 허브)간에 네트워크 관리 정보를 수집, 교환하기 위해 사용

프로토콜 캡슐화(Encapsulation)

인터넷 프로토콜도 OSI 참조 모델의 캡슐화 개념을 동일하게 사용한다. [그림 3.6]은 인터넷 환경에서 호스트, 스위치(Switch), 라우터의 캡슐화를 보여 주고 있다.

응용계층의 메시지(Message)는 트랜스포트 계층으로 전달되고, 트랜스포트 계층은 전달 받은 데이터 앞에 자신의 헤더를 추가한 후 세그먼트(Segment)를 만들어 네트워크 계층으로 전달한다. 네트워크 계층은 전달 받은 데이터 앞에 자신의 헤더를 추가한 후 데이터그램(Datagram)

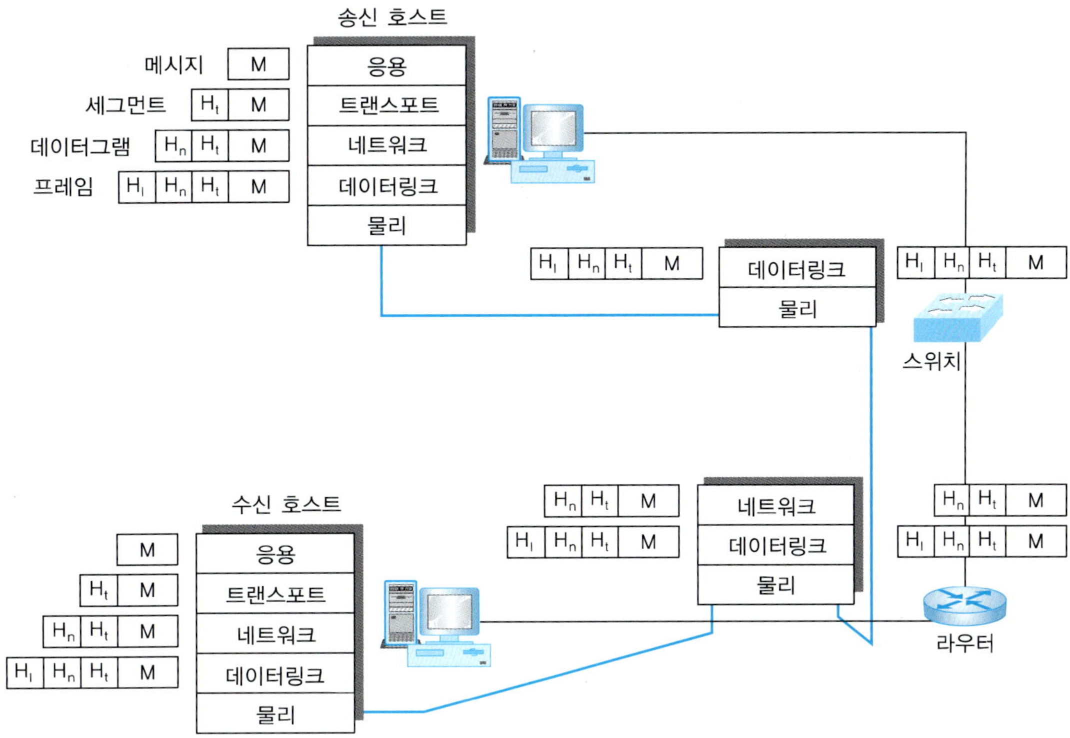

그림 3.6 **인터넷 통신구조의 캡슐화**

을 만들어 데이터링크 계층으로 전달한다. 데이터링크 계층은 전달 받은 데이터에 자신의 헤더를 추가하여 프레임(Frame)을 만든다. 마지막으로 프레임은 물리 계층에 해당하는 전송매체를 통해 실제로 전송된다.

반대로 수신 호스트에서는 물리 계층에서 데이터를 수신하여 상위 계층으로 전달하는 과정을 반복한다. 각 계층은 자신의 데이터 단위가 도착하게 되면 프로토콜 동작이 수행된다.

스위치는 계층 1, 2의 기능이 구현되어 있으며 라우터는 계층 3까지의 기능이 구현되어 있다. 즉, 인터넷 라우터는 IP 프로토콜을 지원하지만 스위치는 그렇지 못하다.

결과적으로 인터넷 통신구조는 OSI 참조 모델과 동일하게 상위 계층(예: N+1계층)은 하위 계층(예: N)의 서비스 사용자(Service User)가 되며 하위 계층은 상위 계층의 서비스 제공자(Service Provider)가 된다.

3.3 | 인터넷 접속 방법

인터넷에 접속하는 방법은 크게 학교나 회사와 같은 기관에서 전용회선을 사용하는 방법과 가정에서 기존의 전화선 및 ADSL 등과 같이 초고속 인터넷을 이용하는 방법과 무선 인터넷으로 나누어 볼 수 있다.

기관 접속

대학, 연구소, 회사 등과 같은 기관에서는 주로 전용회선을 이용한다. 이러한 기관들은 대부분 자체 네트워크인 LAN(Local Area Network)을 구축하고 있고 이러한 네트워크에 전용회선을 사용하여 외부의 네트워크와 연동하여 인터넷을 사용하고 있다. 기관에서 전용선을 이용하여 인터넷을 사용하는 것은 간단하다. 일반적으로 TCP/IP를 지원하는 통신 프로그램(패킷드라이버)만 설치되어 있으면 인터넷 관련 프로그램들을 수행시켜 인터넷을 사용한다. 이러한 전용선은 다양한 기관에서 지원하고 있다.

전용회선의 속도는 일반적으로 모뎀에서 사용하는 속도보다 고속의 전송 속도를 제공하고 있다. 일반적으로 100Mbps 이상의 속도를 제공하고 있다. 동작하는 방법도 종전의 모뎀은 디지털을 아날로그 신호로 바꾸어 전송하는 대신 전용선은 디지털 신호를 그대로 전용회선을 사용하여 전송한다.

가정 접속

일반적으로 가정이나 소규모의 회사 등에서는 막대한 비용 때문에 전용회선을 사용하지 못한다. 종전까지만 하더라도 일반 전화선과 모뎀을 이용하여 인터넷에 연동해 사용하였으나 속도가 너무 느려 요즘은 거의 사용하지 않고 있다. 최근에는 다음과 같이 속도가 향상된 인터넷 연결방식을 사용하고 있다.

- **ADSL(Asymmetric Digital Subscriber Line)**

ADSL은 일반 전화선을 이용해 가정이나 기업에 고속 데이터를 전송하는 디지털 가입자 회선(DSL: Digital Subscriber Line)의 한 종류이다. ADSL은 비디오, 동영상 등 대용량 데이터를 고속으로 일반 가정에 전달하기 위해 1989년 미국의 벨코어(Bell Core)가 개발하였다. ADSL의 보급으로 기존 전화 서비스와 동시에 고속 인터넷 접속, VOD, 영상 전화, 원격 강의 등 다양한 멀티미디어 서비스를 가정에서도 누릴 수 있게 되었다. ADSL의 다운로드 속도는 약 8.4Mbps이다.

- **케이블 TV 인터넷**

ADSL과 같이 전화선을 사용하지 않고 케이블 TV에서 사용하는 동축(Coaxial) 케이블 또는 광(Fiber) 케이블을 통해 인터넷에 연결한다. 이 방식은 ADSL보다 높은 속도를 제공하며 평균 다운로드 속도는 50.5Mbps이다. 케이블 TV망은 음성, 비디오 등의 멀티미디어 정보를 넓은 지역에 쌍방향으로 전송할 수 있으므로 인터넷, 홈쇼핑, 화상통신, 원격진료 등의 멀티미디어 서비스에 적합하다. 인터넷에 접속하기 위해서는 케이블 TV망에 가입해야 하고 케이블 모뎀과 네트워크 카드가 필요하다.

- **IP TV 인터넷**

케이블 TV 인터넷 방식과 유사하지만, IP TV에서 사용하는 인터넷 케이블을 이용해 인터넷에 연결한다. 이 방식도 케이블 TV 방식과 마찬가지로 쌍방향 서비스 가능해 다양한 멀티미디어 서비스에 적합하다. 이 방식의 서비스 제공자는 국내의 경우 "SK 브로드밴드, KT, LG U+"와 같은 통신사이며 전국 단위의 서비스를 제공한다. 최근에는 케이블 TV 방식보다 IP TV 방식을 많이 사용하고 있다.

무선(Wireless) 접속

- **Wi-Fi(와이파이)**

Wi-Fi는 Wireless Fidelity의 약자로 무선 접속 장치(AP: Access Point)가 설치된 곳에서 전파나 적외선 전송 방식을 이용하여 일정 거리 안에서 무선 인터넷을 할 수 있는 근거리 통신 기술이다. 대부분의 기관 또는 가정에서는 유선 인터넷과 함께 무선 인터넷을 사용하기 위해 무선 공유기 또는 AP를 설치한다. 이를 통해 Wi-Fi를 지원하는 스마트폰이나 노트북 컴퓨터 등을 통해 무선으로 인터넷을 사용한다.

- **이동(Mobile) 인터넷**

이동 인터넷은 이동 중에도 인터넷을 이용할 수 있는 방식을 말한다. 몇 년 전 까지만 하더라도 3G(3세대) 모바일을 많이 사용하였다. 3G 서비스는 웹 페이지를 검색하거나 e-메일 수신과 같은 기본적인 작업을 수행하는데 적합한 속도를 제공한다. 현재는 대부분의 사용자는 4G 모바일을 사용하고 있다. 4G는 3G보다 훨씬 높은 속도를 제공하기 때문에 다양한 멀티미디어 서비스를 제공할 수 있다. 국내외 주요 연구소 및 기업들이 5G 모바일의 시범 서비스를 보이고 있는 점으로 보아 멀지 않은 장래에 5G 모바일이 4G 모바일을 대체할 것으로 보인다.

연습문제

3.1 OSI 참조모델, TCP/IP 등 대부분의 프로토콜 구조는 계층화(Layering) 개념을 적용하여 구현하는데 계층화 개념의 장, 단점에 대하여 설명하시오.

3.2 OSI 7계층의 각 계층에 대한 기능에 대하여 간단히 서술하시오.

3.3 TCP/IP을 사용하는 인터넷 5계층 구조에서 각 계층의 역할은 무엇인가?

3.4 OSI 7계층과 인터넷 계층 구조를 서로 비교하여 분석하시오.

3.5 OSI 참조모델에서 service primitive에 대하여 간단히 설명하시오

3.6 연결형 서비스와 비연결형 서비스의 특징과 장단점에 대하여 간단히 설명하시오.

3.7 인터넷 접속 방법에는 어떤 방법들이 있으며 서로 간의 차이점에 대해서 서술하시오.

3.8 다음은 OSI 모델의 어떤 계층과 연관되는지 해당되는 계층을 나타내시오.

1) 신뢰적인 프로세스-대-프로세스 메시지 전달
2) 경로 선택
3) 프레임 정의
4) 이메일, 파일전송과 같은 서비스 제공
5) 전송매체를 통해 비트의 전송

3.9 다음은 OSI 모델의 어떤 계층과 연관되는지 해당되는 계층을 나타내시오.

1) 직접 사용자 응용 프로그램과 통신
2) 오류 교정과 재전송
3) 기계적, 전기적, 기능적 인터페이스
4) 인접 노드 간에 프레임 전송 책임

3.10 다음은 OSI 모델의 어떤 계층과 연관되는지 해당되는 계층을 나타내시오.

1) 형식과 코드 변환 서비스
2) 세션 연결, 관리, 해제
3) 신뢰적인 데이터 전송 보장
4) 로그인, 로그아웃 절차
5) 데이터 표현의 차이를 해결

3.11 SDU(Service Data Unit)과 PDU(Protocol Data Unit)의 차이는 무엇인가?

3.12 다음은 OSI 7계층중 어느 계층에서 담당하는가?

1) 패킷 라우팅을 위해 최적의 경로 선택
2) 신뢰적인 서비스를 갖는 단대단(end-to-end) 통신 제공
3) 신뢰적인 서비스를 갖는 노드간(node-to-node) 통신 제공

Wireshark Lab

본 연습에서는 Wireshark을 사용하여 컴퓨터 네트워크에서의 프로토콜에 관하여 배우게 될 것이다. 우선 사용하는 웹 브라우저의 캐쉬를 지우고 Wireshark을 실행시킨 다음 Wireshark 캡쳐(Capture)를 시작(Start)하라. 그리고 웹 브라우저 상에서 www.bbc.co.uk을 입력하여 웹 페이지가 모두 다운로드 된 후에 패킷 캡쳐를 중지(Stop)하라. 마지막으로 캡쳐된 데이터를 저장(Save)하라.

3.13 저장된 데이터에서 필터(Filter) 기능을 사용하여 HTTP 프로토콜만 고려하시오. Wireshark은 상위 계층 프로토콜의 데이터가 하위 계층 프로토콜에 포함되는 캡슐화(encapsulation) 개념을 이해 할 수 있도록 한다. HTTP/TCP/IP 각 프로토콜 데이터가 어떻게 하위계층으로 전달이 되는지를 화면 캡처를 통해 보이시오.

3.14 HTTP 프로토콜은 어떤 트랜스포트 프로토콜을 사용하는가?

3.15 저장된 데이터에서 DNS 프로토콜 메시지만 고려하시오. DNS는 어떤 트랜스포트 프로토콜을 사용하는가?

네트워킹 명령 Lab

3.16 nslookup 명령

(a) Google 사이트의 IP 주소는 무엇인가(www.google.com)? 왜 여러 개의 IP 주소를 가지고 있는지 설명하라.

(b) IP 주소 127.0.0.1의 호스트 이름을 찾고 이 주소는 무엇이 특별한가?

(c) www.getfedora.org의 IP 주소를 확인하는 방법은 무엇인가?

3.17 ipconfig 명령

(a) 사용하고 있는 컴퓨터의 IP 주소는 무엇인가?

(b) 사용하고 있는 컴퓨터의 인터페이스는 무엇인가?

3.18 ping

(a) 사용하고 있는 컴퓨터에서 다음 호스트 이름: www.zurich.ibm.com, www.microsoft.com, www.hoola.hp, www.20min.ch, 8.8.8.8로 도달가능(reachable) 한가? 웹 브라우저상에서 도달가능한지도 체크하라.

(b) www.postech.ac.kr 사이트의 최소, 평균, 최대 왕복 지연시간(minimal, average, and maximum round trip time)은 무엇인가?

(c) ping www.daum.net 명령을 수행하였더니 알 수 없는 호스트라는 메시지가 출력된다. 그 이유와 해결 방법을 설명하시오.

(d) ping 192.168.100.1을 수행하였더니 아무 응답이 없다. 이는 무엇을 의미하는가?

3.19 tracert

(a) www.kaist.ac.kr 사이트로 tracert를 시도하고 얼마나 많은 라우터를 거치는지 찾아보라.

(b) traceroute 192.168.100.1을 수행하였더니 어느 부분부터 '* * *'이 출력된다. 이는 무엇을 의미하는가?

3.20 netstat

(a) 먼저 사용하고 있는 컴퓨터에서 실행중인 TCP 연결(connection)을 출력하고 난 뒤 웹 브라우저에서 www.dongseo.ac.kr을 입력하라. netstat 사용해서 방금 입력한 웹 서비스를 위해 설정된 TCP 연결을 찾고 이 연결에 대한 정보를 출력하라.

(b) netstat 명령으로 프로토콜별 통계 정보를 확인하기 위한 옵션은 무엇인가?

PART 2

프로토콜

CHAPTER 04

데이터링크 계층과 LAN

4.1 | 개요

4.1.1 LAN의 정의

LAN(Local Area Network)은 한정된 지역 내에서 다양한 통신 기기의 상호 연결을 가능하게 하는 통신 네트워크로 정의하고 있다. 또 다른 의미에서 LAN은 사무실, 빌딩, 공장 등과 같이 제한된 지역에서 정보처리 장치들을 연결하기 위하여 최적화되고 신뢰성 있는 고속의 통신 채널을 제공하는 네트워크라고도 할 수 있다. 이렇듯 LAN은 여러 가지로 정의될 수 있으나 공통적으로 몇 가지 중요한 특징들을 가지고 있다. 이에 대해 살펴보면 다음과 같다.

- **제한된 접속 길이**: LAN의 통신 거리는 보통 수 km 이내로 짧다.
- **전송 용량**: LAN의 전송 용량은 WAN보다 크다. 보통 전송 속도는 수십 Mbps에서 수 Gbps 정도이다.
- **브로드캐스팅(Broadcasting)** 형태의 패킷 네트워크이다.
- **패킷 지연의 최소화**: 통신 속도가 빠를 뿐만 아니라 거리가 제한되어 있어 수신 패킷 지연 시간이 짧다.
- **오류율**: LAN은 제한된 거리에서 사용되고 UTP, 동축, 광섬유 케이블과 같은 전송매체를 사용하므로 LAN의 오류율은 전화 채널을 사용하는 WAN에 비해 상당히 작다.

4.1.2 IEEE의 LAN 표준

IEEE(Institute of Electrical and Electronics Engineers)는 현재 널리 수용되고 있는 LAN 관련 표준을 내놓았다. 대표적인 LAN 표준은 [그림 4.1]과 같으며 OSI 참조모델 또는 인터넷 통신구조와의 관계를 보여주고 있다.

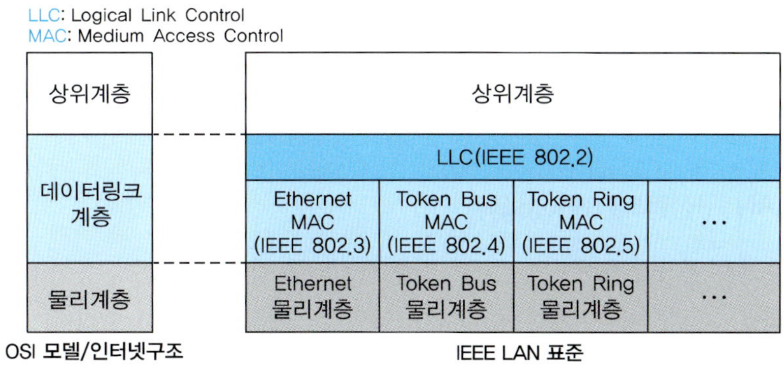

그림 4.1 IEEE LAN 표준

그림에서 알 수 있듯이 LAN 표준은 OSI 참조모델의 물리 계층과 데이터링크 계층에 해당하는 표준이다. LAN 환경에서의 데이터링크 계층은 LLC 계층과 MAC 계층으로 나누어서 처리한다.

LLC 계층은 하나 이상의 서비스 접근점(SAP, Service Access Point) 제공하는 계층으로 상위 계층과의 인터페이스를 다룬다.

MAC 계층은 LLC보다 복잡하며 다음과 같은 기능을 갖고 있다.

- 상위 계층의 데이터를 보낼 때 주소와 CRC를 포함한 프레임을 만듦
- 프레임을 수신할 때 프레임을 풀어서 주소를 인식하고 CRC를 사용하여 오류 검사 수행
- LAN 전송매체에 대한 접근 제어

인터넷에서 가장 많이 사용하는 이더넷 MAC은 IEEE 802.3, 토큰 버스 MAC은 IEEE 802.4 그리고 토큰 링 MAC은 IEEE 802.5 WG(Working Group)에서 표준을 정한다.

IEEE의 LAN 위원회는 현재 다음과 같은 WG을 포함하고 있다.

- **IEEE 802.1**: 상위 계층 인터페이스 및 MAC 브리지
- **IEEE 802.2**: LLC(Logical Link Control)

- **IEEE 802.3**: CSMA/CD(Carrier Sense Multiple Access/Collision Detection)
- **IEEE 802.4**: 토큰 버스(Token Bus)
- **IEEE 802.5**: 토큰 링(Token Ring)
- **IEEE 802.6**: MAN(Metropolitan Area Networks)
- **IEEE 802.11**: 무선 네트워크(Wireless Network)
- **IEEE 802.15**: Wireless Personal Area Network(WPAN)
- **IEEE 802.16**: Broadband Wireless Access

4.1.3 LAN 구성형태(Topology)

LAN과 같은 근거리 통신망은 비교적 단순한 형태를 갖는다. 근거리 통신망은 여러 가지 다양한 형태로 구성될 수 있으며 그 일반적인 예가 [그림 4.2]에서 보여주고 있다.

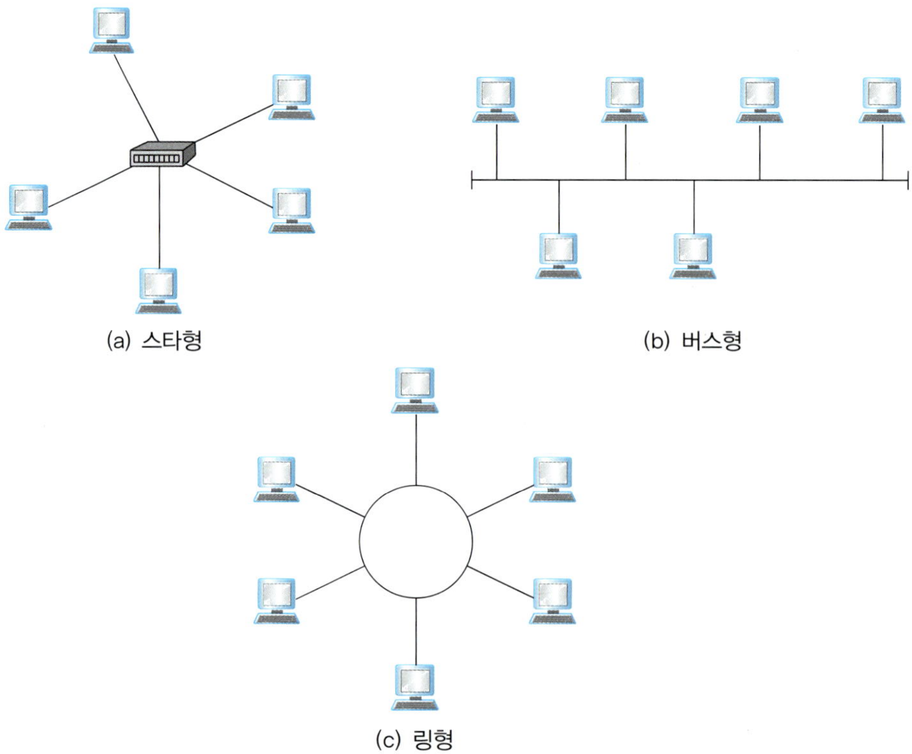

그림 4.2 LAN 구성형태

[그림 4.2] (a)와 같이 스타(Star)형 구성에서 모든 호스트는 하나의 허브(Hub) 또는 스위치(Switch)에 연결된다. 임의의 호스트에서 다른 호스트로의 데이터 전송은 허브 또는 스위치를 통해서만 가능하다. 이러한 의미에서 스타형은 허브형 구성이라고도 부른다. 이 방식의 장점은 설치 및 보수가 용이하며 허브를 쉽게 업그레이드 할 수 있는 장점이 있다. 단점으로는 허브가 고장나면 전체 네트워크가 동작이 되지 않으며 네트워크의 성능은 허브의 처리 용량에 의존하는 단점을 갖고 있다.

버스(Bus)형 구성에서 모든 호스트는 하나의 전송매체에 연결되며 [그림 4.2] (b)에서 보여주고 있다. 전송매체는 연결된 여러 호스트들에 의하여 공유되며, 이들 호스트들이 전송매체를 공평하게 사용할 수 있도록 하는 매체 접근 제어(MAC: Medium Access Control)가 필요하다. 버스형의 구성에서는 보통 이더넷으로 불리는 CSMA/CD 프로토콜과 토큰 버스 프로토콜을 사용한다. 버스형의 장점은 케이블에 소요되는 비용이 최소이며, 각 노드의 고장이 네트워크의 다른 부분에 전혀 영향을 미치지 않는다는 점이다. 하지만 메인 케이블에 고장이 나면 전체 네트워크에 영향을 주며, 네트워크 부하가 심한 경우에 성능이 떨어지는 단점이 있다.

링(Ring)형 구성은 루프(Loop)형이라고도 하며 [그림 4.2] (c)에서 보여주고 있다. 즉 연결된 전체 구성이 원형을 이루는 방식이다. 링형 구성형태에서 각 호스트는 두 개의 인접한 호스트와 연결된다. 이 구성 방식에서 모든 호스트가 링형의 전송매체를 공유하고 있으므로 전송매체의 접근을 제어할 수 있는 MAC 프로토콜이 필요하다. IEEE 802.5의 토큰 링(Token Ring) MAC 프로토콜이 링형 구성에서 사용된다.

토큰링 MAC 프로토콜은 호스트의 송신을 제어하기 위해 토큰(Token)이라고 하는 짧은 메시지를 순환시켜 이 토큰을 획득한 호스트가 송신할 수 있는 권한을 가지도록 하는 방식이다. 링 방식에서는 토큰을 갖고 있는 호스트만이 데이터를 전송할 수 있으므로 호스트 수가 증가하더라도 성능에 영향을 주지 않는 장점이 있다. 반면에 임의의 호스트가 고장나면 네트워크 전체가 동작하지 않을 수 있으며 호스트를 추가하거나 제거할 때 어려움이 있는 단점이 있다.

4.2 | 이더넷

4.2.1 이더넷 프레임 형식

데이터링크 계층은 상위 계층의 패킷을 전달받아 프레임 형태로 변환하여 물리계층에 전달한다. 이때 이더넷(Ethernet) 헤더에는 상위 계층의 프로토콜 정보와 출발지, 목적지 MAC 주소 정보가 담긴다. [그림 4.3]은 이더넷 프레임 형식을 보여주고 있다.

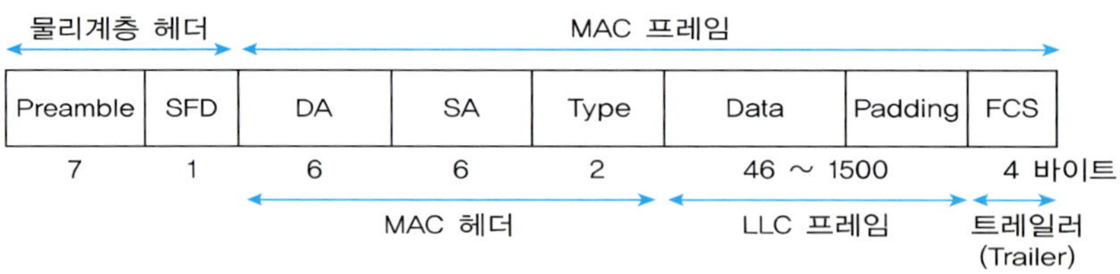

그림 4.3 이더넷 프레임 형식

- **Preamble**: 물리 계층에서 전송되는 비트패턴으로 송신자와 수신자의 동기를 맞추기 위해 사용된다. 7바이트 크기이며 항상 7개의 10101010로 설정된다.
- **SFD(Start Frame Delimeter)**: 이더넷 프레임의 시작을 알려주는 신호 역할을 한다. 1바이트 크기이며 10101011로 설정된다.
- **DA(Destination Address)**: 프레임을 수신할 호스트의 MAC 주소를 포함하며 6바이트 크기이다.
- **SA(Source Address)**: 프레임을 송신하는 호스트의 MAC 주소를 포함하며 6바이트 크기이다.
- **Type**: 상위 계층의 프로토콜 정보(예: IP=0x0800, ARP=0x0806)를 포함하며 2바이트 크기이다.
- **Data**: 상위 계층에서 전달받은 데이터를 포함한다. 최소 46바이트에서 최대 1,500바이트 크기를 갖는다.
- **Padding**: Data가 46바이트 보다 작으면 46바이트로 채워주는 역할을 한다.
- **FCS**: 프레임에 오류가 생겼는지 검출할 수 있도록 하며 4바이트 크기의 CRC 코드이다.

4.2.2 CSMA/CD

IEEE 802.3 MAC

이 방식은 버스나 스타형 LAN에서 가장 일반적으로 이용되고 있는 매체 액세스 제어기법으로 보통 **이더넷(Ethernet)**이라고도 한다. CSMA/CD 방식은 채널을 사용할 때 먼저 다른 호스트가 채널을 이용하는지의 여부를 모니터링한 다음 사용하는 방법으로써 경쟁(contention)에 의해 채널 사용권을 얻는다.

만일 채널이 사용 중이면 일정 시간만큼 기다렸다가 다시 채널 상태를 살핀 후 전송을 재시도한다. 채널이 사용 중이 아닌 것으로 판단되면 전송을 시작하는데 이때 다른 호스트가 동시에 전송을 시작하면 이미 전송된 프레임은 충돌에 의해 데이터가 파괴된다. 충돌이 발생하게 되면 전송하고 있던 호스트들은 그들의 전송이 끝날 때까지 기다리지 않고 곧바로 전송을 중단하게 된다. 전송을 중단한 후 일정 시간이 지나고 나서 전송을 재개해야 한다.

다음은 CSMA/CD 동작 절차를 단계적으로 보여주고 있다.

1. 임의의 NIC(Network Interface Card)가 상위의 네트워크 계층으로 데이터를 받으면 이더넷 프레임을 만든 후 그 프레임을 어댑터의 버퍼에 저장한다.
2. NIC는 다른 NIC가 전송매체를 사용하고 있지 않으면(Idle) 프레임을 전송한다. 만일 전송매체를 사용하고 있으면(Busy) 사용하지 않을 때까지 기다렸다가 프레임을 전송한다.
3. NIC는 프레임 전송중에도 다른 NIC가 데이터를 전송하는지 체크한다. 만일 다른 NIC로부터의 데이터 전송을 검출하지 않고 프레임 전체를 전송하면 프레임 처리는 완료된 것이다.
4. 만일 NIC가 프레임 전송 도중에 다른 NIC로부터의 데이터 전송을 감지(충돌 탐지, Collision Detection)하면 자신의 프레임 전송을 즉시 중단하고 48비트 잼(Jam) 신호를 전송한다.
5. 잼 신호를 전송한 후, NIC는 지수적 백오프(Exponential Backoff) 알고리즘을 실행한다. 이 알고리즘은 프레임을 전송할 때 이 프레임에 대해 n번째 충돌이 발생하면 NIC는 {0, 1, 2, ..., 2^n-1} 중에서 임의의 값 K를 선택한다. 그 뒤 NIC는 $K \cdot 512$ 비트 시간을 기다린 후 단계 2로 돌아간다. 지수적 백오프 알고리즘은 충돌이 많이 발생 할수록 좀 더 긴 시간 동안 기다린 후에 전송을 재시도 하려는 의도이다.

[그림 4.4]는 CSMA/CD 동작 절차를 플로우 차트로 보여주고 있다.

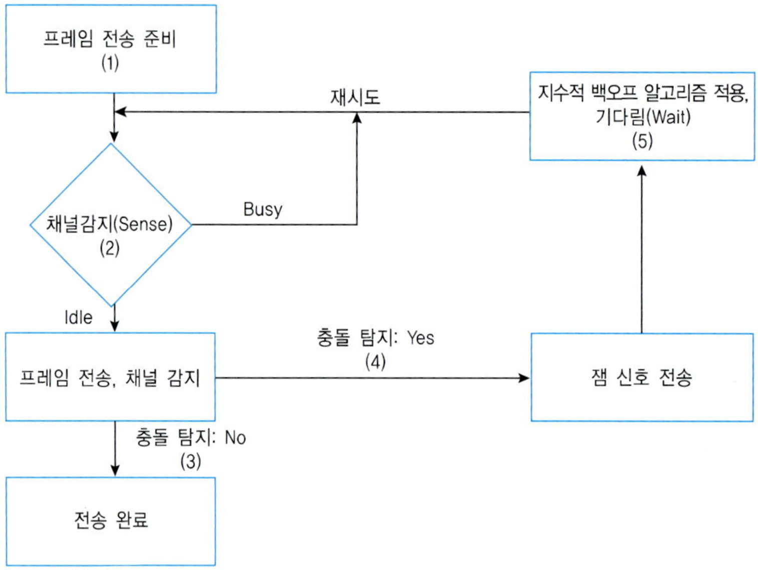

그림 4.4 **CSMA/CD 플로우 차트**

[그림 4.5]는 CSMA/CD의 충돌이 발생하는 한 예를 보여주고 있다. 시간 t_0에서 호스트 A는 호스트 C로 향하는 프레임을 전송하기 시작한다. t_1에서 호스트 D는 B로 프레임을 전송할 준비가 되어 있고 이 시점에 채널이 사용 중이 아님을 감지하고 전송을 시작한다. 이때 호스트 A, D에서 보낸 프레임은 충돌이 발생하며 호스트 A, D는 충돌이 발생했음을 감지한다. 호스트 A, D는 랜덤 시간을 기다린 후에 전송을 재개해야 한다.

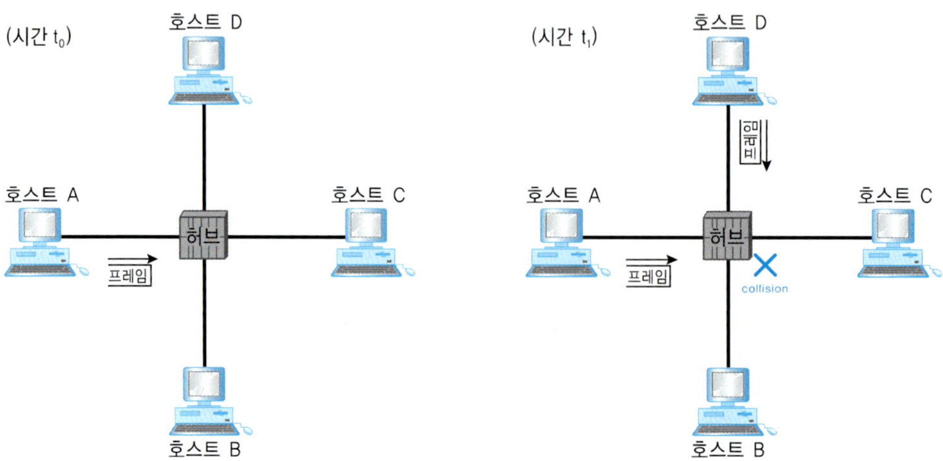

그림 4.5 **CSMA/CD 충돌 예**

CSMA/CD 방식에서는 충돌 후 랜덤 시간만큼 기다린 후에 전송을 재개하므로 재충돌이 일어날 가능성은 상당히 줄어들게 된다. CSMA/CD 방식은 통신량이 적을 때에는 90% 이상으로 채널 이용률이 높으나 통신량이 많아지면 충돌의 횟수가 증가하면서 채널 이용률이 떨어지는 단점과 지연시간을 예측할 수 없는 즉, 최대 지연시간을 측정할 수 없는 단점이 있다. 이러한 문제는 특히 공장 자동화에 LAN을 이용할 때 제한 요소로 작용할 수도 있다. 그러나 이 방법은 채널의 제어가 각 기기에 완전히 분배되어 있고, 채널은 수동적이기 때문에 어느 한 기기가 고장이 나도 다른 기기의 통신에 전혀 영향을 미치지 않는다.

이러한 장점 때문에 일반적으로 가장 많이 쓰이고 있으며 이더넷을 비롯한 많은 LAN이 이 방법을 이용하고 있다. 이 방법은 비교적 저속이며 저부하의 경우에 적합하고 제어 방식이 간단하면서 시설비가 저렴하므로 소규모에서 대규모 LAN까지 경제적인 구성이 가능하다. 사용되는 전송매체는 UTP와 동축 케이블이 일반적이나 최근에는 광섬유 케이블을 이용하는 추세이다.

IEEE 802.3 물리 계층

CSMA/CD에 대한 물리적 매체는 사용자 응용의 요구사항을 충족시키기 위해 IEEE 802.3에서 정의되었으며 UTP(Unshielded Twisted Pair), 동축 케이블(Coaxial Cable) 그리고 광섬유 케이블(Fiber Optics Cable)등이 사용된다. [표 4.1]은 초기에 사용 되었던 여러 가지 사양들에 대한 특성을 요약한 것이다.

UTP는 동축 케이블 등 다른 매체에 비해 설치하기 쉬운 장점을 가지며 전화선의 설치와 동일한 방식으로 설치될 수 있으므로 근거리 통신망을 구성할 때 비용이 적게 드는 장점을 갖는다.

동축 케이블은 10 BASE 2라고 하는 얇은(Thin) 동축 케이블과 10 BASE 5라고 불리는 굵은(Thick) 동축 케이블이 있다.

10 BASE 5는 초기 802.3 매체의 사양이다. 10 BASE 5의 데이터 전송률은 10Mbps로 맨체스터 디지털 시그널링을 사용하고 있으며 케이블 세그먼트(segment)의 최대 길이는 500m이다. 물론 네트워크의 길이는 리피터(repeater)를 사용하여 확장시킬 수 있다.

표 4.1 IEEE 802.3 물리 계층 매체의 종류

종 류	10 BASE 5	10 BASE 2	10 BASE T	10 BASE-FP
전송매체	동축 케이블	동축 케이블	UTP	광섬유
시그널링 방식	베이스밴드 (맨체스터)	베이스밴드 (맨체스터)	베이스밴드 (맨체스터)	맨체스터
전송률(Mbps)	10	10	10	10
최대 세그먼트 길이(m)	500	185	100	500
세그먼트 당 노드수	100	30	-	33
구성형태	버스	버스	스타	스타

[그림 4.6]은 세 개의 세그먼트와 두 개의 리피터를 가진 LAN의 한 형태를 보여주고 있다. 이러한 10 BASE 5 LAN 구성은 초기에 사용되었으나 지금은 사용하지 않는다.

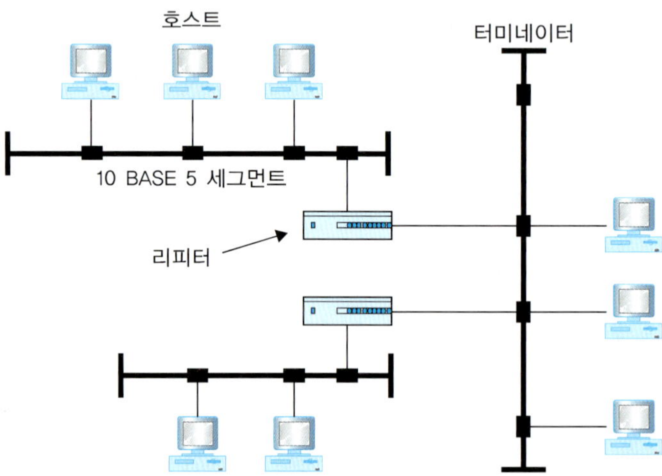

그림 4.6 세 개의 세그먼트로 구성된 10 BASE 5 LAN 구성

4.2.3 패스트 이더넷과 기가비트 이더넷

❙ 패스트 이더넷 ❙

앞에서 언급하였듯이 10BaseT는 10Mbps로, 100BaseT는 100Mbps로 전송한다는 의미이며 100BaseT를 지원하는 이더넷을 **패스트(Fast) 이더넷**이라고 한다. 또는 100Mbps 이더넷이라고도 한다. 10BaseT와 100BaseT 이더넷은 모두 [그림 4.7]과 같이 스타형 구성형태를 가지며 허브 또는 스위치 장치를 사

용한다.

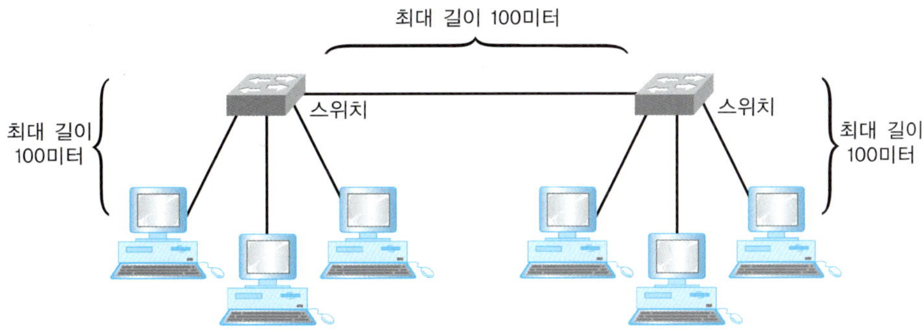

그림 4.7 10BaseT 또는 100BaseT 기반의 LAN 구성

각 호스트의 이더넷 어댑터는 UTP 케이블을 통해 허브로의 직접적인 연결을 갖는다. 100BaseT는 보통 고급의 카테고리-5 UTP 케이블을 사용하며 10BaseT와 달리 맨체스터 인코딩을 사용하지 않고 대신 4B5B라는 좀 더 효율적인 인코딩 방식을 사용한다.

기가비트 이더넷

기가비트 이더넷은 10Mbps와 100Mbps 이더넷 표준을 확장한 것이다. 데이터 전송율이 1,000Mbps인 기가비트 이더넷은 이미 널리 사용되고 있는 이더넷 장비들과 완전한 호환이 가능하다. 기가비트 이더넷은 다수의 10Mbps 및 100Mbps 이더넷 랜들을 서로 연결해 주는 백본으로 자주 사용되며 원래 광섬유에서 동작하는 것이었지만, 카테고리 5 UTP 케이블에서도 사용이 가능하다. 2006년에는 10Gbps 이더넷(10GBase-T)이 표준화되어 이더넷의 전송속도는 지속적으로 향상되고 있다.

[표 4.2]는 이더넷의 전송속도를 개선하기 위한 IEEE 표준의 진화 과정을 보여주고 있다.

표 4.2 이더넷 표준의 진화

년도	IEEE 표준	이름	전송 속도	케이블 종류
1990	802.3i	10BASE-T	10Mb/s	UTP Cat. 3
1995	802.3u	100BASE-TX	100Mb/s	UTP Cat. 5
1999	802.3ab	1000BASE-T	1Gb/s	UTP Cat. 5e 이상
2006	802.3an	10GBASE-T	10Gb/s	UTP Cat. 6A
2015	802.3bq	40GBASE-T	40Gb/s	UTP Cat. 8

cat. : Category

기가비트 이더넷이 가지고 있는 가장 큰 장점은 기존 이더넷 네트워크를 간단히 고속 네트워크로 업그레이드 할 수 있다는 것과 기존 이더넷, 패스트 이더넷의 모든 장점을 모두 포함한다는 것이다. 가격 또한 투자대 비율로 봤을 때 저렴하다. 패스트 이더넷 스위치를 이용하고 있거나 패스트 이더넷을 이용해 백본을 구성한 경우는 물론, FDDI망으로 구성된 네트워크까지 모두 기가비트 이더넷으로 간편한 전환이 가능하다. ATM이 WAN 분야에서 강력한 기능을 발휘하는 기술이라면 기가비트 이더넷은 랜 분야 백본용으로 사용이 훨씬 더 용이하다고 할 수 있다. 백본의 속도를 기가비트급으로 올려 백본에서 일어나는 데이터의 병목 현상을 줄일 수 있다.

4.3 | 토큰 버스

LAN은 기본적으로 전송 채널을 공유한다. 따라서 각 호스트에게 공유 채널을 어떤 식으로 분배할지를 결정하는 것이 LAN의 성능을 좌우하는 중요한 요소이다. 본 절에서는 토큰 버스(Token bus) MAC 프로토콜에 관하여 알아본다.

IEEE 802.4 MAC

토큰 패싱(Token Passing) 방식은 원래 링형 구성형태의 네트워크를 위해 개발된 방법이지만 논리적 링(Logical Ring)의 구성이 가능하게 됨에 따라 버스 구조의 네트워크에도 이용되고 있다.

토큰 버스 방식은 LAN에 속해 있는 각 호스트끼리 논리적 링을 형성하고 이 링을 따라 특정한 비트 패턴인 토큰(Token)이 순환한다. 토큰을 획득한 호스트는 프레임을 전송할 수 있는 권한을 가지게 되며 보내고자 하는 프레임을 전송한다. 프레임 전송을 완료하면 호스트는 토큰을 다음 호스트로 전달하여 채널 사용권한을 넘겨준다.

논리적 링을 따라 토큰을 전달하기 위해 각 호스트는 토큰을 받아야 할 전임 호스트(Predecessor)와 토큰을 넘겨주어야 할 후임 호스트(Successor)를 가지고 있다.

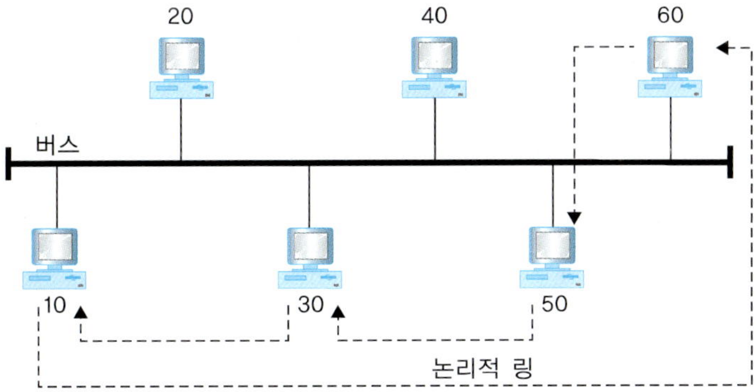

그림 4.8 토큰 버스의 논리적 링

토큰 버스 방식의 기본적인 동작 절차는 다음과 같다.

1. 물리적 전송매체에 논리적 링을 먼저 구성한 다음 하나의 제어 토큰을 생성한다.
2. 토큰은 프레임을 전송할 호스트가 이를 수신할 때까지 논리적 링을 따라 전달된다.
3. 호스트가 토큰을 소유하게 되면 전송하고자 하는 프레임을 물리적 매체를 이용하여 전송한 다음 논리적 링 내의 후임 호스트에게 토큰을 전달한다.

토큰은 호스트 주소의 내림차순(descending order)으로 호스트에서 호스트로 전달된다. 예를 들어 [그림 4.8]에서 호스트 60, 50, 30, 10 순서로 논리적인 링이 구성된다.

여기서 호스트 10의 후임 스테이션은 60이 된다. 임의의 호스트가 토큰이 도착했음을 알게 되면 그 호스트는 데이터 프레임을 전송한다. 또한 데이터 프레임을 모두 전송하면 논리적 링 상에서 바로 후임 호스트로 토큰을 전달한다. 위의 예에서 호스트 60은 50으로 토큰을 넘겨주고 호스트 50은 30으로, 계속해서 10, 다시 60으로 넘겨지게 된다. [그림 4.9]는 위 예에서 데이터를 전송하는 동작의 한 예를 보여주고 있다.

- 시간 t_0에서 호스트 10은 토큰을 넘겨준다. 논리적인 순서에서 다음 호스트가 호스트 60이기 때문에 호스트 10이 전송하는 토큰의 목적지 주소는 60이 된다. LAN 상의 모든 호스트는 이 토큰을 수신하지만 호스트 60을 제외한 다른 호스트는 목적지 호스트가 아니므로 토큰을 무시한다.
- 시간 t_1 시점에서 호스트 60은 그 토큰을 받는다. 일단 호스트 60이 그 토큰을 받게 되면 데이터 프레임을 전송하는 것은 자유이다. 이 예제에서는 데이터 프레임을 호스트 20으로 전송한다 (t_2). 호스트 20은 그 프레임을 받기 위해 논리적 링에 포함될 필요는 없지만 호스트 20은 토큰

을 획득할 수 없으므로 어떠한 데이터 전송을 시도할 수 없다.

- 호스트 60이 데이터 전송을 완료했으면 토큰을 논리적 링 상의 후임 호스트(호스트 50)로 보낸다.

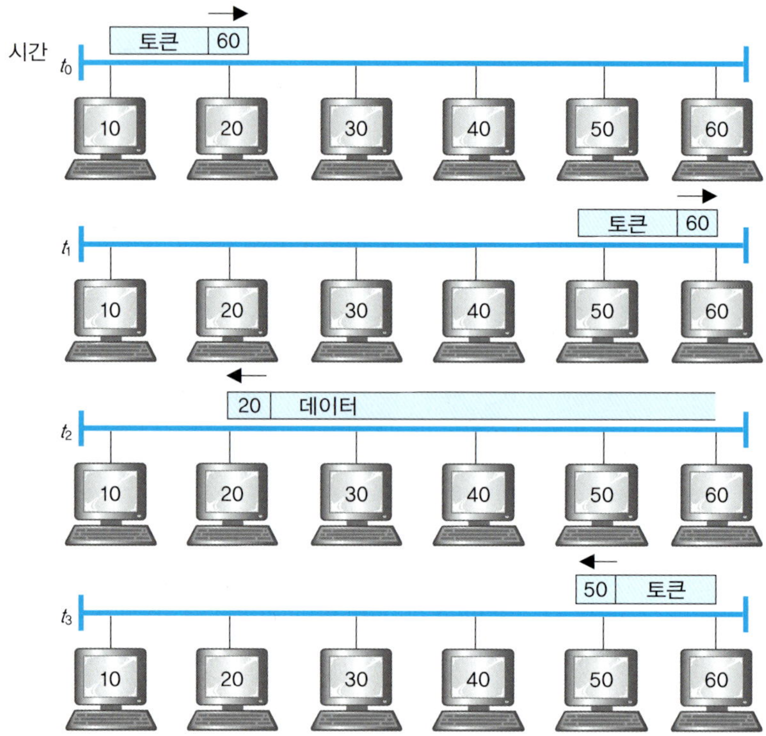

그림 4.9 **데이터 전송 동작**

토큰 버스 방식은 앞에서 설명한 기본적인 절차 이외에도 임의의 호스트가 논리적 링에 추가 하는 절차, 논리적 링에서 탈퇴하는 절차, 토큰 분실 또는 오류시 회복하는 절차 및 논리적 링을 초기화 하는 절차 등의 관리 절차를 갖고 있다. 이 부분에 대한 설명은 생략하기로 한다.

IEEE 802.4 물리 계층

IEEE 802.4는 토큰 버스 방식을 위한 네 종류의 물리적 매체를 정의하였다. [표 4.3]은 초기에 사용되었던 여러 가지 사양들에 대한 특성을 요약한 것이다.

표 4.3 IEEE 802.4 물리 계층 매체의 종류

종 류	베이스밴드		베이스밴드		브로드밴드		
전송률(Mbps)	1	5	10	1	5	10	5, 10, 20
구성형태	버스		버스		버스		스타
전송매체	동축 케이블		동축 케이블		동축 케이블		광섬유

4.4 | IEEE 802.11 LAN

IEEE 802.11은 보통 무선 LAN 또는 와이파이(Wi-Fi)라고 부르는 무선 네트워크에서 사용되는 기술이다. 무선 LAN은 현재 대학, 사무실, 가정 등에서 널리 사용되고 있으며 사용자는 무선 LAN 기술을 사용하여 인터넷에 접속할 수 있다. 현재 다수의 무선 LAN 표준 및 기술이 있지만 이전까지 가장 널리 사용되어 왔던 표준은 IEEE 802.11b 표준이다.

[표 4.4]는 여러 종류의 무선 LAN 표준을 보여주고 있으며 전송 속도를 개선하기 위해 새로운 표준을 만들어 왔다. 표에서 보는 바와 같이 802.11a부터 802.11ad까지의 전송 속도를 살펴보면 꾸준히 향상되고 있음을 알 수 있다. 하지만, 최근에 적당한 전송 속도와 함께 비교적 장거리까지도 통신할 수 있는 802.11af와 802.11ah가 표준으로 제정 되었다. 802.11af와 802.11ah는 저전력에서도 동작이 가능하며 먼 거리에서도 통신이 가능하여 최근의 IoT(Internet of Things) 환경에 적합한 기술이다.

표 4.4 IEEE 802.11 표준 요약

표준	년도	주파수 영역	최대 전송 속도	채널 대역폭	거리
802.11a	1999	5 GHz	54 Mbps	20 MHz	35m
802.11b	1999	2.4 GHz	11 Mbps	20 MHz	35m
802.11g	2003	2.4 GHz	54 Mbps	20 MHz	70m
802.11n	2009	2.4 &5 GHz	600 Mbps	20 & 40 MHz	70m
802.11ac	2013	5 GHz	1.3 Gbps	20, 60, 80, 160 MHz	35m
802.11ad	2012	60 GHz	6.76 Gbps	2.16 GHz	10m
802.11af	2013	54-790 MHz	26.7 Mbps	6, 7, 8 MHz	1km 이상
802.11ah	2016	900 MHz	40 Mbps	1, 2, 4, 8, 16 MHz	1km

IEEE 802.11 LAN 구조

[그림 4.10]은 802.11 무선 LAN 구조의 주요 구성 요소들을 보여주고 있으며 기본 구성단위는 BSS(Basic Service Set)이다. BSS는 보통 하나 이상의 무선기기들과 하나의 **AP(Access Point, 또는 Base Station)**로 구성된다. 고정 또는 이동할 수 있는 무선기기들과 AP는 IEEE 802.11 무선 MAC 프로토콜을 사용해서 서로 통신한다. AP는 보통 유선을 통해 스위치 또는 라우터에 연결되며 이를 통해 무선기기는 인터넷을 이용할 수 있게 된다.

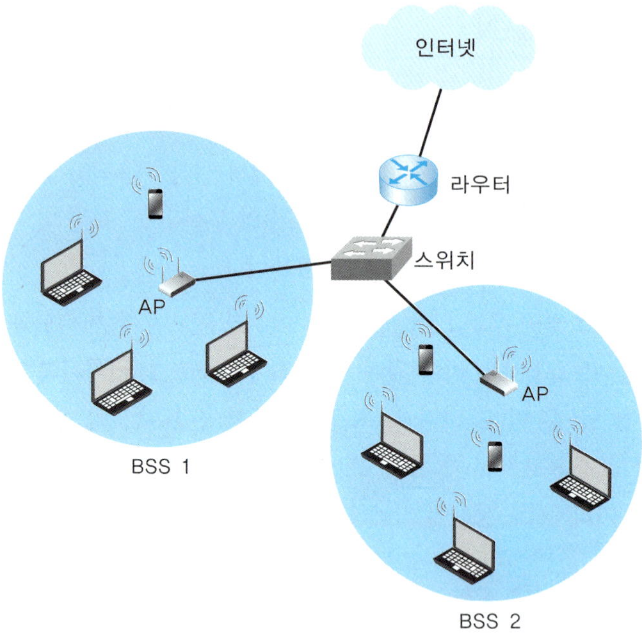

그림 4.10 IEEE 802.11 LAN 구조

IEEE 802.11은 [그림 4.11]과 같이 AP없이도 네트워크를 동적으로 구성하는 것이 가능하다. 고정된 유선망과 AP를 가지지 않고 이동 호스트(Mobile host)로만 이루어져 통신되는 망을 **Ad-Hoc 네트워크**라고 한다. 따라서 유선망을 구성하기 어렵거나 망을 구성한 후 단기간 사용되는 경우에 적합하며 Ad-Hoc 네트워크에서는 호스트의 이동에 제약이 없고 유선망과 AP가 필요없으므로 빠른 망 구성과 저렴한 비용이 장점이다. 처음에는 군사적인 필요성에서 시작되었으며 현재는 집적회로 기술의 발달로 고성능의 노트북이 보편적으로 사용되고 있다. 무선대역폭도 동영상을 전송할 정도의 수준까지 향상되어 군사적인 작전의 용도에서부터 학교, 병원, 생산공장, 전시장, 응급사항 등 매우 다양한 분야에 Ad-Hoc 네트워크가 적용될 수 있고 긴박한 상황이나 지속적인 망 연결이 필요 없는 환경에서 적용 가능하다.

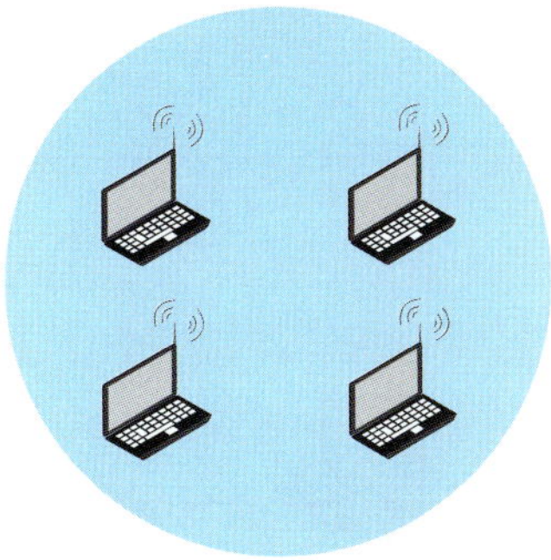

그림 4.11 IEEE 802.11 Ad-Hoc 네트워크 구조

IEEE 802.11 MAC

유선 802.3 이더넷 네트워크와 같이 IEEE 802.11 무선 LAN에 있는 호스트들은 공유되는 통신매체에 대한 접근과 사용을 조정해야 하는데 이것은 MAC이 해야 할 일이다. IEEE 802.11 MAC 프로토콜은 충돌을 회피하는 **CSMA/CA(Carrier Sense Multiple Access with Collision Avoidance)**를 사용한다. 이더넷의 CSMA/CD 프로토콜과 마찬가지로 CSMA/CA 또한 데이터 전송을 위한 채널이 유휴(idle) 한지를 알아보기 위해 채널을 먼저 검사한다.

만일 채널이 DIFS(Distributed Inter Frame Space) 시간동안 채널이 유휴한 것으로 감지되면 호스트는 데이터를 전송할 수 있다. 수신 호스트는 자신에게 도착한 프레임을 정확하고 완벽하게 수신하면 SIFS(Short Inter Frame Spacing)동안 기다린 후 송신자에게 확인 프레임을 전송한다. 이와 같은 확인은 수신자가 송신자에게 송신자의 데이터 프레임을 정확하게 수신하였음을 알려 준다. 유선 이더넷과 달리 무선 송신자는 프레임이 다른 프레임과 충돌하지 않고 목적지에서 성공적으로 수신하였는지 알 수 없기 때문에 이러한 확신 메시지를 필요로 한다.

만일 송신자가 채널이 사용 중(busy)임을 감지했을 때는 이더넷의 백오프(backoff) 절차와 유사하게 채널이 나중에 유휴하게 될 때까지 프레임 전송을 연기한다.

802.3 이더넷 프로토콜과는 달리 무선 802.11 MAC 프로토콜은 충돌 탐지(collision detection) 기능을 갖고 있지 않은데 다음과 같이 두 가지 이유가 있다.

- 충돌을 탐지하려면 데이터 송신과 동시에 다른 호스트로부터의 데이터 수신을 할 수 있어야 한다. 이렇게 하려면 비용이 많이 든다.
- 동시에 송신과 수신을 할 수 있다고 할지라도 **숨겨진 터미널 문제**(**Hidden Terminal Problem**) 때문에 모든 충돌을 탐지할 수 없다.

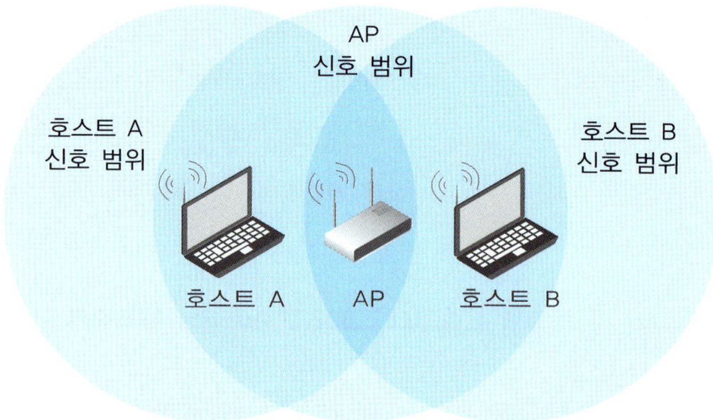

그림 4.12 **숨겨진 터미널 문제의 예**

위의 두 번째 상황은 무선 채널의 특성으로부터 기인한다. [그림 4.12]의 경우를 고려해 보자. 호스트 A가 프레임을 전송하고 있고 호스트 B는 프레임을 AP로 전송하려 한다고 가정하자. 호스트 B는 호스트 A로부터 아무런 전송도 들을 수 없기 때문에 DIFS 시간동안 기다린 후 데이터를 전송하게 되며 호스트 A가 보낸 데이터와 충돌이 발생하게 된다. 결국 호스트 A는 물론 호스트 B의 전송시간 동안 채널을 모두 낭비하게 된다.

이러한 문제를 해결하기 위해 IEEE 802.11은 RTS(Request To Send)제어 프레임과 CTS(Clear To Send) 프레임을 사용한다. 데이터 프레임을 전송하고자 하는 송신 호스트는 먼저 RTS 프레임을 수신 호스트에게 전송한다. RTS 프레임을 수신한 수신 호스트는 송신 호스트에게 송신 허락을 하는 CTS 프레임으로 응답한다. RTS와 CTS 프레임을 수신한 다른 모든 호스트들은 이 전송을 방해하지 않기 위해 데이터 전송을 하지 않는다.

결국 앞에서 언급되었던 호스트 A와 B의 숨겨진 터미널 문제로 야기된 프레임 충돌도 RTS, CTS 프레임을 사용하여 해결이 된다.

4.5 | HDLC

HDLC(High-Level Data Link Control)는 IBM이 개발한 SDLC(Synchronous Data Link Control)로부터 발전한 것이다. IBM에서는 DLC를 ISO에 국제 표준안으로 제출하였고, ISO에서는 이를 수정하여 이름을 HDLC로 변경하였다. 이후에 ITU-T의 전신인 CCITT에서 HDLC를 X.25 네트워크 인터페이스 표준으로 사용하기 위해 수정하여 LAP(Link Access Protocol)을 만들었고 후에 LAPB(LAP-Balanced)로 변경되었다. LAP과 LAPB는 HDLC를 일부 수정하거나 기능을 추가한 것이므로 프레임 형식이나 기본 기능들은 유사하다. HDLC는 OSI 7 계층 중의 데이터 링크 계층과 비슷한 프로토콜로서 주요 임무는 두 호스트 사이의 프레임 흐름 제어와 관리이다.

HDLC는 [그림 4.13]과 같은 환경에서 사용될 수 있다. 주국(Primary Station)에서 종국(Secondary Station)으로 전송되는 프레임을 **명령(Command)**이라 하며, 종국에서 주국으로 전송되는 프레임을 **응답(Response)**이라 한다. [그림 4.13]의 (a)와 같이 호스트의 역할이 주국 또는 종국으로 분리되어 구성된 방식을 불균형 구성(Unbalanced configuration)이라 하며, (b)와 같이 호스트의 역할이 주국과 종국으로 결합되어 구성된 방식을 균형 구성(Balanced configuration)이라 한다.

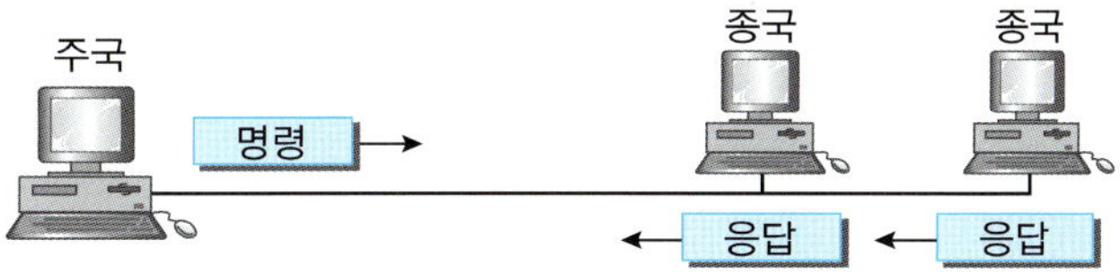

(a) 불균형 구성

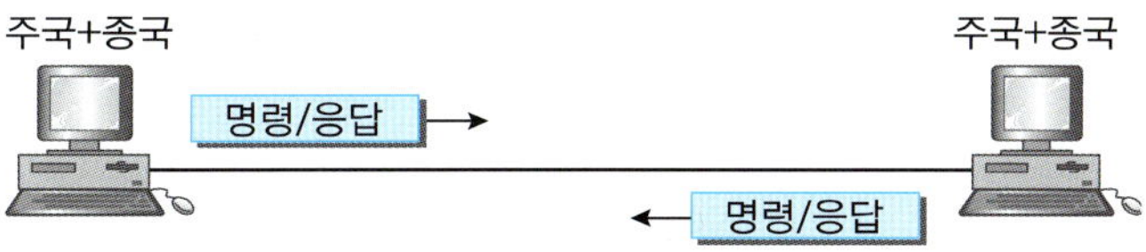

(b) 균형 구성

그림 4.13 **HDLC 사용 환경**

HDLC는 다음과 같은 세 가지 모드를 갖는다.

- **정규 응답 모드(NRM: Normal Response Mode)**: 불균형 구성에서 사용되며, 종국은 주국의 허가를 받아야 데이터를 전송할 수 있다. 주국과 종국의 연결 구성은 일대일 또는 일대다 등이 될 수 있으며, 일대다 구성인 경우에는 오직 하나의 주국만이 존재할 수 있다.

- **비동기 응답 모드(ARM: Asynchronous Response Mode)**: 불균형 구성에서 사용되며, 종국은 주국의 허락없이 데이터를 전송할 수 있다. 주국과 종국은 일반적으로 일대일로 연결된 전이중 링크 상에서 데이터를 주고받는다.
- **비동기 균형 모드(ABM: Asynchronous Balanced Mode)**: 두 호스트는 주국과 종국의 기능을 모두 가지고 있으며 일대일로 연결된 전이중 링크 상에서 동작한다. 따라서 양쪽 모두 명령과 응답을 보낼 수 있다.

4.5.1 프레임 형식

다른 프로토콜과 마찬가지로 HDLC는 프레임을 주고 받음으로서 동작이 이루어진다.

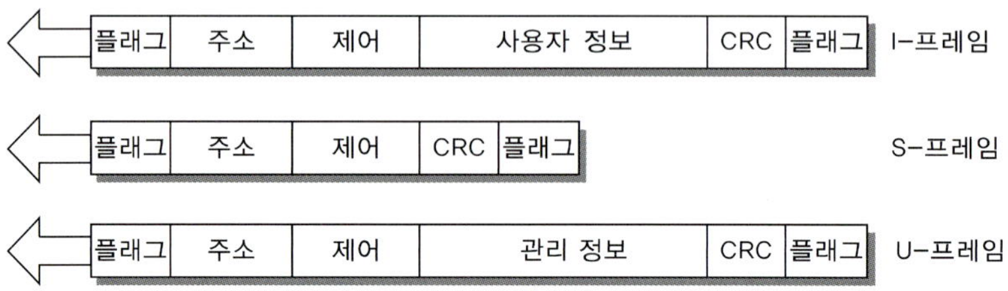

(a) 프레임 형식

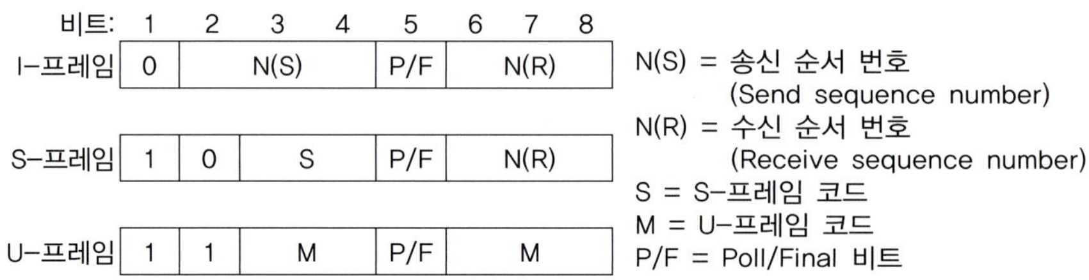

(b) 제어 필드 형식

그림 4.14 **HDLC 프레임 형식**

[그림 4.14]는 HDLC의 프레임 형식을 보여주고 있다. [그림 4.14] (a)에서 보는 바와 같이 HDLC는 세가지 종류의 프레임 즉 I-프레임(Information 프레임), S-프레임(Supervisory 프레임) 그리고 U-프레임(Unnumbered 프레임)으로 구분한다.

[그림 4.14] (b)는 각 프레임에 대한 제어 필드의 형식을 보여주고 있으며 제어 필드에 대한 설명은 뒷 부분에서 설명한다.

- 플래그(Flag)

플래그 필드는 특정한 비트 패턴으로 01111110을 가지며, 프레임의 시작과 끝을 나타낸다. 이와 같은 비트 패턴을 수신한 호스트는 HDLC 프레임이 전송 중이라는 것을 인식하게 된다. 각각의 프레임 크기가 다르므로 호스트는 도착하는 비트들을 조사하여 프레임의 마지막 부분을 검출한다. 하지만 플래그 비트 패턴이 문제를 일으킨다. 비트 기반 프로토콜에서는 데이터 필드에 임의 값이 포함될 수 있다. 즉, 플래그 패턴이 데이터 필드에 존재하게 되면, 호스트에서는 이 부분을 프레임의 마지막으로 인식한다. 이러한 문제점은 이전 절에도 언급한 바 있는 비트 스터핑이라는 간단한 방법으로 해결된다.

이 방법은 프레임의 시작과 끝을 나타내는 플래그와 같은 비트 패턴이 데이터 필드에 나오면 수신자는 이것이 데이터인데도 불구하고 플래그로 판단하는 오류를 범하게된다. 이를 방지하기 위해 송신자는 프레임의 중간에 1이 다섯 번 연속한 경우 다음에 무조건 0을 삽입한다. 수신자는 반대로 프레임의 데이터 필드에 5번의 연속된 다음에 있는 0은 무조건 삭제한다. 플래그 패턴은 송신 호스트에서 비트 스터핑을 하지 않으므로 유일하게 연속된 6개의 1이 나타난다.

- 주소(Address)

주소 필드는 호스트를 식별하기 위한 주소를 포함하며 일반적으로 8비트이며 16비트로 확장이 가능하다. 주국에서 종국으로 프레임을 전송하는 경우 주소 필드는 종국의 주소를 포함한다. 반대로 종국에서 주국으로 프레임을 전송하는 경우 주소 필드는 주국의 주소를 포함한다.

- 정보(Information)

정보 필드는 가변적인 크기를 가지며 I-프레임은 사용자 데이터를 U-프레임은 관리를 위한 정보를 포함한다. S-프레임은 이 필드를 사용하지 않는다.

- CRC(Cyclic Redundancy Check)

CRC는 오류의 검출을 위해 사용된다. 이 필드는 표준 형식에서 16비트를, 확장 형식에서는 32비트의 크기를 갖는다.

프레임 종류

HDLC는 다음과 같이 세 가지 종류의 프레임 즉, I-프레임, S-프레임, U-프레임으로 구분하며 각 프레임은 제어 필드를 프레임 특성에 맞게 사용한다.

- I-프레임은 사용자 데이터를 실제로 전송하는 프레임이다. N(S)는 전송하는 프레임 번호이며,

N(R)은 다음에 수신할 프레임 번호이다. P/F 비트는 Poll/Final을 나타내며 P비트는 주국이 전송하는 프레임이며 F비트는 종국이 전송하는 프레임이다. 주국은 P비트를 1로 설정한 프레임을 종국에게 전송하여 응답을 요청할 수 있다. 예를 들어 종국 호스트가 전송할 데이터가 있는지 여부 또는 현재 진행 중인 작업의 상태를 통보받기 위해 사용한다. 어떠한 경우에 있어서도 종국 호스트에서는 응답해야 하며, 프레임 전송 시 F 비트를 1로 설정하여 현재의 프레임이 마지막임을 나타낸다.

- S-프레임은 오류 제어나 흐름제어 기능을 수행하는 데 필요한 프레임으로 제어 필드에 S, P/F 그리고 N(R) 필드를 포함한다. N(R)과 P/F비트는 I-프레임에서와 동일한 기능을 수행한다. 2비트의 S 필드는 다음과 같이 네 가지의 S-프레임을 구분한다.
  - RR(Receive Ready: 00) 호스트가 데이터를 수신할 준비가 되었음을 알리기 위해 RR 프레임을 전송한다.
  - RNR(Receive Not Ready: 10) 호스트의 버퍼가 가득 차거나 링크 오류를 발견하면 RNR 프레임을 전송하여 송신 호스트에게 송신을 중지하도록 요청한다.
  - REJ(Reject: 01) Go-Back-N 프로토콜에서의 NACK와 유사한 기능을 수행한다. 이 프레임은 상대편 호스트에게 N(R)에 표시된 번호부터 시작하는 프레임에 대해 모두 재전송할 것을 요청한다.
  - SREJ(Selective Reject: 11) Selective Repeat 프로토콜에서 사용되어진 NACK와 유사한 기능을 갖는다. N(R)에 표시된 번호의 프레임만을 재전송할 것을 상대편 호스트에게 요청한다.
- U-프레임은 제어 필드에 프레임 번호를 나타내는 필드가 없으므로 U(Unnumbered)-프레임이라 하며 연결을 설정하거나 해제할 때 사용된다.

4.5.2 HDLC 동작

HDLC 동작은 두 호스트 간에 I-프레임, S-프레임 그리고 U-프레임의 교환으로 이루어진다. 이들 프레임에 대해 정의된 여러 가지 명령(Command)과 응답(response)이 [표 4.5]에 정의되어 있다. HDLC는 세 가지 단계, 즉 연결 설정, 데이터 전송, 연결 해제 단계로 구성된다.

연결 설정

연결 설정은 set-mode 명령(SNRM, SARM, SABM) 중 하나를 보냄으로써 시작된다. 이 명령은 다음 세 가지 일을 수행하게 된다.

- 상대측으로 연결 요청 신호를 보낸다.
- 세 가지 모드(NRM, ABM, ARM) 중 어느 것을 사용하는지를 나타낸다.

표 4.5 HDLC 명령과 응답

프레임	명령(C)/응답(R)	설 명
Information (I)	C/R	사용자 데이터 교환
Supervisory (S)		
Receive ready(RR)	C/R	I-프레임의 수신 준비를 ACK
Receive not ready (RNR)	C/R	I-프레임의 수신 준비가 안 됨을 ACK
Reject(REJ)	C/R	NACK, Go-back N
Selective reject(SREJ)	C/R	NACK, Selective Repeat
Unnumbered (U)		
Set normal response mode(SNRM)	C	연결 설정 시 사용
Set asynchronous response mode(SARM)	C	연결 설정 시 사용
Set asynchronous balanced mode(SABM)	C	연결 설정 시 사용
Disconnect(DISC)	C	연결 해제 시 사용
Unnumbered ACK(UA)	R	연결요청을 수락할 때 사용
Disconnect Mode(DM)	R	연결요청을 거절할 때 사용

- 3비트 또는 7비트 순서번호(Sequence number) 중 어느 것을 사용하는지를 나타낸다.

연결 요청을 수신한 상대측은 UA 프레임으로 응답하여 연결 요청을 수락할 수 있으며 DM 프레임으로 응답하여 연결 요청을 거절할 수 있다.

데이터 전송

초기화가 성공적으로 완료되어 논리적인 연결이 설정되면 양측은 I-프레임을 사용하여 사용자 데이터를 보내기 시작한다. I-프레임 내의 N(S)과 N(R) 필드는 흐름제어와 오류제어를 위해 사용된다. 호스트는 자신이 전송한 프레임에 순서적으로 번호를 부여하기 위해 N(S) 필드를 사용한다. 호스트가 I-프레임을 수신하면 자신의 I-프레임을 사용하여 잘 받았음을 송신측에 확인(ACK) 해준다. 이 때 N(R) 필드는 다음에 받게 될 프레임의 번호가 설정된다. 만일 임의의 호스트가 N(S)=5로 된 프레임을 받았다면 N(R)=6으로 된 프레임으로 확인하게 된다. 이 확인을 **피기백 확인(Piggybacked acknowledgment)**이라 하는데 이는 데이터 전송과 함께 데이터 수신에 대한 확인을 같이 보내기 때문이다. 확인은 또한 S-프레임으로 보낼 수 있다. 순서번호의 사용은 다음 세 가지 중요한 기능을 수행한다.

- **흐름제어**: 임의의 호스트는 윈도우 크기(Windows size)로 정해진 프레임 수까지 확인 없이 보낼 수 있다. 더 이상의 프레임은 이전에 보낸 프레임의 확인을 받은 후에 전송이 가능하다. 결국 수신측이 확인을 늦게 하면 송신측도 늦게 송신하게 된다.
- **파이프라인(pipelining)**: 여러 프레임이 한 번에 전송이 가능하다. 이는 높은 전파지연을 갖는 링크(위성 링크)에서 효율적으로 사용될 수 있다.
- **오류제어**: 어떤 프레임이 오류가 발생했으면 수신측은 그 프레임이 오류가 발생했음을 나타내기 위해 S-프레임을 통해 부정적 확인(Negative acknowledgment)을 보낸다. 이는 Go-back-N 또는 Selective repeat 방법 중 하나를 선택할 수 있다.

연결해제(Disconnect)

임의의 한쪽에서 DISC(Disconnect) 프레임을 보냄으로써 해제를 요청할 수 있다. 다른 한쪽은 UA로 응답함으로써 그 해제를 수락해야 한다.

4.5.3 동작의 예

HDLC 동작에 대한 이해를 쉽게 하기 위한 예가 [그림 4.15]에서 보여주고 있다.

[그림 4.15] (a)는 연결 설정과 해제에 관련된 프레임들을 보여준다. 호스트 A는 비동기 균형모드(ABM)로 연결을 설정하기 위해 호스트 B로 SABM 명령을 보내고 타이머를 구동시킨다. 호스트 B는 SABM을 받게 되면 UA로 응답한다. 연결 설정을 개시한 쪽에서 UA 응답을 받게 되면 논리적 연결이 설정되며 양쪽은 프레임 전송을 시작할 수 있다. 연결 설정을 개시하는 측에서 UA를 받기 전에 타이머가 완료되면 SABM을 다시 보내야 한다.

[그림 4.15] (b)는 I-프레임의 양방향 교환을 보여주고 있다. 앞에서 언급한 바와 같이 N(S)는 송신하는 프레임의 번호이며, N(R)은 다음에 수신하게 될 프레임의 번호를 나타낸다.

[그림 4.15] (c)는 REJ 명령을 사용한 오류제어의 한 예를 보여주고 있다. 이 예에서 호스트 A는 3, 4 그리고 5로 부여된 I-프레임을 전송한다. 이때 4번 프레임은 오류가 발생한다. 호스트 B는 번호 5인 I-프레임을 받을 때 이 프레임을 버리는데 이는 순서가 맞지 않기 때문이며 호스트 B는 N(R)=4로 된 REJ를 보낸다. REJ는 A가 프레임 4부터 시작하여 이후의 모든 I-프레임의 재전송을 개시하도록 한다. 예제에서는 B가 REJ 프레임을 사용하여 Go-back N 방식을 취하였지만 상황에 따라 SREJ를 사용하여 선택적 재전송(Selective Repeat) 방식을 취할 수 있다.

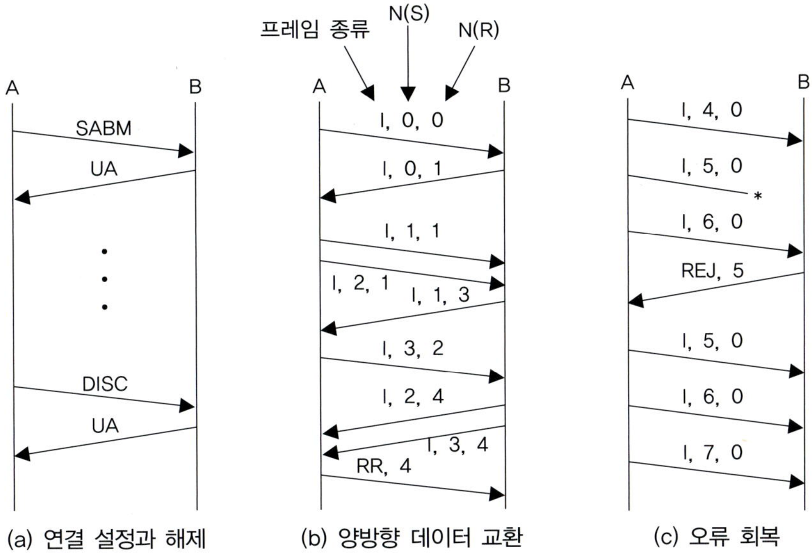

그림 4.15 **HDLC 동작의 예**

연습문제

4.1 LAN, MAN, WAN의 특징은 무엇인가?

4.2 LAN의 특징에 대해 간단히 설명하고, LAN이 갖는 장점을 서술하시오.

4.3 IEEE 802 표준은 LAN을 두 개의 부계층으로 구분하고 있다. 각각이 무엇인지 적으시오.

4.4 LAN의 세 가지 구성형태(Topology)는 무엇인가?

4.5 컴퓨터 네트워크에서 왜 MAC(Medium Access Control) 프로토콜을 사용하는가?

4.6 CSMA/CD의 머리 글자를 풀어서 적어보고 각 의미를 설명해보라.

4.7 CSMA/CD는 부하가 높은 경우에 효율이 좋지 않은데 그 이유를 설명하시오.

4.8 다음과 같이 LAN에서 사용되는 매체 접근 제어기법의 특징에 대해 간단히 설명하시오.

1) CSMA/CD

2) CSMA/CA

3) Token bus

4.9 무선 LAN에서는 CSMA/CA protocol을 사용하는데 CA(Collision Avoidance)을 위한 동작절차를 간단히 설명하시오.

4.10 무선 네트워크에는 왜 CSMA/CA가 필요한가?

4.11 Exponential Backoff 알고리즘에 대하여 간단히 설명하시오.

4.12 CSMA/CD에서 임의의 호스트가 데이타를 보내려고 할때 먼저 채널이 사용중인지 조사한다. 만일 채널이 사용중이면 그 호스트가 취해야 할 동작절차를 간단히 서술하시오.

4.13 CSMA/CD에서 임의의 호스트가 충돌을 탐지했을 때 이 호스트가 취해야 할 동작절차를 간단히 설명하시오.

4.14 패스트 이더넷과 기가비트 이더넷에 대하여 설명하시오.

4.15 10Mbps, 100Mbps, 1Gbps 전송 속도를 위한 UTP 케이블의 카테고리(Category)는 각각 무엇인가?

4.16 프레임이라는 용어의 정의를 내리시오.

4.17 CSMA/CD 프로토콜에서 NIC는 충돌 후 K×512 비트시간을 기다린다(K는 임의로 선택된다). K=100일 때, 10Mbps 이더넷에서 얼마나 기다리는가? 100Mbps 이더넷에서는 얼마나 기다리는가?

4.18 HDLC의 프레임 구조를 세 가지 종류의 프레임 별로 표현하시오.

4.19 [그림 4.15] (c)에서는 B가 REJ 프레임을 사용하여 Go-back N 방식을 취하였지만 상황에 따라 SREJ를 사용하여 선택적 재전송(Selective Repeat) 방식을 취할 수 있다. [그림 4.15] (c)를 수정하여 SREJ를 사용한 시나리오를 그리시오.

4.20 CSMA/CA에서 RTS와 CTS 제어 프레임을 사용하는 이유는 무엇인가?

Wireshark Lab: 이더넷 프레임 검사

본 연습에서는 Wireshark을 사용하여 컴퓨터 네트워크에서의 프로토콜에 관하여 배우게 될 것이다. 우선 사용하는 웹 브라우저의 캐쉬(Cache)를 지우고 Wireshark을 실행시킨 다음 Wireshark 캡처(Capture)를 시작(Start)하라. 그리고 웹 브라우저 상에서 www.bbc.co.uk을 입력하여 웹 페이지가 모두 다운로드 된 후에 패킷 캡처를 중지(Stop)하라. 마지막으로 캡처된 데이터를 저장하라.

4.21 저장된 데이터의 상위 윈도우에서 하나의 HTTP를 선택하라. 이더넷 프레임 중 다음 필드의 값을 나타내시오.

(a) 프레임의 목적지 MAC 주소

(b) 사용하고 있는 호스트의 MAC 주소

(c) 프레임 타입(Frame Type)

(d) 데이터

CHAPTER 05

네트워크 계층과 라우팅

5.1 | 네트워크 계층

네트워크 계층은 OSI 모델에서의 라우팅과 혼잡 제어 기능을 수행한다. [그림 5.1]은 네트워크 구성의 한 예를 보여주고 있다. 라우터란 둘 혹은 그 이상의 네트워크 간 데이터 전송을 위해 최적 경로를 설정해주는 인터넷 접속 장비이다. 즉, 네트워크를 통해 정보를 주고받을 때 데이터에 포함된 수신 측의 주소를 읽고 가장 적절한 통신 통로를 이용해 다른 통신망으로 전송하는 장치로, 전화국의 교환기와 비슷한 개념이다.

내부 네트워크는 사용하는 컴퓨터 기종이나 OS, 프로토콜 등을 확실히 알 수 있기 때문에 네트워크의 최적화를 이룰 수 있다. 그러나 내부 네트워크를 외부와 연결할 때는 외부 네트워크에서 사용하

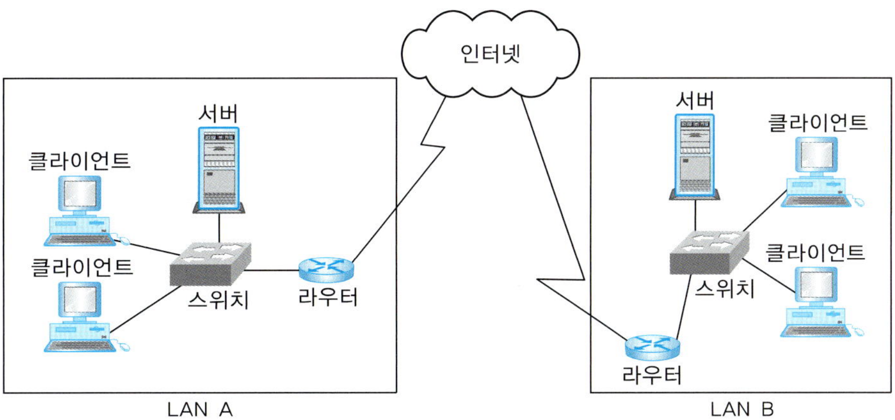

그림 5.1 **네트워크 구성의 예**

는 프로토콜이나 컴퓨터 기종 등의 정보를 알 수 없다. 이러한 알 수 없는 임의의 네트워크와 내부 네트워크를 연결하기 위한 네트워크 장비가 바로 라우터이다.

라우터는 다른 기종 간의 네트워크를 연결하는 기능을 하기 때문에 여러 가지 프로토콜에서 전송되는 패킷을 받아들일 수 있어야 한다. 이렇게 받아들인 패킷을 여러 경로 중 가장 효율적인 경로를 선택하여 보내며 흐름 제어를 한다. 패킷(packet)이란 통신망에서 주고받는 데이터 단위로 데이터 뿐만 아니라 목적지 주소까지 포함하고 있다.

5.1.1 라우팅 알고리즘

라우팅 알고리즘은 크게 두 가지 즉, 정적(Static)과 동적(Dynamic) 라우팅 알고리즘으로 나눌 수 있다. 정적 알고리즘은 라우팅을 결정할 때 현재의 트래픽과 토폴로지에 대한 측정과 변화를 기준으로 삼지 않는다. 정적 알고리즘에는 최단 경로(Shortest path) 라우팅 알고리즘, 플러딩(Flooding) 라우팅, 최적 원리에 의한 라우팅 알고리즘 등이 속한다. 정적 라우팅 알고리즘의 장점은 단순하여 적당한 부하를 가진 네트워크에서는 적절히 동작이 되나, 유연성의 결여로 인해 트래픽 부하나 장애에 잘 대응할 수가 없어 실제 네트워크에서 거의 사용하지 않는다.

반면에 동적 알고리즘은 토폴로지와 현재 트래픽에서의 변화를 라우팅 결정에 반영한다. 일반적으로 동적 라우팅 알고리즘은 많은 유연성을 제공하지만 효율적으로 구현하는 것은 어렵다. 라우터들은 네트워크의 상황 변화를 인접 라우터의 보고에 의해서만 유지할 수 있고, 이 보고는 네트워크의 트래픽을 증가시키며, 이는 더 많은 네트워크의 상황 변화를 일으킨다. 또한 이를 처리하기 위해 시간이 소요되는 단점을 갖고 있다.

대부분의 컴퓨터 네트워크들은 정적 라우팅보다는 동적 라우팅 알고리즘을 사용한다. 그 중 많이 사용되는 동적 라우팅 알고리즘이 거리 벡터 라우팅과 링크 상태 라우팅 알고리즘이다.

거리 벡터(Distance Vector) 알고리즘

거리 벡터 라우팅은 라우터가 자신과 직접 연결된 이웃(Neighbor) 라우터와 라우팅 정보를 교환하는 방식이다. 교환 정보는 각각의 라우터에서 전체 네트워크에 속하는 개별 라우터까지 패킷을 전송하는데 걸리는 거리 정보(예: 지연시간)이다.

한 예를 들어 보기로 하자. 우선 라우터가 직접 연결된 라우터에 대한 지연 시간을 안다고 가정한다. 라우터는 자신과 직접 연결된 라우터까지의 지연 시간은 쉽게 구할 수 있다. 이는 직접 연결된 라우터로 에코(echo) 패킷을 보내고 받아 지연 시간을 측정할 수 있다.

임의의 라우터는 주기적으로 거리 벡터(전체 네트워크에 포함된 개별 라우터 까지의 지연시간)을 직접 연결된 이웃 라우터에게 보낸다. 다르게 말하면, 임의의 라우터는 이웃 라우터로부터 거리 벡터를 받는다. 거리 벡터중 하나가 이웃 라우터 X로부터 방금 도착한 것으로 생각하자. 여기서 X_i는 라우터 X에서 라우터 I까지의 지연시간으로 라우터 X가 측정한 값이다. 임의의 라우터가 직접 연결된 이웃 라우터 X까지의 지연시간이 m msec라고 안다면 X를 경유하여 라우터 I에 도착하는 지연시간이 $X_i + m$ msec임을 알게 된다.

임의의 라우터가 이웃 라우터로부터 거리 벡터를 받으면, 이 벡터를 반영하여 자신의 라우팅 테이블을 업데이트한다. 예를 들어, 3개의 이웃 라우터가 있는 라우터는 3개의 이웃 라우터를 거쳐 네트워크 내의 특정 라우터로 패킷을 보낼 수 있다. 라우터는 3개의 이웃 라우터에서 받은 거리 벡터와 이웃 라우터까지의 지연시간을 통해 이중에서 최소의 지연시간을 갖는 경로를 계산한다. 이러한 계산을 자신의 라우팅 테이블에 업데이트하고 주기적으로 이웃 라우터에게 보낸다.

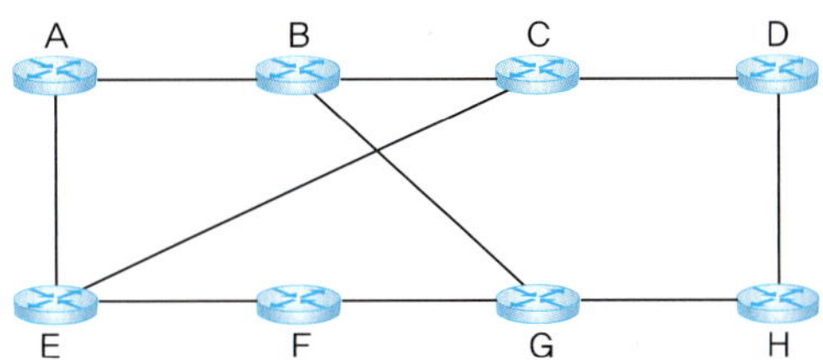

(a) 네트워크 구성의 예

	B	F	H	지연시간	경유
A	4	4	6	8	B
B	0	5	5	4	B
C	5	7	4	7	H
D	7	6	3	6	H
E	8	2	7	7	F
F	7	0	3	5	F
G	3	4	1	0	–
H	4	5	0	3	H
	GB 지연시간 = 4	GF 지연시간 = 5	GH 지연시간 = 3	업데이트된 G의 라우팅 테이블	

(b) B, F, H로부터 받은 거리 벡터와 G의 라우팅 테이블

그림 5.2 **라우팅 테이블 갱신 과정**

거리 벡터 라우팅 알고리즘의 동작과정을 예를 들어 설명해 보기로 하자. [그림 5.2] (a)는 네트워크 구성 예를 보여주고 있으며. (b)는 라우터 G가 직접 연결된 B, F, H 라우터로부터 받은 거리 벡터를 보여주고 있다. 예를 들어 B로부터 받은 거리 벡터를 살펴보면 B는 A까지 4msec, C까지 5msec, D까지 7msec의 지연시간을 갖는다는 것을 알 수 있다. 또한 라우터 G는 이웃 라우터 B, F, H까지의 지연시간이 각각 4, 5, 3msec로 측정된 것을 보여주고 있다.

G가 라우터 C로의 새로운 경로를 어떻게 갱신하는지 고려해 보자. 라우터 G는 직접 연결된 B까지의 지연시간이 4msec임을 알고 있고 B에서 C까지 5msec 걸린다는 것을 거리 벡터를 통해서 알 수 있다. 따라서 G가 B를 경유하여 패킷을 전송할 때 C까지의 지연시간이 9msec임을 계산할 수 있다. 비슷하게 G에서 이웃 라우터인 F와 H를 경유하여 전송할 때 C까지의 지연시간을 계산하면 각각 12(5+7), 7(3+4)msec가 된다.

계산된 값을 통해, 라우터 G에서 이웃 라우터(B, F, H)를 경유하여 C까지의 전송하기 위한 최상의 경로는 H를 경유하는 것임을 알 수 있다. 이러한 결과는 G의 라우터 테이블의 C행에 (7, H)로 업데이트 된다. 다른 목적지에 대해서도 같은 계산을 하여 [그림 5.2] (b)에서 보여주는 바와 같이 업데이트된 G의 라우팅 테이블을 만든다.

거리 벡터 라우팅 알고리즘을 사용하는 대표적인 예로 RIP(Routing Information Protocol)가 있으며 5.2절에서 상세하게 설명한다.

링크 상태(Link state) 알고리즘

이 라우팅 알고리즘은 간단하며 각 라우터는 다음과 같이 다섯 가지 단계를 수행한다.

1. 각 라우터는 이웃 라우터를 인지하고 그들의 네트워크 주소를 숙지
   이 단계는 업(Up) 상태에 있는 네트워크 인터페이스를 인지하여 이웃 라우터의 네트워크 주소를 알게 된다.
2. 이웃 라우터에 대한 지연시간 또는 비용을 측정
   이웃 라우터 각각에 대한 지연시간을 알 수 있는 직접적인 방법은 HELLO 패킷을 주고받는 것이다. 즉 왕복 지연시간(round-trip time)을 측정하여 2로 나눈 값으로 지연시간을 구할 수 있다.
3. 각 라우터는 링크 상태를 모든 라우터에게 알려주기 위한 링크-상태 패킷(Link-State Packet, LSP)을 생성
   각 라우터는 이웃 라우터에 관한 정보를 포함하는 LSP를 생성한다. LSP는 LSP의 송신 라우터

ID, 이웃 라우터 ID, 지연시간 등을 포함한다.

[그림 5.3]은 간단한 네트워크의 예와 각 라우터에 대응되는 링크-상태 패킷을 보여주고 있다.

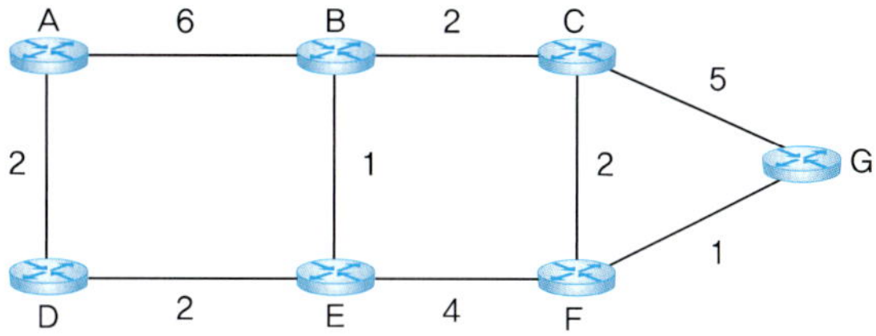

(a) 네트워크 구성

A	B	C	D	E	F	G
B/6	A/6	B/2	A/2	B/1	C/2	C/5
D/2	C/2	F/2	E/2	D/2	E/4	F/1
	E/1	G/5		F/4	G/1	

(b) 네트워크의 링크-상태 패킷

그림 5.3 **네트워크의 예와 링크-상태 패킷**

4. 이 패킷을 다른 라우터에게 분배

   패킷을 분배하는 방법은 기본적으로 플러딩(Flooding) 알고리즘을 사용한다. 각 라우터에 LSP가 도착할 때 이미 도착한 LSP 목록을 조사한다. 만일 도착한 LSP가 새로운 것이면 방금 도착한 링크를 제외한 모든 링크로 이 LSP를 전송한다. 만일 그렇지 않은 경우 LSP는 폐기된다.

5. 다른 라우터로의 최단 경로를 계산

   각 라우터가 네트워크의 모든 LSP를 수집하였으면 모든 링크가 표현되는 완전한 네트워크 그래프를 만들 수 있다. 각 라우터는 네트워크 내의 다른 라우터까지의 최단 경로를 알기 위해 Dijkstra 알고리즘을 사용한다.

링크 상태 라우팅은 실제 네트워크에서 널리 사용된다. 현재 인터넷에서 사용되는 OSPF(Open Shortest Path First) 프로토콜이 링크 상태 라우팅 알고리즘을 사용하며 ISO에서 비연결 네트워크 계층 프로토콜(CLNP)을 위한 IS-IS(Intermediate System-Intermediate System)도 링크 상태 라우팅 알고리즘을 사용한다.

5.1.2 라우팅 혼잡 제어기법

네트워크가 점차 커지며 더욱 많은 노드들을 수용하면서 라우터는 계속 증가하는 패킷들을 처리해야 한다. 계속된 패킷의 증가는 네트워크의 원활한 동작을 불가능하게 한다. 이와 같이 네트워크에서 너무 많은 패킷이 존재하여 성능을 떨어뜨릴 때, 이런 상황을 **혼잡(Congestion)**이라고 한다.

[그림 5.4]는 송신측에서 보내는 데이터의 양이 라우터가 수용할 수 있는 한계를 넘어서서 패킷이 분실되는 경우를 보여주고 있다. 임의의 호스트에서 네트워크로 전송되는 패킷의 수가 수용 한계 내에 있을 때에 모든 패킷은 전달되고, 전달되는 수는 송신되는 수에 비례하다. 그러나 트래픽이 증가될 경우 각 노드는 더 이상 그 일을 하기 힘들고 패킷을 잃어버리기 시작한다. 매우 높은 트래픽에서 성능은 급격히 떨어지고 더 이상 패킷은 전달되지 않는다.

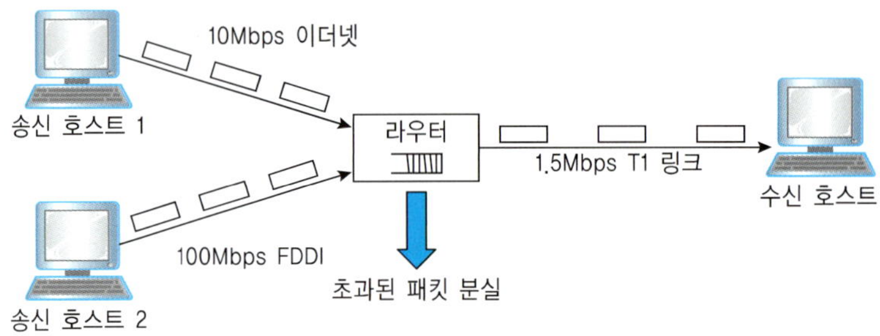

그림 5.4 **혼잡으로 인한 패킷분실**

혼잡 문제를 해결하기 위해 다음과 같은 기법들이 사용된다.

- 버퍼의 사전할당
- 패킷 폐기
- 패킷 수 제한
- 쵸크 패킷

버퍼의 사전할당(Preallocation of Buffers)

네트워크에서 가상회선(Virtual Circuit)이 사용되는 경우, 혼잡 문제를 해결하는 것이 가능하다. 가상회선 연결설정 과정에서 회선-요청 패킷이 네트워크를 따라 수신 호스트에 도달된다. 이 과정에서 중간 라우터의 라우팅 테이블 정보의 갱신을 통해 데이터 패킷을 전송하기 위한 경로가 정해진다.

만약 회선-요청 패킷이 데이터 패킷의 전송을 보장하기 위해 버퍼를 예약할 수 있으면 혼잡 문제를 제거할 수 있다. 그렇지 않고 버퍼의 수가 부족하면 회선-요청 패킷은 다른 경로를 통해 전달되거나 송신 호스트는 바쁜(busy) 신호를 수신하게 된다.

일단 송신 호스트에서 수신 호스트로의 경로가 설정되고 버퍼가 예약이 되면, 패킷은 안정적으로 전송이 가능하다.

패킷 폐기(Packet Discarding)

버퍼의 사전할당 방법과는 다르게 자원을 사전에 예약하거나 할당할 수 없는 경우가 존재한다. 패킷이 도착했을 때 저장할 버퍼가 없으면 라우터는 패킷을 폐기한다. 폐기되는 패킷은 나중에 재전송을 하게 되며 두 가지 경우, 즉 연결형(Connection oriented) 과 비연결형(Connectionless) 네트워크를 고려해야 한다.

데이터그램(비연결형) 네트워크에서는 송신 호스트의 트랜스포트 계층이 폐기된 패킷을 재전송한다. 가상회선(연결형) 네트워크에서는 패킷 폐기를 시도한 라우터의 이전 라우터가 재전송을 시도한다.

패킷 수 제한(Isarithmetic Congestion Control)

혼잡을 피하기 위한 또 다른 방법은 네트워크내의 총 패킷 수를 제한하는 것이다. 기본적인 생각은 토큰 버스 방식과 비슷하며 다음과 같은 과정으로 동작한다.

1. 임의의 라우터가 호스트로부터 패킷을 수신할 때, 이 패킷을 네트워크로 보내기 전에 라우터는 허가권(Permit)을 얻어야 한다.
2. 허가권을 얻는 것은 토큰버스 방식에서 토큰을 얻는 것과 유사하지만, 허가권은 토큰과는 다르게 네트워크 내에 여러 개의 허가권이 있을 수 있다. 임의의 라우터가 패킷을 모두 보내고 난 후 라우터는 이 허가권을 제거한다.
3. 목적지 라우터는 이 패킷을 수신 호스트에게 전송하는 시점에 허가권을 재생성 한다.

초크 패킷(Choke Packet)

네트워크의 데이터 트래픽 양을 제한하는 것은 간접적으로 혼잡 현상을 줄일 수 있지만 혼잡 현상이 아닐 때는 네트워크의 성능을 줄일 수 있다. 따라서 실질적인 혼잡 현상이 있을 때만 동작되도록 하는 방법이 필요하게 되었다.

초크 패킷은 라우터가 혼잡 레벨을 측정하는 방법이다. 만약 혼잡 현상이 발생하였으면 라우터는 송신 호스트에게 데이터 전송속도를 낮추도록 초크 패킷을 보낸다. 라우터는 사용 중인 버퍼의 비율, 채널 이용률 또는 평균 큐(Queue) 길이 등을 측정하여 혼잡 레벨을 계산한다.

5.2 | RIP

RIP(Routing Information Protocol)는 거리 벡터 방식을 사용하는 내부 라우팅 프로토콜(IGP, Interior Gateway Protocol)중에서 가장 간단하게 구현된 프로토콜이다. RIP는 버전 1과 버전 2 두 가지로 나뉘며 업데이트 패킷이라는 한 가지 종류의 패킷으로만 구성되어 동작된다. 원래 업데이트 패킷의 역할은 네트워크의 변화에 대해 알려주는 것이지만, 네트워크의 변화를 감지할 수 있는 성격의 패킷이 따로 없다보니 30초마다 주기적으로 업데이트 패킷을 전송하게 된다.

변화가 발생할 때 마다 업데이트를 하지 않고 주기적으로 전송하여 수렴시간이 느려질 수 있으며 매번 전체 네트워크에 대한 거리 벡터 정보를 넣어 전달하기 때문에 불필요하게 네트워크와 라우터의 자원이 소모되는 단점이 있다.

지금부터, RIP의 라우팅 테이블 업데이트 과정을 살펴보기로 하자. [그림 5.5]는 라우터가 전원을 켰을 때의 상태를 보여주고 있으며 라우팅 테이블은 자신만의 정보를 가지고 있다.

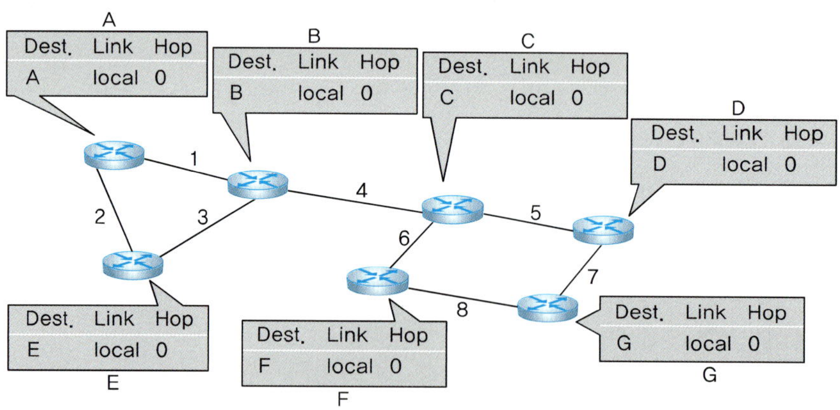

그림 5.5 **RIP의 라우팅 테이블**

30초 후(첫 번째 업데이트)에 개별 라우터는 직접 연결된 이웃 라우터로부터 거리 벡터를 받게 되며, 받은 정보를 이용하여 라우팅 테이블을 수정한다. [그림 5.6]은 각 라우터가 이웃 라우터로부터 받은 정보를 이용하여 업데이트 된 상황을 보여주고 있다.

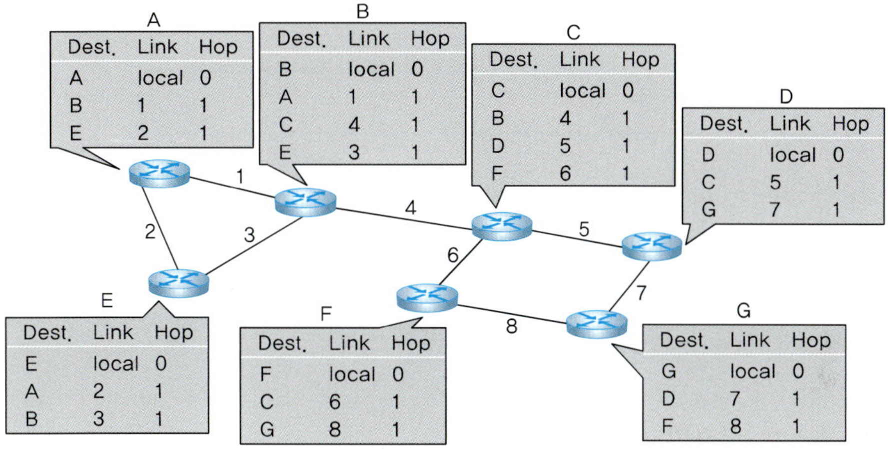

그림 5.6 **RIP의 라우팅 테이블 업데이트(첫 번째 업데이트)**

라우터 A를 기준으로 설명하면 두 번째 업데이트에서, 라우터 A는 라우터 B, E로부터 라우터 C에 대한 정보를 받아 자신의 라우팅 테이블을 업데이트 한다. 동시에 라우터 B는 라우터 C로부터 D, F 정보를 받아 업데이트 한다.

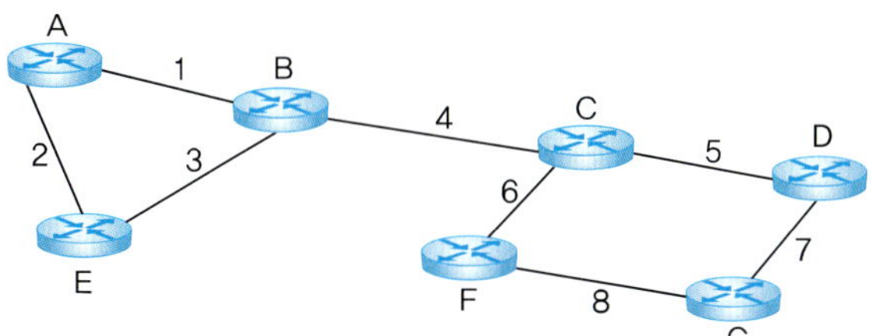

두번째 업데이트 후

Dest.	Link	Hop
A	local	0
B	1	1
C	1	2
E	2	1

세번째 업데이트 후

Dest.	Link	Hop
A	local	0
B	1	1
C	1	2
D	1	3
E	2	1
F	1	3

네번째 업데이트 후

Dest.	Link	Hop
A	local	0
B	1	1
C	1	2
D	1	3
E	2	1
F	1	3
G	1	4

그림 5.7 **RIP의 라우팅 테이블 업데이트(두 번째, 세 번째, 네 번째 업데이트)**

세 번째 업데이트에서, 라우터 A는 라우터 B로부터 D, F 정보를 받아 자신의 라우팅 테이블을 업데이트 한다. 네 번째 업데이트에서, 라우터 A는 라우터 G 정보를 받아 업데이트 한다.

[그림 5.7]은 두 번째, 세 번째, 네 번째 업데이트에서 라우터 A의 라우팅 테이블을 보여주고 있다.

5.3 | 인터넷 주소 기법

TCP/IP 기반의 인터넷은 수많은 네트워크들이 라우터(router)를 사용하여 서로 연결되어 있는 네트워크로서 인터넷 상의 어떠한 호스트라도 다른 호스트와 쉽게 통신할 수 있도록 하는 범용의 통신 서비스이다. 인터넷은 네트워크에 연결된 각각의 호스트를 식별할 수 있는 애매모호하지 않은 방법이 있을 때 범용의 통신 서비스를 제공할 수 있다.

5.3.1 호스트 주소의 세 가지 레벨

TCP/IP 환경에서 호스트를 식별할 수 있는 세 가지 종류의 주소가 있는데 이는 [그림 5.8]에 설명되어 있는 것처럼 호스트명, IP 주소 그리고 MAC 주소(또는 물리적 하드웨어 주소)이다.

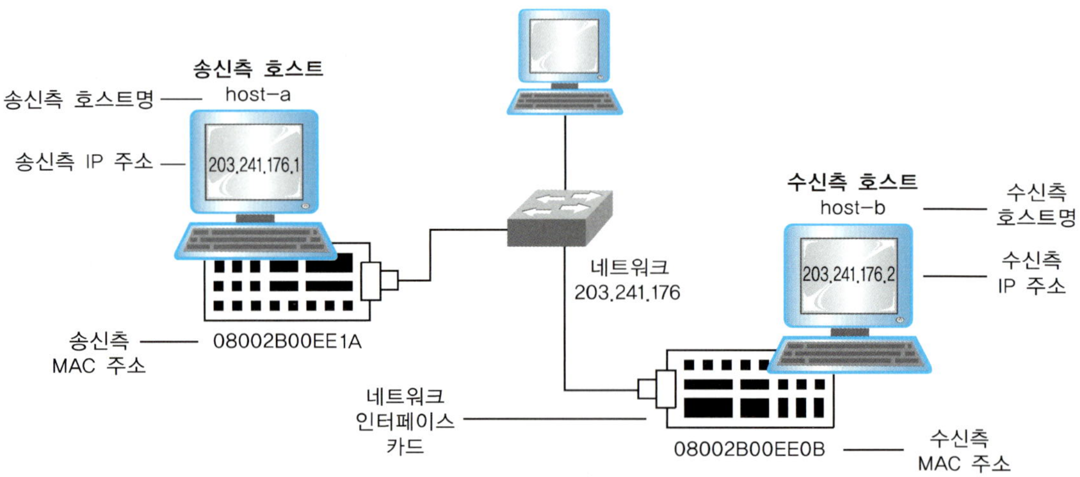

그림 5.8 세 가지 레벨의 호스트 주소

호스트명

TCP/IP 인터넷의 사용자라 할 수 있는 사람과 응용 프로그램은 자주 문자열로 구성되는 호스트명(Host Name)을 사용하여 인터넷 상의 호스트를 식별한다. 작은 규모의 인터넷은 내부적인 구조를 갖지 않는 평범한 이름으로 된 호스트명을 사용할 수 있다.

큰 규모의 인터넷에서는 보통의 이름만으로 관리하는 것이 상당히 커질 수 있기 때문에 범세계적인 인터넷에서 사용하기 위해 계층적 네이밍(Naming) 기법을 사용한다. 이 호스트명은 도메인명(Domain Name)을 포함하며 도메인명은 점(.)으로 구분되는 일련의 간단한 이름으로 구성된다. 다음은 인터넷에서 컴퓨터를 식별하기 위해 사용되는 전형적인 호스트명과 도메인명의 예이다.

kowon.dongseo.ac.kr

↑ 호스트명 ↑ 도메인명

호스트명은 자신의 도메인 내에서는 유일해야 한다.

IP 주소

TCP/IP 인터넷에 있는 각 호스트는 적어도 하나의 IP 주소가 할당된다. IP 주소는 TCP/IP 프로토콜이 호스트를 유일하게 식별하기 위해 사용하는 32비트 이진수이다. IP 주소에 대한 상세한 내용은 뒷부분에서 설명한다. 개별 호스트에 할당된 IP 주소의 중요한 특성은 그 호스트를 포함하고 있는 네트워크에서 유일하게 식별할 수 있다는 것이다.

MAC 주소

LAN과 같은 물리적 네트워크에서 LAN에 연결된 각 호스트는 유일한 MAC 주소를 가지고 있다. MAC 주소는 보통 네트워크 인터페이스 카드(NIC)가 제조될 때 할당되며 사용자는 관심을 가질 필요가 없다. 보통 국제표준을 따르는 LAN 데이터 링크는 LAN 상에서 각 호스트를 유일하게 식별하기 위해 48비트 MAC 주소를 사용한다.

5.3.2 주소 변환

인터넷이 제대로 동작하기 위해 반드시 필요한 두 가지 종류의 주소 변환이 있다. [그림 5.9]는 두 가지 주소 변환 과정을 보여주고 있다.

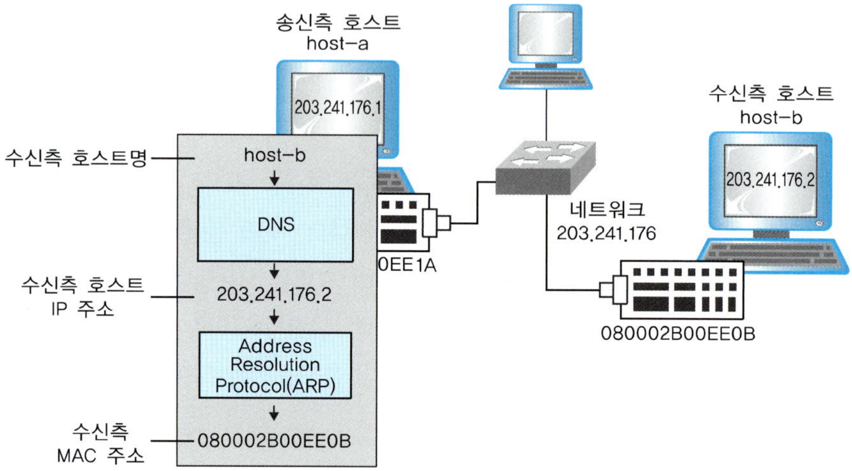

그림 5.9 **호스트의 주소 변환**

호스트명을 IP 주소로의 변환

사용자가 자신의 호스트와 원격의 호스트와의 통신을 하고자 할 때 일반적으로 원격 호스트에 대한 호스트명을 사용한다. 그러나 TCP/IP 트랜스포트와 인터넷 계층에서 동작하는 프로토콜은 단지 IP 주소로만 작동이 되며 호스트명과는 전혀 관련이 없다. 그러므로 호스트명에 대응하는 IP 주소로 변환하기 위해 응용계층에서는 주소 변환 작업을 수행해야 한다.

이러한 주소 변환 작업은 각 호스트 별로 (호스트명, 대응하는 IP 주소) 목록을 갖고 있는 특정 파일(예: 유닉스 시스템의 /etc/hosts) 파일을 사용함으로서 해결이 가능하다. 하지만 컴퓨터 보급이 늘면서 이런 업무를 수작업으로 관리하기 어려워지기 시작하였다. 특히 호스트 수가 엄청나게 증가하면서 한 시스템에서 모든 호스트의 이름을 유지하기가 현실적으로 불가능해졌다. 또 다른 방법은 DNS(Domain Name System)을 사용하는 것인데 컴퓨터의 보급이 증가하면서 대부분의 기관에서는 이 방법을 사용하고 있다.

IP 주소를 MAC 주소로의 변환

LAN에 연결되어 있는 호스트는 때에 따라서 LAN 상에 연결되어 있는 다른 호스트에 데이터를 전송해야 할 필요가 있다. TCP/IP 인터넷 계층인 인터넷 프로토콜(IP)이 다루는 데이터 단위는 IP 데이터그램이다. IP 데이터그램은 단지 수신측 호스트에 대한 IP 주소를 포함하며 수신측 MAC 주소를 포함하지는 않는다. 송신측 호스트는 IP 데이터그램을 수신측으로 보내기 위해 수신측 호스트에 대한 MAC 주소를 알 수 있어야 한다.

ARP(Address Resolution Protocol)는 IP 주소를 MAC 주소로 변환하는 기능을 갖고 있으며 보통 LAN에 연결되어 있는 모든 호스트에 설치되어 있다. ARP의 동작절차는 뒷부분에서 상세하게 설명하고 있다.

5.3.3 IP 주소

IP가 TCP/IP 인터넷의 동작 동안 수행하는 일들 중 하나는 송신측 호스트에서 목적지 호스트로 IP 데이터그램이 전송되는 경로를 결정하는 라우팅(routing) 기능을 수행하는 것이다. 인터넷을 통해 전달되는 IP 데이터그램의 헤더에는 송신측 호스트의 IP 주소와 목적지 호스트의 IP 주소를 포함한다. 라우팅 기능을 수행하기 위해 IP는 그 데이터그램이 어느 네트워크로 전달되어야 하는지를 결정하기 위해 IP 데이터그램 내의 목적지 IP 주소 필드를 조사한다.

IP 주소 형식

IP 주소는 32비트 길이이며 두 부분, 즉 네트워크 ID(Identifier)와 호스트 ID로 구성된다. 네트워크 ID의 왼쪽 비트들은 IP 주소가 어느 클래스(class)에 속해있는 지를 나타낸다. 가장 널리 사용되는 네 가지 주소 클래스에 대한 IP 주소 형식은 [그림 5.10]과 같으며 구체적인 설명은 다음과 같다.

- **클래스 A 주소**: 총 32비트 주소 중에서 왼쪽 첫 번째 비트가 0이면 클래스 A가 된다. 왼쪽 첫 바이트의 나머지 7비트는 네트워크 ID를 나타내고 나머지 24비트는 호스트 ID를 나타낸다. 즉, 십진수로 첫 바이트가 128보다 적은 수이면 클래스 A이고, 여기서 첫 바이트는 네트워크 ID를, 나머지 3바이트는 호스트 ID를 나타낸다. 따라서 하나의 클래스 A 네트워크는 거의 무제한의 호스트를 포함할 수 있다.

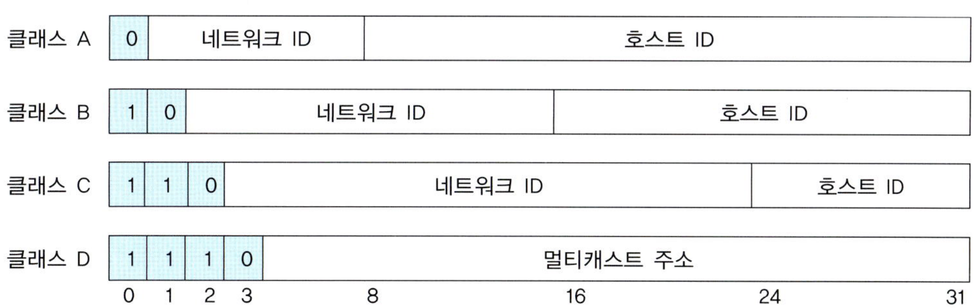

그림 5.10 IP 주소의 네 가지 클래스

- **클래스 B 주소**: 총 32비트 주소 중에서 왼쪽 첫 2비트가 10이면 클래스 B가 된다. 다음 14비트는 네트워크 ID를 나타내고 나머지 16비트는 호스트 ID를 나타낸다. 즉, 십진수로 첫 바이트가 128과 191사이의 수이면 클래스 B이고 여기서 첫 두 바이트는 네트워크 ID를, 나머지 두 바이트는 호스트 ID를 나타낸다.
- **클래스 C 주소**: 총 32비트 주소 중에서 왼쪽 3비트가 110이면 클래스 C가 된다. 첫 세 비트는 이 주소가 클래스 C에 속한 것임을 나타내고 다음 21비트는 네트워크 ID를 나타내며 나머지 8비트는 호스트 ID를 나타낸다. 즉, 첫 번째 바이트가 192와 223사이의 수이면 클래스 C이고 여기서 첫 세 바이트는 네트워크 ID를, 마지막 한 바이트는 호스트 ID를 나타낸다. 클래스 C 주소는 2^{21}만큼의 네트워크 ID를 만들 수 있으며 각 네트워크마다 254(2^8−2)개의 호스트 ID를 가질 수 있다.
- **클래스 D 주소**: 왼쪽 첫 번째 바이트가 223보다 크면, 즉 첫 세 비트가 111이면 클래스 D이다. 이 클래스는 멀티캐스팅을 위해 특별히 사용된다.

IP 주소는 상대적으로 적은 수의 A 클래스 네트워크를 가지고 있다. 따라서 일반적으로 회사나 기관에서는 보통 클래스 C 또는 B 주소를 사용한다.

점-십진 (Dotted-decimal) 표기

32비트 IP 주소를 표현하기 위해 보통 점-십진 주소라고 하는 표기 형태를 사용한다. 예를 들면 어느 호스트가 다음과 같은 IP 주소를 가지고 있다고 가정하자.

10000000 00001000 00000011 00011111

위의 클래스 B IP 주소는 128.8.3.31과 같이 표기될 수 있다. 점-십진 표기에서 분리된 십진수는 IP 주소의 각 바이트 값을 표현하게 되며 이러한 바이트 값은 점으로 분리된다. 클래스 A 주소는 0.0.0.1에서 127.255.255.254까지의 범위를 갖게 되며 클래스 B는 128.0.0.1에서 191.255.255.254까지의 범위를 가지고, 클래스 C는 192.0.0.1에서 223.255.255.254까지의 범위를 갖는다.

호스트 이름 대신에 점-십진 표기 형태로 표현된 IP 주소는 인터넷에서 호스트를 나타내기 위해 대부분의 TCP/IP 명령에서 사용한다.

5.3.4 서브넷(Subnet)

원래 TCP/IP 주소는 네트워크 ID와 호스트 ID로 단지 2단계 ID만을 허용한다. 이는 인터넷을 구성하고 있는 네트워크의 수가 상대적으로 적을 때 충분하다. 하지만 현재 인터넷은 수천, 수만의 네트워크를 포함하며 여기에 수백만의 호스트가 연결되어 있다. TCP/IP 주소 방식은 이렇게 엄청나게 많은 네트워크를 수용하기 위해서 서브넷의 개념이 고안되었다.

서브넷 식별자(ID)

TCP/IP 네트워크에서 서브넷을 이용하는 경우 IP 주소를 단순히 네트워크 ID와 호스트 ID로만 간주하지 않고, 호스트 ID 부분을 서브넷 ID와 호스트 ID로 나누어 생각한다. 서브넷을 사용하기 위하여 인터넷 주소의 호스트 ID 중 몇 비트는 서브넷 ID로서 지정할 수 있는데 [그림 5.11]에서 그 예를 보여주고 있다.

[그림 5.11]은 IP 주소의 호스트 ID 부분의 6비트가 서브넷 ID로 사용하기 위해 지정되었다. 6비트 서브넷 ID의 각 값은 하나의 분리된 네트워크에 할당할 수 있으며 62(2^6−2)개의 분리된 네트워크를 만들 수 있게 된다. 이들 분리된 네트워크 각각은 같은 클래스 B 네트워크 ID를 사용하지만 다른 서브넷 ID값을 사용한다.

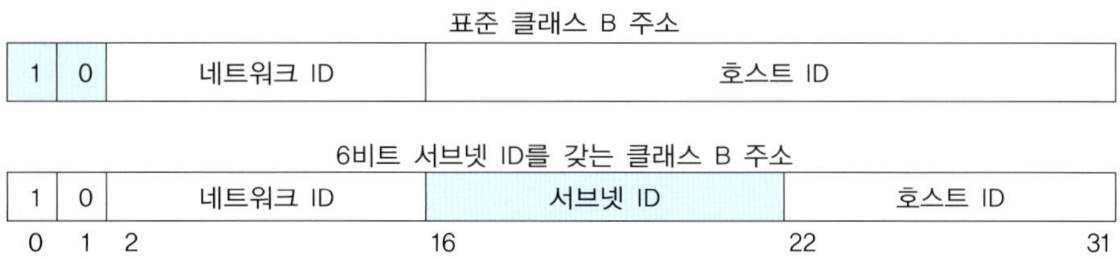

그림 5.11 서브넷을 위한 IP 주소의 예

서브넷 마스크(Mask)

인터넷을 설정할 때 IP 주소 중 몇 비트가 네트워크를 나타내기 위해 사용되는지 그리고 몇 비트가 호스트를 나타내기 위해 사용되는지를 가리킬 수 있도록 서브넷 마스크 값을 표기한다.

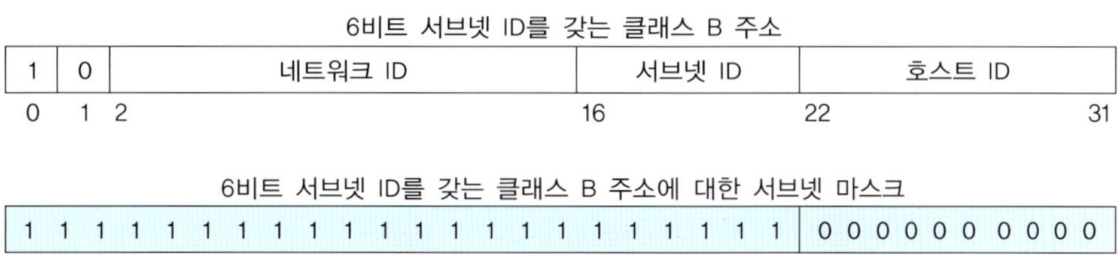

그림 5.12 B클래스 IP 주소에 대한 서브넷 마스크

하나의 서브넷 마스크는 네트워크와 서브넷을 가리킬 때 대응하는 각 비트 위치에 1을 나타내며 호스트를 가리키기 위해 각 비트 위치에 0을 나타내는 32비트 자료구조이다.

호스트 ID의 첫 6비트를 서브넷 ID로 지정한 클래스 B 주소에 대한 서브넷 마스크가 [그림 5.12]에서 보여주고 있는데 점-십진 표기를 사용한 서브넷 마스크는 255.255.252.0이 된다. 서브넷 마스크는 보통 네트워크를 설정할 때 서브넷을 사용할 건지 말건지를 결정한다. 예를 들면, 서브넷을 사용하지 않는 클래스 A, B, C에 대한 서브넷 마스크를 점-십진 표기법을 사용하여 표시하면 다음과 같다.

- **클래스 A**: 255.0.0.0
- **클래스 B**: 255.255.0.0
- **클래스 C**: 255.255.255.0

서브넷 ID의 선택

서브넷 ID 필드의 길이는 사용자가 얼마나 많이 네트워크를 만들고 싶은지와 이들 네트워크 각각에 얼마나 많이 호스트를 연결하고 싶은지에 근거하여 선택된다. 예를 들면 앞에서 본 6비트 서브넷 ID를 가진 클래스 B 주소는 동일한 네트워크 ID를 사용하여 62개의 다른 서브넷을 가지며 네트워크당 1022(2^{10}-2) 호스트까지 연결할 수 있다.

그림 5.13 B클래스 네트워크의 서브넷 마스크 사용 예

[그림 5.13]은 B 클래스 네트워크인 135.195.0.0에 3 비트 서브넷 마스크를 적용한 예를 보여주고 있다. B 클래스의 디폴트 서브넷 마스크는 255.255.0.0이지만 3비트 서브넷 마스크를 사용하여 255.255.224.0으로 변경되었고 이를 통해 8개의 네트워크가 생성된다. 이중에서 서브넷 ID 000과 111은 각각 네트워크 ID와 브로드캐스트 ID용으로 특수목적으로 사용되고 나머지 6개를 서브넷 ID로 사용할 수 있다. 각각의 서브넷은 13비트를 호스트 ID로 사용하므로 8,190($2^{13}-2$)개의 호스트를 가질 수 있다.

5.3.5 비클래스(Classless) 주소방식

지금까지 IP 주소는 네 개의 A, B, C, D 클래스로 구분되어 사용하고 있음을 알고 있다. 사실상 이러한 네 가지 클래스 주소방식은 네트워크 주소의 크기가 한 바이트, 두 바이트 혹은 세 바이트 크기로서 작고 중간 크기의 네트워크를 필요로 하는 조직이 증가함에 따라 한계점을 가진다. C 클래스(/24) 네트워크는 $2^8-2=254$개의 호스트만을 제공하기 때문에 많은 기관에서 사용하기에는 부족하다. 하지만 65,534($2^{16}-2$)개의 호스트를 제공하는 B 클래스 네트워크는 너무 크다.

2천개의 호스트를 갖고 있는 기관이 B 클래스 주소를 할당 받았다고 가정해보자 이는 B 클래스의 주소공간을 고갈시키고 주소할당에 있어서 형편없는 효율성을 초래한다. 왜냐하면, 2,000개 호스트를 위해 B 클래스 주소를 사용하는 기관은 65,534개 호스트를 위한 주소공간을 할당받았기 때문에 약 63,000여개의 주소를 사용하지 않으면서도 다른 기관이 사용할 수 없는 것이다.

이러한 문제점을 해결하기 위해 1993년에 IETF는 CIDR(Classless InterDomain Routing)을 표준화했다. CIDR 형식의 네트워크 주소를 사용하면 IP 주소의 네트워크 부분을 8, 16, 24비트로 제한되지 않고 비트 길이를 선택할 수 있다. CIDR 형식의 IP 주소는 a.b.c.d/x 형태의 점-십진 표기 형태로 x는 IP 주소 32비트에서 네트워크 ID의 비트 수를 표시한다.

즉, 서브넷 마스크를 나타내기 위한 방법으로 /x를 사용한다. 예를 들어 192.168.12.0/23 네트워크는 왼쪽 23비트가 네트워크 ID로 사용되며 오른쪽 9(32-23)비트가 호스트 ID로 사용된다는 것을 의미한다. 따라서 /23은 [그림 5.14]에서 보는 바와 같이 서브넷 마스크 255.255.254.0과 같은 의미를 가진다.

또한, 9비트 호스트 ID 값이 가질 수 있는 가장 작은 값과 가장 큰 값은 각각 00000000과 111111111이다. 이를 통해 192.168.12.0/23 네트워크가 가질 수 있는 IP 주소를 점-십진 표기법으로 표현하면 192.168.12.0부터 192.168.13.255까지이며 총 512(2^9)개를 가질 수 있다. 이중에서 실제 호스트에 할당할 수 있는 IP 주소의 수는 510개이다.

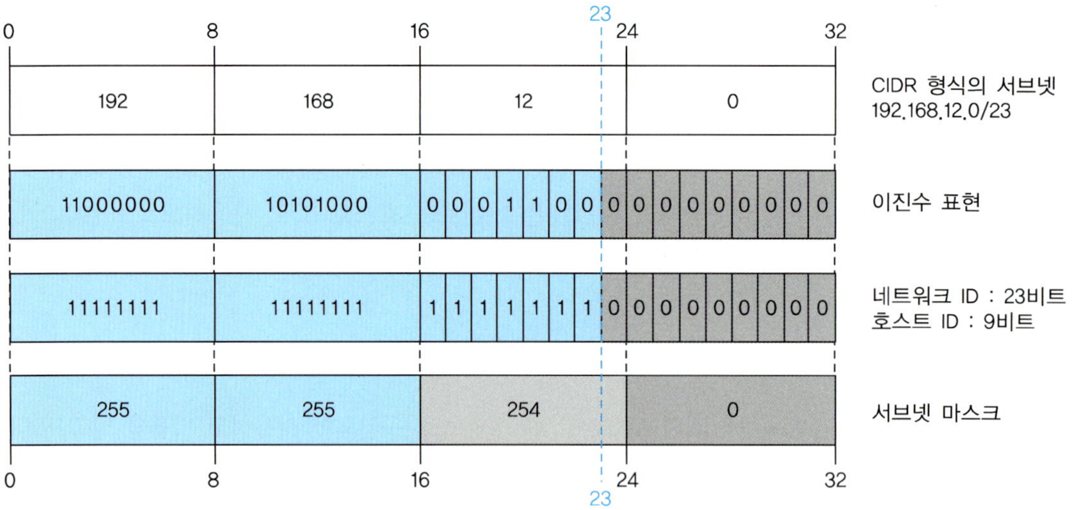

그림 5.14 CIDR 사용 예

앞의 예에서 B 클래스 주소를 할당 받았고 2,000개 호스트를 필요로 하는 기관은 a.b.c.d/21와 같은 형태로 구성하여 2,048개의 호스트를 할당할 수 있다. 실제로 해당 기관은 이 11비트의 호스트 주소공간을 서브넷으로 분할하여 a.b.c.d/21 네트워크 내에서 내부 네트워크를 만들 수 있다. 클래스 주소방식에서 사용하지 않고 낭비되는 63,000여개의 주소는 CIDR 방식을 사용하면 다른 기관에서 할당되어 사용할 수 있다.

5.4 인터넷 계층 프로토콜

5.4.1 IP(Internet Protocol)

IP는 인터넷 프로토콜 구조의 인터넷 계층에서 동작되며 데이터 단위를 송신 호스트에서 수신 호스트로 보내는 일을 맡고 있다. 송신 호스트와 수신 호스트는 같은 네트워크상에 존재할 수 있고 아니면 라우터를 통해 연결된 다른 네트워크상에 존재할 수 있다. IP 프로세스는 각 호스트와 라우터에서 동작이 된다. IP의 주요 역할 중 하나는 네트워크의 물리적인 특성에 상관없이 송신과 수신 호스트가 데이터를 주고 받을 수 있도록 하는 것이다. 임의의 호스트는 라우터와 데이터링크에 관계되는 물리적인 상세한 사항들을 알 필요 없이 수신 호스트에게로 데이터를 보낼 수 있다.

IP 사용자

IP 사용자는 보통 인터넷 프로토콜 구조의 트랜스포트 계층에서 동작하는 프로토콜이다. IP에서의 데이터 단위는 **IP 데이터그램(IP Datagram)**이라고 하며 때로 패킷(Packet)이라고도 한다. IP 데이터그램의 헤더는 송신 호스트의 IP 주소와 수신 호스트의 IP 주소를 포함한다. IP의 주요 기능은 송신 호스트에서 수신 호스트로 IP 데이터그램을 보내는 일이다.

IP 비연결 서비스

IP는 비연결형 데이터 전달 서비스를 제공한다. 송신 호스트와 라우터에 있는 IP 프로세스는 IP 데이터그램이 목적지로 제대로 전달할 수 있는 기능을 갖고 있다. IP 데이터그램이 성공적으로 전달되면 목적지 호스트의 IP 프로세스는 수신된 IP 데이터그램을 트랜스포트 계층으로 넘겨준다.

하지만, IP에서는 수신 호스트가 송신된 순서대로 IP 데이터그램을 받았는지에 대한 순서 점검도 하지 않는다. 또한 수신 호스트가 IP 데이터그램을 받았는지에 대한 어떠한 확인(ACK)도 송신 호스트에게 보내지 않는다. 뿐만 아니라 어떠한 흐름제어나 오류 회복을 하지 않는다.

IP는 각 IP 데이터그램에 대하여 독립적으로 라우팅 결정을 한다. 각각의 데이터그램은 인터넷을 통하여 다른 경로를 거쳐 전송될 수 있다. 이러한 면에서 IP는 UDP가 응용 프로그램에게 제공했던 서비스와 비슷한 서비스를 트랜스포트 계층 프로토콜에게 제공한다. 따라서 IP는 비연결 데이터 전송 서비스를 제공하는 과정에서 다음과 같이 세 가지 경우가 생길 수 있다.

손실된 IP 데이터그램

경우에 따라 IP 데이터그램은 손실이 될 수 있다. 예를 들어 라우터가 혼잡되어서 일시적으로 IP 데이터그램이 손실되거나 IP 데이터그램 전송 과정에서 오류가 발생함으로써 IP 데이터그램이 손실될 수 있다. IP 데이터그램이 손실될 때 송신과 수신 트랜스포트 계층은 손실된 IP 데이터그램에 대하여 통지를 받지 않는다.

순서화되지 않은(Out-of-sequence) IP 데이터그램

임의의 IP 데이터그램은 인터넷을 통해 다른 경로를 거쳐 전달되는 것이 가능하다. 따라서 송신 호스트의 트랜스포트 계층이 IP 데이터그램을 많이 보낸다면 보내진 순서대로 목적지에 도착하지 않을 수 있다.

중복(Duplicate) IP 데이터그램

복제된 IP 데이터그램이 수신측에 도착될 수 있다. 예를 들어, 송신 트랜스포트 계층은 송신된 IP 데이터그램이 제대로 전달되었는지를 판단하는 데 사용하기 위해 타이머를 이용할 수 있다. 만일 타이머가 송신 트랜스포트 계층이 확인을 받기 전에 종료되면 송신 트랜스포트 계층은 IP 데이터그램을 다시 보내게 되어 수신 호스트에 중복된 IP 데이터그램이 생길 수 있다.

위와 같은 오류들이 발생할 수 있기 때문에 IP는 신뢰성 있는 서비스를 제공할 수 없다. 신뢰성 있는 서비스를 제공하기 위해서는 TCP와 같은 트랜스포트 계층 프로토콜이 앞서 언급한 오류들을 탐지해서 회복할 수 있는 기능을 책임져야 한다.

IP 데이터그램 형식

[그림 5.15]는 IP 데이터그램의 형식을 보여주고 있으며 IP 데이터그램 헤더필드에 대한 설명은 다음과 같다.

버전(Version)

IP 데이터그램을 생성한 IP의 현재 버전을 표시하며 4비트(IPv4=0100, IPv6=0110) 크기이다. IP 데이터그램의 버전에 따라 헤더 구성이 다르므로 올바른 해석을 위해 IP 버전 정보가 필요하다.

헤더 길이(Header Length)

헤더의 길이를 나타내는 4비트 필드이며 4바이트 단위로 표현된다. 예를 들어, 헤더 필드의 값이 5(0101)라고 한다면 헤더의 길이는 5x4바이트=20바이트가 된다. 4비트로 표현할 수 있는 최대 값은 15이므로 헤더의 최대 길이는 60바이트가 된다.

서비스 타입(Service Type)

IP 데이터그램을 전달하는 특정 서비스 품질(Quality of Service) 기능을 제공하려고 고안된 8비트 필드로 각 비트는 0과 1의 값을 가질 수 있는데, 오직 한 비트만 1의 값을 가진다. 서비스 유형에 따라 지연, 처리량, 신뢰성, 비용 등을 설정할 수 있으며 상호 배타적이어서 하나의 값이 1로 설정되면 나머지 값은 무조건 0이다.

그림 5.15 **IP 데이터그램 형식**

데이터그램 길이(Datagram length)

헤더와 데이터 길이를 합한 전체 길이를 표시한다. 16비트로 표시되며 최대 길이는 65,535 ($2^{16}-1$)바이트이다.

ID(Identification), 플래그(Flag), 단편화 옵셋(Fragment Offset)

세 개의 필드는 IP 데이터그램을 단편화 할 때 사용한다.

- **ID**: 호스트가 송신한 각 IP 데이터그램을 식별하는데 사용된다.
- **플래그**: IP 데이터그램이 단편화되었고 마지막 단편화 패킷이 아니면 1이 저장되며 IP 데이터그램이 단편화 되지 않았거나 마지막 단편화 된 패킷이면 0이 저장된다.
- **단편화 옵셋**: IP 페이로드(payload)의 옵셋 위치를 저장한다. 단편화된 IP 데이터그램을 재조합할 때에 조합할 위치를 확인할 때에 사용되며 8 바이트 단위로 지정된다.

네트워크 링크는 MTU(Maximun Transfer Unit)을 가지고 있으며 네트워크 링크마다 MTU 크기가 다를 수 있다. 큰 MTU를 가진 네트워크 링크에서 작은 MTU를 가진 네트워크 링크로 IP 데이터그램을 전달하려면 라우터는 작은 MTU에 맞게 IP 데이터그램을 단편화해야 한다. 단편화된 IP 데이터그램은 최종 목적지 라우터에서 원래의 IP 데이터그램으로 재조합되어 목적지 호스트로 전달된다.

예를 들어 ID가 5인 3,500바이트 IP 데이터그램을 1,500바이트의 MTU를 갖는 네트워크 링크로 보내려 한다고 가정하자. 이때 원래의 IP 데이터그램은 MTU보다 크기 때문에 라우터는 3개의 IP 데이터그램으로 단편화하여 보낸다. 단편화된 IP 데이터그램의 각 필드 값은 다음 그림에서 보여주고 있다.

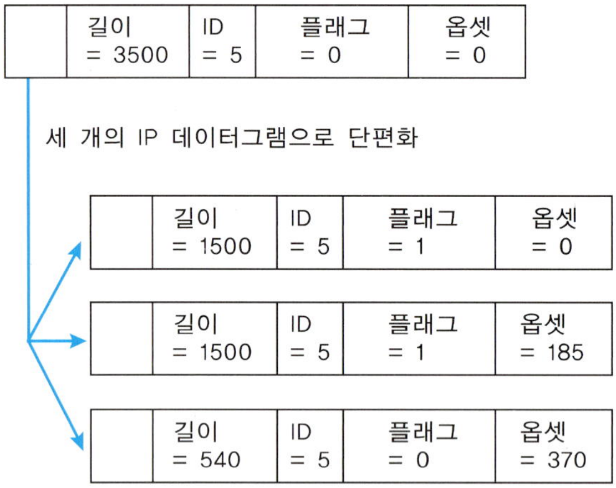

- TTL(Time to live)

송신 호스트가 보내는 IP 데이터그램이 인터넷에서 존재할 수 있는 최대의 시간(홉 수)을 TTL 필드에 초기값으로 설정한다. 임의의 라우터가 IP 데이터그램을 받으면 그때까지 소요되어진 시간을 감소시키고 다시 다음 라우터로 전송한다. 만약에 TTL 필드의 값이 0에 도달하였을 경우에 라우터는 데이터그램을 제거하고 데이터그램을 처음 보낸 호스트에게로 오류 메시지를 전송한다. 이와 같은 방법으로 라우팅이나 혼잡 문제로 인하여 패킷이 인터넷상에서 끊임없이 돌고 있는 것을 방지한다.

- 프로토콜(Protocol)

IP의 상위 계층 프로토콜을 표시한다. 이 필드를 통하여 목적지에서 적절한 상위 프로토콜로 IP 데이터그램이 전달될 수 있도록 한다. 예를 들면, IP 데이터그램이 TCP 세그먼트를 포함하고 있다면 프로토콜 필드의 값은 6을 가진다. UDP 또는 ICMP 세그먼트를 포함한 IP 데이터그램은 프로토콜 필드의 값으로 각각 17과 1을 갖는다.

- 헤더 첵섬(Header checksum)

IP 데이터그램 헤더의 오류 검출을 위해 사용된다. 데이터에 대한 오류 검출은 TCP와 같은 상위 계층에서 이루어진다. 그러므로 IP는 단지 헤더의 오류만을 검출한다. 이 방법은 적은 수의 비트들에 대해서만 오류를 검출하므로 각 라우터가 보다 빠르게 IP 데이터그램을 처리하는 장점을 가진다. 첵섬을 계산하기 위하여 헤더를 연속된 16비트의 정수(integer)로 간주한다. 송신측은 이 값들의 합을 수행한 후 결과 값의 보수(Complement)를 취하여 첵섬 필드에 저장한다. 수신측은 첵섬 값을 새로 계산하여 첵섬 필드에 저장된 값과 일치하지 않는 경우에는 헤더에 오류가 발생한 것으로 간주한다.

- 송신 IP 주소, 수신 IP 주소

송신과 수신 호스트의 IP 주소를 포함한다.

- 옵션(Option)

모든 IP 데이터그램에 이 필드가 요구되는 것은 아니며 경로 설정, 타이밍, 관리, 정렬 등 표준 IP 헤더에 없는 정보를 보낼 때 사용한다. 헤더 길이가 20바이트를 넘는 경우에 옵션 필드가 존재한다.

- PAD(Padding)

헤더 길이 필드가 4바이트 단위의 크기를 가지므로 PAD를 붙여 4바이트의 배수가 되게 한다.

- 데이터(Data)

TCP 또는 UDP와 같이 상위 계층에서 제공된 데이터를 포함한다.

IP 라우팅

TCP/IP 인터넷에서의 라우팅 기능은 [그림 5.16]과 같이 임의의 IP 데이터그램이 송신 호스트에서 수신 호스트로 전달되는 경로를 결정하는 일을 맡고 있다.

IP의 라우팅 기능을 이해하는 데 있어서 중요한 점은 라우팅이 수신 호스트로 전달하는 것이 아니라 수신 호스트가 속해 있는 네트워크로 IP 데이터그램을 전달하는 것이라는 점이다. IP의 라우팅 기능은 IP 데이터그램을 목적지 네트워크의 라우터로 전달하면 라우터는 IP 데이터그램을 수신 호스트로 바로 전달한다.

각 호스트는 같은 네트워크에 존재하는 호스트의 목록(IP 주소, MAC 주소)을 포함하는 ARP 캐시(Cache)를 관리하기 위해 ARP를 사용한다. ARP는 목적지 호스트의 MAC 주소를 알기 위해 사용된다. ARP와 ARP 캐시의 역할은 뒷 절에서 다시 설명된다.

또한 IP는 호스트와 라우터에게 더 좋은 라우팅 정보를 주기 위해 ICMP 서비스를 사용할 수 있다.

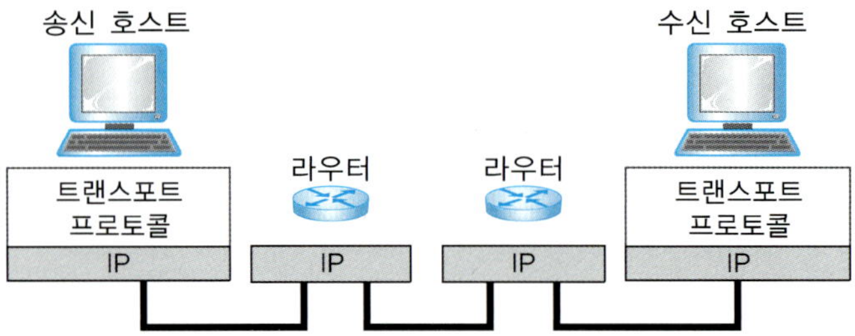

그림 5.16 **트랜스포트 프로토콜과 IP**

IP 라우팅 동작 절차

[그림 5.17]은 두 개의 LAN이 라우터를 이용하여 서로 연결된 작은 규모의 네트워크를 보여주고 있다.

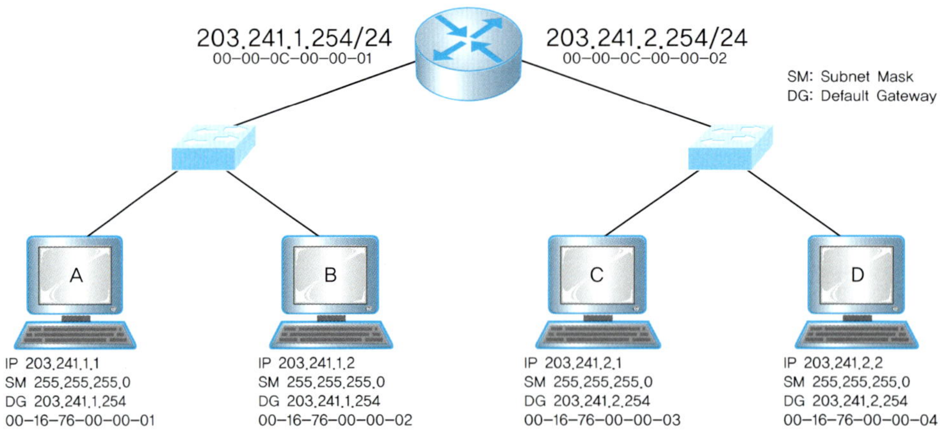

그림 5.17 **간단한 네트워크 예**

네트워크 관리자는 각각의 호스트에 IP 주소, 서브넷 마스크, 게이트웨이 주소 값을 설정한다. MAC 주소는 LAN 카드에 이미 내장되어 있으므로 설정할 필요가 없다.

각 호스트는 하나의 NIC(Network Interface Card 또는 LAN 카드)를 가지고 있으며 라우터는 그에 연결되어 있는 네트워크 각각에 대해 하나씩, 즉 두 개의 NIC를 갖고 있다.

호스트에서의 IP 라우팅

보통의 호스트에서 하게 되는 라우팅은 간단하다. 송신 호스트가 전송할 IP 데이터그램을 갖고 있다고 가정하자. 이 호스트는 IP 데이터그램 내에 포함되어 있는 수신 호스트의 IP 주소를 조사해서 수신 네트워크 ID를 추출해 내는데 여기서 두 가지 가능성이 존재한다.

- 만일 수신 네트워크 ID가 송신 호스트의 네트워크 ID와 같다면 송신 호스트는 IP 데이터그램을 바로 수신 호스트에게 전달한다.
- 만일 수신 네트워크 ID가 송신 호스트의 네트워크 ID와 다르다면 송신 호스트는 IP 데이터그램을 라우터로 보낸다.

라우팅 테이블

호스트는 IP 데이터그램을 보낼 경로를 결정하기 위해 라우팅 테이블을 유지한다. 라우팅 테이블은 적어도 하나의 항목, 즉 디폴트 라우터(Default Router)의 IP 주소를 포함한다. 임의의 호스트의 디폴트 라우터는 TCP/IP 통신 소프트웨어가 설치될 때 할당된다.

호스트는 다른 네트워크상에 있는 호스트로 전송할 IP 데이터그램을 가지고 있을 때 송신 호스트는 목적지 네트워크의 IP 주소를 포함하는 항목이 있는지 라우팅 테이블을 조회한다. 만일 라우팅 테이블이 목적지 네트워크 IP 주소를 포함하는 항목을 가지고 있지 않으면 그 호스트는 IP 데이터그램을 디폴트 라우터에게 보낸다.

[그림 5.17]의 간단한 인터넷에서 라우터는 두 개의 LAN에 직접 연결되어 있으므로 각 호스트는 같은 디폴트 라우터를 사용한다. 따라서 라우터는 IP 데이터그램을 받으면 목적지 IP 주소로부터 목적지 네트워크 ID를 추출하여 IP 데이터그램을 목적지 호스트로 전달한다.

같은 네트워크상에서의 데이터그램 전달 예

[그림 5.17]의 호스트 A에서 호스트 B로 IP 데이터그램을 어떻게 전달하는지를 살펴봄으로써 IP 데이터그램이 동일한 네트워크에서 어떻게 전달되는지 알 수 있다.

1) 호스트 A의 IP가 IP 데이터그램을 받을 때 먼저 IP는 IP 데이터그램 헤더에 있는 목적지 IP 주소(호스트 B의 IP 주소)를 검사하는데 IP 데이터그램의 목적지 네트워크 ID를 알아내기 위해 서브넷 마스크(subnet mask)를 사용한다.
2) 다음으로 호스트 A의 IP는 호스트 B의 네트워크 ID값과 호스트 A 자신의 네트워크 ID값을 비교한다. 두 ID의 값이 같으므로 IP 데이터그램을 호스트 A와 같은 네트워크상에 있는 호

스트 B로 3)의 절차에 따라 보낸다.

3) 호스트 A의 IP는 호스트 B의 IP 주소(203.241.1.2)에 해당하는 MAC 주소(00-16-76-00-00-02)를 이미 갖고 있는지를 알아보기 위해 ARP 캐시를 조회한다.

만일 갖고 있다면 호스트 A는 호스트 B의 MAC 주소를 알게 되며 IP 데이터그램을 직접 호스트 B로 전달하기 위해 이 MAC 주소를 사용한다. 만일 갖고 있지 않으면 ARP를 통해 B의 MAC 주소를 구한다.

다른 네트워크로의 데이터그램 전달

[그림 5.17]의 호스트 A에서 호스트 D로 IP 데이터그램을 어떻게 전달하는지 살펴보자.

1) 호스트 A의 IP는 IP 데이터그램 내의 목적지(호스트 D) IP 주소에 있는 네트워크 ID값과 호스트 A 자신의 네트워크 ID값을 비교하기 위해 서브넷 마스크를 사용한다. [그림 5.17]에서 알 수 있듯이 호스트 A와 D의 네트워크 ID값은 서로 다르므로 호스트 A의 IP는 자신의 네트워크에 연결되어 있는 디폴트 라우터에 IP 데이터그램을 보내야 한다.
2) 호스트 A의 IP는 디폴트 라우터의 MAC 주소를 알기 위해 다시 ARP를 사용한다. MAC 주소는 IP 데이터그램을 전달하기 위해 반드시 필요하다. 디폴트 라우터가 IP 데이터그램을 받으면 목적지 IP 주소로부터 네트워크 ID값을 추출하며 어느 네트워크로 보내야 하는지를 선택한다. 라우터는 ARP 캐시를 조회하여 호스트 D의 MAC 주소가 있으면 IP 데이터그램을 호스트 D로 직접 전달한다. ARP 캐시에 호스트 D의 MAC 주소가 없으면 ARP를 사용한다.

여러 개의 라우터를 통한 전달 예

[그림 5.18]은 세 개의 LAN이 두 개의 라우터를 사용하여 서로 연결되어 있는 네트워크를 보여주고 있다.

이러한 네트워크에서 송신 호스트 A가 해야 하는 라우팅 기능은 간단하다. 호스트 A는 같은 LAN 상에 있는 호스트로 전달되는 모든 IP 데이터그램들은 직접 전달하고 나머지 다른 IP 데이터그램들은 디폴트 라우터로 전달한다.

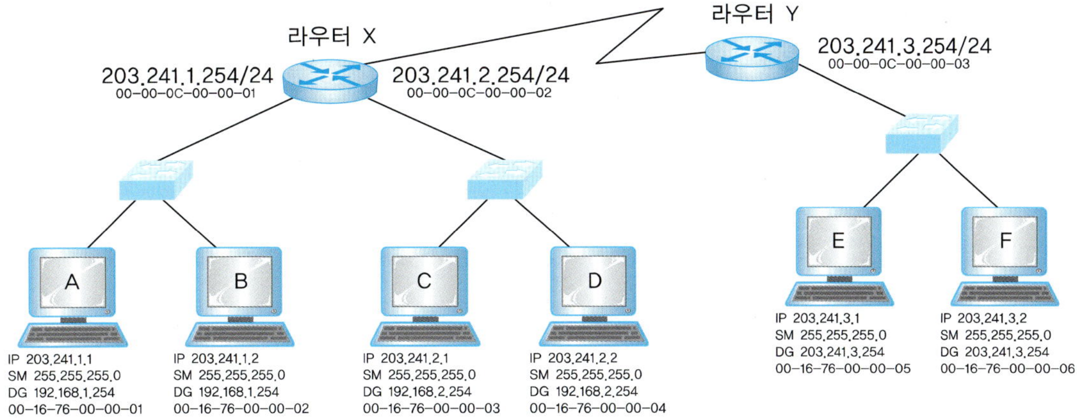

그림 5.18 **두개의 라우터를 가진 네트워크의 예**

IP 데이터그램을 호스트 A에서 호스트 E로 전달하는 경우를 고려해 보자. 호스트 A에서 호스트 E로 IP 데이터그램을 보낼 때 호스트 A는 디폴트 라우터 X의 IP 주소를 알기 위해 라우팅 테이블을 사용하고 IP 데이터그램을 그 라우터로 보낸다. 앞에서 설명하였지만, 라우터 X의 MAC 주소를 알아야만 IP 데이터그램을 보낼 수 있다.

라우터 X의 IP는 IP 데이터그램을 라우터 Y로 보내기 위해 라우터 X 자신의 라우팅 테이블을 이용한다. 라우터 Y는 목적지 호스트(호스트 E)가 자신의 네트워크상에 있다는 것을 안다. 따라서 라우터 Y는 호스트 E의 MAC 주소를 알기 위해 ARP를 이용하고 호스트 E의 MAC 주소를 알게되면 IP 데이터그램을 호스트 E로 전달한다.

각각의 호스트와 라우터에서의 라우팅 기능은 간단하지만, 인터넷의 크기와 복잡도가 증가함에 따라 관련된 중간 단계를 많이 거쳐야 한다. 호스트와 라우터는 IP 데이터그램을 목적지로 전달하기 위해 각각 자신의 IP 기능을 수행해야 한다.

일단 호스트가 IP 데이터그램을 라우터로 전달하면 그 IP 데이터그램을 목적지로 전달하는 것은 인터넷 상에 있는 모든 라우터들의 책임이다. 라우터가 유지하는 라우팅 테이블은 호스트가 유지하는 라우팅 테이블보다 좀 더 네트워크의 전체적인 관점을 가질 필요가 있다. 그러므로 라우터는 자신의 IP 뿐만 아니라 특정 라우팅 프로토콜을 동작시킨다.

IP 패킷 분석

다음은 앞에서 언급한 IP 데이터그램의 헤더를 Wireshark 프로토콜 분석기로 캡처한 화면이다.

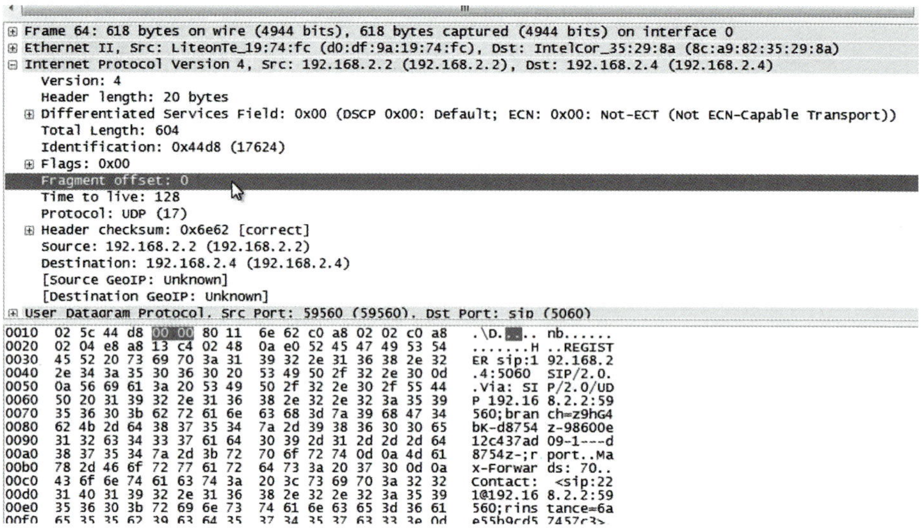

캡처한 내용을 IP 데이터그램 형식에 맞게 재구성하면 다음과 같다.

4	5	0x00	604
17624			0x0000
128		17	0x6e62
192.168.2.2			
192.168.2.4			
데이터			

5.4.2 IPv6

TCP/IP는 1975년에 프로토콜이 개발되어 1983년에 미국 ARPANET의 정식 프로토콜로 채용되어 오늘날까지 사용되며 발전해 왔다. IPv4는 약 43억(2^{32}) 개의 IP 주소를 사용할 수 있기에 컴퓨터가 잘 보급되지 않고 무선 인터넷이라는 개념이 생소했을 때는 문제가 없었지만 기하급수적인 인터넷 인구의 증가와 무선 인터넷 등의 발달로 인해 IP 주소가 부족하다는 문제가 생기게 되었다. IETF(Internet Engineering Task Force)에서는 멀지 않은 장래에 IPv4의 주소가 고갈될 것으로 예측하고 있으나 현재의 성장 추세로 본다면 IP 주소 고갈은 더욱 더 앞당겨질 것이다. 인터넷 인구는 계속 증가하며 집에서 하는 컴퓨터뿐만 아니라 무선 인터넷 또한 계속 늘어가고 있는 시점이다. 60억 인구가 사는 지구에서 43억 개라는 IP 주소는 턱없이 부족하며 그 문제를 해결하기 위해 새로운 IP 주소체계가 필요하게 되었다.

IETF에서는 IPng(Next Generation) 작업그룹을 구성하고 1994년부터 표준화 작업을 진행하여 IPv6 프로토콜이 개발되었으며, 1996년부터 6Bone이라는 가상망이 구축되어 운영되고 있다. IPv6는 기존 IPv4의 43억 개 IP 주소보다 훨씬 많은 주소를 가지고 있다. 이 개수는 60억 개개인의 PC, 무선 인터넷기기, 심지어는 개개인의 가전제품, 양말 한 짝에도 IP 주소를 부여할 수 있다. [표 5.1]은 IPv4와 IPv6의 특징을 간략히 비교하고 있다.

표 5.1 IPv4와 IPv6의 비교

	IPv4	IPv6
주소길이	32비트	128비트
주소 개수	약 43억 개	약$(43억)^4$
패킷 헤더	가변 크기	고정 크기
주소 할당 방법	A, B, C, D(멀티캐스트) 클래스 CIDR	CIDR
주소 유형	유니캐스트(unicast) 멀티캐스트(multicast) 브로드캐스트(broadcast)	유니캐스트 멀티캐스트 애니캐스트(anycast)
QoS	사용하지 않음	Flow Label Traffic Class
보안	제한적	IP sec 내장
구성	수동 구성	자동 구성

IPv6의 장점

무한 제공 가능한 IP 주소

IPv4는 약 43억 개의 주소가 이용 가능한 반면, IPv6는 거의 무한대의 (43억×43억×43억×43억 개) 주소 할당이 가능하다. 따라서 모든 네트워크 연결이 필요한 모든 디바이스에 독립적인 IP 주소를 부여하여 차세대 PC, RFID, 텔레매틱스, USN 같은 새로운 서비스 제공에 필요한 주소 할당이 가능하다. 이 밖에도 멀티 캐스트에 범위 개념을 도입해 멀티캐스트의 사용 및 관리를 단순화 시켰으며, 인터넷과 인트라넷을 위한 통합된 어드레싱 방식을 제공한다.

보안기능 강화

IPv6는 전자상거래의 가능성을 확대하는 동시에 전자상거래 트랜잭션에 대한 신뢰도를 강화하는 보안표준을 응용에 도입하였다. IPv4 설계시 보안은 고려되지 않았으며 이후 IPsec 등의 표준이 추가되었다. IPv6는 IPsec을 기본적으로 사용하며, 인터넷에서 전자상거래 등에 필수적인 인증, 보안 암호화, 데이터 무결성 보호 기능을 제공한다. IPv6 표준 기반의 인증 확장 헤더는 패킷이 발신지 주소에서 정당하게 전송된다는 것을 보장한다. 또 종단간 암호화 기능은 패킷의 조작 가능성을 배제한다.

IP 주소의 자동설정 기능

IPv6의 노드는 주소 자동설정기능을 사용하여 로컬 IPv6 주소를 자체적으로 생성한다. 이 경우 LAN 상의 MAC 주소를 네트워크 라우터가 제공한 프리픽스(Prefix)와 결합하여 고유의 IP 주소를 생성한다. 서버가 주소를 승인하거나 배포할 필요가 없기 때문에 서버를 수동으로 설정할 필요가 없으며 이를 위한 숙련된 인력이 더 이상 필요 없기 때문에 기업의 네트워크 관리 및 유지비용이 감소된다.

이동성 지원(Mobile IPv6)

이동전화서비스, WiBro, RFID, 텔레매틱스 등 IPv6를 탑재한 단말기들의 이동성을 지원하기 위해 IPv6의 Mobile IP 기술을 제공한다. 이것은 단말이 이동하는 경우에도 그 연결을 유지한 채 데이터를 송수신할 수 있게 하는 방안인데, 주소 지정 방법, 이동성 관리 기법 그리고 데이터 라우팅 기법으로 구분된다.

IPv6 데이터그램 헤더

[그림 5.19]는 IPv6의 데이터그램 헤더 형식을 보여주고 있으며 다음은 각 필드를 설명하고 있다.

- **버전(Version):** IP 버전(IPv6)
- **트래픽 클래스(Traffic Class):** QoS를 위한 클래스(Class)을 설정하며 송신측 호스트가 패킷을 전송할 때 특정 패킷의 우선순위를 높이는 용도로 사용
- **플로우 라벨(Flow Label):** Flow를 위한 Index를 지정하며, 보통 음성이나 영상 데이터처럼 실시간 서비스가 필요한 응용환경에서 사용
- **페이로드 길이(Payload Length):** 기본 헤더를 제외한 데이터크기

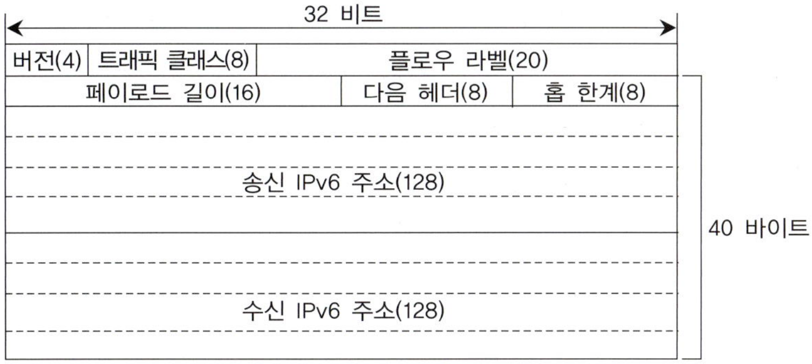

그림 5.19 IPv6 데이터그램 헤더

- **다음 헤더(Next Header):** 확장 헤더를 지정
- **홉 한계(Hop Limit):** 최대 홉 개수, TTL과 같은 기능
- **송신, 수신 IPv6 주소:** 송신, 수신 호스트의 IPv6 주소

IPv6 주소 표기

IPv4 프로토콜에서는 8비트 단위의 숫자 4개를 점(.)으로 구분하여 203.241.176.13과 같이 표현한다. 그러나 IPv6 프로토콜에서 지원하는 128비트의 숫자는 아주 커서 다음과 같이 16비트의 숫자 8개를 콜론(:)으로 구분한다.

이진수(Binary)	0010000000000001	0000010111000000	0001000000000000	0000000000001011	0000000000000000	0000000000000000	0000000000000000	0010001111011111
	⇩	⇩	⇩	⇩	⇩	⇩	⇩	⇩
16진수(Hexadecimal)	2001 :	05C0 :	1000 :	000B :	0000 :	0000 :	0000 :	23DF

이처럼 IPv6 주소는 일일이 표기하기 불편하므로 축약해 표기하는 방법을 사용하기도 한다.

1) 콜론으로 구분되는 영역이 0으로 시작할 경우에는 0을 생략할 수 있다. 하지만 전체 16진수가 0인 경우에는 0으로 표기한다. '1234:ABCD:5678:0001:0002:5678:ABCD:1234'는 '1234:ABCD:5678:1:2:5678:ABCD:1234'와 같이 표기할 수 있다.

2) 8개의 영역 중에서 0000인 영역이 연속적으로 나타나는 경우에는 해당 영역들을 생략할 수 있다. '1234:ABCD:0000:0000:0000:5678:ABCD:1234'는 '1234:ABCD::5678:ABCD:1234'와 같이 표기할 수 있다.

3) IPv4 프로토콜과 함께 사용하는 경우에 IPv4 주소를 캡슐화하여 'x:x:x:x:x:x:d.d.d.d' 같이 표현하기도 한다.

x:x:x:x:x:x에서 16비트 크기인 x가 6개이므로 총 96(16×6)비트이고 d.d.d.d에서 8비트인 d가 4개이므로 총 32(8×4)비트다. 따라서 IPv6의 주소 크기와 동일한 128 비트가 된다.

IPv4/IPv6 변환기술

대부분의 네트워크 장비들이 IPv4를 기반으로 동작하고 있기 때문에 모든 노드를 한순간에 IPv6로 변경한다는 것은 불가능하며 그 비용 또한 만만치 않다. 따라서 향후 오랜 시간 동안 IPv4 네트워크와 IPv6 네트워크가 공존할 것이며 이들 간의 통신을 위한 연동방법으로는 이중 스택, 터널링, IPv4/IPv6 변환 게이트웨이 방법 등이 있다.

이중 스택(Dual Stack)

IPv6 호스트와 라우터들은 IPv4와 IPv6 모두를 사용할 수 있는 이중 스택 구조를 갖는다. 이중 스택 시스템은 IP 계층에 두 가지 프로토콜이 모두 존재하여 통신 상대방에 따라 적절한 IP 프로토콜을 선택하는 시스템을 의미한다.

- **이중 스택 시스템의 주소 설정**

이중 스택 시스템은 IPv4와 IPv6, 두 가지 프로토콜을 모두 지원하기 때문에 IPv4 주소와 IPv6 주소 모두 설정이 가능하다. 예를 들어 IPv4에서는 DHCP 기술을 이용하여 주소를 얻을 수 있으며, IPv6에서는 주소 자동 설정을 사용할 수 있다.

- **이중 스택 시스템의 DNS 이름 해석**

IPv4와 IPv6 프로토콜은 IP 주소와 호스트 이름을 변환하는 DNS 시스템을 필요로 한다. 따라서 이중 스택 시스템은 IPv6 DNS 주소 저장방식인 AAAA 레코드 유형과 IPv4 DNS 주소 저장방식인 A 레코드를 모두 처리할 수 있어야 하는데 이 기능을 위해서는 DNS 주소 해석 라이브러리(DNS Resolver Library)가 두 가지 유형을 모두 지원해야 한다.

터널링(Tunneling)

터널링 기법은 일반적으로 IPv6와 같은 임의의 프로토콜을 사용하는 네트워크 사이에 IPv4와 같은 다른 프로토콜을 사용하는 네트워크가 존재할 때, 중간 네트워크에서 사용하는 프로토콜로 캡슐화하여 전송하는 방법을 의미한다. IPv6 네트워크 사이에 IPv4 네트워크가 존재할 때,

송신 라우터가 IPv4로 캡슐화하여 전송하고 수신 라우터가 IPv6로 역 캡슐화하는 방법을 의미한다. [그림 5.20]은 IPv6의 터널링 예를 보여주고 있다.

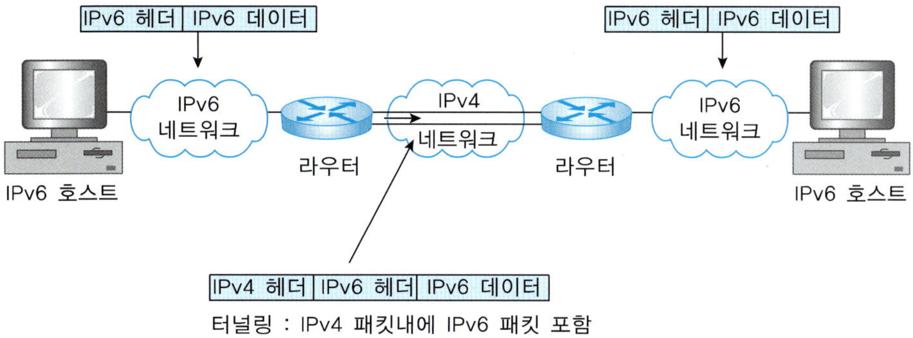

그림 5.20 **IPv6 터널링**

- IPv4/IPv6 변환 게이트웨어(Gateway)

IPv6이 확산되는 기간에는 IPv6 전용 네트워크와 IPv4 전용 네트워크가 모두 존재할 것이다. 이 경우 IPv6 호스트와 IPv4 호스트가 통신하기 위해서는 상이한 패킷 형식을 변환해 주는 게이트웨이가 필요하다.

IPv4/IPv6 게이트웨이는 변환 기능이 수행되는 계층에 따라 네트워크 계층 게이트웨이와 응용 계층 게이트웨이로 구별된다. 네트워크 계층에서 변환하는 경우에는 라우터와 같은 장비에서 변환 기능이 수행되지만 DNS, FTP와 같은 응용 프로토콜에 내장된 IP 계층 주소 변환을 수행할 수 없기 때문에 별도의 응용 게이트웨이를 추가로 구현해야 한다. 반면에 응용 계층 게이트웨이는 응용 계층 데이터까지 변환하기 때문에 다양한 서비스 지원이 가능하지만 상위 계층까지의 모든 내용을 분석해야 하기 때문에 네트워크 계층 변환에 비해 처리 과정이 복잡하고 많은 시간이 소요된다.

5.4.3 ARP(Address Resolution Protocol)

네트워크 환경에서 임의의 호스트가 다른 호스트에 데이터를 전송하려면 수신 호스트의 IP 주소뿐만 아니라, MAC 주소도 알아야 한다. 보통 응용 프로그램 사용자가 프로그램을 실행하는 과정에서 수신 호스트의 IP 주소를 입력하므로, IP 주소로부터 수신 호스트의 MAC 주소를 얻는 작업이 추가로 필요하다. ARP는 IP 주소를 받아서 IP 주소에 대응하는 MAC 주소를 얻는 프로토콜로서 IP 데이터그램이 목적지 호스트로 전달되도록 IP가 사용하는 프로토콜이다.

MAC 주소

LAN에서 호스트는 하나이상의 NIC를 갖고 있는데 NIC 각각은 MAC 주소를 가지고 있다. 보통 IEEE/ISO LAN 표준을 따르는 근거리 통신망은 각 NIC를 유일하게 식별하는 48비트 MAC 주소를 사용한다. 그러나 IEEE/ISO LAN 구조는 16비트 MAC 주소의 사용도 허락한다.

IP 주소

호스트의 IP 주소는 MAC 주소와는 직접적인 관계가 없다. 임의의 호스트에서 동작되는 IP 프로세스가 자신의 네트워크상에 있는 다른 호스트로 데이터그램을 전달할 때 목적지 호스트의 IP 주소는 알 수 있다. 하지만 데이터링크 계층에서 데이터그램 전달을 위해 반드시 필요한 목적지의 MAC 주소는 알지 못한다.

IP 주소를 MAC 주소로의 변환

때로, 네트워크에 있는 모든 호스트 및 라우터의 IP 주소와 대응되는 MAC 주소를 갖는 테이블을 제공하는 것은 가능하다. 그러나 대부분의 LAN은 MAC 주소로서 48비트 MAC 주소를 사용하며 상당히 많은 기기들이 각각의 LAN에 연결되어 있다. 또한 LAN에서 사용자들은 가끔 자신의 기기들을 끄거나 또는 LAN에서 제거하고 또 다른 사용자들은 새로운 호스트를 LAN에 접속함에 따라 항상 변할 수 있다. 이러한 상황에서는 호스트가 IP 주소에 대응되는 MAC 주소로 변환하기 위한 동적 스킴(Dynamic scheme)이 요구된다. 이것이 ARP의 기능이며 [그림 5.21]에서 이러한 과정을 보여주고 있다.

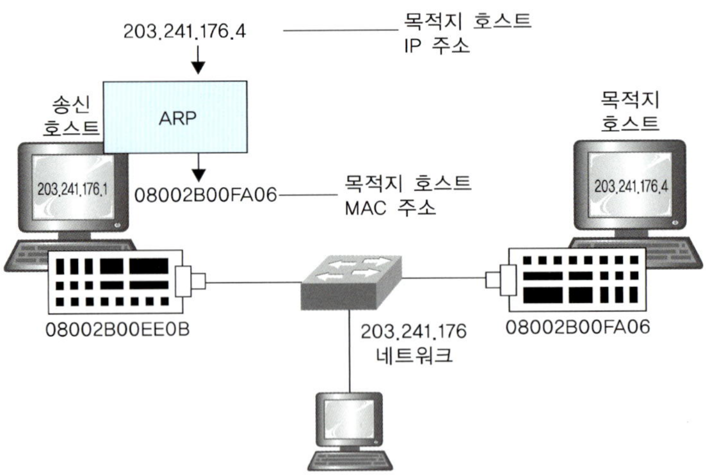

그림 5.21 ARP의 기능

ARP 동작과정

송신 호스트에서 동작하는 IP는 목적지 호스트로 IP 데이터그램을 보낼 때 IP 데이터그램 내의 목적지 IP 주소를 검사하여 IP 데이터그램이 자신의 네트워크상의 호스트로 전달해야 할지 아니면 다른 네트워크에 있는 호스트로 전달해야 할지를 결정한다. 만일 IP 데이터그램이 자신의 네트워크상의 호스트에게로 전달된다면 송신 IP 프로세스는 직접 IP 데이터그램을 전달한다. 그렇지 않고 다른 네트워크에 연결되어 있는 호스트로 전달된다면 IP 데이터그램을 라우터로 보낸다.

호스트에서 실행되는 IP는 IP 데이터그램을 자신의 LAN상의 호스트 또는 라우터로 전달할 필요가 있을 때 먼저 ARP 캐시 내에 목적지 IP 주소를 검색한다. 만일 캐시가 그 IP 주소에 대한 정보를 가지고 있다면 IP는 대응되는 목적지 MAC 주소를 조회하고 데이터그램을 목적지 호스트로 바로 전달한다.

호스트 또는 라우터의 전원이 켜질 때, 그 ARP 캐시는 비어 있다. 호스트 A의 IP가 IP 데이터그램을 호스트 B로 전달하려고 하는데 호스트 B의 IP 주소는 아직 호스트 A의 ARP 캐시에는 없다고 가정하자. 그런 상황에서, 호스트 A의 IP는 호스트 B의 MAC 주소를 알기 위해 ARP를 실행시키며 다음 단계들이 수행된다.

1) 호스트 A의 ARP는 호스트 B의 IP 주소를 포함하는 ARP 요청 패킷을 LAN 상에 브로드캐스트(Broadcast)한다.
2) LAN 상에 있는 모든 호스트에서 동작하는 ARP는 ARP 요청 패킷을 받게 된다.
3) 호스트 B는 ARP 요청 패킷 내에 자신의 IP 주소를 인지하게 되고 ARP 요청 패킷을 보낸 호스트에게 호스트 B의 MAC 주소를 포함하는 ARP 응답 패킷으로 응답한다.
4) 호스트 A가 호스트 B로부터 ARP 응답 패킷을 받을 때 호스트 A는 그 ARP 캐시 내에 호스트 B의 IP 주소와 대응하는 MAC 주소를 저장한다.
5) 호스트 A의 IP는 호스트 B로 IP 데이터그램을 보내기 위해 ARP 캐시에 있는 정보를 사용한다.

[그림 5.22]는 ARP의 동작과정을 보여주고 있다.

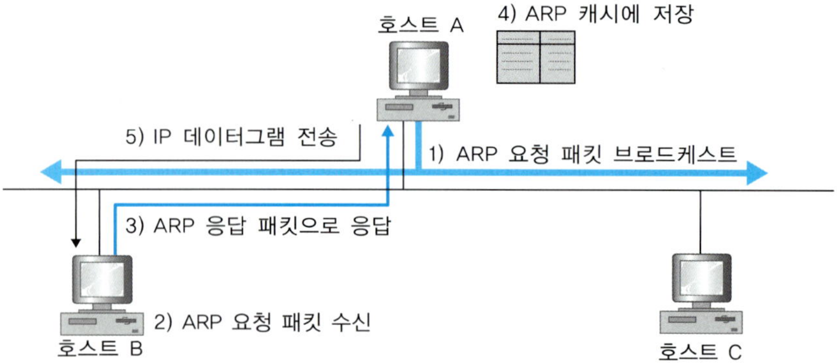

그림 5.22 **ARP 동작과정**

[그림 5.23]은 ARP 요청(Request) 패킷과 응답(Response) 패킷의 형식을 보여주고 있다. ARP는 다양한 네트워크 프로토콜과 데이터링크 형태와도 함께 동작될 수 있도록 설계되어 있다.

<table>
<tr><th colspan="4">← 32비트 →</th></tr>
<tr><td colspan="2">하드웨어 타입(예: 이더넷)</td><td colspan="2">프로토콜 타입(예: IPv4)</td></tr>
<tr><td>MAC 주소 길이</td><td>IP 주소 길이</td><td colspan="2">메시지 타입
(0X0001=요청; 0X0002=응답)</td></tr>
<tr><td colspan="4" rowspan="2">송신 MAC 주소</td></tr>
<tr><td colspan="2">송신 IP 주소
(바이트 1, 2)</td></tr>
<tr><td colspan="2">송신 IP 주소
(바이트 3, 4)</td><td colspan="2" rowspan="2">수신 MAC 주소</td></tr>
<tr><td colspan="4">수신 MAC 주소</td></tr>
<tr><td colspan="4">수신 IP 주소</td></tr>
</table>

그림 5.23 **ARP 패킷 형식**

ARP 예제

[그림 5.24]의 간단한 인터넷에서 IP가 어떻게 ARP를 사용하는지 살펴보자.

호스트 A가 지금 전원을 켰다고 가정하는데 이는 그 호스트의 ARP 캐시가 비어있다는 것을 의미한다. 또한 사용자는 호스트 D로 원격의 로그인을 하기 위해 다음과 같이 telnet 명령어를 친다고 가정하자.

```
$telnet D
```

호스트 A의 telnet 소프트웨어는 telnet 명령어에 명시된 호스트 이름에 대응하는 IP 주소를 알기 위해 DNS 기능을 사용하게 된다. 호스트 A의 telnet 소프트웨어는 호스트 D의 IP 주소를 알게 되고 그 다음으로 호스트 D와의 TCP 연결을 확립하기 위한 시도를 한다. 호스트 A의 telnet 소프트웨어는 TCP 연결설정을 요청하는 연결요청(connect request) 메시지를 포함하는 IP 데이터그램을 호스트 D로 전송함으로써 이 절차를 시작한다.

연결요청 IP 데이터그램 내의 목적지 주소 필드는 호스트 D의 IP 주소를 포함한다. 호스트 A의 IP는 목적지 IP 주소로부터 목적지 네트워크 ID값을 추출하기 위해 서브넷 마스크를 사용한다. IP는 목적지 네트워크 ID값이 호스트 A 자신에 대한 네트워크 ID값과 다르다는 것을 알게 된다. 따라서 연결요청 IP 데이터그램은 다른 네트워크로 보내지게 되는데 호스트 A는 그 데이터그램을 목적지로 전달할 수 있는 라우터로 보내야 한다. 호스트 A는 방금 전원이 켜졌으므로 그 라우팅 테이블은 단지

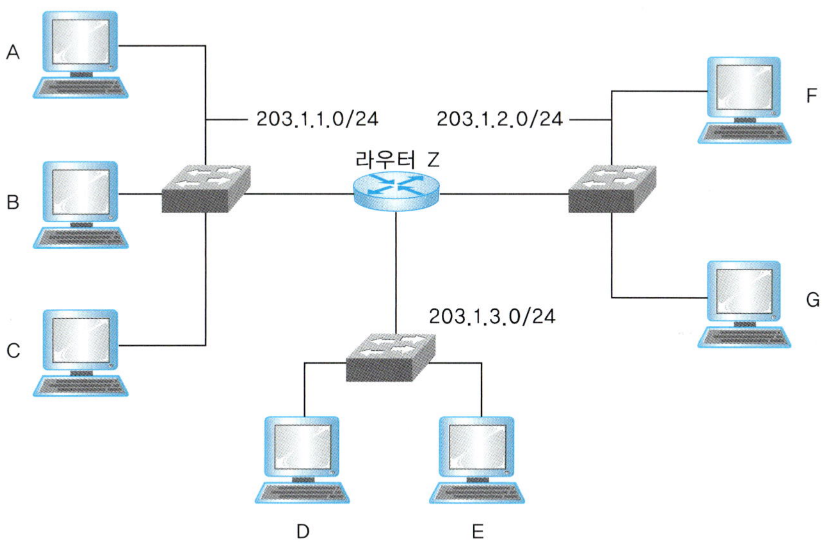

그림 5.24 **간단한 인터넷**

디폴트 라우터(default router, Z)에 대한 IP 주소 항목을 포함한다. 따라서 호스트 A의 IP는 연결요청 IP 데이터그램을 디폴트 라우터로 보내야 한다.

디폴트 라우터는 호스트 A 자신의 네트워크에 있기 때문에 호스트 A의 IP는 연결요청 IP 데이터그램을 직접 전달할 수 있다. 그러기 위해서 호스트 A는 디폴트 라우터의 MAC 주소를 포함하는 항목이 있는지 자신의 ARP 캐시를 조회한다. 그러나 호스트 A는 방금 전원이 켜진 상태이므로 디폴트 라

우터의 MAC 주소를 아직도 모른다.

호스트 A는 디폴트 라우터의 MAC 주소를 알기 위해 호스트 A의 ARP는 디폴트 라우터의 IP를 포함하는 ARP 요청 패킷을 만들어서 LAN 상에 있는 모든 호스트와 라우터로 ARP 요청 패킷을 브로드캐스트한다. 디폴트 라우터는 ARP 요청 패킷을 받아서 그 패킷 내에 포함된 IP 주소가 자신의 IP 주소라는 것을 알게 된다. 디폴트 라우터는 ARP 응답 패킷으로 ARP 요청 패킷에 대한 응답을 한다. 이 응답 패킷은 디폴트 라우터의 MAC 주소를 포함한다.

호스트 A의 ARP는 디폴트 라우터의 ARP 응답 패킷을 받으면 디폴트 라우터의 MAC 주소를 ARP 캐시에 저장한다. 호스트 A는 지금 디폴트 라우터의 MAC 주소를 알게 되고 디폴트 라우터로 TCP 연결설정을 위한 원래의 연결요청 패킷을 보낼 수 있다. 디폴트 라우터에서 동작하는 IP는 동일한 과정을 거쳐 호스트 D로 연결요청 패킷을 전달하게 된다. 호스트 D는 그때 연결요청 메시지에 대한 긍정적인 확인을 보내게 된다. 호스트 A가 호스트 D의 긍정적인 확인을 받게 될 때 호스트 D로 다시 긍정적인 확인을 보내게 되고, 결국 TCP 연결이 설정된다.

호스트 A와 원격 호스트 D는 지금 telnet 대화를 하기 위해 설정된 TCP 연결을 사용할 수 있다.

ARP 패킷 분석

다음은 앞에서 언급한 ARP 응답 패킷을 Wireshark 프로토콜 분석기로 캡쳐한 화면이다.

```
v Ethernet II, Src: 00:53:ff:ff:99:99, Dst: 00:53:ff:ff:bb:bb
  > Destination: 00:53:ff:ff:bb:bb
  > Source: 00:53:ff:ff:99:99
    Type: ARP (0x0806)
    Padding: 000000000000000000000000000000000000
v Address Resolution Protocol (reply)
    Hardware type: Ethernet (1)
    Protocol type: IPv4 (0x0800)
    Hardware size: 6
    Protocol size: 4
    Opcode: reply (2)
    Sender MAC address: 00:53:ff:ff:99:99
    Sender IP address: 10.0.4.44
    Target MAC address: 00:53:ff:ff:bb:bb
    Target IP address: 10.0.0.22
```

ARP 패킷 형식에 따라 위의 캡처 화면을 분석하면 다음과 같은 결과가 나온다.

<table>
<tr><td colspan="2">0x0001</td><td colspan="2">0x0800</td></tr>
<tr><td>6</td><td>4</td><td colspan="2">0x0002</td></tr>
<tr><td colspan="4">00:53:ff:ff:99:99</td></tr>
<tr><td colspan="2"></td><td colspan="2">10.0</td></tr>
<tr><td colspan="2">4.44</td><td colspan="2"></td></tr>
<tr><td colspan="4">00:53:ff:ff:bb:bb</td></tr>
<tr><td colspan="4">10.0.0.22</td></tr>
</table>

5.4.4 ICMP(Internet Control Message Protocol)

ICMP는 인터넷 계층에서 동작하는 또 다른 프로토콜로서 호스트와 라우터들이 오류가 발생했을 때 보고를 한다거나 비정상적인 경우에 관한 정보를 제공하는 것이 목적이다. 한 예로, TCP/IP 기반의 통신망에서 전송 과정에 문제가 발생하면 라우터에 의해 ICMP 메시지가 자동으로 발생하여 패킷 송신 호스트에게 전달된다.

ICMP는 인터넷 계층에 있다고 할지라도 ICMP 메시지는 IP 데이터그램 속에 포함되어 인터넷을 통해 전달된다. 그러므로 ICMP는 트랜스포트 계층 프로토콜과 비슷한 형태로 IP의 전달 서비스를 이용한다.

ICMP 메시지 형식

앞서 언급한 바와 같이 ICMP 메시지는 IP 데이터그램 내에 포함되며 IP의 서비스를 사용하여 인터넷을 통해 전달된다. IP 데이터그램 헤더의 프로토콜 필드에 값이 1이면 그 IP 데이터그램은 ICMP 메시지를 전달하는 것이다.

ICMP 메시지의 형식은 [그림 5.25]에서 보여주고 있다.

<table>
<tr><td colspan="3">← 32비트 →</td></tr>
<tr><td>0 / 8</td><td>8 / 16</td><td>16 / 24 / 31</td></tr>
<tr><td>ICMP 메시지 타입</td><td>코드(Code)</td><td>첵섬(Checksum)</td></tr>
<tr><td colspan="3">ICMP 메시지 내용</td></tr>
</table>

그림 5.25 ICMP 메시지 형식

1바이트의 메시지 타입 필드는 메시지를 구별하며, 코드 필드는 메시지 내용에 대한 더 자세한 정보를 알려준다. 첵섬 필드는 ICMP 전체 메시지의 오류탐지를 위한 대한 첵섬 기능을 가진다.

ICMP 메시지 내용 첫 라인의 4바이트는 모든 메시지에서 사용되지만, 이어지는 메시지 내용은 가변적이다. 따라서 4바이트의 ICMP 메시지 내용을 포함해 총 8바이트의 ICMP 정보는 반드시 포함한다. DESTINATION UNREACHABLE, SOURCE QUENCH, TIME EXCEEDED 등에서는 ICMP 메시지 내용이 사용되지 않으므로 0x00000000이 채워지고, ECHO REQUEST, ECHO REPLY, TIMESTAMP REQUEST, TIMESTAMP REPLY 같은 메시지에서는 특정 값이 주어진다.

ICMP 메시지 타입

여러 종류의 ICMP 메시지 타입들이 정의되는데 크게 두 가지 카테고리 즉, ICMP 오류 메시지와 ICMP 질의(query) 메시지로 구분할 수 있다.

1) ICMP 오류 메시지

ICMP의 가장 일반적인 사용은 여러 종류의 오류사항들을 보고하는데 있다.

임의의 호스트 또는 라우터는 만일 전송 도중에 오류 또는 비정상적인 상황이 발생했다는 것을 알게 되면 ICMP 오류 메시지를 보내게 된다. ICMP 오류 메시지를 발생시키게 하는 몇 가지 조건은 아래에 설명된다.

- **목적지 도달 불가능(Destination Unreachable)**: IP 데이터그램이 목적지 호스트로 전달될 수 없을 때 사용
- **시간 초과(Time Exceeded)**: IP 데이터그램의 TTL 필드에 포함된 값이 만료되어 그 IP 데이터그램은 버려지게 될 때 사용
- **유효하지 못한 파라미터**: IP 데이터그램 헤더 필드에 유효하지 못한 데이터를 포함할 때 사용
- **송신 멈춤(Source quench)**: 송신측 호스트가 잠시 동안 IP 데이터그램 송신을 멈추도록 요구할 때 사용
- **리다이렉트(Redirect)**: 후속의 IP 데이터그램을 위해 더 좋은 경로를 알리기 위해 사용

2) ICMP 질의 메시지

ICMP 오류 메시지 이외에 정보를 요청하고 응답하기 위해 사용하는 ICMP 질의 메시지가 있다.

- **에코(echo) 요청과 응답**

ICMP 질의 메시지를 가장 흔히 사용하는 경우는 ping 프로토콜을 구현할 때 사용되는 경우이다. 이들 메시지는 기본적으로 "Are you alive?" 기능을 구현하기 위해 사용된다. 만일 호스트 또는 라우터가 ICMP 에코 요청 메시지를 받는다면 ICMP 에코 응답으로 응답한다. [그림 5.26]은 ICMP 에코 요청과 응답 메시지의 형식을 보여준다.

← 32비트 →

8 = Echo 요청 0 = Echo 응답	코드	체섬	
ID		순서번호	
데이터			

그림 5.26 ICMP 에코 요청과 응답 메시지 형식

← 32비트 →

13 = 요청 14 = 응답	코드	체섬	
ID		순서번호	
Originate Timestamp			
Receive Timestamp			
Transmit Timestamp			

그림 5.27 ICMP 타임스탬프 요청과 응답 메시지 형식

- **타임스탬프(timestamp) 요청과 응답**

임의의 호스트 또는 라우터는 다른 호스트 또는 라우터에게 현재의 날짜와 시간을 나타내는 타임스탬프로 응답하도록 요청하기 위해 타임스탬프 요청 메시지를 보낼 수 있다. 타임스탬프 요청 메시지를 받는 호스트 또는 라우터는 타임스탬프 응답 메시지로 응답한다. 타임스탬프는 1900년 1월 1일부터 경과된 초의 수를 나타내는 32비트 값을 포함한다.

타임스탬프 요청과 응답 메시지는 클록을 동기화하기 위한 간단한 수단으로 여러 가지 상황에서 경과된 시간을 측정하기 위해 사용된다. [그림 5.27]은 ICMP 타임스탬프 요청과 응답 메시지의 형식을 보여주고 있다.

수신 타임스탬프(receive timestamp) 필드와 전송 타임스탬프(transmit timestamp) 필드는 타임스탬프 요청 메시지에서는 0값을 가진다는 것을 주의한다. 타임스탬프 응답 메시지에는 세 가지 타임스탬프 필드 모두 데이터를 포함한다.

5.5 | 인터네트워킹

컴퓨터 통신의 표준화 및 기술의 발전으로 다양한 환경에서 통신망을 구성하고 있으며 그 중에서 근거리 정보교환을 위한 LAN을 구축하여 널리 활용하고 있는 실정이다. 이로 인해 서로 다른 표준을 갖는 LAN이 구축되게 되었고 각각의 LAN에 속해 있는 사용자는 다른 LAN에 속해 있는 사용자와도 정보교환을 원하게 되었다. 이러한 요구를 충족시켜주기 위한 네트워크 상호간의 연동을 **인터네트워킹(Internetwoking)**이라 한다. 인터네트워킹은 상호 연동되는 네트워크의 구조 및 사용 프로토콜의 차이점을 해결하면서 상호 정보교환이 용이하도록 해주는 기능을 가지게 된다. 인터네트워킹은 연동하고자 하는 네트워크의 상황에 따라 여러 가지 방법이 존재한다.

[그림 5.28]은 인터네트워킹의 예를 보여주고 있다.

인터네트워킹을 위해 두 네트워크 간에 데이터 교환을 위한 장비가 필요하다. 이러한 연동을 위한 장비의 기능은 수행하는 계층에 따라 다르며 일반적으로 사용하는 장비 이름은 아래와 같다.

- **계층 1**: 리피터(Repeater), 허브(Hub)
- **계층 2**: 브리지(Bridge), 스위치(Switch)
- **계층 3**: 라우터(Router), L3 스위치
- **계층 4 이상**: 게이트웨이(Gateway)

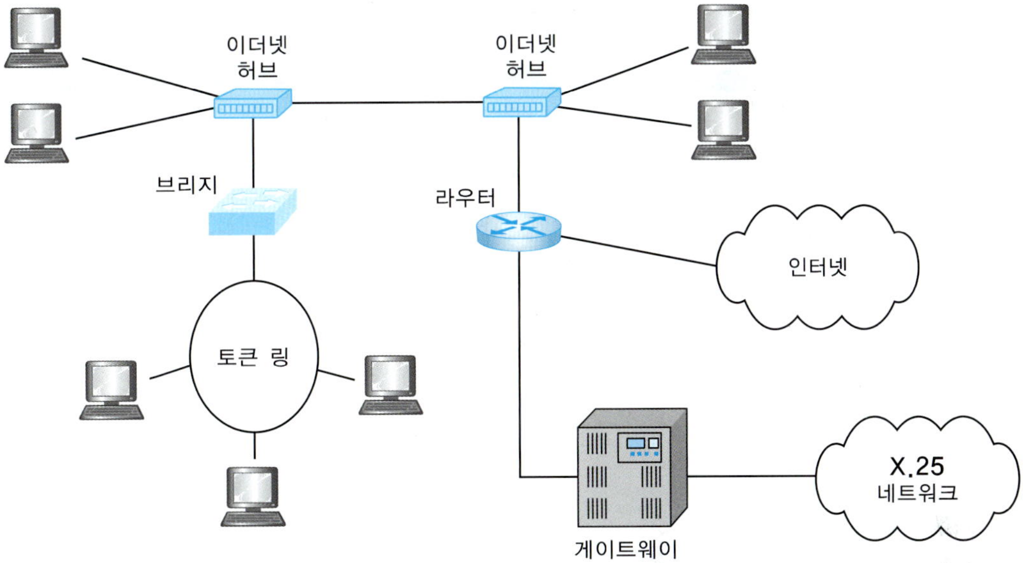

그림 5.28 **인터네트워킹 예**

리피터와 허브

리피터는 네트워크의 거리를 확장할 수 있는 장비이다. 예를 들어, 이더넷에서 자주 사용하는 UTP 케이블의 최장 거리는 100 미터이다. 그러나 실제 연결하려고 하는 컴퓨터들이 그 이상의 거리에 분산되어 있을 UTP 케이블을 리피터로 연결하여 전체 컴퓨터들을 연결할 수 있다.

리피터는 OSI 계층 구조 상의 물리 계층에 해당하는 기능만을 제공한다. 따라서 리피터의 기능은 신호를 다시 생성하여 거리가 멀어짐에 따라서 나타나는 감쇠 현상을 줄이고 신호의 품질을 좋게 하는 기능을 제공한다.

허브는 스타형 구성에서 여러 호스트들을 연결하기 위해 사용되며 리피터와 유사하는 기능을 제공한다. 허브는 리피터보다 많은 포트를 지원하는 점에서 차이가 있으며 최근에 허브를 주로 사용하고 있다. [그림 5.29]는 허브가 동작하는 계층 구조를 보여주고 있다.

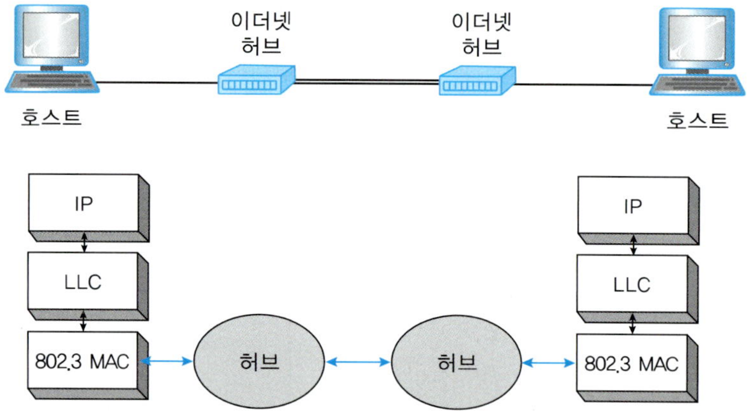

그림 5.29 허브를 이용한 LAN의 연장

▌브리지와 스위치▐

브리지는 리피터와 비슷하게 LAN 세그먼트들을 연결할 수 있는 기능을 제공한다. 그러나 리피터가 OSI 계층 구조 상의 물리 계층에서 동작하는 것과는 달리, 브리지는 물리 계층과 MAC 계층에서 동작한다. [그림 5.30]은 브리지가 동작하는 계층 구조를 보여 주고 있다.

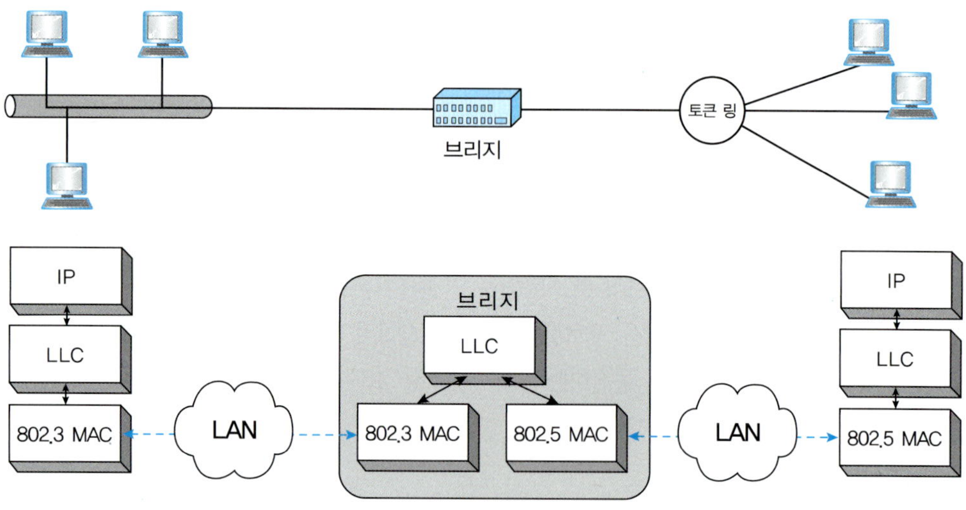

그림 5.30 브리지를 이용한 LAN의 연결

어떤 세그먼트로부터 수신된 프레임은 먼저 브리지에 저장된다. 브리지는 수신된 프레임의 오류 발생 여부를 조사하여 오류가 발생하지 않고, 프레임의 목적지가 다른 세그먼트인 경우에만 해당 세그먼트로 프레임을 전송한다. 따라서 목적지가 모두 같은 세그먼트에 속하는 프레임은 다른 세그먼트로 전송되지 않는다.

브리지는 수신되는 프레임을 버퍼에 저장하여 처리하는 저장-전달(Store-and-Forward) 처리 방식을 사용하므로 프레임이 브리지를 거치면서 약간의 시간 지연이 발생하게 된다. 또한 브리지에 트래픽이 혼잡한 경우는 과부하로 인하여 오동작할 수도 있다.

스위치는 브리지와 유사한 기능을 제공하지만 브리지보다 많은 LAN 세그먼트를 연결할 수 있다. 또한 스위치는 저장-전달 처리방식 이외에 컷-쓰루(Cut-through) 처리 방식을 함께 사용한다. 컷-쓰루 방식은 프레임 헤더를 수신하면 목적지 주소를 읽고 바로 프레임을 전송하는 방식이다. 따라서 스위치는 브리지의 기능을 좀 더 개선한 장비로 간주할 수 있다.

라우터와 L3 스위치

라우터는 서로 상이한 구조를 갖는 네트워크들을 연결할 수 있는 기능을 제공하며, 일반적으로 LAN을 WAN과 연결하는 데 많이 사용된다.

라우터는 OSI 계층 구조의 물리 계층, 링크 계층 그리고 네트워크 계층에서 동작한다. [그림 5.31]은 라우터가 동작하는 계층 구조를 보여 주고 있다.

네트워크 계층의 주요 기능 중 하나는 패킷의 전송 경로를 설정하고 해제하는 라우팅 기능이다. 따라서 라우터가 네트워크 계층을 포함하여 동작하므로, 라우터는 라우팅에 관련된 기능을 수행한다.

라우터가 OSI 계층 구조 상의 하위 3계층을 포함하여 동작하므로, 라우터는 하위의 3계층이 서로 다른 네트워크들을 연결하는 데 사용할 수 있다. 그러나 이러한 경우에도 종단 컴퓨터의 트랜스포트 이상 상위 계층은 동일한 프로토콜이 동작해야 한다.

라우터는 망 내의 혼잡 상태를 제어할 수 있는 기능을 갖고 있으며, 따라서 어떤 경로에 많은 트래픽이 있는 경우에 패킷을 다른 경로로 전송하는 등의 기능도 갖는다.

L3(Layer 3) 스위치는 라우터와 유사한 기능을 제공 하지만 L3 스위치는 성능을 높이기 위해 라우터의 소프트웨어 로직을 하드웨어로 대체하여 사용한다. 또한 L3 스위치는 라우터보다 많은 포트를 지원한다.

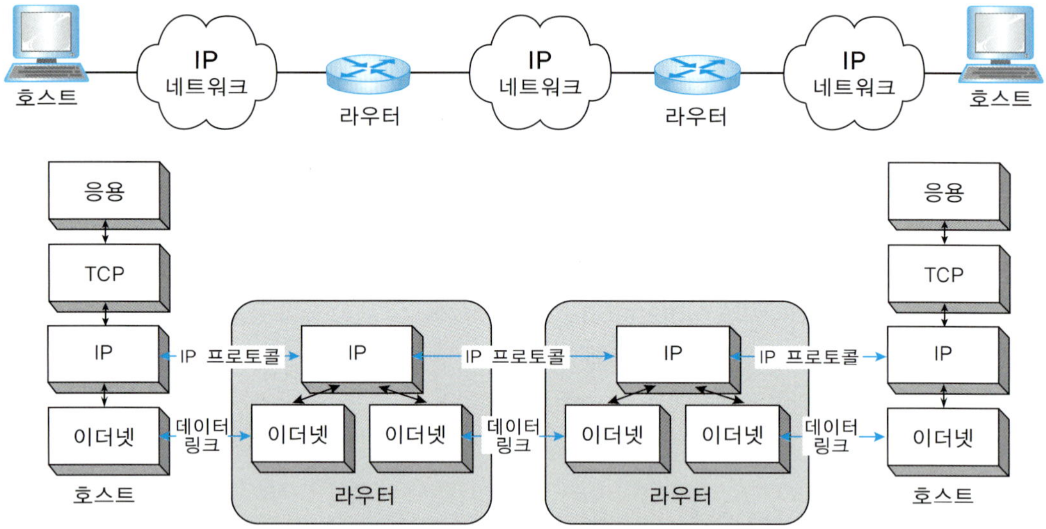

그림 5.31 **라우터를 이용한 네트워크 연결**

게이트웨이(Gateway)

게이트웨이는 OSI 참조모델의 모든 계층을 포함하여 동작하는 장비이다. 따라서 게이트웨이는 프로토콜 구조가 상이한 네트워크들을 연결할 수 있는 기능을 제공한다. 예를 들면, 게이트웨이는 IBM의 X.25 프로토콜이 동작하는 네트워크와 인터넷과 같은 IP 네트워크와의 연결에 사용될 수 있다.

[그림 5.32]는 게이트웨이를 이용하여 통신구조가 서로 다른 네트워크들을 연결한 예를 보여주고 있다.

게이트웨이는 여러 계층의 프로토콜 변환 기능을 수행해야 하므로 많은 시간을 필요로 한다. 따라서 게이트웨이는 네트워크 내의 병목 현상을 일으키는 지점이 될 수 있다.

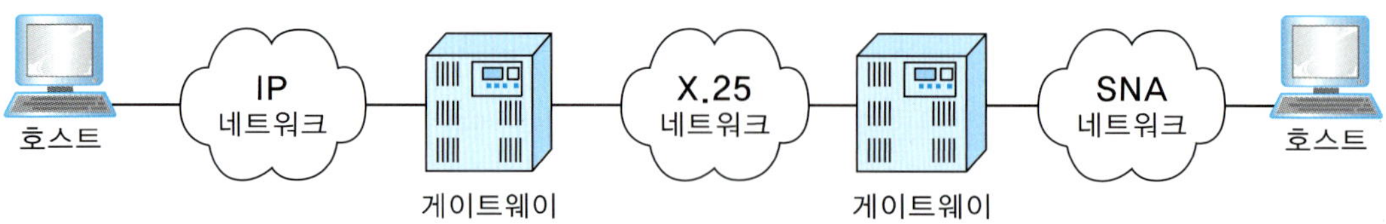

그림 5.32 **게이트웨이를 이용한 네트워크 연결**

연습문제

5.1 패킷 네트워크에서 사용되는 링크 상태 라우팅 알고리즘에 대하여 간단히 설명하시오.

5.2 다음과 같은 네트워크를 고려해보자.

(a) x에서 모든 네트워크 노드까지 최단경로를 계산하기 위해 Dijkstra 알고리즘을 사용하여 계산하시오.

(b) s에서 모든 네트워크 노드까지 최단경로를 계산하기 위해 Dijkstra 알고리즘을 사용하여 계산하시오.

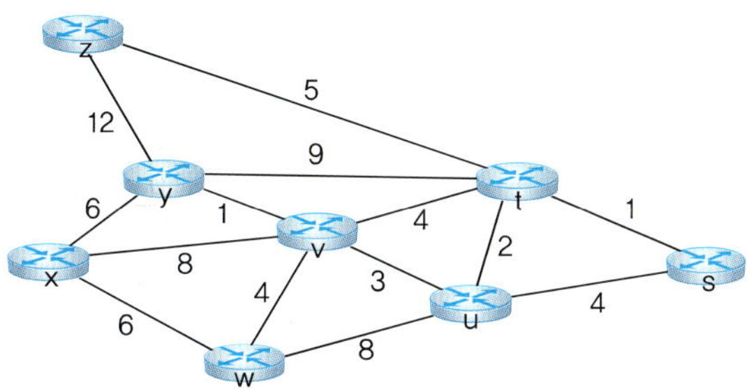

5.3 RIP는 어떤 라우팅 알고리즘을 사용하는가, 그리고 RIP는 어디에 사용되는가?

5.4 거리 벡터 라우팅 알고리즘을 사용하는 라우터로 구성된 아래의 네트워크를 고려해 보자. 현재 라우터 J는 자신의 라우팅 테이블을 갱신하는 과정 중에 있다. 즉 라우터 J는 그 이웃(A, I, H, K)로부터 라우터 정보를 포함하는 거리 벡터를 받았고 또한 라우터 J는 그 이웃까지 지연시간(delay)를 측정해 본 결과 A까지는 8, I까지는 10, H까지는 12, K까지는 6으로 측정되었다(아래 표 참조). 새로운 J의 라우팅 정보를 계산하여 아래 표의 빈 칸을 완성하시오.

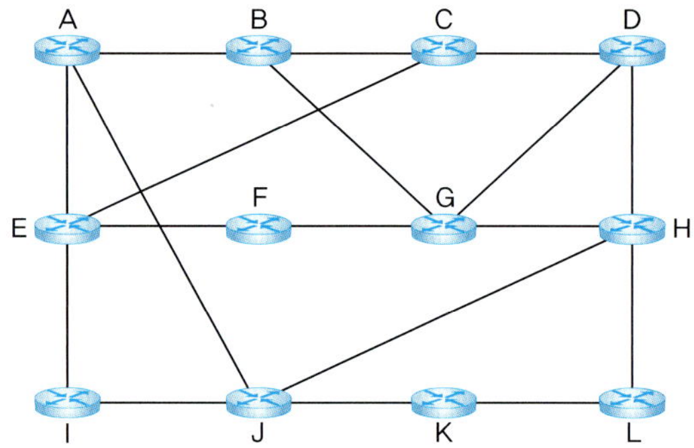

	A	I	H	K	J의 새 라우팅 테이블	
A	0	24	20	21	8	A
B	12	32	29	26		
C	23	16	17	34	26	I
D	36	27	8	24	20	H
E	14	7	30	22	17	I
F	23	20	19	40		
G	18	31	6	31		
H	17	20	0	19	12	H
I	21	0	14	22	10	I
J	9	11	7	10	0	—
K	24	22	22	0	6	K
L	29	33	9	9		
	JA 지연시간 = 8	JI 지연시간 = 10	JH 지연시간 = 12	JK 지연시간 = 6	J의 새 라우팅 테이블	

5.5 만일 ISP(인터넷 서비스 제공자)가 /28 IPv4 주소 블록을 할당했다면, 얼마나 많은 컴퓨터에게 주소를 할당할 수 있는가?

5.6 /24 IPv4 주소블록을 가지고 있는 ISP를 고려해 보자. 255 대의 컴퓨터에 대한 IP 주소를 필요로 하는 고객으로부터의 요청을 수용할 수 있는지 없는지 설명하라.

5.7 /24 IPv4 주소블록을 지닌 ISP를 고려해 보자. 또 4명의 고객이 있는데 그들은 각각 60대의 컴퓨터에 할당하기 위한 주소가 필요하다. ISP가 그들에게 주소 블록을 할당하는데 사용할 CIDR IP 주소 할당을 보여라.

5.8 다음 CIDR IP 주소에 대한 네트워크 주소, 브로드캐스트 주소, 서브넷 마스크 값은 무엇인가?
1) 141.67.146.202/30

2) 32.5.57.114/24

3) 203.241.119.19/23

5.9 MAC 주소와 IP 주소의 차이를 설명하시오.

5.10 서브넷 마스크가 필요한 이유를 설명하시오.

5.11 C 클래스 IP에서 서브넷 마스크가 255.255.255.0이 아니고 255.255.255.128이라면 네트워크를 어떻게 구성한 것인지 설명하시오.

5.12 인터넷에 연결되어 있는 어떤 컴퓨터 A의 IP 주소는 130.97.16.132이고 서브넷 마스크 값은 255.255.255.192일 때 아래의 질문에 답하시오(IP 주소는 네트워크 ID, 서브넷 ID, 호스트 ID로 구분할 수 있음).
(a) A의 호스트 ID의 값은?

(b) 서브넷의 총 개수는?

(c) 하나의 서브넷에 존재하는 호스트의 최대 개수는?

5.13 임의의 호스트가 하나의 IP이상을 가질 수 있는가?

5.14 출발지 컴퓨터 A와 목적지 컴퓨터 B사이에 데이터그램은 1,500바이트(헤더를 포함)로 제한된다고 가정하자. IP 헤더는 20바이트라고 가정할 때 얼마나 많은 데이터그램이 43 MB(메가바이트) 짜리 MP3 파일을 보내는데 필요한가?

5.15 IP 라우팅 문제

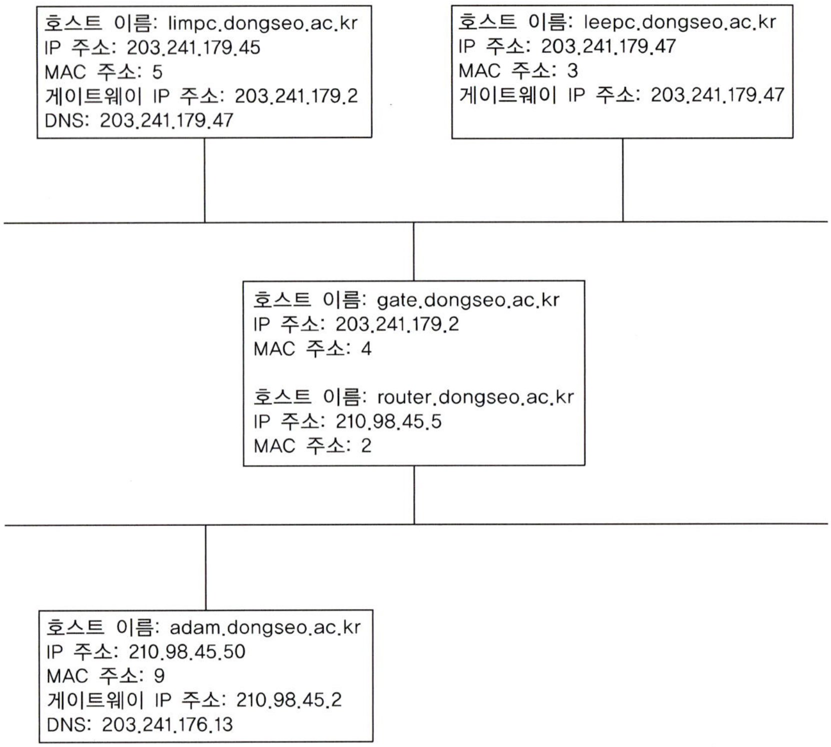

주의: MAC 주소는 48 bit로 구성되며 보통 16진수 표기법을 사용한다(예:12:34:56:78:90:AB). 이 문제에서는 간단히 하기 위하여 한자리수 10진수 표기법을 사용한다.

- 가정: 모든 컴퓨터는 방금 전원을 켰고 그림에서 보여진 내용이외의 또 다른 정보는 없으며 DNS(Domain Name Server)는 해당 네트워크에 존재하는 모든 컴퓨터의 IP 주소를 알고 있음.
- 문제: limpc.dongseo.ac.kr에서 adam.dongseo.ac.kr로 하나의 데이타 패킷(IP 데이터그램)을 보내기 위해 주고 받는 메시지(ARP 요청, 응답 포함)들을 아는 대로 보이시오.

5.16 서브넷(Subnet)을 하지 않았을 때 IP 주소의 B class를 위한 서브넷 마스크는 255.255.0.0이다. 만일 IP 주소의 호스트 ID 부분 중에서 5 비트가 서브넷 ID로 사용된다고 할 때 서브넷 마스크의 값은 얼마인가?

5.17 IP 데이터그램의 최대 길이는 얼마인가?

5.18 다음 그림에 보여진 간단한 인터넷에서 IP와 ARP가 어떻게 사용되는지를 살펴보자. 호스트 A가 지금 전원을 켰다고 가정을 하는데 이것은 그 호스트의 ARP 캐시가 비어진다는 것을 의미한다.

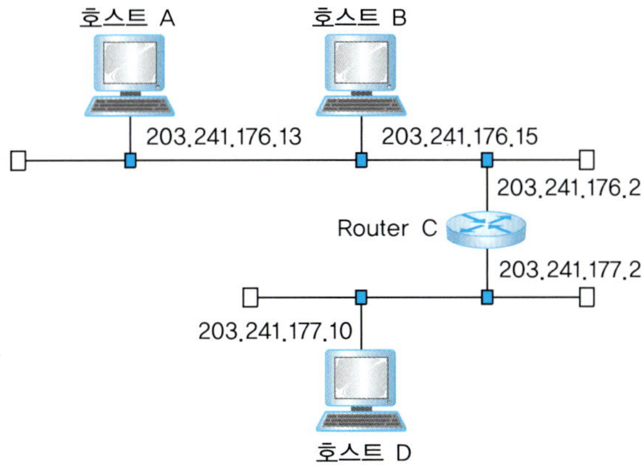

또한 사용자는 호스트 D로 원격의 로그인을 하기 위하여 다음과 같이 telnet 명령을 친다고 가정하자.

```
$telnet D
```

이 명령이 이루어지기 위한 IP와 ARP의 동작과정에 대해 설명하시오.

5.19 다음 용어에 대하여 설명하시오.

1) 리피터

2) 브리지

3) 라우터

5.20 ARP의 기능은 무엇인가?

5.21 ARP 캐시는 무엇인가?

5.22 컴퓨터가 한 부서에서 다른 부서로 이동되었다고 가정하자. 다음 물음에 답하시오.

1) MAC 주소는 변하는가?

2) IP 주소는 변하는가?

Wireshark Lab: 이더넷 프레임 검사

본 연습에서는 Wireshark을 사용하여 컴퓨터 네트워크에서의 프로토콜에 관하여 배우게 될 것이다. 우선 사용하는 웹 브라우저의 캐시(Cache)를 지우고 Wireshark을 실행시킨 다음 Wireshark 캡처(Capture)를 Start하라. 그리고 웹 브라우저 상에서 www.bbc.co.uk을 입력하여 웹 페이지가 모두 다운로드 된 후에 패킷 캡처를 Stop하라. 마지막으로 캡처된 데이터를 저장하라.

5.23 저장된 데이터의 상위 윈도우에서 하나의 HTTP를 선택하라. HTTP 프로토콜 데이터 단위의 캡슐화를 보게 되는데 HTTP 데이터는 크기가 몇 바이트인가? HTTP 데이터에 추가되는 TCP 헤더와 IP 헤더는 몇 바이트인가? 이더넷 프레임 크기가 IP 패킷 크기와 같은지 아니면 큰지 체크하라?

CHAPTER 06

트랜스포트 계층

6.1 | 트랜스포트 계층 개요

6.1.1 트랜스포트 계층 소개

트랜스포트 계층은 네트워크 계층의 서비스를 이용하여 상위 계층에게 서비스를 제공하여 준다. 트랜스포트 계층은 상위의 응용계층과 하위의 네트워크 계층과 인접해 있으며 각각 TSAP, NSAP을 통해 상하위 계층간에 정보를 교환한다. [그림 6.1]은 이들 세 개의 계층간 관계를 보여주고 있다.

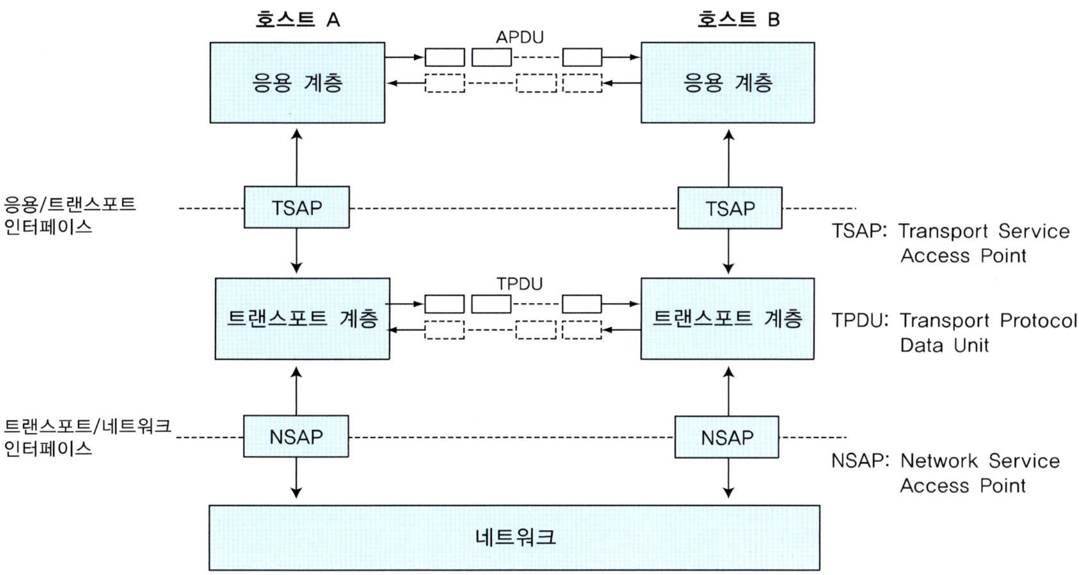

그림 6.1 트랜스포트 계층 인터페이스

3장에서도 언급한 바와 같이 서비스 프리미티브를 사용하여 N+1 계층의 송신 데이터(PDU: Protocol Data Unit)는 N 계층의 서비스 데이터 단위(SDU: Service Data Unit)로 N 계층에 넘겨지며 N 계층에서는 여기에 프로토콜 제어 정보(PCI: Protocol Control Information)를 헤더로 붙여 N 계층 PDU를 만든다. [그림 6.2]는 트랜스포트 계층 관점에서 바라 본 SDU와 PDU의 관계를 보여주고 있다.

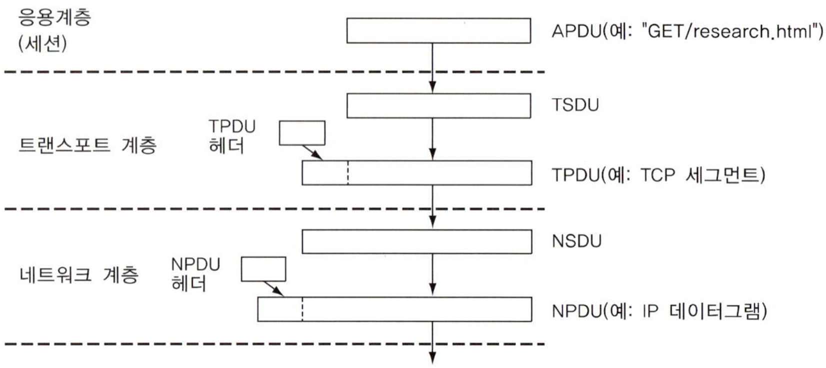

그림 6.2 **SDU와 PDU의 관계**

트랜스포트 프로토콜은 데이터링크 프로토콜과 유사한 기능을 가지고 있다. 즉, 이 두 계층의 프로토콜은 모두 오류 제어, 순서화(sequencing) 등의 기능을 제공한다. 이는 데이터링크 계층과 트랜스포트 계층 모두가 두 시스템 간에 신뢰성 있는 데이터의 전송을 보장한다는 측면을 가지므로, 이 두 계층의 기능이 거의 비슷한 것은 당연하다고 할 수 있다.

트랜스포트 계층과 링크 계층의 차이점은 데이터링크 계층이 하나의 전송매체에 연결되어 있는 노드를 연결하는데 비해, 트랜스포트 계층은 전체 네트워크의 종단에 연결되어 있는 호스트를 연결한다는 것이다. 이러한 차이점은 [그림 6.3]에서 보여주고 있다.

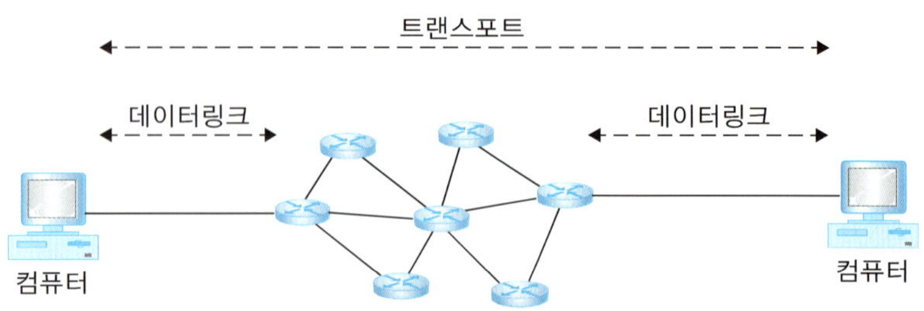

그림 6.3 **데이터링크 계층과 트랜스포트 계층**

지금까지 많은 수의 트랜스포트 프로토콜이 개발되어 왔다. 이중에서 가장 대표적인 트랜스포트 프로토콜은 현재도 인터넷에서 사용되고 있는 TCP(Transmission Control Protocol)이다. 보통 인터넷을 TCP/IP 네트워크로 부르는 이유도 TCP 및 IP가 인터넷의 핵심 프로토콜이기 때문이다. [그림 6.4]는 인터넷 프로토콜 구조를 보여주고 있다.

TCP/IP는 이들 프로토콜들의 일부이며 상위의 응용계층 프로토콜들은 인터넷 사용자들에게 특정한 서비스를 제공하는 프로토콜들이다. TCP의 하위계층인 IP 프로토콜은 호스트 간에 데이터그램 서비스를 제공하기 위해 설계된 네트워크 계층의 프로토콜이다.

<table>
<tr><td>응 용</td><td colspan="5">응용 서비스와 프로토콜</td></tr>
<tr><td>트랜스포트</td><td colspan="2">TCP</td><td colspan="3">UDP</td></tr>
<tr><td>인터넷</td><td>IP</td><td>ICMP</td><td>ARP</td><td>RARP</td><td>라우팅 프로토콜</td></tr>
<tr><td>네트워크 인터페이스</td><td colspan="5">네트워크 드라이버 소프트웨어</td></tr>
<tr><td>하드웨어</td><td colspan="5">하드웨어</td></tr>
</table>

그림 6.4 **인터넷 프로토콜 구조**

6.1.2 트랜스포트 서비스

트랜스포트 서비스는 트랜스포트 계층이 상위 계층에게 제공하는 서비스를 의미한다. 반면에 트랜스포트 프로토콜은 이 서비스를 제공하기 위해 송신 호스트와 수신 호스트가 어떻게 정보를 주고 받는지에 대한 구체적인 통신규약을 의미한다. 다음은 주요 트랜스포트 서비스를 나타낸다.

연결형(Connection-oriented)과 비연결형(Connectionless)

트랜스포트 계층은 네트워크 계층과 마찬가지로 연결형과 비연결형의 두 가지 서비스를 제공한다. 이들 서비스들은 네트워크 계층의 연결형 서비스와 비연결형 서비스와 유사하다. 따라서 트랜스포트 연결형 서비스에서는 연결의 설정, 데이터의 전송, 연결의 해제라는 세 개의 단계를 가지며, 비연결형 서비스에서는 연결의 설정과 해제 과정이 없다.

신뢰성(Reliability)

신뢰성 있는 서비스는 손실되지 않고(no-loss), 중복되지 않으며(no-duplicate), 순서적(ordered)인 데이터 전송을 제공하는 것을 의미한다. 이중 하나라도 만족하지 못하면 비신뢰적인 서비스가 된다.

신뢰적 서비스를 제공하는 프로토콜로는 TCP를 들 수 있으며 이와 반대로 UDP는 비신뢰적인 서비스를 제공한다.

블록킹(Blocking)과 비블록킹(Non-Blocking)

블록킹 서비스는 서비스를 요청한 작업이 마칠 때까지 계속 대기하며 트랜스포트 계층으로부터 반환값을 받아야 끝이 난다. 반면에 비블록킹 서비스는 요청한 작업을 마칠 수 없으면 대기하지 않고 다른 작업을 할 수 있는 서비스이다.

멀티캐스트(Multicast)와 유니캐스트(Unicast)

멀티캐스트는 데이터를 다수의 수신자에게 보낼 수 있는 서비스를 말하며 화상회의 또는 채팅과 같은 응용들이 있다. 유니캐스트는 송신자가 한명의 수신자에게 데이터를 보낼 수 있는 서비스를 말한다. TCP는 유니캐스트 서비스를 제공하며 UDP는 유니캐스트, 멀티캐스트 서비스 모두 지원한다.

서비스 품질(QoS, Quality of Service)

서비스의 품질이라는 것은 광범위하고 사용환경에 따라 기준이 다르기 때문에 매우 복잡하다. ISO 트랜스포트 서비스는 연결을 설정할 때 협상할 수 있는 11가지 QoS 파라미터를 정의하였다. 다음은 정의된 QoS 파라미터들을 보여주고 있다.

- 연결 설정 지연시간(Connection Establishment Delay)

  트랜스포트 사용자가 연결 설정을 요구한 시점으로부터 연결 설정에 대한 응답(confirm)을 받기까지 지연시간을 의미한다. 여기에는 상대 트랜스포트 엔티티의 처리 시간도 포함된다. 이 시간이 짧을수록 좋은 서비스라 할 수 있다.

- 연결 설정 실패확률(Connection Establishment Failure Probability)

  트랜스포트 연결이 네트워크 또는 내부의 문제로 인해 최대 연결설정 지연시간 내에 설정되지 못하는 확률을 의미한다.

- 처리량(Throughput)

  처리량은 트랜스포트 계층의 효율성과 관련되며 단위 시간당 전달되는 사용자 데이터의 바이트 수를 의미한다. 처리량은 양쪽 방향에 대해 독립적으로 측정된다.

전달 지연(Transit Delay)

전달 지연은 송신측의 트랜스포트 사용자로부터 수신측의 트랜스포트 사용자에게까지 메시지가 전달되는데 필요한 시간을 의미한다. 전달 지연도 처리량과 같이 양쪽 방향을 따로 측정한다.

잔여 오류율(Residual Error Rate)

잔여 오류율은 정해진 시간 동안 전송한 총 메시지의 수에 대한 오류가 발생한 메시지 수의 비율을 의미한다. 즉, 송신측 트랜스포트 사용자가 전송한 총 TSDU(Transport Service Data Unit)의 수에 대한 손실, 중복, 정확하지 않은 TSDU 수의 비율을 의미한다.

전송 실패확률(Transfer Failure Probability)

정해진 시간 동안 측정된 총 전송에 대한 총 전송 실패의 비율을 의미한다.

연결 해제 지연시간(Connection Release Delay)

트랜스포트 사용자가 연결 해제를 요구한 시점으로부터 상대 트랜스포트 사용자가 실제로 연결 해제할 때까지의 최대 허용시간을 의미한다.

연결 해제 실패확률(Connection Release Failure Probability)

연결 해제 지연시간 동안 완료되지 못한 연결해제 수의 비율을 의미한다.

보호(Protection)

보호의 의미는 전송한 데이터를 원하는 수신측의 트랜스포트 계층 이외에 허가받지 않은 다른 시스템이 이를 읽거나, 수정하는 등의 작업을 할 수 없도록 하는 것이다.

우선순위(Priority)

우선순위는 어떤 특정의 연결(connection)이 다른 연결보다 더 중요함을 의미하며, 혼잡(congestion) 상태와 같은 사건이 발생한 경우 다른 연결보다 이 연결에 대해 우선순위를 두어 데이터를 전송하도록 한다.

회복력(Resilience)

트랜스포트 프로토콜이 네트워크 또는 내부의 문제로 인해 자발적으로 트랜스포트 연결을 끝내는 확률을 의미한다.

6.1.3 트랜스포트 프로토콜 기능

트랜스포트 계층에서는 높은 신뢰성과 효율적인 통신을 제공하기 위해 여러 가지 기능을 가지고 있다. 이러한 기능에는 연결형/비연결형, 오류제어, 흐름 및 혼잡 제어, 다중화, 분리, 연결, 단편화 등이 포함된다. 여기서는 포괄적인 몇 가지 기능에 대하여 설명하기로 하고 나머지 기능은 TCP와 UDP를 다룰 때 구체적으로 설명한다.

다중화(Multiplexing)

다중화는 [그림 6.5] (a)와 같이 하나의 네트워크 연결에 여러 개의 트랜스포트 연결을 설정하는 것이다. 개념적으로 트랜스포트 연결은 TPDU가 전달될 수 있는 파이프이며, 네트워크 연결은 복수 개의 트랜스포트 연결이 안에 들어 있는 형태로 생각할 수 있다.

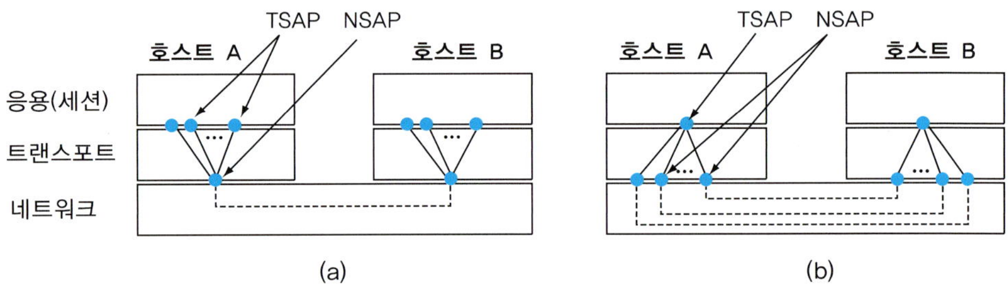

그림 6.5 다중화(Multiplexing)와 분리(Splitting)

수신측 트랜스포트 계층은 다중화 되어 전달되어진 데이터를 다시 원래의 트랜스포트 연결에 따라 분리하여 상위 계층에게 전달하도록 한다.

다중화를 이용하는 대표적인 예로써 비연결형 네트워크 계층을 사용하는 TCP는 포트번호를 사용하여 다수의 트랜스포트 사용자를 구분한다.

분리(Splitting)

다중화와는 반대로 [그림 6.5] (b)와 같이 하나의 트랜스포트 연결이 여러 개의 네트워크 연결을 사용하는 경우이다. 트랜스포트 연결에서 요구하는 데이터 양을 하나의 네트워크 연결로는 처리할 수 없는 경우, 이를 이용하여 데이터의 전송을 무리 없이 할 수 있다. 또 다른 사용 예로써는 네트워크 연결이 제공하는 서비스의 질이 트랜스포트에서 원하는 수준으로 제공하지 못할 때 여러 개의 네트워크 연결을 사용하여 원하는 서비스의 질을 만족시킬 수 있도록 하는 것이다.

연결(Concatenation)

여기서 연결이라는 것은 계층끼리의 연결(connection)을 의미하는 것이 아니고, [그림 6.6]과 같이 송신측에서 여러 개의 TPDU를 하나의 NSDU(Network Service Data Unit)로 구성하여 송신하는 것을 의미한다. 따라서 수신측에서는 이를 다시 여러 개의 TPDU로 분리해야 한다.

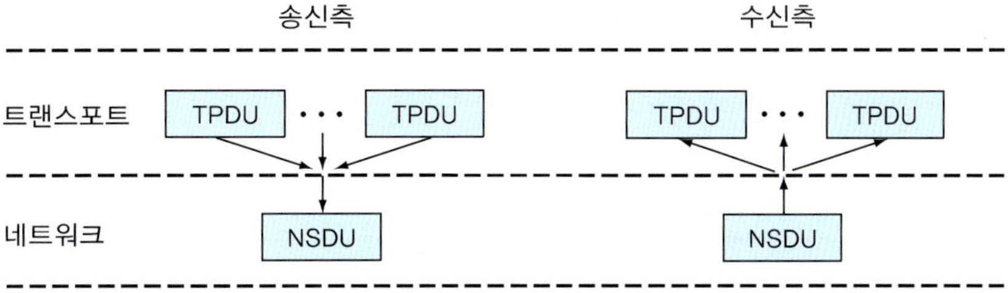

그림 6.6 **연결(Concatenation)**

이 기능은 트랜스포트 송신자와 수신자에게 여분의 처리시간이 필요하지만 네트워크 대역폭을 효과를 보게 된다.

단편화(Segmentation)

단편화는 [그림 6.7]과 같이 송신측에서 하나의 TSDU(Transport Service Data Unit)를 여러 개의 TPDU로 나누어 송신하고, 수신측에서는 여러 개로 나누어서 수신되는 TPDU를 하나의 TSDU로 다시 조합하여 이를 상위 계층에게 전달할 수 있다.

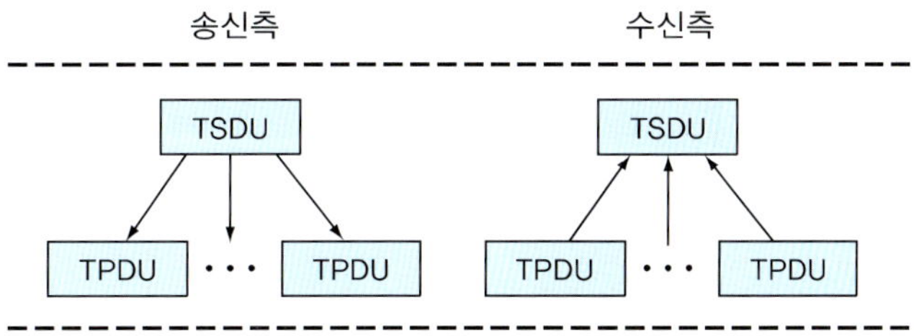

그림 6.7 **단편화(Segmentation)**

6.2 | OSI 트랜스포트 계층

6.2.1 OSI 트랜스포트 서비스

N계층의 서비스 사용자와 N계층의 서비스 제공자간의 인터페이스는 서비스 프리미티브(Service Primitive)를 통해 이루어진다. 임의의 서비스 프리미티브는 하나 이상의 파라미터와 함께 자신의 기능을 가지고 있다. OSI 트랜스포트 계층에서 제공하는 서비스 프리미티브는 [표 6.1]에서 보여주고 있으며 [그림 6.8]은 서비스 프리미티브를 이용한 예들을 보여주고 있다.

표 6.1 트랜스포트 계층의 서비스 프리미티브

서비스	파라미터
T-CONNECT.request	수신측 주소, 송신측 주소, 옵션, QOS, 데이터
T-CONNECT.indication	수신측 주소, 송신측 주소, 옵션, QOS, 데이터
T-CONNECT.response	QOS, 수신측 주소, 옵션, 데이터
T-CONNECT.confirm	QOS, 수신측 주소, 옵션, 데이터
T-DISC.request	데이터
T-DISC.indication	해제 원인, 데이터
T-DATA.request	데이터
T-DATA.indication	데이터
T-EXPEDITED-DATA.request	데이터
T-EXPEDITED-DATA.indicaton	데이터

[그림 6.8]의 (a)는 정상적인 연결 설정 과정을 보여주고 있으며 (b)는 한쪽에서 연결 해제를 요구하여 이것이 정상적으로 이뤄지는 것이다. (c), (d)는 일반적인 데이터 전송과 신속(expedited) 데이터 전송과정을 보여주고 있다. 신속 데이터는 정상적인 데이터가 흐름 제어 등으로 전달되지 않고 있는 경우라도 신속하게 전달될 수 있다.

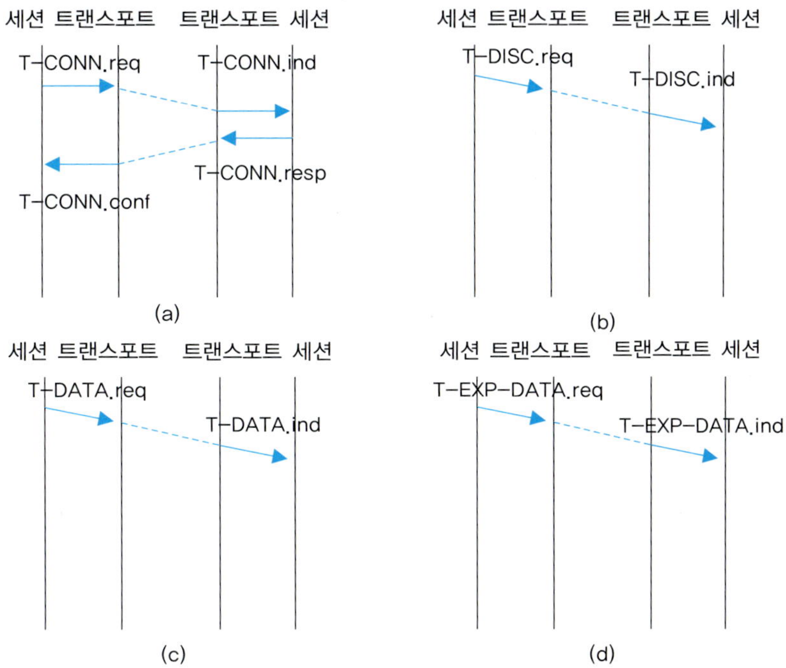

그림 6.8 **트랜스포트 계층 서비스의 사용 예**

6.2.2 OSI 트랜스포트 프로토콜

네트워크 계층과 트랜스포트 계층은 네트워크를 통한 데이터의 전송이라는 점에서는 같은 기능을 가지므로, 이 두 계층은 밀접한 연관을 가진다.

네트워크 계층에서 신뢰할 수 있는 높은 수준의 서비스를 제공한다면, 트랜스포트 계층에서의 역할은 쉬운 일이 될 것이다. 반대로 네트워크 이하의 하위 계층이 데이터의 정확한 전송을 보장할 수 없다면, 트랜스포트 계층에서는 안정된 데이터 전송을 위해 에러 제어를 비롯한 복잡한 많은 기능을 수행해야 할 것이다.

따라서 트랜스포트 프로토콜을 정의하기에 앞서 우선 네트워크 계층에서 제공하는 서비스의 질에 관하여 생각해 보도록 한다. 네트워크 계층의 서비스 질을 판단하기 위해 여러 가지 기준이 있을 수 있으나, 여기서는 다음과 같이 A, B, C의 세 가지 타입으로 분류하였다.

- **A**: 패킷은 잘 전달되며, 신뢰적인 네트워크
- **B**: 패킷은 잘 전달되지만 내부의 혼잡상태, 하드웨어, 소프트웨어 결함등이 발생하여 A만큼 신뢰적이지 못한 네트워크

- **C**: 패킷의 분실이나 복제가 생길 수 있으며, 신뢰적이지 못한 네트워크

이 세 가지의 경우에서 대부분의 WAN(Wide Area Network)은 B에 해당한다. 즉, 패킷을 분실하지는 않으나 경우에 따라 내부의 혼잡 상태, 하드웨어 문제, 소프트웨어 결함 등이 발생하기도 한다. 이를 해결하는 것은 트랜스포트 계층의 임무이며, 이러한 문제가 발생하면 트랜스포트 계층은 새로운 네트워크 연결의 설정 등을 통해 데이터의 전달을 계속해 나간다. 이 세 가지 중 C 타입은 데이터그램을 사용하는 인터넷을 예로 들 수 있다. 이 경우의 트랜스포트 계층은 가장 복잡한 형태가 되며, 여러 가지의 많은 제어를 수행해야 한다.

표 6.2 트랜스포트 프로토콜의 클래스

클래스	하위의 네트워크 타입	이름
0	A	단순 클래스(Simple Class)
1	B	기본 오류 회복 클래스(Basic Error Recovery Class)
2	A	다중화 클래스(Multiplexing Class)
3	B	오류 회복과 다중화 클래스(Error Recovery and Multiplexing Class)
4	C	오류 검출과 회복 클래스(Error Detection and Recovery Class)

트랜스포트 계층에서 제공해야 하는 기능은 하위의 네트워크에서 제공하는 서비스의 질에 따라서 결정된다. 따라서, 하위의 네트워크에서 데이터의 안정된 전송 기능을 제공하면, 트랜스포트 계층에서는 이러한 기능을 또 다시 제공할 필요가 없게 된다. 트랜스포트 계층의 프로토콜은 [표 6.2]에서 볼 수 있는 것처럼 5개의 클래스로 나누어서 제공된다.

클래스 0

클래스 0는 타입 A의 네트워크에서 사용되므로 네트워크 자체에서 오류 발생이 아주 낮다. 따라서 클래스 0의 트랜스포트 계층은 오류 회복, 다중화, 흐름제어 등의 기능을 제공하지 않는다. 다만, 트랜스포트 연결 설정, 데이터 전송 및 해제를 위한 기능은 가지고 있다.

클래스 1

클래스 1은 타입 B의 네트워크에서 사용되며 네트워크 계층으로부터 오류가 발생한 사실이 통보된 경우 오류를 회복하는 기능을 가지고 있다. 따라서 클래스 1의 트랜스포트 계층은 하위의 네트워크 계층의 상황에 따라 오류 회복, 신속한 데이터 전송, 흐름 제어 등의 기능을 제공한다. 다중화를 위한 기능을 제공하지 않는다.

클래스 2

클래스 2는 클래스 0과 마찬가지로 타입 A의 네트워크에서 사용되며, 따라서 오류의 검증과 복구 기능은 없다. 그러나 클래스 0과 다른 점은 하나의 네트워크 연결에 둘 이상의 트랜스포트 연결을 설정하여 데이터를 전송할 수 있다는 것이다. 즉, 트랜스포트 계층에서 다중화 기능을 제공하는 것이다.

클래스 3

클래스 3은 타입 B의 네트워크에서 사용되는 것으로, 클래스 1과 클래스 2를 합해 놓은 형태이다. 따라서 다중화 기법이 사용되며, 네트워크 계층으로부터 오류가 발생한 사실이 통보된 경우 오류를 회복하는 기능을 가지고 있다.

클래스 4

클래스 4의 프로토콜은 타입 C의 네트워크에서 사용하도록 하는 것이다. 따라서 손실, 중복된 데이터를 검출할 수 있는 오류 검출 기능과 발생한 오류를 회복하는 기능을 제공한다.

트랜스포트 계층에서는 트랜스포트 연결을 설정할 때에 어떠한 클래스의 프로토콜을 사용할 것인가를 결정하게 된다. 이를 위하여 송신측에서는 연결 설정 과정에서 사용할 클래스를 제안하며, 이를 수신측에서 받아들여 이루어진다. 만약 수신측에서 제안된 클래스를 거부할 경우 연결은 설정되지 않는다.

표 6.3 클래스에 따른 트랜스포트 프로토콜의 기능

기능 \ 클래스	0	1	2	3	4
연결형 네트워크	O	O	O	O	O
비연결형 네트워크					O
분리와 병합		O	O	O	O
단편화와 조합	O	O	O	O	O
오류 회복		O	O	O	O
연결 재시도		O		O	
다중화			O	O	O
흐름 제어			O	O	O
타임아웃에 의한 재전송					O
신뢰적인 트랜스포트 서비스		O		O	O

○: 기능 제공, (빈칸): 기능 없음

트랜스포트 프로토콜에서 제공하는 기능들은 사용 가능한 하위 네트워크 서비스의 종류와 사용하는 프로토콜 클래스에 따라 달라질 수 있다. 트랜스포트 프로토콜의 기능과 이러한 기능이 제공되는 클래스들의 관계를 [표 6.3]에 나타내었다.

[표 6.4]는 인터넷에서 사용되고 있는 TCP, UDP와 OSI 트랜스포트 프로토콜 클래스인 TP4, TP0의 일반적인 특징을 비교하고 있다.

표 6.4 인터넷과 OSI의 트랜스포트 프로토콜 비교

특성	TCP(인터넷)	UDP(인터넷)	TP4(OSI)	TP0(OSI)
적용 환경	비신뢰적 네트워크에서 데이터 전송	낮은 오류율을 갖는 LAN과 같은 환경	비신뢰적 네트워크에서 데이터 전송	신뢰적인 네트워크에서 데이터 전송
개발 목적	비신뢰적 네트워크에서 신뢰적인데이터 전송	최소의 프로토콜 기능을 가진 데이터그램 전송	비신뢰적 네트워크에서 신뢰적인데이터 전송	신뢰적인 네트워크에서 기본기능 프로토콜
하위 계층	IP	IP	비신뢰적 네트워크	신뢰적인 네트워크 (예, X.25)
구현 방법	소프트웨어	소프트웨어	소프트웨어	소프트웨어

6.3 | 안정적인 데이터 전송 원리

컴퓨터 통신에서 데이터를 안정적으로 보내는 문제는 단순히 하나의 특정 계층에만 국한되지 않는다. 이 문제는 데이터링크 계층은 물론, 트랜스포트 계층 심지어 응용 계층에서 다루어야할 주제이다.

트랜스포트 계층의 기능은 응용 계층에게 서비스를 제공하는 것이다. 그 주된 서비스는 응용 계층으로부터 받은 데이터를 수신측의 응용 계층으로 전달하는 것이다. 송신측의 응용 계층에는 보내고자 하는 데이터를 트랜스포트 계층으로 넘겨주는 프로세스가 존재한다.

송신측 트랜스포트 계층은 [그림 6.9]와 같이 데이터를 전송하기 위해 인터넷 계층의 IP를 이용한다. IP는 비연결형이며 패킷을 완전하게 수신측으로 전달하는 것을 보장하지 않는다. 이러한 면에서 IP는 비신뢰적인 최선형(Best-Effort) 서비스를 제공한다. 수신측의 인터넷 계층은 상위 트랜스포트 계층에게 데이터를 전달하고 트랜스포트 계층은 상위 응용 계층에 전달한다.

트랜스포트 계층에서 수행해야 할 기능 중에는 인터넷 계층에서의 패킷들을 어떻게 트랜스포트 계층 전송단위로 그룹화 하는가에 대한 결정, 통신 오류들의 제어, 그리고 빠른 송신측 호스트에 대해서 느린 수신측 호스트가 데이터 단위를 올바르게 수신할 수 있도록 데이터 단위의 흐름을 제어하는 기능들을 포함한다.

본 절에서는 오류 제어(Error control)와 흐름 제어(Flow control)의 두 가지 중요한 기능에 관해 설명한다. 오류 제어는 호스트가 오류를 검출하기 위해 어떻게 데이터 단위를 검사하는가와 오류를 발견한 경우 어떻게 수정을 하는가이다. 일반적인 방법으로는 수신측이 송신측에게 데이터에 오류가 있음을 알리는 메시지를 전송하는 것이다. 이 메시지를 수신한 송신측에서는 프로토콜에 따라 다양한 방법으로 대처한다. 데이터의 재전송을 요구하는 형태의 오류 제어기법을 ARQ(Automatic Repeat Request)라고 부른다.

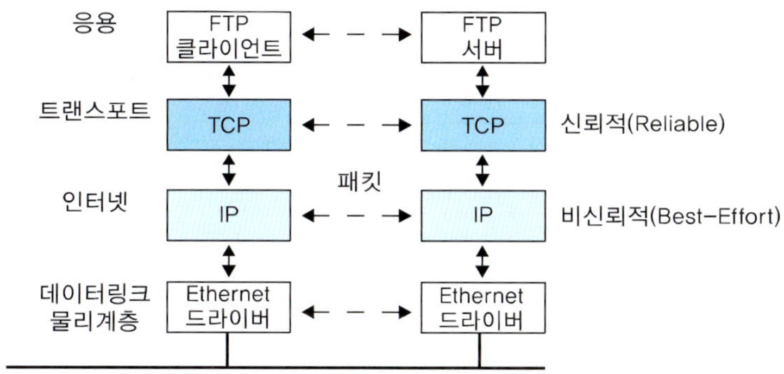

그림 6.9 트랜스포트 계층과 상하위 계층을 통한 통신

흐름 제어는 도로에서 교통신호가 교통 흐름을 제어하는 것과 유사하다. 교통신호가 녹색일 경우에는 차량의 도로진입이 허용되지만 도로에 차량이 가득 차게 되면, 교통신호는 적색으로 변경되어 더 이상의 차량진입을 허용하지 않는다. 송신측은 추가로 데이터를 전송하기 위해 앞에 전송한 데이터에 대한 ACK(acknowledgment)를 수신해야 한다. 이 절에서는 Stop-and-Wait, Go-back-N 프로토콜 그리고 Selective Repeat 프로토콜에 관해 설명한다.

6.3.1 Stop-and-Wait 프로토콜

이 프로토콜은 수신측에서 패킷을 받을 때마다 송신측으로 ACK를 전송하는 것이다. ACK는 수신된 패킷에 오류 발생 여부도 함께 통보한다. 송신측에서는 새로운 패킷을 전송하기 위해 수신측으로부터 이전 패킷에 대한 ACK의 수신을 대기하는 것이다. 그러므로 계속하여 패킷을 전송하는 대신에 하나의 프레임을 전송하고, ACK를 대기하는 작업을 반복하여 수행한다. 이와 같은 프로토콜을 **Stop-and-Wait 프로토콜**이라 한다. 즉 Stop-and-Wait 프로토콜은 한 번에 한 개의 패킷만을 전송한다.

[그림 6.10]은 Stop-and-Wait 방식의 네 가지 시나리오를 보여주고 있다. (a)는 ACK가 정해진 시간 안에 수신되는 정상적인 상황을 나타내며, (b), (c)는 ACK와 원래의 패킷이 손실되는 상황을 각각 나타낸다. (d)는 타임아웃이 너무 빨리 발생된 경우를 보여준다.

Stop-and-Wait 방식은 한 가지 민감한 사항이 있다. 송신자가 패킷을 보내고 수신자는 그에 대한 ACK를 보냈는데, 이 ACK가 손실되거나 지연되는 상황이 생길 수 있으며 (b)와 (d)에서 보여준다. 두 경우 모두 송신자는 타임아웃을 발생시키고 원래의 패킷을 재전송한다. 그러나 수신자는 앞의 패킷을 정확히 받았고 ACK도 하였기 때문에 하나의 패킷이 중복되어 수신될 위험성이 있다.

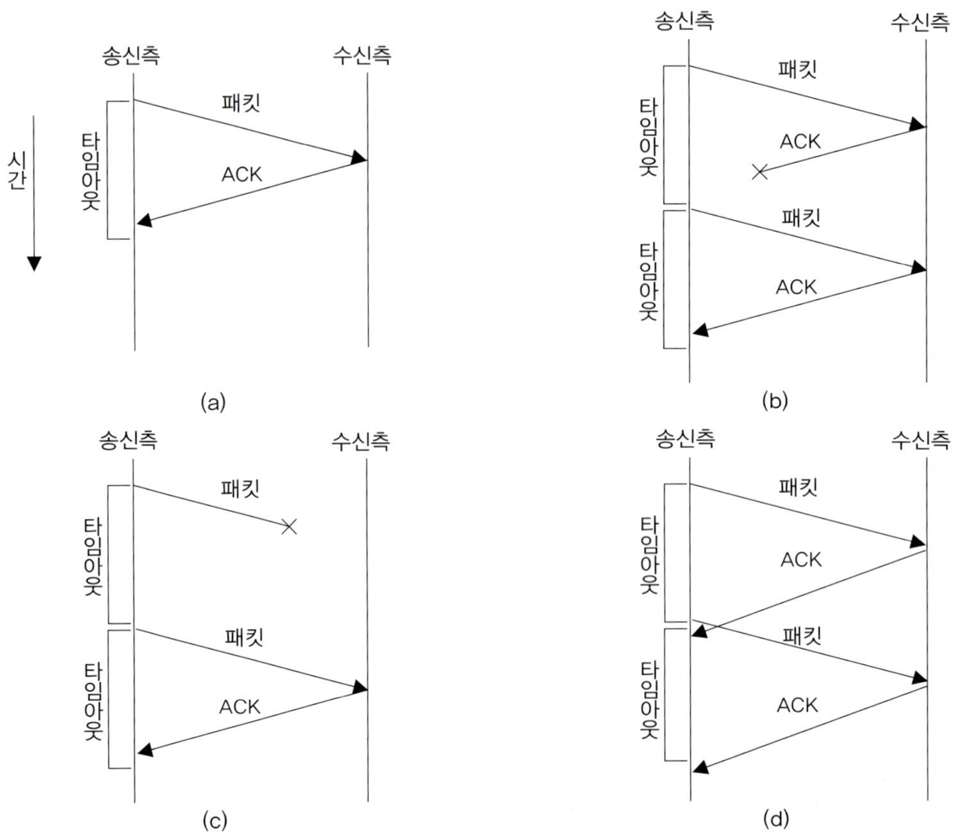

그림 6.10 **Stop-and-Wait 방식의 시나리오**

이 문제를 해결하기 위해 패킷의 헤더에 1비트 순서번호(sequence number), 즉 0과 1을 가질 수 있는 순서번호를 포함하며, 각 패킷의 순서번호에는 [그림 6.11]과 같이 0과 1이 교대로 사용된다. 이러한 순서번호를 통해 중복된 패킷을 인식하게 되며, 이 패킷을 버릴 수 있다.

Stop-and-Wait 프로토콜은 간단하지만 다음과 같은 여러 가지 단점들을 가지고 있으며 그 중에서도 한 번에 한 개의 패킷만을 전송하므로 매우 비효율적이다.

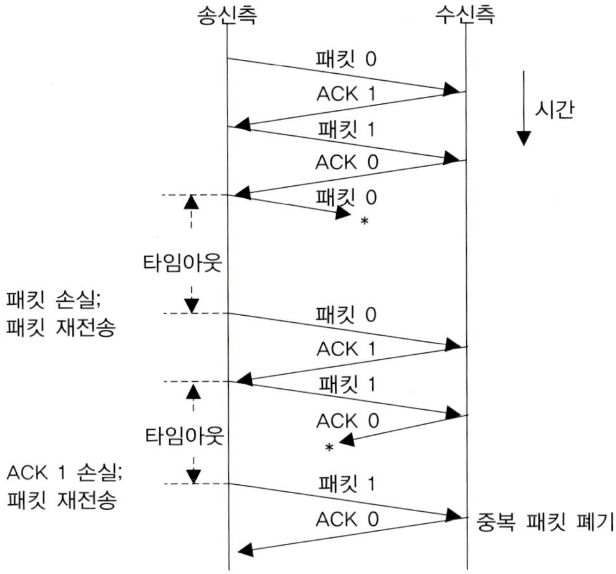

그림 6.11 **Stop-and-Wait 프로토콜 시나리오**

Stop-and-Wait 프로토콜의 비효율성을 극복하기 위해 Go-back-N, Selective Repeat와 같이 보다 복잡한 **슬라이딩 윈도우(Sliding Window) 프로토콜**에 대하여 설명한다. 슬라이드 윈도우 프로토콜은 수신측이 연속적으로 수신할 수 있는 패킷의 개수를 윈도우 크기(Window size)로 지정하여 송신측의 데이터 전송속도를 제어하는 방식이다.

6.3.2 Go-back-N 프로토콜

Go-Back-N(GBN) 프로토콜은 송신자가 ACK를 기다리지 않고 여러 패킷을 전송할 수 있는 프로토콜이다. 이 때 윈도우 크기(Window size)라고 하는 특정한 수 N이 존재하여 연속적으로 전송할 수 있는 패킷 수가 N을 넘을 수 없도록 제한된다.

이 방식에서 수신측은 패킷을 제대로 받았다고 하더라도 순서에 맞지 않으면 수신된 모든 패킷들을 폐기한다. 따라서 송신측은 패킷을 보냈는데 ACK를 수신하지 못한 패킷과 그 다음의 모든 패킷을 재전송해야 한다.

[그림 6.12]에서 보는 바와 같이 수신측은 패킷 2를 수신하지 못하고 패킷 3부터 8까지를 수신했기 때문에 이 패킷들을 폐기한다. 이는 송신측에서 패킷이 손실되었거나 없어졌다는 사실을 모른 채 타이머가 종료될 때까지 패킷 3부터 8까지를 송신하였기 때문이다. 송신측은 타이머가 종료될 때까지 패킷 2에 대한 ACK를 수신하지 못했기 때문에 패킷 2부터 차례대로 패킷들을 재전송해야 한다.

이와 같은 방식은 수신측이 수신한 패킷을 재배열할 필요가 없다. 그러나 재전송하는 패킷의 비율이 더 높게 되므로 네트워크의 대역폭에 있어서는 손실을 가져오게 된다.

Go-back-N 방식에서는 누적 ACK(Cumulative ACK) 방식을 사용하기 때문에 수신측에서는 수신한 각 패킷에 대한 ACK를 보낼 필요가 없다. 예를 들면, 송신측이 패킷 0, 1, 2를 전송한 경우, 수신측에서 ACK 3이 전송되어 오면 송신측은 패킷 2와 이전의 패킷이 제대로 수신된 것으로 간주한다. 또한, 이 방식은 수신측에서 패킷 오류를 발견했을 때 NAK(Negative ACK)를 송신측에 보낼 수 있다. NAK를 받은 송신측은 패킷 전송이 잘못 되었다는 것을 알게 되고, 잘못 전달된 패킷부터 이후에 전송된 패킷들을 재전송한다.

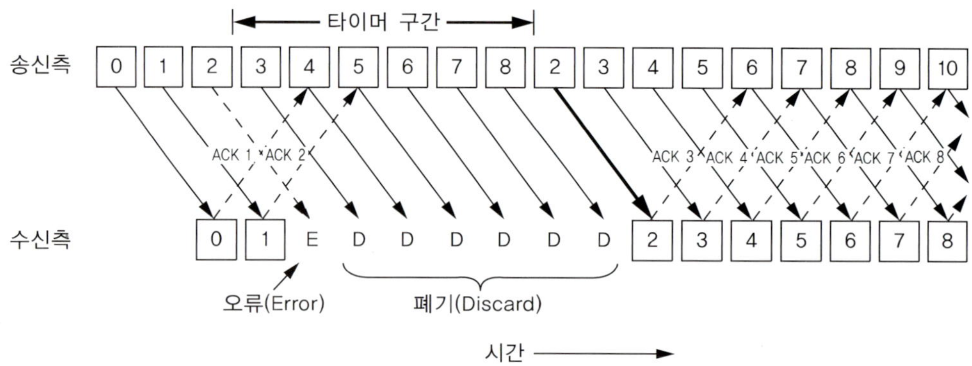

그림 6.12 **Go-back-N 방식의 예**

[그림 6.13]은 윈도우 크기가 4이고 NAK를 사용한 경우 Go-back-N 방식의 동작 시나리오를 보여준다. 윈도우 크기 제한 때문에 송신자는 패킷 0부터 3까지 송신한다. 그러나 송신을 계속하기 전에 하나 또는 그 이상의 ACK를 기다려야 한다. 각각의 성공적인 ACK(예를 들면, ACK1, ACK2)가 수신되었을 때, 윈도우는 앞으로 이동하고 송신자는 새로운 패킷(각각 패킷4와 패킷5)을 전송할 수 있다.

수신측에서는 패킷 3을 수신한 시점에 패킷 2가 손실된 것을 알 수 있으며 이때 NAK 2를 송신측으로 보낸다. 패킷 3, 4, 5는 순서가 잘못된 패킷으로 간주되어 폐기된다.

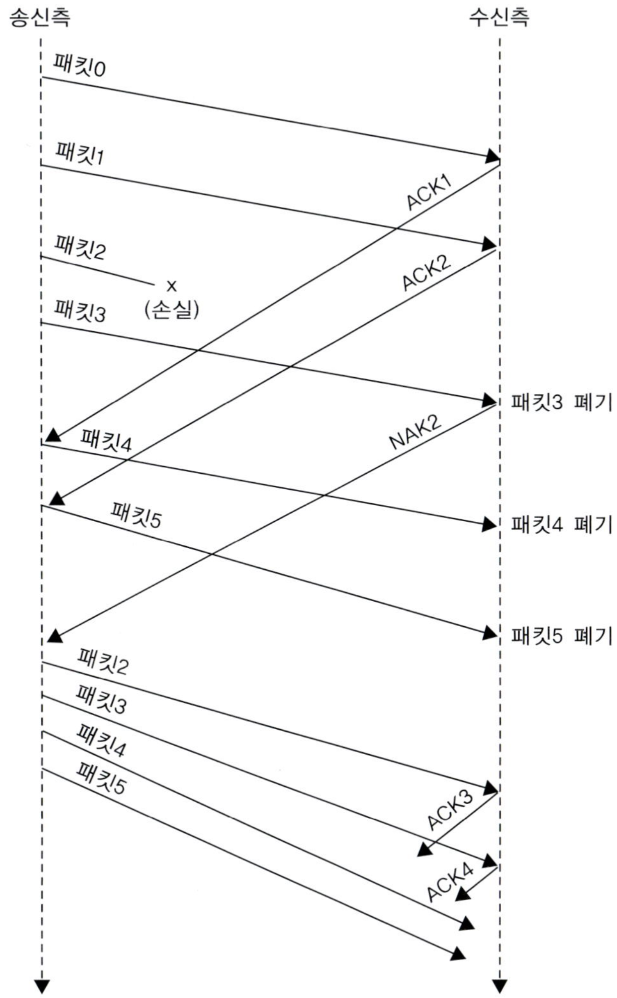

그림 6.13 Go-back-N 방식의 시나리오

6.3.3 Selective Repeat 프로토콜

Selective Repeat 방식은 송신측에서 ACK를 수신하지 못한 패킷만 재전송하므로 Go-back-N 방식보다 재전송하는 패킷의 비율이 낮아서 효율은 높지만 송신측에서는 재전송을 위해 이미 전송된 패킷을 계속 저장해야 하는 부담이 있다. 수신측에서도 이미 수신한 패킷을 저장해야 하며 재전송된 패킷을 재배열해야 한다. 이와 같은 재전송 패킷의 재배열을 위해서는 수신측에 복잡한 재배열 알고리즘이 요구되어질 뿐만 아니라 실제 재배열을 수행하는 프로세서의 오버헤드를 유발하게 된다. 또한 고속 망에 있어서는 단위시간당 전송되는 데이터 양이 많으므로 패킷을 저장하기 위하여 상당히 많은 공간을 필요로 하게 되는 문제점이 있다.

이 방식도 누적 ACK 방식을 사용하며 수신측에서 패킷 오류를 발견했을 때 NAK를 송신측에 보낼 수 있다. NAK를 받은 송신측이 패킷 전송이 잘못 되었다는 것을 알게 되고, 잘못 전달된 패킷만 재전송한다.

[그림 6.14]는 Selective Repeat 방식에서 타이머를 사용한 경우의 패킷흐름을 보여주고 있다. 수신측은 패킷 2를 수신하지 못하고 패킷 3부터 8까지를 수신했기 때문에 이 패킷들을 버퍼에 저장한다. 송신측은 타이머 구간동안 패킷 2에 대한 ACK를 받지 못하게 되고, 패킷 2를 수신측으로 다시 보낸다. 수신측이 패킷 2를 수신하게 되면 패킷 0부터 8까지를 정상적으로 수신했기 때문에 ACK 9를 송신측으로 보낸다.

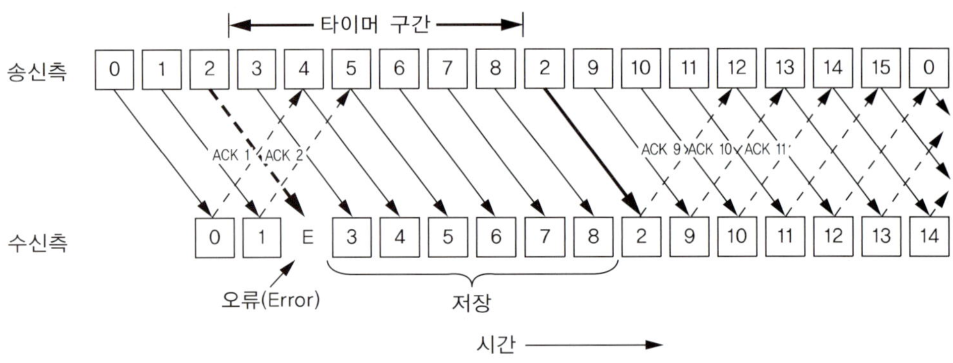

그림 6.14 Selective Repeat 방식의 예

[그림 6.15]는 윈도우 크기가 4이고 NAK를 사용하는 경우 Selective Repeat 방식의 전송 시나리오를 보여준다. 수신측은 정상적으로 받은 패킷 0, 1은 상위계층에 전달한다. 그리고 패킷 2를 수신하지 못했기 때문에 패킷 3, 4, 5를 수신하여 버퍼에 저장하고, 마지막으로 패킷 2가 수신되었을 때 패킷 2부터 패킷 5를 상위계층에 전달한다.

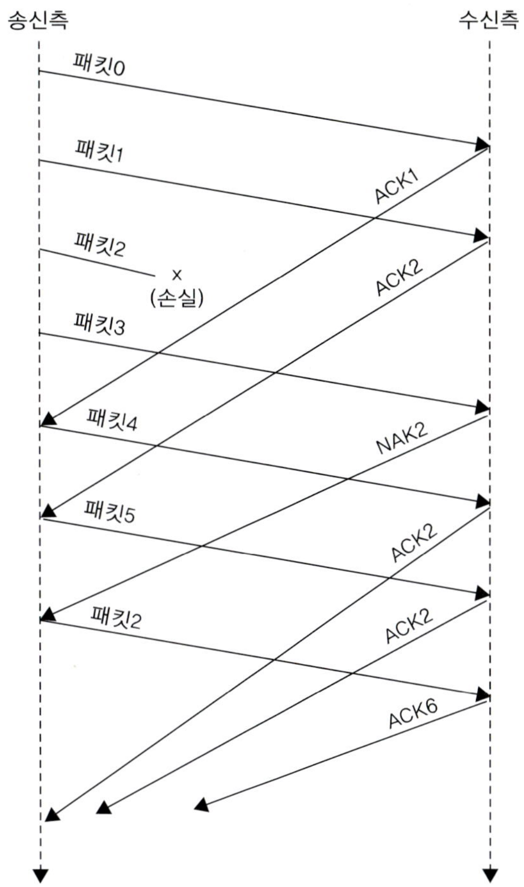

그림 6.15 Selective Repeat 방식의 시나리오

Stop-and-Wait 방식과 Go-back-N, Selective Repeat와 같은 슬라이딩 윈도우 방식의 성능을 알아보기 위해 [그림 6.16]과 같이 서울과 부산에 위치한 두 호스트의 경우를 고려해 보자. 성능을 비교하기 위한 파라미터로서 이용률(Utilization)을 사용한다. 이용률은 주어진 시간에 성공적으로 데이터를 보낸 시간의 비율로서 정의한다.

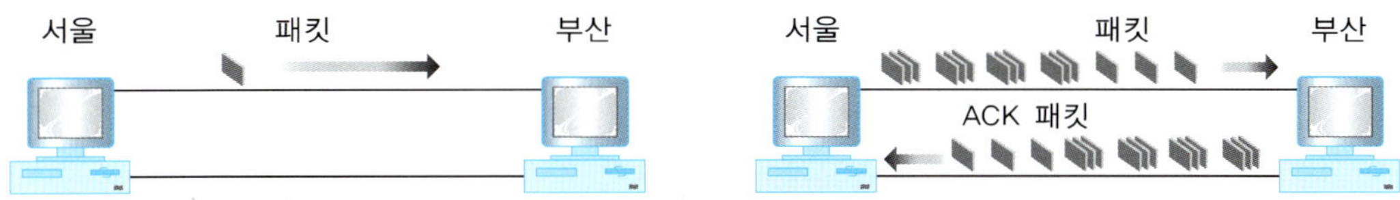

(a) Stop-and-Wait 방식의 동작 (b) 슬라이딩 윈도우의 동작

그림 6.16 Stop-and-Wait 방식과 슬라이딩 윈도우의 비교

우선 두 호스트 사이의 왕복전파지연, RTT(Round Trip Time)은 대략 20ms이고, 이들이 1Gbps (10^9bits/second)의 전송률(R)을 가진 채널에 의해 연결되어 있다고 가정하자. 또한 헤더와 데이터를 모두 포함하고 있는 패킷 당 1,000바이트(8,000비트)의 패킷 크기(L)을 가지고 있다고 가정하자. 1Gbps 링크로 패킷을 실제로 전송하는데 필요한 시간(t_{pkt})은

$$t_{pkt} = \mathrm{L} / \mathrm{R} = \frac{8{,}000\text{비트/패킷}}{10^9\text{비트/초}} = 0.008\mathrm{ms}$$

이다.

[그림 6.17]의 (a)와 같이 Stop-and-Wait 방식을 사용하는 경우를 고려해 보자. 만일 송신자가 시간, t=0에서 데이터를 전송하기 시작하면 t=L/R=0.008ms에 마지막 비트가 송신측에서 채널로 들어간다. 패킷은 이때부터 10ms동안 서울-부산간 전송되며 t=RTT/2+L/R=10.008ms에 수신측에 마지막 비트가 도착한다.

ACK 패킷은 매우 작은 크기이므로 전송시간을 무시하는 것으로 가정하고, 수신자는 데이터 패킷의 마지막 비트가 수신되자마자 ACK 패킷을 송신하기 시작할 수 있다고 가정하자. 송신자 측에 ACK 패킷은 t=RTT+L/R=20.008ms에 도착한다. 따라서 송신자는 20.008ms 시간동안에 단지 0.008ms 시간만 데이터를 전송하는데 사용하였다. 이러한 결과를 통해 Stop-and-Wait 방식의 이용률(U_{saw})는 다음과 같이 나타낼 수 있다.

$$U_{saw} = \frac{\mathrm{L}/\mathrm{R}}{\mathrm{RTT} + \mathrm{L}/\mathrm{R}} = \frac{0.008}{20.008} = 0.00039$$

즉, 송신자는 단지 0.00039 만큼의 시간만 사용한 것을 의미하며, 달리 말해서 송신자는 20.008ms 동안 1,000바이트만을 송신하는 매우 좋지 않은 성능을 보이고 있다.

이러한 성능문제를 해결하기 위한 방법으로 ACK를 기다리지 않고 여러 패킷을 전송하도록 허용하는 **슬라이딩 윈도우 방식**을 사용하는 것이다. [그림 6.17]의 (b)와 같이 ACK를 기다리기 전에 송신자가 3개의 패킷을 전송하도록 허용한다면 처리률은 거의 3배로 증가될 수 있음을 보여주고 있다.

전파 지연시간을 t_{prop}으로 정의하면 1 RTT=2t_{prop}이 성립되므로 Stop-and-Wait 방식의 이용률 (U_{saw})은 다음과 같이 나타낼 수 있다.

$$U_{saw} = \frac{L/R}{RTT + L/R} = \frac{t_{pkt}}{2t_{prop} + t_{pkt}} = \frac{1}{2\alpha + 1}, \ \alpha = t_{prop}/t_{pkt}$$

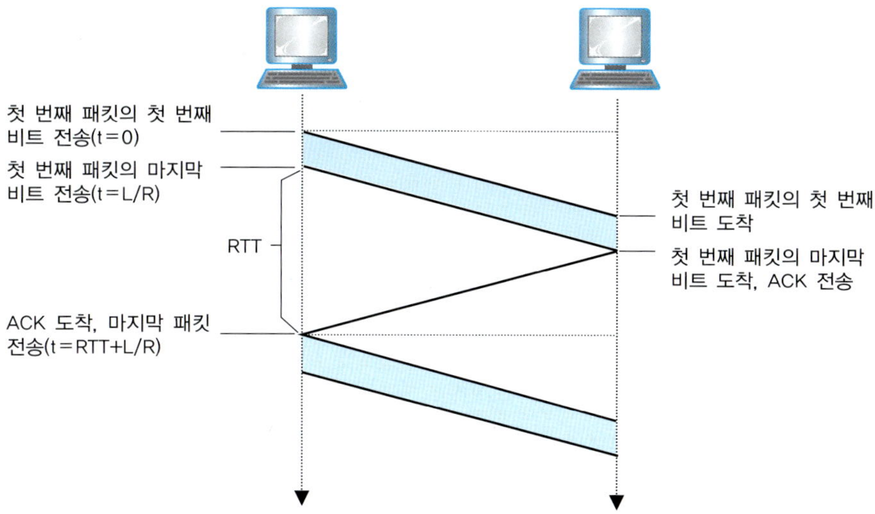

(a) Stop-and-Wait 동작

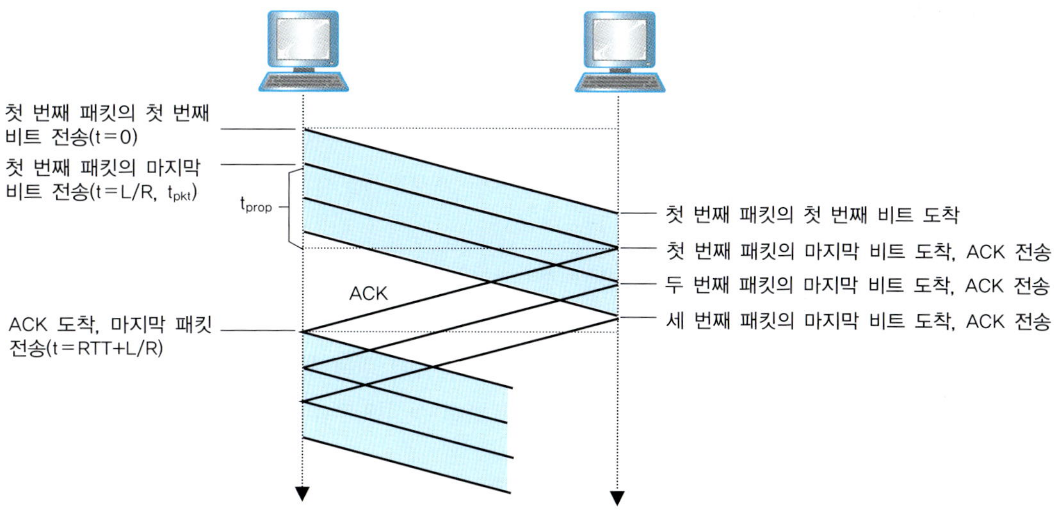

(b) 슬라이딩 윈도우 동작

그림 6.17 Stop-and-Wait 방식과 슬라이딩 윈도우 방식의 동작 예

반면에, 윈도우 크기(Window Size)가 W인 슬라이딩 윈도우 방식의 이용률(U_{sw})은 다음과 같이 나타낼 수 있다.

$$U_{sw} = \frac{W \cdot L/R}{RTT + L/R} = \frac{Wt_{pkt}}{2t_{prop} + t_{pkt}} = \frac{W}{2\alpha + 1}$$

위식에서 W가 $2\alpha+1$보다 큰 경우 U_{sw}는 1이다.

슬라이딩 윈도우에서 $W=1$인 경우는 Stop-and-Wait 방식과 이용률이 같음을 의미하며 W가 클수록 이용률이 크다.

슬라이딩 윈도우 방식은 신뢰적인 데이터 전송 프로토콜에서 다음과 같은 고려할 사항들을 가지고 있다.

- 순서번호의 범위는 증가되어야 한다. 각각의 전송 중인 패킷은 유일한 순서번호를 가져야 한다.
- 송신측과 수신측은 여러 패킷을 버퍼링할 수 있어야 한다. 최소한 송신측은 전송되었으나 ACK를 받지 않은 패킷을 버퍼링해야 한다. 수신측 역시 오류회복의 접근방법(Go-back-N 방법과 Selective Repeat 방법)에 따라 버퍼링이 요구된다.

6.4 | 인터넷 트랜스포트 계층

6.4.1 TCP(Transmission Control Protocol)

TCP는 인터넷에서 가장 널리 이용되는 중요한 프로토콜로서 종단에 있는 두 호스트 간에 신뢰성 높은 데이터 통신을 제공한다.

네트워크 응용에 따라 UDP가 유용한 경우가 있지만 많은 응용들은 신뢰적이고 순서적으로 데이터를 전송하는 TCP를 요구한다. 여기서 신뢰적(reliable)이란 말은 수신자가 송신자가 보낸 모든 메시지를 받는다는 의미이며, 어떤 오류가 발생했을 때 이에 대한 통지를 받는다는 것을 의미한다. 또한 순서적(sequenced)이란 말의 의미는 송신측이 보낸 순서대로 수신측에서 데이터를 받는다는 것을 의미한다.

신뢰적이고 순서적인 데이터를 전달하는 서비스를 **연결형(connection-oriented) 서비스**라고 부른다. 연결형 데이터 전송 서비스는 송신측 TCP와 수신측 TCP 간에 논리적인 연결(Connection)이 형성된다. 송신측과 수신측 TCP는 신뢰적이고 순서적인 데이터 전송 서비스를 제공하기 위하여 필요한 단대단(end-to-end) 제어를 수행한다.

TCP 연결 서비스

TCP는 송신측 TCP 포트에서 수신측 TCP 포트로 바이트 스트림(Byte stream)을 전송하는 연결형 데이터 전송 서비스를 제공한다.

송신측에서 연결을 요청하고 양쪽 다 연결에 동의하게 되면 TCP는 연결을 확립한다. TCP 데이터 전송 서비스는 데이터가 두 통신 프로세스 간에 양방향으로 동시에 전송될 수 있는 양방향(Full-duplex) 데이터 전송 서비스이다.

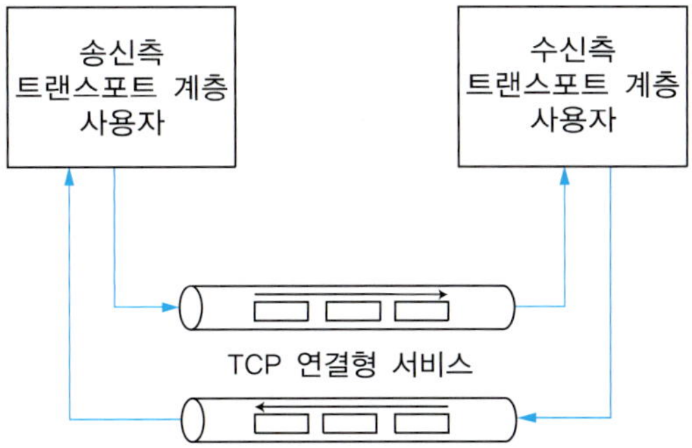

그림 6.18 **TCP의 신뢰적인 양방향 데이터 전송 서비스**

TCP가 제공하는 데이터 전송 서비스는 [그림 6.18]과 같이 두 TCP 사용자를 연결하는 두 개의 파이프로 생각할 수 있는데 이들 파이프는 각각 서로 다른 방향으로 데이터를 전송하게 된다.

TCP 응용

많은 응용들은 TCP와 같이 연결형 데이터 전송 프로토콜이 제공하는 신뢰성 제어를 필요로 한다. 예를 들면, 파일 전송과 같은 응용은 연결형 트랜스포트 계층 프로토콜을 필요로 한다. 송신측, 수신측 호스트에서 동작하는 두 프로세스가 연결을 확립하고 연결된 통로를 따라 데이터를 전송하며, 전송이 모두 끝나면 연결을 해제한다. 이때 TCP가 제공하는 신뢰성 제어가 데이터 전송의 신뢰성을 보장하기 위하여 사용된다.

표 6.5 **TCP를 사용하는 응용 서비스**

서비스	포트	설명
HTTP	80	Web 서비스
FTP	20	FTP 파일 전송
FTP	21	FTP 제어
Telnet	23	Telnet 서비스
SMTP	25	SMTP Email 서비스

TCP를 이용하는 응용의 예가 [표 6.5]에서 보여주고 있다. TCP와 UDP는 별도의 주소 공간을 갖기 때문에 같은 포트 번호를 사용할 수 있다.

TCP 세그먼트 형식

TCP는 데이터를 **TCP 세그먼트(segment)**라고 하는 데이터 단위로 나누어서 전송한다. 이 세그먼트는 IP로 보내져서 IP 데이터그램에 포함되어 전송된다.

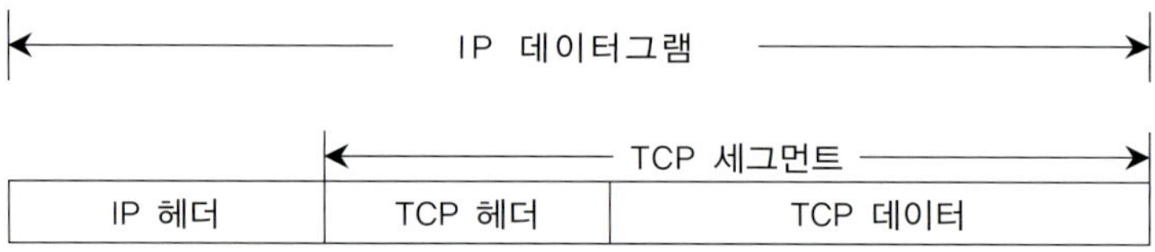

그림 6.19 IP 데이터그램과 TCP 세그먼트

[그림 6.19]는 TCP 세그먼트가 IP 데이터그램에 포함되어 전송된다는 것을 보여주고 있다.

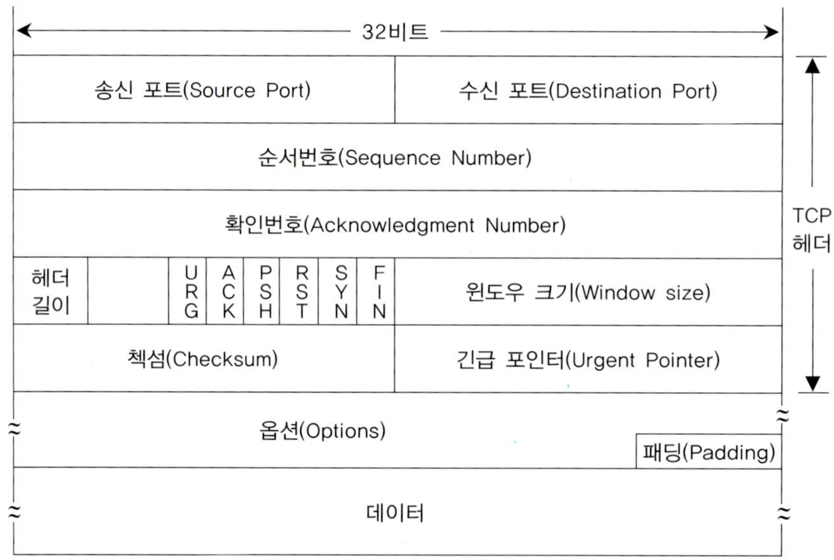

그림 6.20 TCP 세그먼트 형식

[그림 6.20]은 TCP 세그먼트 형식을 보여주고 있고 세그먼트 헤더 필드들을 설명하고 있다. 세그먼트는 고정된 크기는 아니며 한쪽 TCP에서 전송하는 세그먼트는 전송되는 순서대로 다른 TCP에게 전달된다.

다음은 TCP 세그먼트 필드들에 대한 간단한 설명이다.

송신 포트/수신 포트

호스트는 IP 프로토콜에서 정의된 호스트의 IP 주소를 사용해 구분할 수 있다. 하지만 호스트에서 수행되는 프로세스들을 한 개의 IP 주소로 구분할 수 없기 때문에 프로세스 전용의 고유 주소가 필요하다. 각 프로세스를 구분하기 위한 고유 주소가 포트 번호다.

순서번호

송신측 TCP가 지정하는 순서 번호로서 세그먼트 데이터의 바이트 단위로 증가한다. 즉 데이터의 각 바이트마다 순서번호가 있으며, 이중 첫번째 바이트의 순서 번호가 이 필드에 저장된다. 송신측이 최초 데이터를 전송할 때는 임의의 순서 번호를 선택해 전송한다.

확인번호

수신측 TCP가 제대로 수신한 바이트의 수를 응답하기 위해 사용한다. 확인번호 필드 값은 ACK 플래그 비트가 지정된 경우에만 유효하며, 다음에 수신을 기대하는 데이터의 순서 번호를 표시한다. ACK 응답을 받은 송신측 TCP는 확인번호 -1까지의 모든 데이터가 올바로 전송되었음을 확인할 수 있다.

헤더 길이

세그먼트 헤더의 길이를 지정하여 결과적으로 데이터가 어디서 시작하는지를 지정한다.

플래그 필드

6비트의 플래그 필드는 다른 필드가 의미 있는 데이터를 가졌을 경우나 또는 다른 특별한 제어 기능을 표시한다. 예를 들면, ACK와 URG 플래그는 각각 확인번호와 긴급포인터 필드가 유효한지를 나타낸다. 나머지 4개의 플래그는 다음과 같다.

- **FIN(Finish)**: 연결을 종료하고자 할 때 사용한다.
- **PSH(Push)**: 현재 세그먼트에 포함된 데이터를 상위계층에 즉시 전달하도록 지시할 때 사용한다.
- **RST(Reset)**: 연결의 리셋을 통해 할당된 버퍼를 비우거나 유효하지 않은 세그먼트에 대한 응답용으로 사용한다.
- **SYN(Synchronize)**: 최초의 연결설정을 위해 사용한다.

윈도우 크기

슬라이딩 윈도우 크기에 해당되며 수신측 TCP가 수신할 수 있는 바이트 수를 표시한다.

첵섬

TCP 세그먼트의 오류를 검출하기 위해 사용하는 필드이다.

긴급 포인터

URG 플래그 비트가 지정된 세그먼트는 수신측의 TCP가 가능한 빨리 상위 계층으로 전달해야 한다는 의미이다. 이 필드를 사용해 송신측 TCP가 긴급히 처리하려는 데이터를 전송할 수 있다. 예를 들면, 순서번호=1,000, 긴급 포인터=50으로 지정한 패킷을 전송한다면 순서 번호 1,000번~1,049번의 데이터는 긴급 데이터로 전송되고, 1,050번 이후는 다시 일반 데이터로 전송된다.

옵션/패딩

옵션 필드는 TCP가 상대편으로부터 수신할 수 있는 최대 크기의 세그먼트를 지정하는 데 사용된다. 이 값은 특히 초기의 연결 설정시에 사용된다. 패딩 필드는 헤더의 마지막이 32비트 단위로 끝날 수 있도록 한다.

데이터

상위 계층에서 받은 데이터이다.

TCP 기능

TCP는 신뢰성 있고 순서적인 데이터 전송 서비스를 제공하기 위해 다음과 같은 기능을 제공한다.

연결 설정(Connection establishment)

송신 호스트에 있는 TCP 사용자가 수신 호스트의 TCP 사용자에게 연결을 요청하고자 할 때 송신 TCP는 수신 TCP에게 연결 요청 세그먼트를 보내는데 이는 핸드쉐이크(handshake)라고 하는 절차의 시작이다. 수신 호스트의 TCP가 연결을 수락하고자 할 때 확인(acknowledgement) 세그먼트를 송신 호스트에게 보냄으로써 핸드쉐이크 절차를 계속한다. 송신 호스트는 연결이 설정되었다는 것을 확인시키기 위해 확인 세그먼트를 다시 보낸다. [그림 6.21]은 TCP 연결 설정을 위한 **3단계(Three-Way) 핸드쉐이킹** 절차를 보여주고 있다.

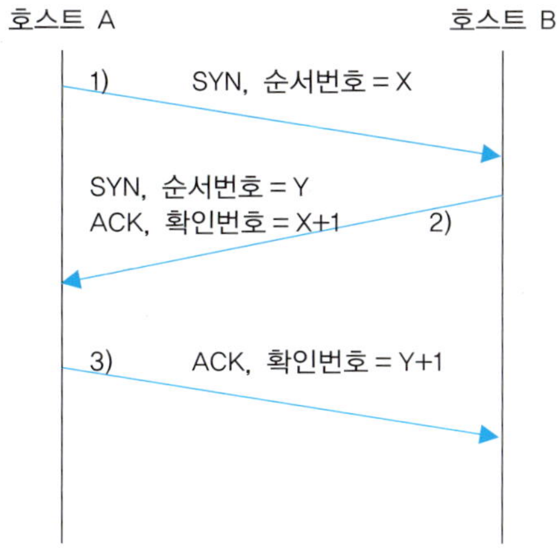

그림 6.21 TCP 연결 설정을 위한 3단계 핸드쉐이킹

1) 송신 호스트 A는 SYN 플래그를 지정한 TCP 세그먼트를 수신 호스트 B로 전송한다. 이 때 순서번호는 임의의 X값으로 설정한다.
2) 수신 호스트 B는 이에 대한 수락으로 SYN과 ACK 플래그를 지정해 연결에 대한 긍정 응답을 표시하였다. 이때 확인번호(Acknowledgment Number)는 X+1이 되는데 이는 수신한 세그먼트의 순서번호가 X이므로 1이 증가된 값이다. 아울러 호스트 B는 임의의 값으로 순서번호를 설정하여 보낸다.
3) 송신 호스트 A는 이를 수신한 후 호스트 B에게 다시 ACK 플래그를 지정하여 보냄으로써 양방향 연결이 설정된다. 마찬가지로 확인번호는 Y+1이 되는데 이는 수신한 세그먼트의 순서번호가 Y이므로 1이 증가된 값이다.

데이터 전송(Data transfer)

TCP에서 데이터 전송은 양쪽에서 동시에 데이터를 전송할 수 있는 양방향 데이터 전송을 지원한다. [그림 6.22]는 양쪽에서 데이터를 전송하는 시나리오를 보여주고 있다. 그림은 호스트 A가 먼저 순서번호 92번부터 8바이트의 데이터를 전송한다. 호스트 B는 순서번호 11번부터 10바이트의 데이터를 전송함과 동시에 호스트 A가 보낸 데이터의 확인을 한다. 다음으로 호스트 A는 호스트 B가 보낸 데이터의 수신을 확인하기 위해 응답한다. 순서번호와 확인번호는 전송되는 데이터의 양에 따라 조정된다.

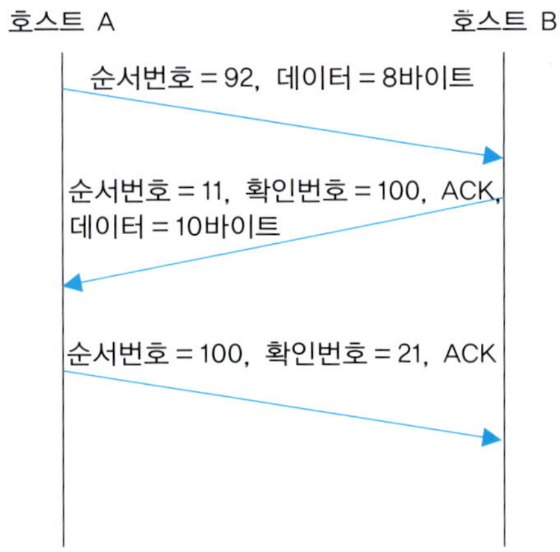

그림 6.22 TCP 데이터 전송 시나리오

오류 탐지 및 재전송(Error detection and retransmission)

TCP는 하위의 계층에서 일어날 수 있는 IP 데이터그램의 손실, 중복, 파괴 그리고 순서의 흐트러짐을 탐지하고 회복할 수 있는 기능을 제공한다. 따라서 TCP는 오류 없이, 적당한 순서대로 모든 세그먼트가 전달될 수 있도록 하기 위해 순서번호와 확인번호를 이용한다.

송신되는 각 세그먼트는 세그먼트 내에 있는 데이터의 순서를 나타내는 순서번호 필드를 갖고 있다. 수신측 TCP는 손실되거나 중복되거나 순서가 바뀐 세그먼트가 없는지 알아내기 위해 수신된 세그먼트 각각의 순서번호 필드를 조사한다.

수신측 TCP는 데이터를 송신측 TCP에게 보낼 경우 다음에 받게 될 데이터의 순서번호를 나타내는 확인번호 필드를 사용한다. 이는 확인번호 필드에 지정된 번호 이전의 모든 데이터를 성공적으로 잘 받았다는 것을 확인시키는 의미도 가지고 있다.

또한 TCP는 하위 계층에서 생기는 오류 때문에 야기되는 손실된 세그먼트를 탐지하기 위하여 재전송 타이머를 사용한다. 각 세그먼트가 송신될 때 송신측 TCP는 재전송 타이머를 작동시킨다. 만일 타이머가 수신측 TCP로부터 응답을 받기 전에 종료되면 송신측 TCP는 그 세그먼트를 재전송한다.

TCP는 또한 오류 탐지를 위하여 첵섬을 사용한다. 송신측 TCP는 첵섬 값을 계산하여 송신되는 세그먼트에 포함한다. 세그먼트가 수신측에서 수신될 때 수신측 TCP는 첵섬 값을 계산하여 만일 계산된 값이 세그먼트에 포함된 첵섬 값과 일치하지 않으면 그 세그먼트는 버린다. 오류 세그먼트는 확인되지 않기 때문에 송신측 TCP는 결국 재전송 타이머가 만료되고 다시 그 세그먼트를 재전송한다.

흐름 제어(Flow control)

TCP는 흐름 제어 기능을 제공하는데 TCP 헤더의 윈도우 크기 필드를 사용한다. 수신측 TCP는 자신의 처리 능력에 맞는 값으로 윈도우 크기를 지정해 송신측 TCP의 전송 속도를 제어할 수 있다. 예를 들어, 수신측 TCP가 윈도우 크기=100으로 지정된 세그먼트를 송신측 TCP에게 보내면 송신측 TCP는 100바이트의 연속된 데이터를 보낼 수 있다. 그러나 다음 데이터는 수신측 TCP로부터 응답이 왔을 때 전송이 가능하다.

혼잡 제어(Congestion control)

혼잡은 인터넷이 과부하에 있거나 현재의 트래픽에 비해 충분하지 못한 통신 자원을 가질 때 발생한다. TCP는 혼잡현상을 막기 위해 인터넷의 과부하를 줄이는 메커니즘을 갖고 있다.

연결 해제(Connection release)

TCP 연결 해제는 연결을 해제하고자 하는 측에서 FIN 플래그를 지정해 요청할 수 있다. [그림 6.23]은 TCP 연결을 해제하기 위한 3단계 핸드쉐이킹 절차를 보여주고 있다.

1) 연결을 해제하려는 송신 호스트 A의 TCP는 FIN 플래그를 지정하여 세그먼트를 전송한다.

2-1) 수신 호스트 B는 연결해제 요청에 대한 확인 세그먼트를 보냄으로써 송신측에서 수신측으로의 연결은 종료된다. 그러나 수신측에서 송신측으로의 연결은 아직 종료된 것이 아니다.

2-2) 수신 호스트 B는 FIN 플래그 비트를 지정한 세그먼트를 호스트 A로 전송한다.

3) 호스트 A는 수신한 세그먼트에 대한 확인을 보냄으로써 수신측에서 송신측으로의 연결 또한 완전히 종료된다.

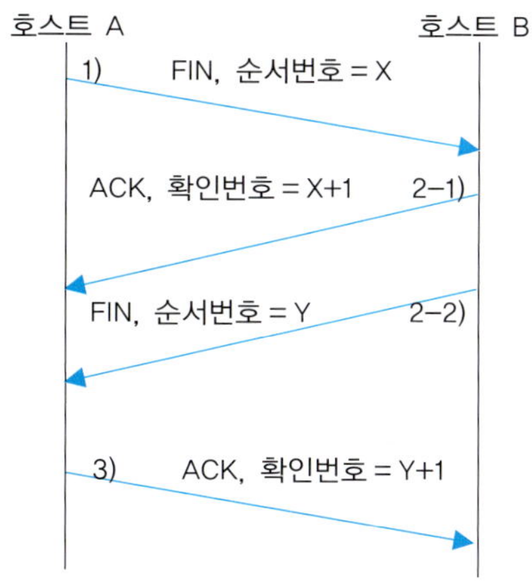

그림 6.23 TCP 연결 해제를 위한 핸드쉐이킹 절차

대부분의 프로토콜과 같이 TCP 프로토콜의 동작은 유한상태 기계(Finite State Machine)로 설명될 수 있다.

[그림 6.24]는 TCP의 유한상태 기계를 보여주고 있다. 각 박스는 상태(state)를, 화살표는 상태 간의 전이(transition)를 나타낸다. 화살표 상의 설명은 전이과정에서 발생하는 행위(Action)를 의미한다. TCP 동작은 CLOSED 상태에서 시작한다. 가령, 클라이언트가 TCP 연결 요청을 하려면 CLOSED 상태에서 SYN 플래그가 지정된 세그먼트를 전송한다. 이때 CLOSED 상태에서 SYN-SENT 상태로 전이된다. SYN-SENT 상태에 있는 동안 SYN과 ACK 플래그가 지정된 세그먼트를 서버로부터 받게 되면 ACK 플래그가 지정된 세그먼트를 서버로 전송한다. 이때 클라이언트 TCP는 ESTABLISHED 상태로 전이가 되며 데이터 전송이 시작된다.

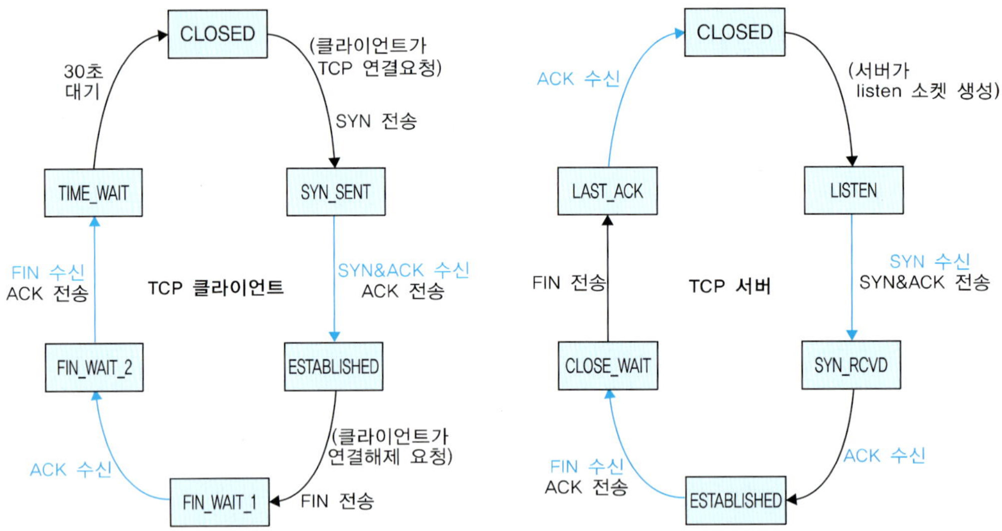

그림 6.24 TCP의 FSM(유한상태 기계, Finite State Machine)

TCP 패킷 분석

다음은 TCP 연결설정에 필요한 3단계 핸드쉐이킹 절차를 Wireshark로 분석한 내용을 설명한다.

첫 번째 단계(SYN)

다음은 클라이언트에서 서버로 SYN 플래그를 지정한 연결 요청 세그먼트를 보여주고 있다.

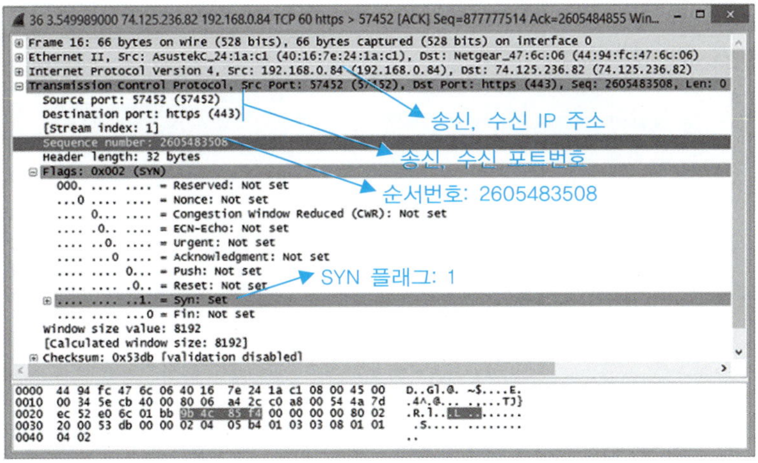

3단계 핸드쉐이킹의 첫 번째 세그먼트로 57452의 포트번호를 가진 클라이언트가 서버 포트 443으로 연결을 요청하고 있는 것을 볼 수 있다. 순서번호를 임의의 수, 2605483508로 설정하였고 SYN 플래그를 1로 설정한 다음 세그먼트를 전송한다.

두 번째 단계(SYN-ACK)

다음은 SYN 세그먼트를 받은 서버에서 SYN과 ACK 플래그를 설정하여 클라이언트로 전송하는 세그먼트를 보여주고 있다.

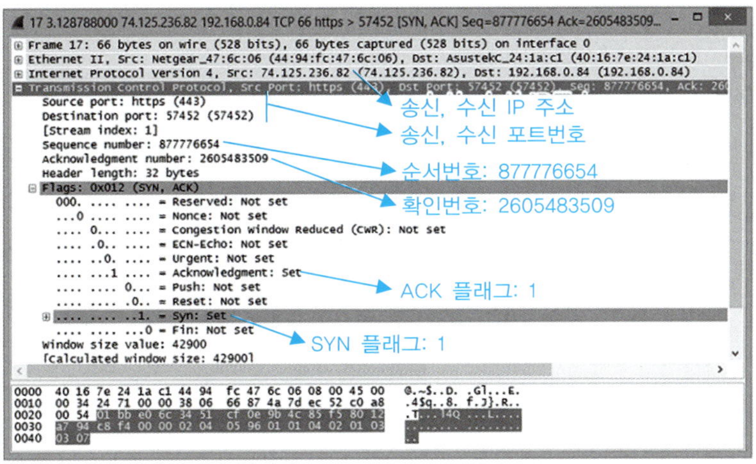

서버 포트 443에서 57542 포트번호를 가진 클라이언트 쪽으로 응답하고 있는 것을 볼 수 있다.

서버는 순서번호 필드에 임의의 수(877776654)를 설정하였고 서버는 ACK, SYN 플래그를 1로 지정하였다. 확인번호는 앞에서 설명한 바와 같이 클라이언트에서 받은 순서번호보다 1 많은 값으로 설정한다.

- 세 번째 단계(ACK)

다음은 SYN+ACK 세그먼트를 받은 클라이언트에서 보내는 최종 ACK 세그먼트를 보여주고 있다. 클라이언트는 ACK 플래그를 1로 지정하였고 확인번호는 서버로부터 받은 순서번호보다 1 많은 값으로 설정하였다.

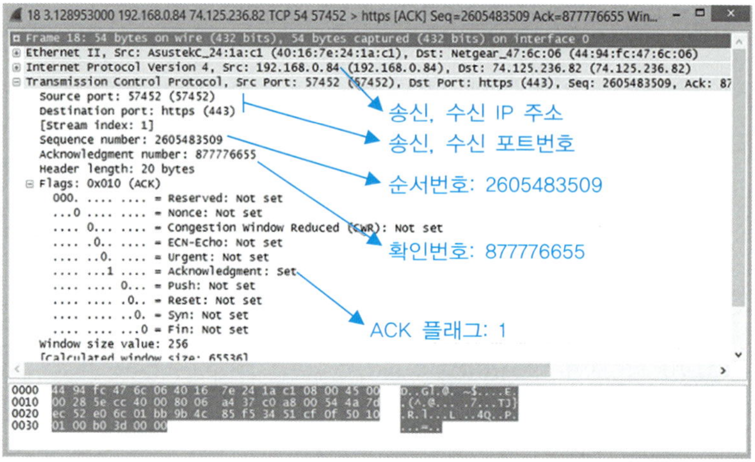

6.4.2 UDP(User Datagram Protocol)

지금까지는 TCP에 대하여 설명하였다. 하지만 TCP만이 전송 계층에서 사용되는 것은 아니다. TCP가 가장 일반적으로 사용되는 프로토콜이기는 하지만 이외에도 UDP와 같은 비연결 전송 계층 프로토콜도 있다. UDP는 제한된 기능을 갖지만 상대적으로 적은 오버헤드를 가진다.

UDP의 데이터 전송단위인 UDP 사용자 데이터그램은 [그림 6.25]와 같이 송신과 수신의 포트번호, 세그먼트의 길이 그리고 오류 검출을 위한 첵섬(Checksum) 값을 포함한다. IP 프로토콜에서는 헤더만 첵섬을 계산하지만 UDP에서는 데이터까지 첵섬을 계산한다.

32비트	
송신 포트(Source Port)	수신 포트(Destination Port)
길이(Length)	첵섬(Checksum)
데이터(Data)	

그림 6.25 UDP 사용자 데이터그램 형식

UDP 첵섬의 동작절차는 먼저 송신측에서 UDP 데이터그램을 16비트 정수로 분리한다. 다음으로 이들 16비트 정수를 더하고 난 후 1의 보수(Complement)를 수행한다. 더하기를 하는 과정에서 가장 왼쪽 비트(MSB, Most Significant Bit)에서 캐리(Carry)가 생기면 구해진 합에 더한다. 예를 들어, 다음과 같은 3개의 16비트 정수가 있다고 하자.

```
  a:  0110011001100110
  b:  0101010101010101
  c:  0000111100001111
```

이들 16비트 워드의 첫 번째 합은 다음과 같다.

```
  a:  0110011001100110
  b:  0101010101010101
      ----------------
a+b:  1011101110111011
```

위의 합에 세 번째 워드를 더하면 아래와 같다.

```
 a+b:  1011101110111011
   c:  0000111100001111
       ----------------
a+b+c: 1100101011001010
```

1의 보수는 모든 0을 1로 변환하고 모든 1을 0으로 변환함으로써 얻는다. 따라서 합 1100101011001010의 1의 보수는 0011010100110101이고 이것이 첵섬이 된다.

수신측에서는 첵섬을 포함한 4개의 16비트를 더한다. 만약 어떤 오류가 패킷에 있지 않다면 수신측에서의 합은 1111111111111111이 될 것이다. 만약 비트들 중의 하나라도 0이라면 패킷에 오류가 있다는 것을 의미한다.

UDP의 경우에는 비연결형이므로 연결설정에 필요한 핸드쉐이킹과 같은 것이 없다. 송신측 UDP는 상위 계층으로부터 전송할 데이터를 받은 경우 UDP 데이터그램을 생성하고 전송을 위해 IP에게 전달한다. 수신측의 UDP에서는 IP로부터 데이터를 받고 오류를 검출한다. 오류가 없는 경우, 데이터는 상위계층에 전달된다. 오류가 있는 경우에는 데이터를 제거한다.

UDP에서는 데이터그램의 오류제어나 흐름제어를 위한 기능은 없다. 따라서 UDP는 사용자 데이터그램이 성공적으로 전달되었는지 확인하지 않으므로 신뢰적이지 못하다.

[표 6.6]은 UDP를 이용하는 응용 서비스들을 보여주고 있다.

표 6.6 UDP를 이용하는 응용 서비스

서비스	포트
DNS	53
DHCP	67, 68
TFTP	69
SNMP	161, 162

연습문제

6.1 Stop-and-Wait 프로토콜에서 송신측에서 타임아웃(Time-out)이 발생하면 송신측은 어떠한 일을 하는가?

6.2 Stop-and-Wait 프로토콜의 단점은 무엇인가?

6.3 TCP를 사용하는 두가지의 응용 서비스를 설명하시오.

6.4 UDP를 사용하는 두가지의 응용 서비스를 설명하시오.

6.5 컴퓨터 네트워크에서 흐름 제어(Flow Control) 기능은 어떠한 기능을 말하는가?

6.6 TCP 세그먼트에서 순서 번호(Sequence Number)는 무엇을 나타내는가?

6.7 TCP 세그먼트에서 확인 번호(Ack. Number)는 무엇을 나타내는가?

6.8 포트 번호가 필요한 이유를 간략하게 설명하시오.

6.9 안정적인 데이터 전송을 위해 사용되는 Go–back–N과 Selective Repeat 프로토콜의 특징 및 장단점에 대하여 간단히 설명하시오

6.10 TCP/IP 프로토콜 중에서 멀티캐스팅을 지원하기 위한 프로토콜로서, 멀티캐스팅 그룹에 등록된 호스트에서 멀티캐스트 서비스를 제공하기 위한 프로토콜은 어느 것인가?

6.11 크기가 N인 윈도우 크기를 사용할 때, ACK를 수신하지 않고 얼마나 많은 패킷을 보낼 수 있는가?

6.12 송신 호스트 A와 수신 호스트 B를 고려해 보자. 아래와 같은 가정을 하였을 때 Stop-and-Wait와 슬라이딩 윈도우 프로토콜의 채널 이용률(Utilization)과 처리량(Throughput)을 계산하시오. 처리량은 단위 시간당 처리되는 데이터의 양으로서 이용률에 링크 또는 채널 전송률을 곱한 값과 같다.

- 링크 전송률(Mbps) : 10
- 패킷 크기(b) : 1000
- 전파지연 시간(ms) : 5
- ACK 패킷 크기(b) : 48
- 송신 호스트 처리시간(ms) : 0
- 수신 호스트 처리시간(ms) : 0
- 윈도우 크기 (Sliding Window에서만 사용) : 4

6.13 TCP와 UDP는 같은 계층에 속해있는 프로토콜이지만 서로 다른 특징을 가지고 있다. 이들의 특징과 차이점에 대하여 간단히 기술하시오.

6.14 특정 서버를 명시하기 위하여 사용하는 두 가지 식별자는 무엇인가?

6.15 TCP 프로토콜은 패킷의 손실을 어떻게 처리하는가?

6.16 인터넷에서 패킷 전송시 지연과 손실이 발생하는 주된 요인은 무엇인가?

6.17 TCP 기능 중의 하나는 오류 탐지 및 재전송 기능을 제공함으로써 신뢰성 있는 데이터 전송을 보장한다. TCP 세그먼트 형식 중에서 어느 필드들이 이러한 기능을 담당하는지 설명하시오.

6.18 다음 그림과 같이 TCP 송신측에서 수신측으로 세그먼트를 전송하는 경우를 고려하자. 시간 t_0, t_1, t_2에 세그먼트를 각각 보낸다. 송신측에서의 순서 번호(Sequence Number)의 초기 값은 46이고 각 세그먼트의 크기는 540바이트라고 가정하자. 송신측에서 보낸 첫 번째 세그먼트는 t_6에 도착한다.

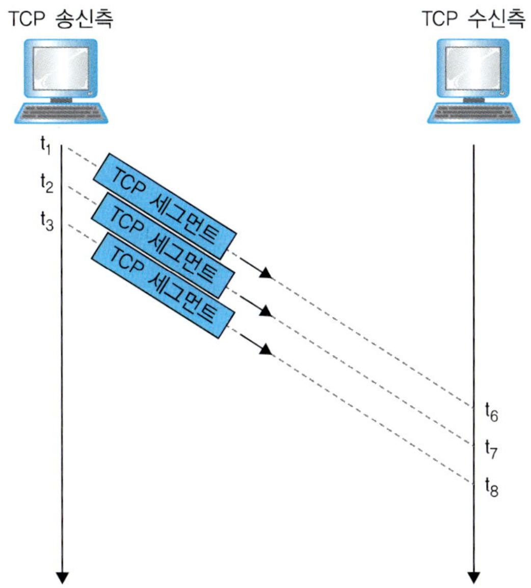

1) 송신측에서 보낸 세 개의 세그먼트 각각의 순서 번호는 무엇인가?
2) 송신측에서 보낸 세그먼트 수신 후 수신측에서 보낸 확인 번호(Acknowledgment Number) 값은 무엇인가?

6.19 호스트 1에서의 한 프로세스는 포트 p가 할당되어 있고 호스트 2에서의 한 프로세스는 포트 q가 할당되어 있다. 이들 두 포트 간에 동시에 두 개 이상의 TCP 연결을 설정하는 것이 가능한가?

6.20 TCP 및 UDP에서 사용되는 첵셈 필드는 오류를 검출하기 위해 사용되는데 다음과 같은 2개의 16비트 데이터가 송신측에 있다고 가정하자.

0101010101010101

0000111100001111

송신측에서 만들어지는 첵셈 값을 계산하시오.

6.21 다음 그림은 순서 번호(Seq)와 확인번호(Ack)를 사용한 TCP의 재전송 시나리오이다. 빈칸을 완성하시오.

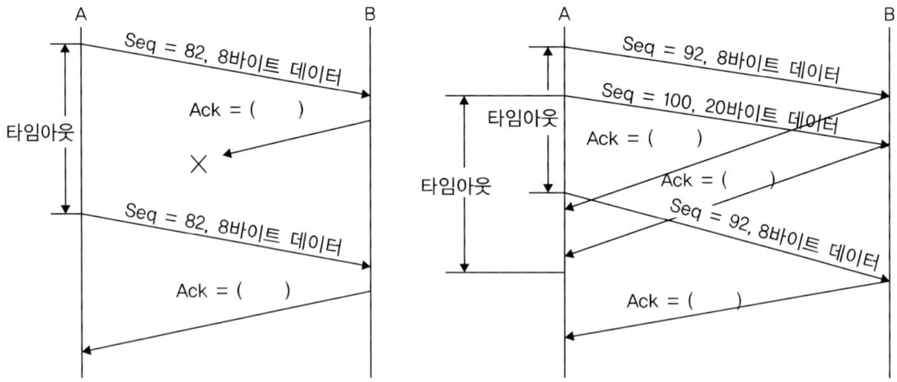

6.22 TCP의 연결 확립(Connection Establishment)을 위한 3단계 핸드쉐이킹에 대하여 간단히 설명하시오.

6.23 아래 다이어그램은 TCP 연결 설정을 위한 3단계를 보여주고 있다. 1번에 따라 2,3번에 필요한 내용을 아래 표를 기준으로 빈칸을 채우시오.

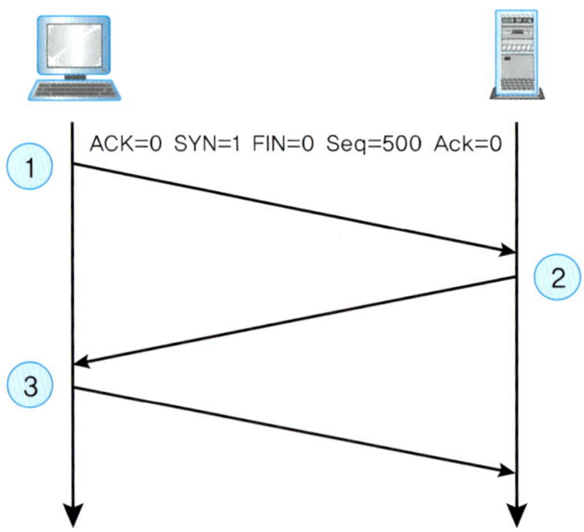

세그먼트	ACK	SYN	FIN	Payload 길이	Seq 번호	Ack 번호
1	0	1	0	0	500	0
2				0	1000	
3				0		

6.24 호스트 A로부터 호스트 B로 크기가 큰 L 바이트의 파일을 보내는 것을 고려해 보자. MSS (Maximum Segment Size)는 1460바이트라고 가정하자. TCP 순서번호가 고갈되지 않을 정도의 최대 L값은 얼마인가? TCP 순서번호는 4바이트임을 기억하자.

6.25 ARPANET에서 사용되는 두 가지 파일 전송 프로토콜 FTP와 TFTP가 있다. FTP는 TCP를 사용하고 TFTP는 UDP를 사용한다. TFTP에 부족한 특성으로는 어떤 것이 있다고 생각되는가?

6.26 IPv4를 사용한다고 할 때 가장 큰 UDP 메시지의 크기를 계산하시오. (힌트: UDP 메시지 전체는 임의의 IP 데이터그램 안에 포함되어야 한다)

CHAPTER 07

응용 계층

7.1 | OSI 참조모델 응용

7.1.1 OSI 세션 계층

세션 서비스

세션 계층은 양쪽 세션 서비스 사용자간에 대화를 관리하고 제어하기 위한 기능을 제공하며 주요 기능들은 다음과 같다.

- **정상 데이터 교환(Normal Data Exchange) 기능**

  세션 연결이 되어 있는 세션 서비스 사용자에게 대화 제어나 흐름 제어를 통해 SSDU(Session Service Data Unit)를 교환할 수 있는 기능이다.

- **신속 데이터 교환(Expedited Data Exchange) 기능**

  세션 서비스 사용자에게 일반적인 대화제어 또는 흐름제어를 하지 않고 데이터를 교환할 수 있는 기능이다. 신속 데이터는 이전에 전송된 일반적인 데이터보다 먼저 전송이 가능하다.

- **토큰 관리(Token Management) 기능**

  세션 서비스 사용자에게 특정 기능을 수행하기 위한 권한을 가질 수 있는 토큰을 요청하고 전송할 수 있는 기능이다. 세션 계층에서는 대화 관리를 위해 토큰을 사용한다. 사용자는 세션 연결을 설정할 때, 어느 쪽이 먼저 데이터 토큰을 가질 것인가를 결정하며, 이 데이터 토큰을 가지는 쪽만이 데이터를 전송할 수 있다. 토큰을 가진 쪽은 자신의 데이터를 모두 전송한 후에 토큰을 상대방에게 주어야 하며, 이때 사용되는 서비스는 S-TOKEN-GIVE.request이다.

또한 토큰을 가지지 못한 쪽에서 데이터를 보내고자 할 경우에는 상대방에게 토큰을 요구하게 된다. 이때 사용되는 서비스가 S-TOKEN-PLEASE.request이며, 이에 대하여 토큰을 가진 쪽은 이를 수용 또는 거부할 수 있다. 전이중 방식의 통신 방식이 사용될 경우에는 데이터 토큰을 사용하지 않는다.

대화 제어(Dialogue Control) 기능

대화 제어 기능은 토큰을 사용하여 대화 제어를 수행하며 세션 서비스 사용자에게 반이중(Half-Duplex) 또는 전이중(Full-Duplex) 방식으로 동작할 수 있는 기능이다. 반이중 방식은 주어진 시간에 한쪽 사용자만 데이터를 전송할 수 있는 권한을 가지는 방식이며 전이중 방식은 주어진 시간에 사용자 양쪽 모두 데이터를 보낼 수 있는 방식이다.

동기(Synchronization) 기능

세션 서비스 사용자가 데이터 전송 중에 오류가 발생하면 처음부터 다시 시작하는 대신에 이전에 송신측과 수신측 사이에 합의된 동기점(Synchronization Point)부터 다시 시작할 수 있도록 하는 기능이다.

이러한 기능이 사용되는 예로는 방대한 양의 데이터를 전송하는 경우 전송 도중에 장애가 발생하여 송신측이 보내는 데이터와 수신측이 받는 데이터 사이에 동기가 맞지 않는 경우를 들 수 있다. 이러한 경우, 송신측과 수신측은 처음부터 데이터를 다시 전송해야 하는 문제가 발생한다. 세션 사용자는 이러한 경우를 대비하여, 데이터의 전송 중에 적당한 위치에 동기점을 부여

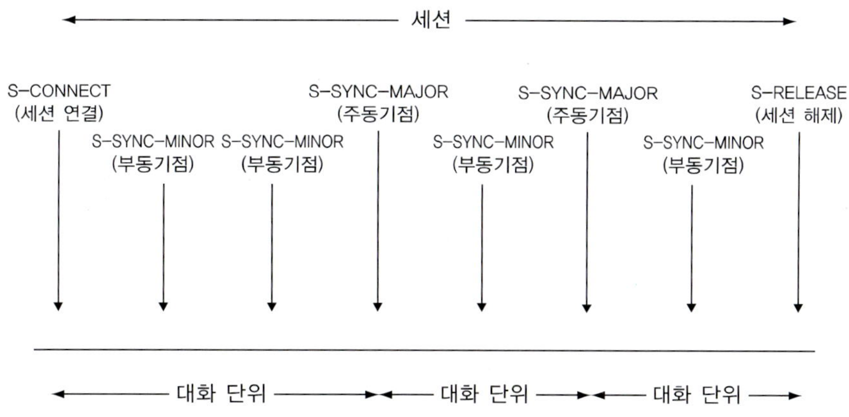

그림 7.1 주동기점과 부동기점

할 수 있으며 중간에 오류가 발생하면 바로 전의 동기점까지 되돌아가 다시 시작하여 복구하는 과정을 재동기(Resynchronization)라고 한다.

동기점은 [그림 7.1]에서 보는 바와 같이 주동기점(Major synchronization point)과 부동기점(Minor synchronization point) 두 종류가 있으며 대응하는 서비스 프리미티브가 있다. 여기서 주동기점과 주동기점 사이를 대화 단위(dialogue unit)라 한다. 주동기점과 부동기점은 기본적으로 같은 목적을 위해 사용되는 것이나, 재동기할 때 되돌아가는 양을 줄이기 위한 목적으로 이용되는 것이다.

주동기점과 부동기점은 차이점을 가지고 있다. 주동기점은 지정된 위치까지 완벽히 처리되었다는 것을 의미하므로 주동기점 이전으로 되돌아가지 못한다. 이와는 달리 부동기점은 문제가 발생한 경우 직전 부동기점에서 복구가 불가능하면 그 이전의 부동기점으로 이동하는 과정을 반복할 수 있다.

액티비티 관리(Activity Management) 기능

액티비티 관리 기능은 주동기 개념을 확장한 것으로서 액티비티는 세션 서비스 사용자간에 논리적으로 설정되는 단위이다. 하나의 액티비티는 하나 또는 여러 개의 대화 단위로도 구성이 가능하며 세션 서비스 사용자가 결정한다. 세션 서비스 사용자는 각각 S-ACTIVITY-START.request, S-ACTIVITY-END.request 서비스 프리미티브를 보내어 액티비티의 시작과 끝을 알린다. [그림 7.2]는 액티비티, 대화 단위, 동기점 간의 관계를 보여주고 있다.

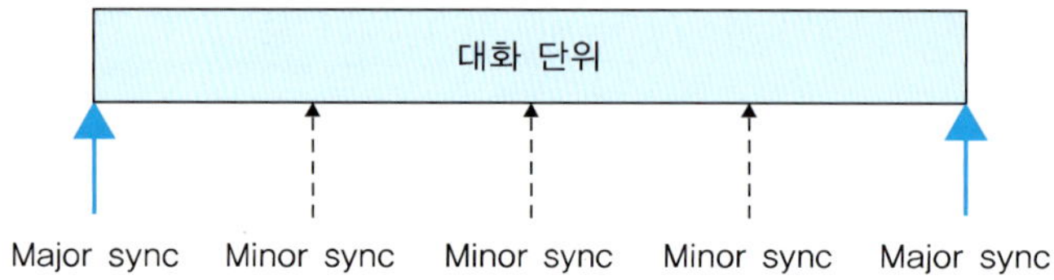

(a) 하나의 대화 단위로 구성된 액티비티

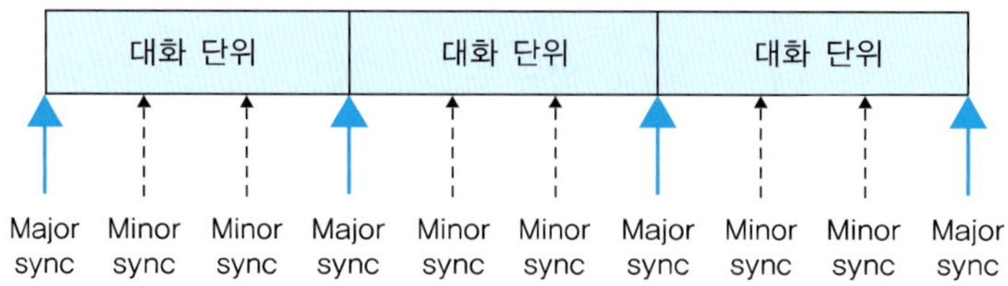

(b) 여러 개의 대화 단위로 구성된 액티비티

그림 7.2 **액티비티와 동기점과의 관계**

예외 보고(Exception Reporting) 기능

예외 보고 기능은 세션 서비스 사용자에게 프로토콜 오류와 같은 예상치 못한 상황에 통지할 수 있도록 하는 기능이다.

[표 7.1]은 앞에서 언급한 기능들에 대한 세션 서비스 프리미티브를 보여주고 있다. 이들 프리미티브는 수신측으로부터 확인(Confirmed)을 받는 경우와 비확인(Non-Confirmed)으로 구분된다.

표 7.1 세션 서비스 프리미티브

세션 서비스	세션 프리미티브	타입
세션 연결 설정	S-CONNECT	확인
세션 연결 해제	S-RELEASE	확인
정상 데이터 교환	S-DATA	비확인
신속 데이터 교환	S-EXPEDITED-DATA	비확인
예외 보고	S-EXCEPTION-REPORT	비확인
토큰 관리	S-TOKEN-GIVE S-TOKEN-PLEASE	비확인 비확인
동기 관리	S-SYNC-MAJOR S-SYNC-MINOR S-SYNC-RESYNCHRONIZE	확인 확인 확인
액티비티 관리	S-ACTIVITY-START S-ACTIVITY-END S-ACTIVITY-INTERRUPT S-ACTIVITY-DISCARD	비확인 확인 확인 확인

[그림 7.3]은 세션 계층의 서비스 프리미티브를 통해 데이터를 전송하는 예를 보여주고 있다.

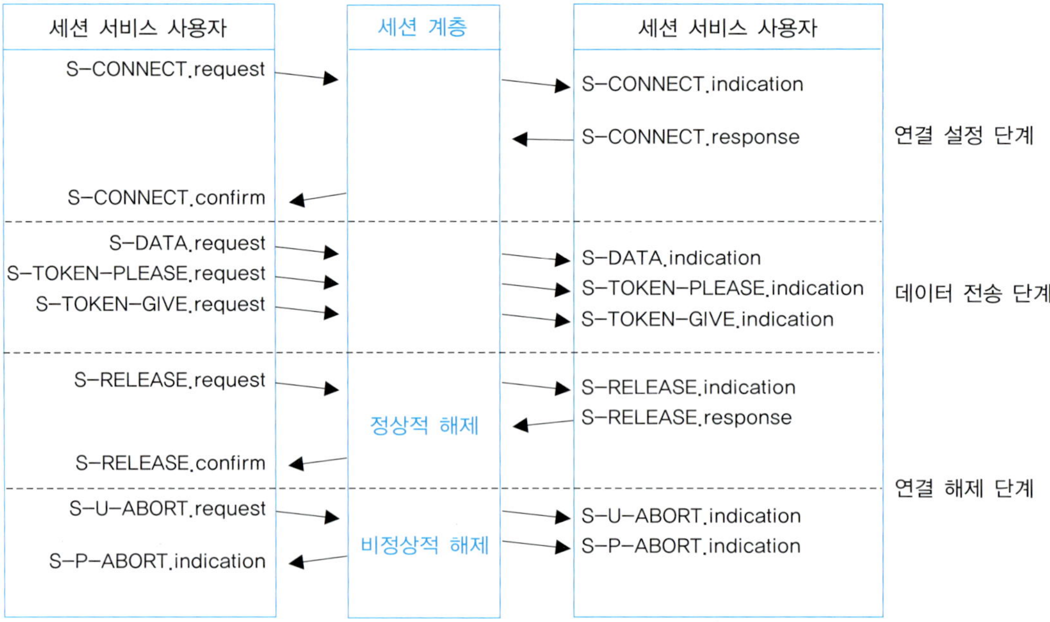

그림 7.3 **세션 계층의 서비스 프리미티브 사용 예**

세션 연결 단계

세션 계층은 기본적으로 연결형 서비스를 제공한다. 세션 계층의 기능이 세션 사용자에게 동기를 맞추고 구조화된 대화를 지원하기 위한 것이므로, 전송되는 데이터의 순서는 중요한 의미를 가진다.

연결형 서비스는 앞에서도 설명한 바와 같이 연결 설정, 데이터 전송, 연결 해제 단계를 거친다. 세션 계층도 다음과 같이 3단계 과정을 거친다.

세션 연결 설정 단계

이 단계에서 양쪽 세션 서비스 사용자 간에 필요한 기능과 관련된 파라미터들을 협상한다. 이들 파라미터에는 송신측과 수신측의 주소, 필요한 기능 단위, 초기 토큰 할당, 초기 동기점을 위한 일련번호 등이 있다.

데이터 전송 단계

설정된 세션 연결을 통해 세션 서비스 사용자 간에 데이터가 전송된다. 설정된 세션 연결 내에서 두 세션 사용자는 여러 가지 전송 서비스를 수행할 수 있다. 세션 계층에서 세션 서비스 사용자에게 제공하는 데이터 전송방법으로는 정상 데이터 전송(normal data transfer), 토큰이나 데이터 흐름에 제한받지 않고 신속하게 데이터를 전송할 수 있는 신속 데이터 전송(expedited data transfer) 등의 서비스가 있다.

세션 서비스 사용자는 데이터 전송 단계동안 데이터 전송이외에 다음과 같은 기능을 수행할 수 있다.

- 반이중 방식을 사용한 경우 대화의 제어
- 동기점을 데이터 전송 도중에 추가
- 세션 연결을 이전의 동기점으로 재동기
- 액티비티 시작, 종료등과 같은 액티비티 관리를 수행

연결 해제 단계

이 단계는 보통의 경우 세션 연결이 데이터 전송이 손실 없이 정상적으로 종료되는 단계이다. 그러나 데이터 전송 도중에 오류가 발생한 경우, 세션 사용자 또는 세션 계층 서비스 제공자는 연결을 해제하여 세션 서비스의 사용을 종료한다.

세션 프로토콜의 예

세션 계층은 세션 서비스 사용자로부터 임의의 서비스 프리미티브를 받았을 때, 이 서비스 프리미티브가 올바른 것인가를 조사하여 맞으면, 그에 해당하는 SPDU(Session Protocol Data Unit)를 만들어 하위 계층을 통해 상대방 세션 계층으로 보낸다.

다음은 서비스 프리미티브와 이에 대응하는 SPDU와의 관계를 몇 가지 예를 보여주고 있다.

세션 연결 설정

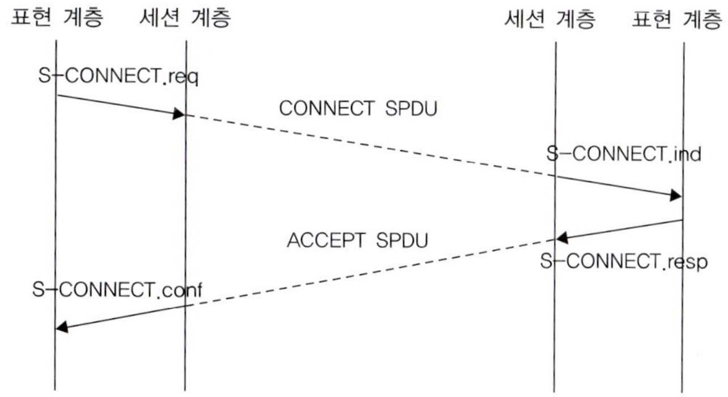

■ 전이중(Full-duplex) 방식을 사용한 데이터 전송

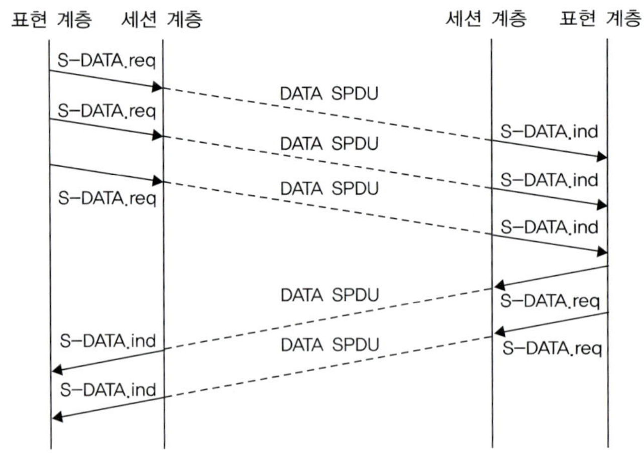

■ 정상적인 세션 연결 해제

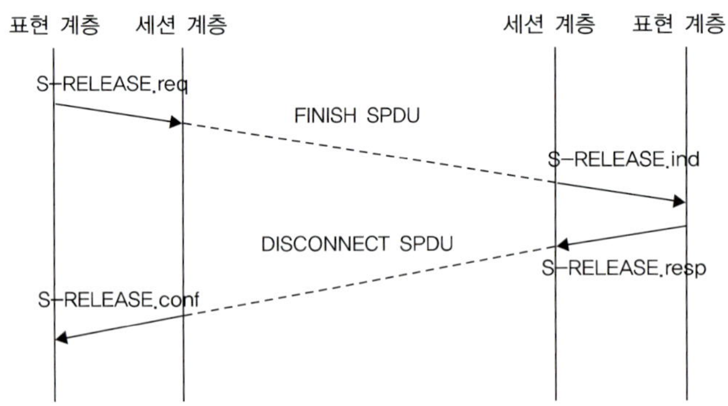

7.1.2 응용 계층

본 절에서는 응용 계층에서의 동작을 이루는 서비스 요소를 알아보고 대표적인 응용 서비스들을 살펴본다.

❙ 응용 서비스 요소 ❙

일반적으로 OSI 환경에서 분산처리는 크게 두 부분으로 나누어 생각할 수 있다. 하나는 특정한 시스템에서 국지적인 처리에 필요한 부분이고, 다른 하나는 분산된 프로세스들 간에 협력을 위해서 통

신 기능을 수행하는 부분이다. 여기서 통신 기능은 다시 7계층으로 분할되는데 응용 계층에서는 그 사용자가 분산처리를 수행하는 응용 프로그램에 따라 각기 다른 형태의 서비스를 제공한다. 이때 응용 프로그램이 필요로 하는 최소의 단위를 응용 서비스 요소(ASE: Application Service Element)라 한다.

하나 또는 두 개 이상의 응용 서비스 요소가 일정한 규칙에 따라 결합하여 하나의 응용 프로그램이 필요로 하는 통신서비스를 제공하는데 이와 같은 특정한 하나의 응용 프로그램에 필요한 통신서비스 요소들의 결합형태를 응용 엔티티(AE: Application Entity)라 한다. 이를 그림으로 표시하면 [그림 7.4]와 같다.

응용 계층은 특정한 응용 목적에 따라 사용되는 ASE와 이들이 공통적으로 사용하는 ASE로 구성된다. 이들 가운데 특별한 응용 목적에 따라 사용되는 ASE를 SASE(Specific Application Service Element)라 하고, 모든 SASE가 공통적으로 이용하는 ASE를 CASE(Common Application Service Element)라 한다.

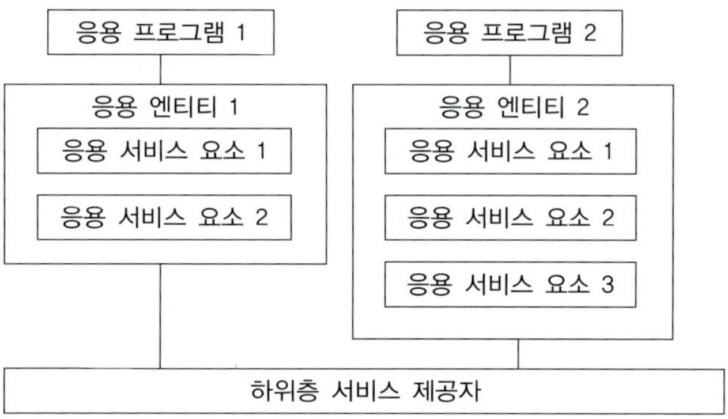

그림 7.4 **응용 엔티티 구조**

SASE

SASE에는 다음과 같은 것들이 있다.

- **FTAM(File Transfer Access & Management)**: 두 시스템 사이에 파일 전송 접근 및 관리 서비스를 제공한다.
- **VT(Virtual Terminal)**: 터미널 작업을 위한 가상 터미널 서비스를 제공한다.
- **MOTIS(Message Oriented Text Interchange System)**: 메시지 전송 및 관리 서비스를 제공한다.

- **JTM(Job Transfer & Manipulation)**: 한 시스템으로부터 제출된 작업을 수집된 파일을 이용하여 다른 시스템에서 실행시키고 그 결과를 여러 시스템으로 분배하는 기능을 제공한다.
- **RDA(Remote Database Access)**: 원격지 호스트에 있는 데이터베이스 관리 시스템(DBMS)에 접근하게 하는 서비스를 제공한다.
- **트랜잭션 처리**: 트랜잭션 처리 서비스를 제공한다.
- **OSI 관리**: OSI 관리 서비스를 제공한다.

CASE

CASE에는 다음과 같은 것들이 있다.

- **ACSE(Association Control Service Element)**: 접속제어 서비스 요소라 하며, 두 응용 엔티티 간에 접속 확립 및 종료 서비스를 제공한다.
- **CCR(Commitment Concurrency & Recovery)**: 분산 처리형 응용에서 시스템 간의 정보 갱신 시 실행, 동시성 및 회복에 관한 서비스를 제공한다.
- **ROS(Remote Operation Service)**: 원격 동작에 관한 서비스 요소로서 한 시스템으로부터 다른 시스템에게 대화 형식으로 처리하도록 의뢰하여 해답을 얻는 서비스를 제공한다.

파일 전송, 접근과 관리(FTAM)

파일 전송 목적은 파일 시스템과 파일 구조의 차이를 초월해서 다른 기종 간의 파일 전송을 가능하게 하는데 있다. 마찬가지로 이기종 간 파일의 액세스 및 관리에 있어서도 파일 시스템 및 파일 구조의 차이를 초월해서 조작을 가능하게 하는 것을 목적으로 한다.

실제의 시스템은 제각기 고유한 체계에 기초를 둔 파일 시스템을 갖고 있다. 또, 그 파일의 구조도 여러 가지이다. 각각의 파일 시스템이 제공하는 open, close, read, write와 같은 기본적인 서비스는 거의 같지만, 상세한 기능을 보면 천차만별이다. 같은 구조를 가진 파일에 있어서도, 미세한 부분에서는 다른 부분이 많이 있다.

이러한 파일 시스템 및 파일 구조의 차이를 초월해서 이기종 간의 파일 전송, 액세스 및 관리를 가능하게 하기 위해서 실제의 파일 시스템 및 파일을 추상화하고, 이 추상화한 파일 시스템 및 파일을 모델로 해서 시스템 간에 교환할 파일의 전송, 액세스 및 관리를 위한 서비스를 정의하며, 구체적인 프로토콜을 규정하고 있다.

가상 터미널 서비스

컴퓨터 네트워크 환경에서는 서로 다른 특성을 갖는 호스트 컴퓨터가 존재할 뿐만 아니라 서로 다른 특성을 갖는 터미널도 존재한다.

네트워크상에 있는 터미널은 이기종 호스트 컴퓨터에 접근할 수 있어야 하며, 호스트 컴퓨터에 있는 응용 프로그램은 네트워크상에 있는 여러 형태의 터미널에 이용될 수 있어야 한다. 만일 네트워크상에 M 종류의 호스트와 N 종류의 터미널이 존재한다면, 스크린 에디터와 같은 어떤 응용 프로그램이 네트워크상에서 동작하기 위해서는 M × N 종류의 스크린 에디터 프로그램이 필요하다.

이 문제를 소위 M × N 문제라 하며, M × N 문제를 해결하기 위해 도입된 개념이 바로 **가상 터미널(virtual terminal)**이다. 가상 터미널은 개념상의 표준 터미널로 각 터미널의 기능을 일반화시키고 추상화시켜 정의하였다. 바꾸어 말하면 원격지 호스트에 있는 응용 프로그램과 로컬 호스트에 있는 터미널 사용자는 서로 가상 터미널이라 부르는 표준 터미널을 이용하여 통신함으로써 응용 프로그램은 가상 터미널만을 제어하고 가상 터미널과 로컬 호스트에 있는 실제 터미널 사이의 매핑은 로컬 호스트가 담당하게 함으로써 M × N 문제가 M+N 문제로 축소된다.

원격지 호스트에 있는 가상 터미널과 로컬 호스트에 있는 가상 터미널 사이의 프로토콜을 가상 터미널 프로토콜이라 하며, 가상 터미널이 응용 프로그램 또는 터미널 이용자에게 제공하는 서비스를 가상 터미널 서비스라 한다.

OSI 네트워크 관리

OSI 네트워크의 크기와 복잡도가 증가함에 따라 사용자에게 요구되는 서비스의 질을 제공하기 위해 네트워크 통신 서비스를 관리하는 기능이 필요하게 되었다. 네트워크를 관리하는 기능들은 로컬 시스템 내에서는 존재하지만 분산 환경 하에서는 이들의 기능만으로는 불충분하다. 결국 네트워크 전반에 걸친 원격 관리기능을 수행할 수 있는 관리 응용의 개발의 불가피하게 되었다.

OSI 네트워크 관리는 일반적으로 OSI환경에 속해 있는 자원들의 사용을 통제, 협조 및 감시하는 일을 다룬다. ISO에서 제정한 OSI 네트워크 관리 표준 규격은 OSI 네트워크 관리를 위한 개념적, 기능적인 구조를 제시하고 있으며 특정 관리 서비스와 프로토콜을 명시하는데 있어서 기초를 제공한다.

현재 네트워크 관리 프로토콜로 OSI 환경에서 CMIP(Common Management Information Protocol)과 인터넷에서 SNMP(Simple Network Management Protocol)등이 사용되고 있다.

CMIP은 기본적인 관리정보를 교환하기 위한 표준화 된 관리 프로토콜로서 ROSE(Remote Operations Service Element)를 통해 MIB(Management Information Base)를 접근하는데 개념적으로 이해하기 쉬운 프로토콜이다.

OSI 관리 기능에는 크게 5가지로 분류하고 있는데 장애 관리(Fault Management), 구성 관리(Configuration Management), 성능 관리(Performance Management), 회계 관리(Accounting Management) 그리고 보안 관리(Security Management)이다.

메시지 처리 시스템

메시지 처리 시스템(Message Handling System, MHS)는 CCITT X. 400에서 규정한 전자 메일 시스템의 표준 규격이다.

MHS는 네트워크에 메시지 서버를 갖춤으로써 메시지의 생성, 전송, 처리에 관한 종합적인 서비스를 한다. 메시지 서버에는 우편함이 있으며, 발신된 메시지는 수신자 전용의 우편함에 전달되고 저장된다. 수신자는 자신의 우편함에서 메시지를 꺼냄으로써 메시지를 수신할 수 있다. 이 우편함을 통해 송신자는 상대가 부재이거나 통화중이거나를 의식하지 않고 메시지를 보낼 수 있다. 수신측도 자유로운 시간에 우편함을 통해 메시지를 읽어낼 수 있다. ISO의 표준 규격인 MOTIS와 완전 호환성을 가진다.

MHS에서 전송되는 메시지는 봉투와 내용이라는 계층 구조를 가지기 때문에 여러 종류의 미디어(텍스트, 문자나 수치 데이터, 음성, 팩시밀리 등)로 구성하는 것이 가능하다.

디렉터리 서비스

네트워크는 점차 규모가 커지고 있으며, 개방 시스템에서도 그 하위의 각종 자원 등을 상호 연결하는 통신로가 빈번히 추가되고 소거되기도 한다. 그렇기 때문에 각 자원의 위치에 관계하는 명칭을 알고 있어야 하며, 필요한 어드레스를 요구하는 기능이 필요하다. 이러한 서비스가 디렉터리(Directory) 서비스라고 부른다. 디렉터리 서비스는 OSI 참조 모델의 응용 서비스 요소(ASE)의 하나이다.

디렉터리 서비스 모든 통신망 자원을 디렉터리 데이터베이스상의 객체로서 관리하며 각 객체는 속성(property)을 포함한다. 예를 들어, 사용자 객체는 로그인 아이디(ID), 암호, 이름, 주소, 전화 및 노드 주소를 포함한다. 디렉터리 데이터베이스는 트리 구조의 계층형 구조로 되어 있어서 복수 LAN의 자원뿐만 아니라 WAN 통신망 자원에 대한 관리와 접속 수단을 제공할 수 있다.

7.2 | 인터넷 응용

본 절은 인터넷 응용 계층에서 제공하는 서비스들을 설명한다. 인터넷 응용 서비스들은 현재 수많은 컴퓨팅 환경에서 사용되고 있으며 또한 TCP/IP 통신 소프트웨어를 지원하는 대부분의 운영체제에서 제공된다.

[그림 7.5]는 가장 많이 사용되는 인터넷 응용 서비스 및 프로토콜들을 보여주고 있으며 이들이 TCP/IP 구조와 어떻게 관련되는지를 보여주고 있다. 대부분의 응용 프로토콜들은 RFC(Request For Comments)에 정의되어 있다.

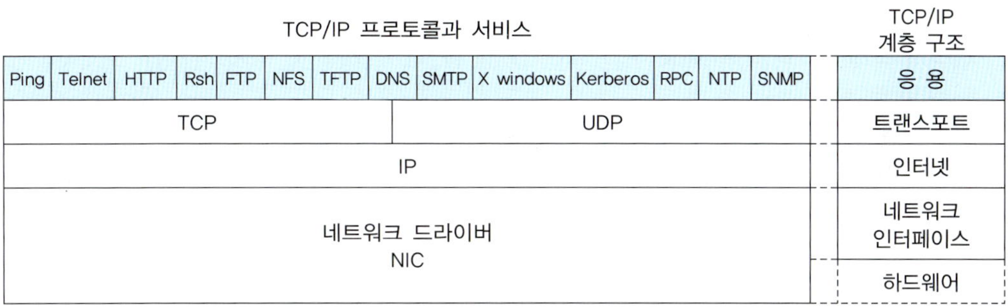

그림 7.5 **대표적인 응용 계층 프로토콜과 서비스**

7.2.1 HTTP(HyperText Transfer Protocol)

웹 서비스 개요

인터넷 상에서 가장 널리 이용되고 있는 웹(World Wide Web) 서비스의 웹 페이지는 객체(Object)들로 구성된다. 하나의 객체는 하나의 URL(Uniform Resource Locator)로 지정할 수 있다. 대부분의 웹 페이지는 기본 HTML 파일과 여러 참조 객체들로 구성된다. 예를 들어, 웹 페이지가 HTML 텍스트와 5개의 JPEG 이미지로 구성되어 있으면, 이 웹 페이지는 6개의 객체(기본 HTML 파일과 5개의 이미지)를 가지고 있는 것이다. 기본 HTML 파일은 페이지 내의 다른 객체들을 그 객체의 URL로 참조한다. 각 URL은 두 개의 요소를 가지고 있다(객체를 갖고 있는 서버의 호스트 이름과 객체의 경로 이름). 예를 들어, URL

www.someuniv.ac.kr/department/photo.gif

는 호스트 이름으로 www.someuniv.ac.kr를 갖고 있고 경로 이름으로는 /department/photo.gif를 가지고 있다. 웹 브라우저는 웹의 사용자 에이전트가 되며 HTTP의 클라이언트에 해당한다. 따라서 웹 관점에서는 "브라우저"와 "클라이언트"라는 용어를 혼용하여 사용한다. 구글의 크롬(Chrome)과 마이크로소프트의 인터넷 익스플로러는 인기 있는 웹 브라우저의 예이다. 웹 서버는 URL로 각각을 지정할 수 있는 웹 객체들을 갖고 있다. 웹 서버는 HTTP의 서버에 해당하며 인기있는 웹서버로는 아파치, 마이크로소프트 인터넷 인포메이션 서버(IIS) 등이 있다.

HTTP 개요

웹의 응용 계층 프로토콜인 HTTP는 웹의 중심으로 [RFC 1945], [RFC 2616] 그리고 [RFC 7540]에 정의되어 있으며 각각 HTTP/1.0, HTTP/1.1, HTTP/2에 대한 표준을 정의한다. 서로 다른 종단 시스템에서 수행되는 HTTP 클라이언트 프로그램과 HTTP 서버 프로그램은 HTTP 메시지를 교환하여 통신한다. HTTP는 메시지의 구조와 클라이언트와 서버가 어떻게 메시지를 교환하는지에 대해 정의하고 있다.

HTTP는 웹 클라이언트(즉, 브라우저)가 웹 서버에게 웹 페이지를 어떻게 요청하는 지와 서버가 클라이언트에게 어떻게 웹 페이지를 전송하는지를 정의하고 있다. [그림 7.6]은 HTTP 요청과 응답의 절차를 보여주고 있다. 사용자가 웹 페이지를 요청할 때(예: 하이퍼링크를 클릭할 때), 브라우저는 페이지 내의 객체에 대한 HTTP 요청 메시지를 서버에 보낸다. 서버는 요청을 수신하고 객체를 포함하는 HTTP 응답 메시지로 응답한다.

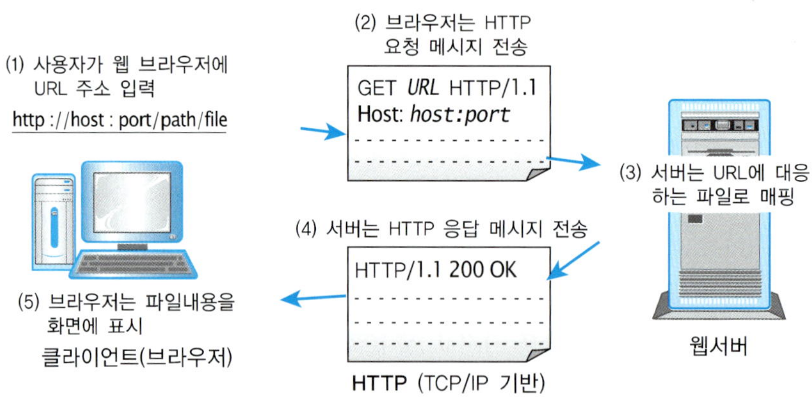

그림 7.6 **HTTP 메시지 요청과 응답**

1997년까지 모든 브라우저와 웹 서버는 기본적으로 RFC 1945에 정의된 HTTP/1.0 버전으로 구현하였다. 1999년을 시작으로 여러 웹 서버와 브라우저들이 RFC 2616에 정의된 HTTP/1.1 버전을 구현하여 지금까지 사용하여 왔다. 하지만 HTTP/1.1은 비효율적인 부분을 가지고 있어서 이에 대한 성능을 개선하고자 2012년부터 HTTP/2의 개발이 시작되어 2015년에 표준으로 승인되었다. 이들 버전은 서로 호환성을 가지며 현재의 웹 브라우저와 웹 서버는 버전 1.1과 버전 2를 주로 사용하고 있다. 버전 2를 지원하는 웹 서버는 버전 1.1을 지원하는 브라우저와 통신할 수 있고 반대로 버전 2를 지원하는 브라우저는 버전 1.1을 지원하는 서버와 통신할 수 있다.

HTTP 버전은 모두 하위 트랜스포트 프로토콜로 TCP를 사용한다. HTTP 클라이언트는 먼저 서버로 TCP 연결요청을 시작한다. 일단 연결이 이루어지면, 클라이언트는 HTTP 요청 메시지를 서버로 보내고 서버로부터 HTTP 응답 메시지를 받는다. 마찬가지로, HTTP 서버는 클라이언트로부터 요청 메시지를 받고 응답 메시지를 클라이언트로 보낸다.

클라이언트가 메시지를 소켓 인터페이스를 통해 보내면, 메시지는 클라이언트의 손을 떠난 것이고 그 다음은 TCP가 역할을 수행해야 한다. TCP가 HTTP에게 신뢰성 있는 데이터 전송 서비스를 제공한다는 것을 상기하자. 이는 HTTP 요청 메시지와 응답 메시지가 클라이언트와 서버 사이에서 제대로 주고 받는다는 것을 의미한다. 다시 말해서, HTTP는 데이터의 손실, 혹은 TCP가 어떻게 손실된 데이터를 복구하고 네트워크 내에서 데이터를 올바른 순서로 배열하는지 걱정할 필요가 없다. 이는 TCP와 그 하위 계층들이 해야 할 일이다.

서버가 클라이언트에게 요청 파일을 보낼 때, 서버는 클라이언트에 대한 어떠한 상태 정보도 저장하지 않는다. 만약 클라이언트가 몇 초 후에 같은 객체를 두 번 요청한다면 서버는 이전에 한 일을 알고 있지 못하기 때문에 그 객체를 다시 보낸다. HTTP 서버는 클라이언트에 대한 정보를 유지하고 있지 않기 때문에 HTTP를 **비상태 프로토콜(Stateless protocol)**이라고 부른다.

비지속 연결과 지속 연결

HTTP는 비지속(Nonpersistent) 연결과 지속(Persistent) 연결 모두를 이용할 수 있다. HTTP/1.0은 비지속 연결을 사용한다. 비지속 연결 방식은 TCP 연결 상에서 하나의 웹 객체만을 전송한다. 지속 연결 방식은 TCP 연결 상에서 여러 개의 객체를 전송할 수 있다. [그림 7.7]은 비지속 연결과 지속 연결을 비교하여 보여주고 있다. 지속 연결은 HTTP/1.1과 HTTP/2의 기본 모드이기는 하나 비지속 연결을 사용하도록 설정할 수 있다.

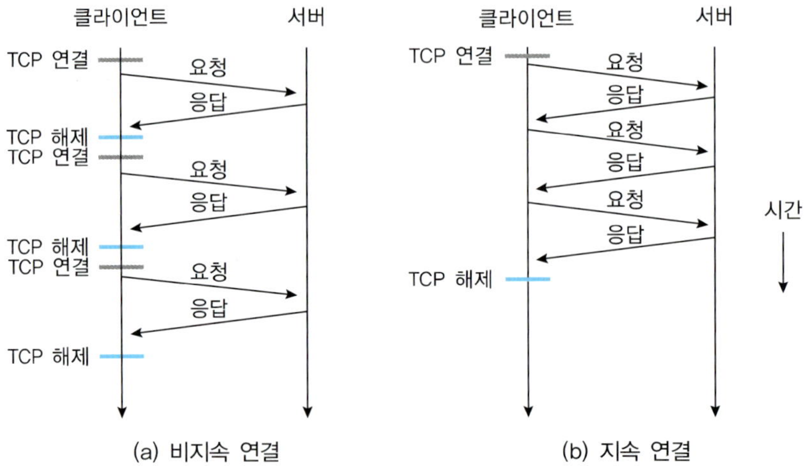

그림 7.7 **비지속 연결과 지속 연결 방식**

비지속 연결

비지속 연결을 사용하여 웹 페이지를 서버에서 클라이언트로 전송하는 과정을 살펴보자. 웹 페이지는 하나의 기본 HTML 파일과 5개의 JPEG 이미지로 구성되어 있고, 이들 6개의 객체들이 모두 같은 서버에 있다고 가정하자. 기본 HTML 파일에 대한 URL은 www.someuniv.ac.kr/department/index.html라고 하자. 진행단계는 다음과 같다.

1. HTTP 클라이언트는 TCP 포트번호 80을 통해 www.someuniv.ac.kr 서버로 TCP 연결을 요청하고 서버는 연결요청에 대한 응답을 클라이언트에게 보낸다.
2. HTTP 클라이언트는 TCP 연결설정의 3단계 핸드셰이킹 절차 중에 세번째 부분과 함께 HTTP 요청 메시지를 서버로 보낸다. 이 요청 메시지는 /department/index.html 경로 이름을 포함한다.
3. HTTP 서버는 설정된 TCP 연결을 통해 HTTP 요청 메시지를 받고 index.html의 파일내용을 HTTP 응답 메시지에 포함시킨다. 그리고 응답 메시지를 클라이언트에게 보낸다.
4. HTTP 서버는 TCP에게 TCP 연결해제를 요청한다.
5. HTTP 클라이언트는 응답 메시지를 받는다. TCP 연결이 중단된다. 클라이언트는 응답 메시지로부터 받은 index.html 파일을 분석하여 5개의 JPEG 객체에 대한 URL를 알아낸다.
6. 각 JPEG 객체에 대해 위의 다섯 단계를 반복한다.

위의 단계는 서버가 객체를 보낸 후에 각 TCP 연결이 끊어지기 때문에 비지속 연결을 사용하고 있다. 각 TCP 연결은 하나의 요청 메시지와 응답 메시지만을 전송한다. 따라서 이 경우, 사용자가 웹 페이지를 보기 위해 총 6개의 TCP 연결이 이루어지게 되고 시간이 오래 걸리는 문제점을 갖고 있다.

이러한 문제점에 대한 대안으로 병렬(Parallel)로 TCP 연결을 하여 5개의 JPEG 파일을 동시에 가져올 수 있다. 사용자가 병렬성 정도를 조절할 수 있도록 브라우저 설정이 가능하며 기본 모드에서는 5~10개의 TCP 연결을 병렬로 설정하고 각 연결은 하나의 요청-응답 처리를 담당한다. 이렇게 병렬 연결을 사용하면 응답시간을 줄일 수 있다.

지금부터 비지속 연결을 사용하는 경우, 클라이언트가 기본 HTML 파일을 요청하고 그 파일이 클라이언트에게 수신될 때까지의 시간을 측정해 보자. 문제를 단순화시키시 위해 클라이언트에서 서버까지 또는 서버에서 클라이언트까지의 한방향(One-way) 지연시간을 28ms로 가정하자. 또한 웹서버가 HTTP 요청 메시지를 받아서 HTTP 응답 메시지를 보낼때까의 처리시간은 30ms이고 서버에 있는 HTML 파일은 파일 전송시간을 무시할 수 있을 정도의 작은 파일로 가정하자.

메시지가 클라이언트에서 서버까지 가고 다시 클라이언트로 되돌아오는 데 걸리는 시간을 **RTT(Round-Trip Time)**로 정의하면 RTT는 56ms가 된다. RTT는 패킷 전파 지연, 중간 라우터에서의 패킷 큐잉 지연, 패킷 처리 지연 등을 포함한다. 이제 사용자가 하이퍼링크를 클릭하면 어떤 일이 발생하는지 생각해 보자.

[그림 7.8]에서 보는 바와 같이 웹 서버는 HTTP 요청과 응답 메시지를 주고 받기 위해 TCP 연결설정을 맺는다. TCP 연결은 3단계 핸드쉐이킹 과정을 거치게 되는데, 클라이언트가 SYN을 포함하는 TCP 연결요청 메시지를 서버에게 보내고, 서버는 SYN과 ACK를 포함하는 메시지로 응답하고 마지막으로 클라이언트는 ACK를 포함하는 메시지로 서버에게 응답한다. 3단계 핸드쉐이크 중 처음 두 부분이 경과하면 하나의 RTT가 경과한다. 웹 브라우저는 핸드쉐이크의 세 번째 부분과 함께 HTTP 요청 메시지를 보낸다.

일단 요청 메시지가 서버에 도착하면 서버는 HTML 파일을 TCP 연결을 통해 클라이언트에게 보낸다. 이 HTTP 요청/응답은 또 하나의 RTT를 필요로 한다. 따라서 하나의 객체를 얻기 위한 총 응답시간은 2 RTT와 서버 처리시간을 더한 값이며 앞에서 설정한 가정을 사용하면 총 142ms가 된다.

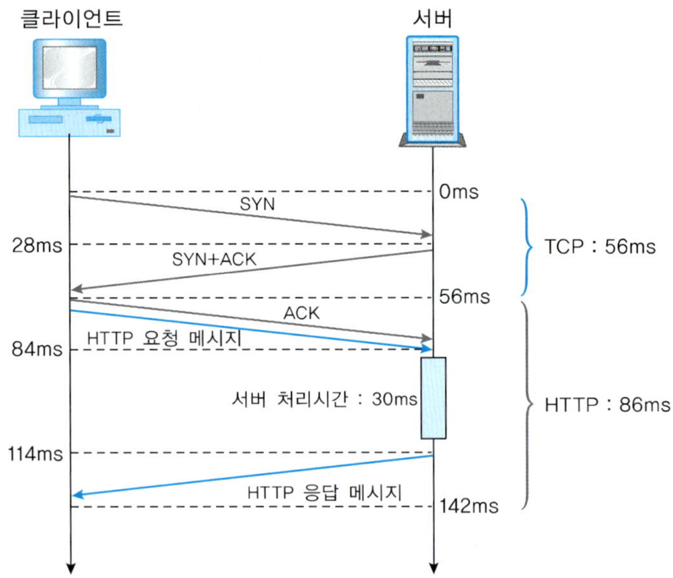

그림 7.8 HTML 파일 요청시간

지속 연결

앞에서 살펴 본 비지속 연결은 여러가지 단점을 갖고 있다. 우선 각 요청 객체에 대한 새로운 연결이 설정되어 유지되어야 한다. TCP 버퍼가 할당되어야 하고 TCP 변수들이 클라이언트와 서버 양쪽에 유지되어야 한다. 이는 수많은 다른 클라이언트로부터의 요청을 동시에 서비스해야 하는 웹 서버에게 심각한 부담을 줄 수 있다. 다음으로 각 객체는 2 RTT(TCP 연결을 설정하는데 1 RTT 그리고 객체를 요청하고 받는 데 1 RTT)를 필요로 한다.

지속 연결에서 서버는 응답을 보낸 후에 TCP 연결을 그대로 유지한다. 같은 클라이언트와 서버 간의 후속 요청과 응답은 같은 TCP 연결을 통해 보내진다. 특히, 전체 웹 페이지(위 예에서 기본 HTML 파일과 5개의 이미지)를 하나의 TCP 연결을 통해 보낼 수 있다.

지속 연결에는 두 가지 버전이 있는데 이는 **파이프라인(pipeline) 방식**과 **비파이프라인(Non-pipeline) 방식**이다. 비파이프라인 방식에서 클라이언트는 이전 요청에 대한 응답을 수신한 후에만 새로운 요청을 보낸다. 이 경우 [그림 7.9] (a)와 같이 참조된 객체 각각(위 예에서 5개의 이미지)은 그 객체를 요청하고 수신하는데 1 RTT가 필요하여 5개의 이미지는 총 5 RTT가 필요하다. 이는 비지속 연결의 객체당 2 RTT에 비해서 개선된 것이지만, RTT 지연은 파이프라인 방식을 사용하여 더욱 줄일 수 있다. 비파이프라인 방식의 또 다른 단점은 서버가 지속 TCP 연결을 통해 객체를 보낸 후에 다른 요청이 도착하기를 기다리는 동안 아무 일도 하지 않는다는 것이다. 이는 서버의 자원을 낭비하는 것이다.

HTTP/1.1의 기본 모드는 파이프라인 방식의 지속 연결을 사용하는 것이다. 파이프라인 방식은 [그림 7.9] (b)와 같이 HTTP 클라이언트는 참조된 객체를 찾으면 바로 요청을 보낸다. 따라서 HTTP 클라이언트는 참조 객체들에 대하여 계속해서 요청을 보낼 수 있다. 서버가 요청을 받게 되면, 응답을 연속해서 보낼 수 있다. 모든 요청들이 연속해서 보내지고 모든 응답들이 연속해서 보내진다면, 모든 참조 객체에 대해 약 1 RTT가 필요하다. 이는 참조 객체마다 1 RTT가 필요한 비파이프라인 방식보다 응답시간을 상당히 줄일 수 있는 효과를 가진다.

HTTP/1.1은 파이프라인 방식의 지속 연결을 사용하여 성능을 개선하였음에도 불구하고, 서버가 요청 메시지를 받은 순서대로 응답 메시지를 보낼 수 있다는 문제점을 가지고 있다. 만약, 클라이언트에서 받은 첫번째 요청에 문제가 생겨 서버가 응답을 늦게 하면 두번째, 세번째의 요청에 대한 응답도 같이 늦어진다는 문제점이 있다. 이러한 현상을 **HOL 블럭킹(Head Of Line Blocking)**이라고 하며 HTTP/2에서는 HOL 블럭킹 현상을 해결하기 위해 응답 메시지의 순서를 변경할 수 있는 멀티플렉싱(Multiplexing) 기법을 사용한다. [그림 7.9] (c)는 멀티플렉싱의 예를 보여주고 있다.

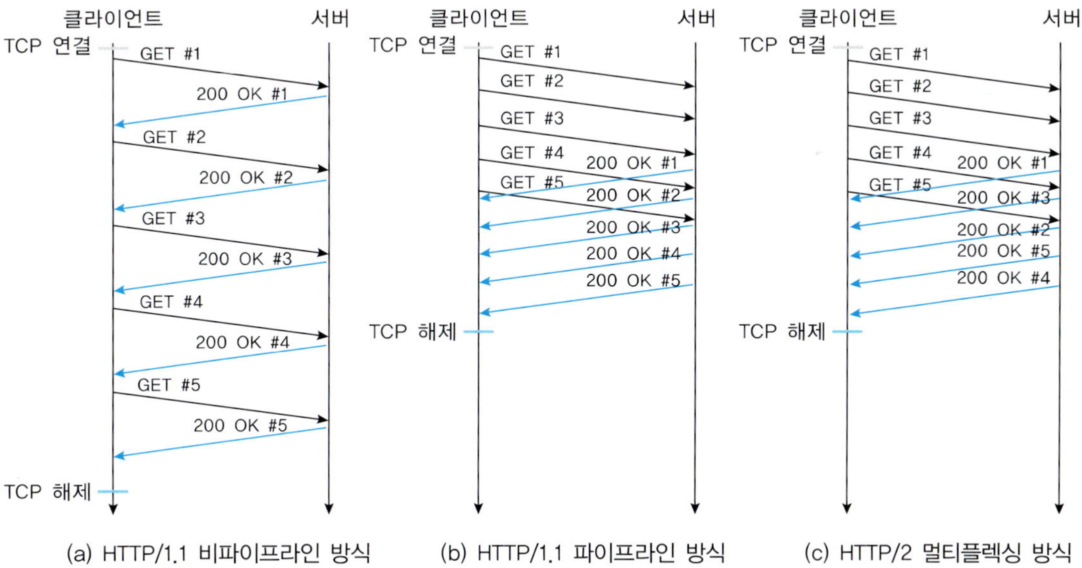

그림 7.9 파이프라인과 비파이프라인 방식

HTTP 메시지 형식

HTTP 표준문서 RFC 2616은 HTTP/1.1의 메시지 형식을 정의하고 있으며 구체적인 형식은 [그림 7.10]과 같다. HTTP 메시지에는 요청 메시지와 응답 메시지, 두 가지 타입이 있다.

HTTP/1.1의 메시지 형식은 HTTP/2와도 호환성을 갖는다. HTTP/2를 사용하는 웹 클라이언트는 항상 Upgrade: HTTP/2.0 헤더를 포함한 HTTP/1.1 요청 메시지를 보낸다. 만약 웹 서버가 HTTP/2를 지원하면 HTTP/1.1 101 Switching Protocols 상태 라인으로 응답하고 지원하지 않으면 단순히 HTTP/1.1 응답 메시지로 응답한다.

(a) 요청 메시지 (b) 응답 메시지

그림 7.10 **HTTP 요청, 응답 메시지 형식**

HTTP 요청 메시지

HTTP 요청 메시지의 형식은 [그림 7.10] (a)와 같이 요청 라인(Request Line), 요청 헤더(Request Header), 바디(Body)로 구성된다.

요청 라인은 '〈메소드〉〈URL〉〈HTTP 버전〉'의 세 필드로 구성된다. 메소드 필드는 GET, POST, HEAD등 여러 가지 값을 가질 수 있다. HTTP 요청 메시지의 대부분은 GET 메소드를 사용한다. GET 메소드는 브라우저가 URL이 가리키는 웹 문서를 서버에게 요청할 때 사용된다. HEAD 메소드는 문서 내용보다는 문서의 정보를 원할 때 사용한다. POST 메소드는 클라이언트가 서버에게 정보를 전달할 수 있도록 해준다. 다음은 요청 라인의 예이다.

```
GET /test.html HTTP/1.1
HEAD /query.html HTTP/1.0
POST /index.html HTTP/1.1
```

요청 라인 다음의 요청 헤더는 클라이언트와 서버 사이의 부수적인 정보를 전달하는 목적으로 사용되며, 〈요청 헤더 이름〉:〈헤더 값〉의 형식을 갖고 있다. 〈헤더 값〉이 여러 개일 경우에는 콤마(,)로 구분한다. 다음은 요청 헤더의 예이다.

```
Host: www.someuniv.ac.kr
Connection: Keep-Alive
Accept: image/gif, image/jpeg, */*
Accept-Language: us-en, fr, cn
```

바디 필드는 GET 메소드에서는 사용되지 않고 POST 메소드에서 사용된다.

다음은 HTTP 요청 메시지의 예를 보여주고 있다.

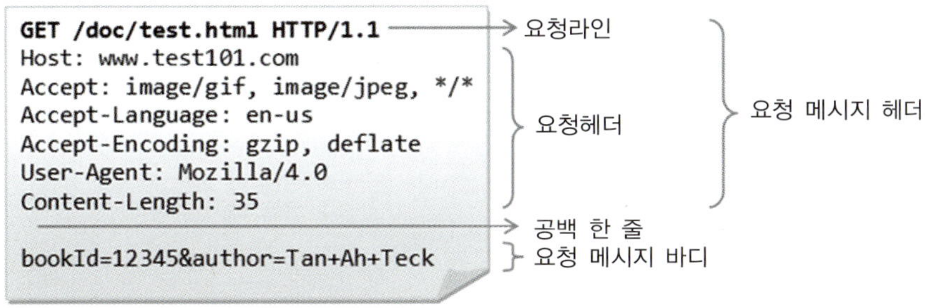

HTTP 응답 메시지

HTTP 응답 메시지의 형식은 [그림 7.10] (b)와 같이 상태 라인(Status Line), 응답 헤더(Response Header), 바디(Body)로 구성된다. 응답 메시지의 구조는 요청 메시지의 구조와 유사한데 요청 라인 대신에 서버의 처리 결과를 알려주는 상태 라인을 사용한다.

상태 라인은 '〈HTTP 버전〉〈상태 코드〉〈상태 설명〉'의 세 필드로 구성된다. 일반적으로 자주 보게 되는 상태 코드와 상태 설명은 "200 OK", "404 Not Found", "403 Forbidden", "500 Internal Server Error" 등과 같은 것들이 있다.

다음은 상태 라인의 예이다.

```
HTTP/1.1 200 OK
HTTP/1.0 404 Not Found
HTTP/1.1 403 Forbidden
```

상태 라인 다음의 응답 헤더는 요청 헤더와 마찬가지로 〈응답 헤더 이름〉:〈헤더 값〉의 형식을 갖고 있다. 〈헤더 값〉이 여러 개일 경우에는 콤마(,)로 구분한다.

다음은 응답 헤더의 예이다.

```
Content-Type: text/html
Content-Length: 35
Connection: Keep-Alive
Keep-Alive: timeout=15, max=100
```

바디 필드는 클라이언트에서 요청한 데이터를 포함한다.

다음은 HTTP 응답 메시지의 예를 보여주고 있다.

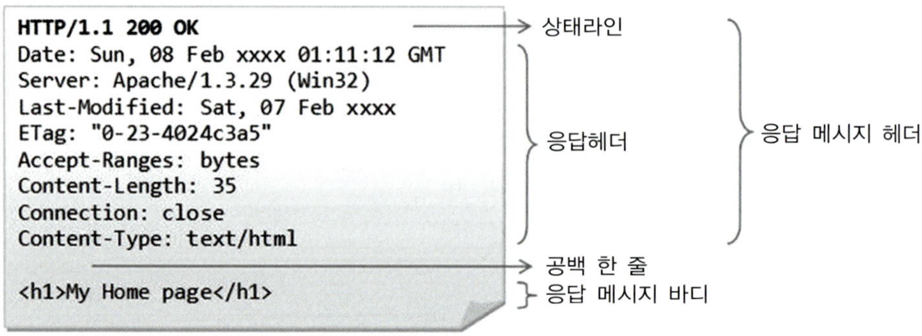

HTTP 명령 사용하기

실제로 [그림 7.11]와 같이 텔넷(telnet) 명령어를 통해 HTTP 프로토콜의 동작 원리를 이해해 볼 수 있다. 본 예제는 웹 서버로 kowon.dongseo.ac.kr을 사용하였다.

```
kowon.dongseo.ac.kr - PuTTY
[htlim ~ {9}]telnet kowon.dongseo.ac.kr 80
Trying...
Connected to kowon.dongseo.ac.kr.
Escape character is '^]'.
GET /~htlim/index.html HTTP/1.1
Host: kowon.dongseo.ac.kr

HTTP/1.1 200 OK
Date: Thu, 19 Jul 2018 01:21:15 GMT
Server: Apache/2.2.29 (Unix)
Last-Modified: Thu, 18 Jan 2018 05:27:24 GMT
ETag: "1a5e6-65-5630638011565"
Accept-Ranges: bytes
Content-Length: 101
Content-Type: text/html

<HTML>
<HEAD>
<meta http-equiv="refresh" content="0; URL='https://goo.gl/XepJaJ'" />
</HEAD>
</HTML>
Connection closed.
[htlim ~ {10}]
```

그림 7.11 telnet 명령을 통한 HTTP 사용

클라이언트는 telnet명령을 사용하여 kowon.dongseo.ac.kr의 TCP 포트번호 80번과 TCP 연결을 설정한다. 다음으로 클라이언트는 요청 라인 "GET /~htlim/index.html HTTP/1.1" 한 줄과 요청 헤더 "Host: kowon.dongseo.ac.kr" 한 줄을 입력하고 추가로 공백 한 줄을 입력하여 요청 메시지를 서버로 전송한다.

요청 메시지를 수신한 HTTP 서버는 상태라인 "HTTP/1.1 200 OK", 응답헤더 그리고 바디, 즉 index.html의 내용을 포함한 응답 메시지를 클라이언트로 보냄으로서 HTTP 동작을 완료한다.

본 절에서 HTTP 요청과 응답 메시지에 사용될 수 있는 여러 헤더 라인들을 살펴보았다. HTTP 표준문서(특히 HTTP/1.1)에는 브라우저, 웹 서버, 그리고 네트워크 캐시 서버가 추가할 수 있는 많은 헤더 라인을 정의하고 있다. 지금까지는 헤더 라인의 일부만을 살펴본 것이다.

7.2.2 FTP(File Transfer Protocol)

FTP는 TCP/IP 환경 하에서 두 호스트사이에 파일 전송을 할 경우에 사용하는 프로토콜로서 접근하고자 하는 호스트에 사용자 계정이 있어야 한다.

FTP는 파일 전송을 위해 두 개의 분리된 채널(또는 연결)을 사용한다. 하나는 클라이언트와 서버사이에 FTP 명령과 같은 제어 정보(control information)를 주고받기 위해 사용되는 **제어 채널(Control Channel)**이고 나머지 하나는 실제적인 파일 데이터 전송을 위해 사용되는 **데이터 채널(Data Channel)**이다.

다음은 파일 전송을 할 때 필요한 동작 절차이다.

1) 사용자는 FTP UI(User Interface)를 통해 파일 전송을 위한 서버의 호스트명을 입력한다. FTP 클라이언트는 TCP 포트번호 21(FTP 제어 채널 설정을 위해 대기중인 서버측 포트번호)를 사용하여 FTP 서버와 TCP 연결을 설정한다. 이 때 FTP 클라이언트는 데이터 채널용 포트 번호를 생성한 후에 이 포트 번호를 FTP 서버에게 넘겨준다. 이러한 과정을 통해 제어 채널이 설정된다. ([그림 7.12] ① ②)

2) FTP 클라이언트는 제어 채널을 사용하여 사용자 계정 이름과 패스워드를 FTP 서버에게 보낸다. FTP 서버는 등록된 사용자 여부를 판단하여 FTP 클라이언트에게 그 결과를 응답한다.

3) FTP 클라이언트는 제어 채널을 사용하여 사용자의 요구에 따라 파일 이름과 속성, 파일을 서버로 보낼 것인지 또는 서버로부터 받을 것인지를 알려주는 명령을 보낸다. FTP 서버는 이러한 명령에 대한 응답을 보낸다.

4) FTP 서버는 데이터 전송을 위해 자신의 20번 TCP 포트와 FTP 클라이언트에서 받은 포트 사이에 데이터 채널 연결을 설정한다. ([그림 7.12] ③ ④)

5) 설정된 데이터 채널을 통해 파일 전송이 이루어진다. 이러한 데이터 채널은 파일 전송이 완료되면 데이터 채널은 해제된다. FTP의 하위 계층인 TCP는 흐름제어, 오류탐지, 재전송 기능을 통해 파일을 정확하고 안전하게 전송하기 위해 사용된다.

6) 제어 채널은 또 다른 데이터 전송을 위해 사용이 가능하며 연결 해제도 가능하다.

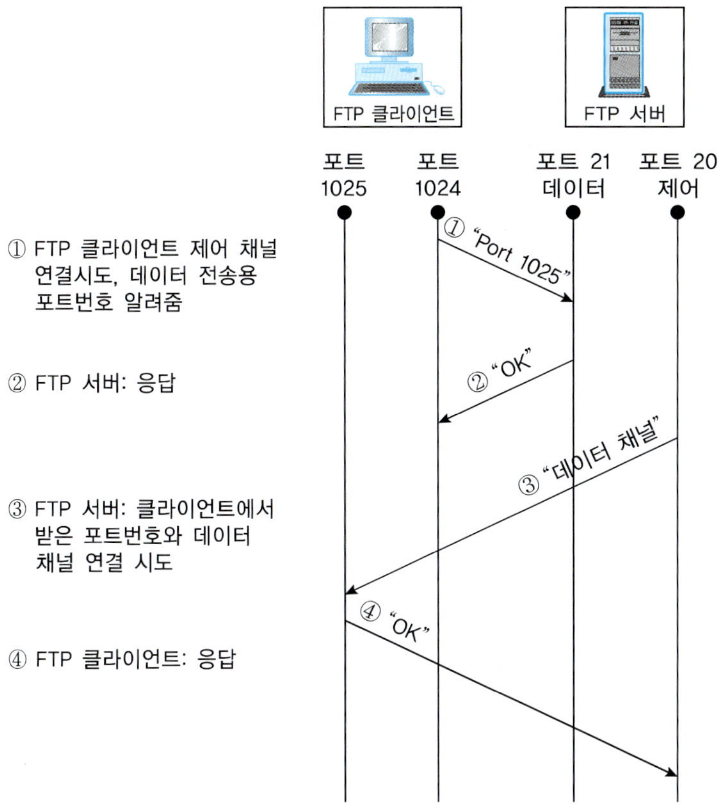

그림 7.12 **FTP 동작 절차**

여기에서 FTP는 데이터 채널을 설정하기 위해 두 가지 모드를 지원하는데 액티브(Active) 모드와 패시브(Passive) 모드이다. 기본 모드인 액티브 모드는 앞서 언급한 데이터 채널 설정 방법과 같이 서버가 데이터 채널 연결설정을 시도하는 방법이며, 패시브 모드는 [그림 7.13]과 같이 클라이언트가 데이터 채널 연결설정을 시도하는 방법이다.

액티브 모드에서, 클라이언트 호스트의 방화벽 또는 기타 원인으로 인해 FTP 포트가 막혀있는 경우 서버가 연결 설정을 시도하게 되면 오류가 생기게 된다. 패시브 모드에서는 클라이언트에서 서버로 연결을 시도하기 때문에 이러한 문제의 해결이 가능하다.

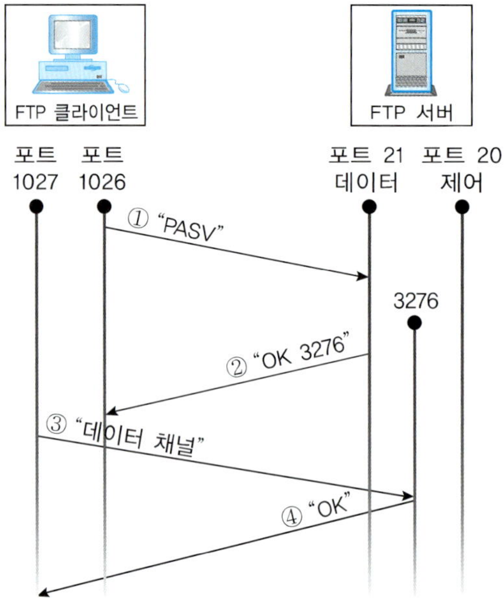

그림 7.13 FTP 패시브 모드

FTP 명령(Command)과 응답(Response)

FTP 명령과 응답은 [그림 7.14]에서 보는 바와 같이 모두 제어 채널을 통해 주고 받는다.

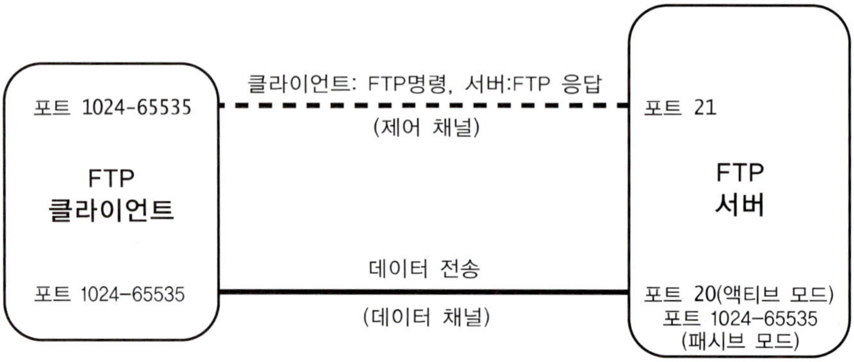

그림 7.14 FTP 명령과 응답

FTP 명령

FTP 명령은 FTP 클라이언트에서 FTP 서버로 보내는 명령으로 원하는 작업을 요청하기 위해 전송한다. [표 7.2]는 자주 사용하는 FTP 명령을 보여주고 있다. 일반적으로 FTP 시스템은 GUI 환경을 지원하기 때문에 사용자가 FTP 명령을 모르더라도 쉽게 사용할 수 있다.

표 7.2 FTP 명령

명령	설명
ABOR	현재 전송중인 파일 전송 중단
CWD	작업 디렉토리 변경
DELE	원격지 파일 삭제
LIST	원격지 파일 목록 보기
MKD	원격 디렉토리 생성
MODE	전송 모드 변경
NOOP	아무 작업 안함
PASS	패스워드 전송
PASV	passive 모드로 전환
PORT	data 포트 열기
PWD	작업 디렉토리 표시
QUIT	연결 종료
RETR	원격지 파일 가져오기
STOR	원격지에 파일 저장
USER	사용자명 전송

FTP 응답

FTP 응답은 FTP 서버에서 FTP 클라이언트로 보내는 상태 코드로서 클라이언트로부터 명령을 요청 받아 처리한 결과를 회신해 주기 위해 전송한다. [표 7.3]은 자주 사용하는 FTP 응답을 보여주고 있다.

표 7.3 FTP 응답

명령	설명
125	데이타 연결이 개방되어 있음; 전송 시작
150	파일 상태 ok; 데이타 연결을 곧 개방할 것임
200	명령 OK
225	데이타 연결 개방; 진행중인 전송이 없음
226	데이타 연결 폐쇄; 요청된 파일 동작이 성공적임
227	수동 모드로 전환
230	사용자가 로그인 되었음, 계속하시오.
250	요청된 파일 행위 ok, 완료되었음
331	사용자 명 ok, 비밀 번호가 필요함
332	로그인을 위한 계정이 필요함
425	데이타 연결을 개방할 수 없음
450	요청된 파일 행위가 이루어지지 않았음: 파일이 이용될 수 없음
451	요청된 행위가 강제 종료되었음: 국부 오류가 처리중임
500	명령어 오류
501	매개변수나 인자에서 오류
530	로그인 되지 않았음

FTP 명령 사용하기

HTTP에서와 마찬가지로 텔넷(telnet) 명령을 통해 FTP 프로토콜의 동작원리를 이해 해볼 수 있다.

[그림 7.15]는 telnet 명령어를 사용하여 클라이언트와 서버 간에 FTP 명령과 응답을 주고받는 과정을 보여주고 있다. 윈도우즈 또는 유닉스 환경에서 "telnet kowon.dongseo.ac.kr 21" 명령을 입력하고 나면 FTP 서버(kowon)는 220번의 상태코드로 응답한다. 220번은 서비스를 제공할 준비가 되어 있다는 의미이다. 이후 USER 명령에 값 htlim, PASS 명령에 값 htlim을 추가하여 보내면 서버가 각각 331, 230번의 상태코드로 응답하여 로그인 절차가 성공적으로 이루어졌음을 회신한다. 이러한 과정으로 통해 FTP 세션 설정이 완료된 것이다. FTP 세션 설정이 완료된 후 PWD 명령을 보내어 FTP 서버의 현재 디렉터리가 /user1/prof/system/htlim 임을 알게 된다. 다음으로 QUIT 명령으로 FTP 세션을 종료하였다.

```
kowon.dongseo.ac.kr - PuTTY
[htlim ~ {7}]telnet kowon.dongseo.ac.kr 21
Trying...
Connected to kowon.dongseo.ac.kr.
Escape character is '^]'.
220 kowon FTP server (Version 4.2 Tue Feb 26 11:59:32 CST 2013) ready.
USER htlim
331 Password required for htlim.
PASS htlim
230-Last unsuccessful login: Tue Jun 19 09:38:37 KST 2018 on ftp from ::ffff:192
.168.112.149
230-Last login: Thu Jul 19 10:17:14 KST 2018 on ftp from kowon.dongseo.ac.kr
230 User htlim logged in.
PWD
257 "/user1/prof/system/htlim" is current directory.
QUIT
221 Goodbye.
Connection closed.
[htlim ~ {8}]
```

그림 7.15 telnet 명령을 통한 FTP 명령 사용

사용자 명령

사용자는 FTP를 사용하여 파일 전송할 때 FTP 클라이언트를 사용한다. FTP 클라이언트는 FTP 서버간의 파일 전송을 위해 사용하는 프로그램으로 보통 윈도우즈 환경에서는 사용자가 편하고 쉽게 파일 송수신을 할 수 있도록 GUI 환경을 제공한다. 하지만 유닉스 환경에서는 지금까지도 텍스트 기반의 사용자 명령을 통해 파일 전송을 하고 있다. [표 7.4]는 자주 사용하는 사용자 명령을 보여주고 있다.

표 7.4 주요 사용자 명령

명령	설명
cd	원격 시스템의 디렉터리 변경
lcd	로컬 시스템의 디렉터리 변경
ls	원격 시스템의 현재 디렉터리내의 파일 목록 출력
dir	원격 시스템의 현재 디렉터리내의 파일 상세내용 출력
pwd	원격 시스템의 현재 디렉터리 이름 출력
prompt	'mget', 'mput' 명령을 사용할 때 파일수신 질의 생략
get	원격 시스템에서 파일 수신
mget	원격 시스템에서 여러 파일 수신
put	원격 시스템으로 파일 송신
mput	원격 시스템으로 여러 파일 송신
quit	FTP 종료

[그림 7.16]은 윈도우즈 환경의 명령 프롬프트 창에서 FTP 사용자 명령을 사용한 예를 보여주고 있다. 명령 프롬프트 창에서 "ftp kowon.dongseo.ac.kr" 명령을 입력하고 사용자명과 패스워드를 입력한 후 사용자 명령을 사용할 수 있다.

"cd ftpdemo"은 원격 시스템(kowon.dongseo.ac.kr)의 디렉터리를 ftpdemo로 변경하도록 하는 사용자 명령이며 이 명령은 대응하는 FTP 명령 'CWD ftpdemo'를 통해 원격 시스템으로 전송된다. 다음으로 "dir"은 원격 시스템의 ftpdemo 디렉터리내의 파일 상세내용을 출력하는 사용자 명령이며 대응하는 FTP 명령 'LIST'를 통해 원격 시스템으로 전송된다. "get contact.html"은 원격의 contact.html 파일을 로컬 시스템으로 가져오도록 하는 사용자 명령이며 FTP 명령 'RETR contact.html'를 통해 원격 시스템으로 전송된다. 이 예제에 나와 있지 않지만 put 명령을 사용하여 로컬 시스템내의 파일을 원격 시스템으로 전송할 수 있다. 마지막으로 "quit" 사용자 명령은 대응하는 FTP 명령 'QUIT' 명령을 통해 FTP 연결을 종료한다.

```
관리자: 명령 프롬프트
Microsoft Windows [Version 10.0.17134.165]
(c) 2018 Microsoft Corporation. All rights reserved.

C:₩Users₩admin>ftp kowon.dongseo.ac.kr
kowon.dongseo.ac.kr에 연결되었습니다.
220 kowon FTP server (Version 4.2 Tue Feb 26 11:59:32 CST 2013) ready.
500 'OPTS UTF8 ON': command not understood.
사용자(kowon.dongseo.ac.kr:(none)): htlim
331 Password required for htlim.
암호:
230-Last unsuccessful login: Tue Jun 19 09:38:37 KST 2018 on ftp from ::ffff:192.168.112.149
230-Last login: Thu Jul 19 13:45:09 KST 2018 on ftp from ::ffff:192.168.112.149
230 User htlim logged in.
ftp> cd ftpdemo
250 CWD command successful.
ftp> dir
200 PORT command successful.
150 Opening data connection for /bin/ls.
total 40
-rwxr-xr-x   1 htlim    professo       716 Jul 19 13:20 contact.html
-rwxr-xr-x   1 htlim    professo      1695 Jul 19 13:20 experience.html
-rwxr-xr-x   1 htlim    professo      2022 Jul 19 13:20 labs.html
-rwxr-xr-x   1 htlim    professo       358 Jul 19 13:20 misc.html
-rwxr-xr-x   1 htlim    professo      1301 Jul 19 13:20 newspaper.html
226 Transfer complete.
ftp: 0.01초 33.82KB/초
ftp> get contact.html
200 PORT command successful.
150 Opening data connection for contact.html (716 bytes).
226 Transfer complete.
ftp: 0.00초 734000.00KB/초
ftp> quit
221 Goodbye.

C:₩Users₩admin>_
```

그림 7.16 **사용자 명령 사용예**

이와 같이 사용자 명령은 대응하는 FTP 명령을 가지고 있으며 이러한 FTP 명령을 통해 FTP 서버와 통신을 한다.

Anonymous FTP(익명 FTP)

인터넷 상에는 많은 FTP서버들이 존재한다. 그 중 공개 자료를 서비스하는 FTP서버들이 있는데, 이들 FTP서버로 접근하여 FTP를 사용할 경우 anonymous를 사용하여 공개 자료를 수신 받을 수 있다. 즉 로그인 이름을 anoymous로 하고 패스워드는 표시되지는 않지만 보통 사용자의 이메일 주소를 입력한다.

```
kowon.dongseo.ac.kr - PuTTY
[htlim ~ {17}]ftp ftp.kaist.ac.kr
Connected to ftp.kaist.ac.kr.
220 KAIST File Archive (ftp.kaist.ac.kr)
Name (ftp.kaist.ac.kr:htlim): anonymous
331 Please specify the password.
Password:
230-
230-  Welcome to KAIST File Archive, ftp.kaist.ac.kr!
230-  (AKA ftp.kr.debian.org, kr.archive.ubuntu.com, ftp2.kr.vim.org,
230-   ftp2.kr.freebsd.org)
230-
230-  We provide mirrors of open source softwares, e.g. Debian, *BSDs,
230-  Mozilla, Apache, etc. and publically available files and software.
230-  Various access methods are available: FTP, HTTP, Rsync.
230-  This system is running at SPARCS Room, KAIST, Daejeon, Korea, Asia.
230-  We are operating 18TiB RAID-6 storage on Dell PowerEdge R510
230-  (Xeon E5506, 6GiB RAM, 2 x 1Gbps) server. KAIST sponsored hardware and
230-  network connectivity. SPARCS operates the whole service.
230-
230-  Use entirely at your own risk -- no warranty is expressed or implied.
230-  * None of the service providers in any way whatsoever can be
230-    responsible for any problems that might be caused by this service.
230-  * Every access to this service is recorded and can be used and
230-    published for the purpose of improving the quality of the service.
230-  * We may limit any accesses without forewarning that may prevent
230-    operators from maintaining reasonable quality of the service.
230-
230-  Contact ftp@ftp.kaist.ac.kr for any problem or suggestion.
230-  For more information, visit: http://ftp.kaist.ac.kr/
230-
230 Login successful.
ftp> ls ls-lR
200 PORT command successful. Consider using PASV.
150 Here comes the directory listing.
ls-lR
226 Directory send OK.
ftp> █
```

그림 7.17 anonymous FTP

[그림 7.17]은 KAIST에서 제공하는 FTP 사이트인 ftp.kaist.ac.kr를 익명 FTP로 접속하는 과정을 보여주고 있다. 일반적으로 FTP서버에 접근할 경우 "ls-lR" 파일을 볼 수 있으며 이 파일은 FTP서버에 저장된 공개 자료의 목록 전체가 저장된 파일이다.

7.2.3 SMTP(Simple Mail Transfer Protocol)

전자메일(E-mail)은 컴퓨터 사용자가 네트워크에 연결된 다른 컴퓨터 사용자와 보통의 메일 서비스를 인터넷 상에서 온라인으로 사용할 수 있는 서비스로서 오늘날 가장 많이 사용하는 서비스들 중 하나이다. 전자메일 메시지를 보내고자 할 때는 자신의 사용자 계정이 있는 호스트가 네트워크상에 접속되어 있어야 하며, 메시지를 보내고자 하는 상대방의 E-mail 주소를 알고 있어야 가능하다.

인터넷 상에서 전자메일을 보내기 위한 프로토콜이 SMTP이며 RFC 5321 표준문서에서 정의하고 있다. SMTP는 하위계층으로 TCP를 사용하며 포트번호 25번을 사용한다.

[그림 7.18]은 SMTP를 사용한 전자메일의 처리 과정을 보여주고 있다. 사용자는 UA(User Agent)로 전자메일을 작성한다. UA의 대표적인 예로, UNIX 환경에서는 mailx, elmd을 들 수 있고 들 수 있고, 윈도우즈 환경에서는 마이크로소프트 아웃룩(Outlook)을 들 수 있다. 메일의 교환은 MTA (Message Transfer Agent)가 수행하며 보통 메일 서버로 부르기도 한다. UNIX 환경에서 가장 많이 쓰이는 MTA는 Sendmail이며, 사용자는 MTA와 직접적인 관계는 없지만 환경 설정과 관련되는 일은 시스템 관리자가 수행해야 한다. 윈도우즈 환경에서 UA로서 아웃룩을 사용하기 위해서 초기화 설정이 필요한데 이때 "보내는 메일 서버" 등록 부분이 MTA 서버를 지정하는 부분이다.

SMTP는 송신측 UA에서 송신측 메일서버로 전자메일을 보내거나 송신측 MTA와 수신측 MTA 사이에 전자메일을 전송할 때 사용하는 프로토콜이다.

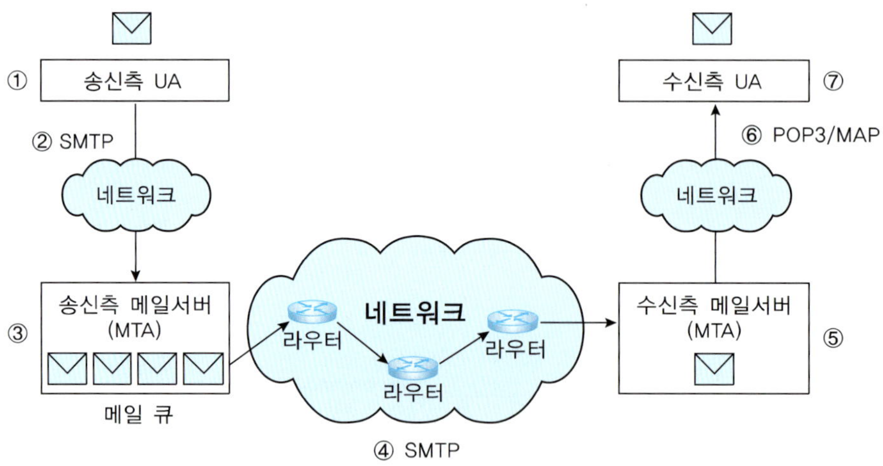

그림 7.18 **이메일 처리 과정**

수신측 UA가 수신측의 MTA로부터 메일을 가져오기 위해서는 별도의 프로토콜이 필요하며 POP3 (Post Office Protocol 3) 또는 IMAP(Internet Message Access Protocol)이 대표적으로 사용된다. POP3는 13.4절에서 상세히 설명한다.

메일의 구성

메일은 메시지 헤더(Header)와 메시지 내용으로 구성되며 헤더와 내용은 공백 한 줄로 구분된다.

- **메시지 헤더**: [표 7.5]는 주로 사용되는 메시지 헤더를 보여주고 있다. 헤더를 사용하는 형식은 〈헤더이름〉:〈헤더 값〉이며 헤더 이름과 헤더 값 사이에 콜론(:)이 사용된다.
- **메시지 내용**: 메시지 내용은 송신자가 수신자에게로 보내는 메시지의 내용이다.

표 7.5 SMTP 메시지 헤더

헤더	설명
MAIL FROM:	송신자의 메일 주소를 알림(필수)
RCPT TO:	수신자의 메일 주소를 알림(필수)
DATE:	메일 전송 시간
FROM:	송신자 메일 주소
SUBJECT:	메일의 제목
TO:	수신자의 메일 주소
CC:	참조 수신자의 메일 주소
BCC:	참조 수신자의 메일 주소, 이 필드에 표시된 수신자 목록은 메일 수신자가 확인 불가

SMTP 동작절차

SMTP 동작은 다음과 같이 세 가지 단계로 구성된다.

1) SMTP 클라이언트와 서버 간의 연결 설정

2) 설정된 연결을 통한 메일 전송

3) 연결 해제

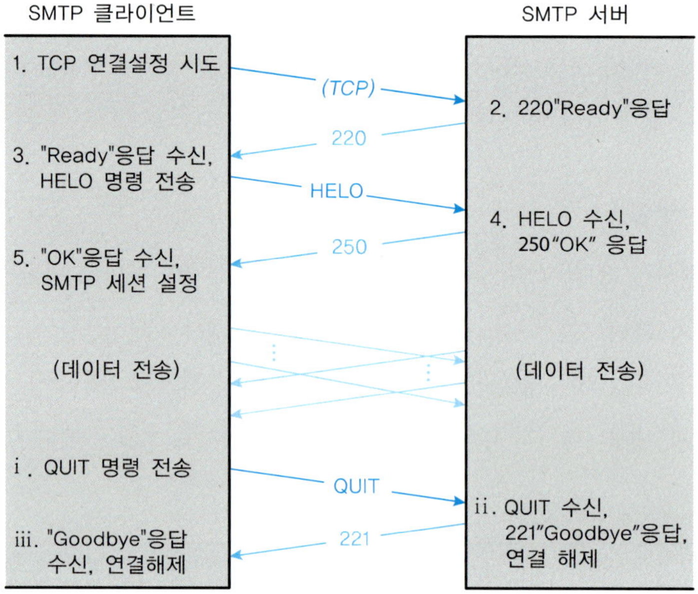

그림 7.19 SMTP 3단계 과정

[그림 7.19]는 메일을 전송하기 위한 SMTP의 3단계 과정을 보여주고 있다.

연결 설정

SMTP 클라이언트는 보내고자 하는 메일이 있을 때 SMTP 서버의 TCP 포트번호 25번으로 TCP 연결을 시도한다. SMTP 서버는 준비가 되었을 경우 "Ready" 상태를 나타내는 상태코드 220번으로 응답을 한다. 220번 상태코드를 받은 클라이언트는 HELO명령과 함께 송신측 호스트명을 보낸다. SMTP 서버는 "OK" 상태를 나타내는 상태코드 250번으로 응답한다. 이러한 과정을 통해 SMTP 세션 설정이 완료된다.

메일 데이터 전송

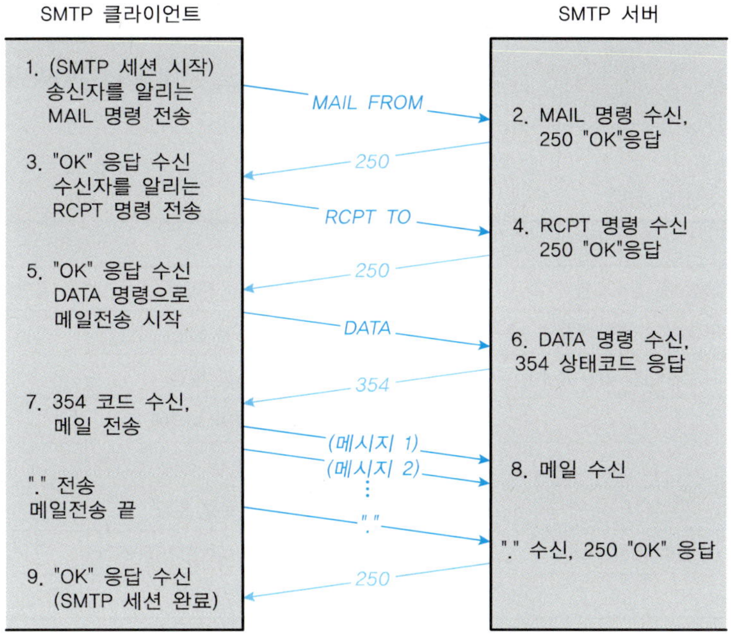

그림 7.20 **SMTP 데이터 전송**

메일 데이터 전송은 [그림 7.20]과 같이 메시지를 보내는 송신자의 메일 주소를 포함하는 MAIL 명령으로 시작한다. 이 명령을 받은 SMTP 서버는 정상적인 상태를 나타내는 250 상태코드로 응답한다. 다음으로 SMTP 클라이언트는 수신자의 메일 주소를 포함하는 RCPT 명령을 전송한다.

DATA 명령이 실제 데이터 전송의 시작을 알리는 명령이다. SMTP 서버는 각각의 명령에 대하여 적절한 응답으로 대응하게 한다. SMTP 클라이언트는 데이터 전송의 끝을 알리기 위해 점(.)을 보내어 데이터 전송을 완료한다.

SMTP는 하위 계층인 TCP 기능을 사용하여 메시지를 안정적으로 보낸다는 측면에서 신뢰성 있는 전달 서비스를 제공한다고 할 수 있다. 그러나 SMTP는 메시지가 수신자에게 성공적으로 전달되었는지를 보증하기 위한 절차는 정의하고 있지 않다. 메시지에 대한 메시지 전송 동작이 완료되었을 때 그 TCP 연결은 또 다른 메시지를 전송하기 위해 사용되거나 해제된다.

연결 해제

SMTP 클라이언트는 QUIT 명령을 보내어 SMTP 세션을 종료한다. 양쪽 모두 TCP 연결을 해제하기 위해 TCP 연결해제 동작을 수행한다.

SMTP 명령(Command)과 응답(Response)

SMTP 명령

SMTP 명령은 SMTP 클라이언트에서 SMTP 서버로 보내는 명령이다. [표 7.6]은 자주 사용하는 SMTP 명령을 보여주고 있다.

표 7.6 SMTP 명령

명령 〈인자〉	설명
HELO 〈송신측 호스트명〉	송신측 호스트명을 전송하여 송신측을 알림
MAIL FROM:〈송신측 메일 주소〉	송신측 메일 주소를 알림
RCPT TO:〈수신측 메일 주소〉	수신측 메일 주소를 알림
DATA	메일 데이터 전송의 시작을 알림
RSET	메일 데이터 삭제 및 버퍼 초기화
QUIT	SMTP 세션의 종료를 알림
VRFY 〈수신측 메일 주소〉	수신측의 주소가 적합한지를 조회
NOOP	수신측의 상태 점검

SMTP 응답

SMTP 응답은 SMTP 서버에서 SMTP 클라이언트로 보내는 상태 코드로서 클라이언트로부터 명령을 요청 받아 처리한 결과를 회신해 주기 위해 전송한다. [표 7.7]은 자주 사용하는 SMTP 응답이다.

표 7.7 SMTP 응답

명령	설명
211	시스템 상태
214	Help 메시지
220	서비스 준비 완료
221	서비스 종료된 전송 채널
250	요청된 메일 동작 확인, 완료
251	로컬 사용자가 아님
354	메일 입력 시작
421	서비스를 이용할 수 없음
450	요청된 메일 동작이 수행되지 않음

SMTP 명령 사용하기

HTTP, FTP에서와 마찬가지로 텔넷(telnet) 명령어를 통해 SMTP 프로토콜의 동작원리를 이해 해 볼 수 있다.

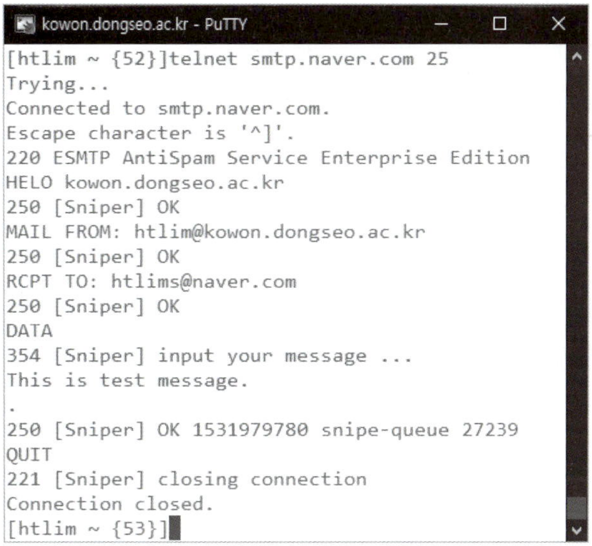

그림 7.21 telnet 명령을 통한 SMTP 사용

[그림 7.21]은 telnet 명령어를 사용하여 클라이언트와 서버 간에 SMTP 명령과 응답을 주고받는 과정을 보여주고 있다. 윈도우즈 또는 유닉스 환경에서 telnet smtp.naver.com 25 명령을 입력하고 나면 네이버의 SMTP 서버는 220번의 상태코드로 응답한다. 220번은 서비스를 제공할 준비가 되어 있다는 의미이다. 이후 HELO 명령에 송신측 호스트 이름을 추가하여 보내면 서버가 각각 250번의 “OK” 상태코드로 응답한다. 송신측이 송신측 메일주소를 보내는 MAIL FROM: 명령과 수신측 메일주소를 보내는 RCPT TO: 명령을 전송하면 서버는 각각 250번 “OK” 상태코드로 응답하여 정상적으로 처리되고 있음을 알린다.

이어서 DATA 명령을 서버에게 보내어 메시지의 전송시작을 알린다. 이 예제에서는 “This is test message” 메시지를 전송하였다. 메시지의 끝을 나타내기 위해 송신측은 점(.)을 전송하고, 다음으로 QUIT 명령으로 SMTP 세션을 종료하였다.

7.2.4 DNS(Domain Name System)

❙ DNS ❙

인터넷은 국제 통신망이기 때문에 전 세계적으로 자신만을 나타낼 수 있는 주소를 가지고 있어야 한다. 인터넷에 연결되어 있는 모든 컴퓨터들은 각각 고유의 주소를 할당받는다. 이 고유 주소를 IP 주소라고 하며, 그 형태는 '165.132.30.41'과 같이 네 개의 숫자 조합으로 이루어져 있다. 이 고유 주소를 이용하여 인터넷 상에서 서로 정보를 주고받을 수 있는 것이다.

그런데 이 IP 주소는 사람이 기억하기에는 너무 어렵기 때문에 이것을 기억하기 쉽게, 이해하기 쉽게 바꾸어 놓은 것이 있는데 그것을 **도메인 네임(Domain Name)**이라 한다. 그 형태는 'emerald.yonsei.ac.kr'과 같이 되어 있고, 어느 정도 의미가 있는 영문자로 되어 있기 때문에 좀 더 알아보기 쉽다. 도메인 네임은 컴퓨터가 속해져 있는 기관이나 국가에 따라서 계층적으로 형성되어 있는데 오른쪽으로 갈수록 상위 도메인에 속한다. 이 예에서 kr은 한국을 나타내고 ac는 교육기관을, yonsei은 연세대학교를 나타낸다. 컴퓨터 내부에서는 이들 도메인 네임을 165.132.30.41과 같은 수로 바꾸어 주게 되는데 도메인 네임을 IP 주소로 또는 그 반대로 바꾸어 주는 것을 **DNS(Domain Name System)**라 한다. 인터넷이라는 거대한 네트워크상에서 DNS를 서비스 해 주기 위해 각 기관에 부여되는 도메인 네임에 따라 각 기관을 담당하는 DNS 서버를 두어 관리한다.

전자메일을 사용할 때에도 도메인 네임을 써야 하는데 그 방식은 다음 예처럼 '계정이름@〈도메인 네임〉' 형식을 갖는다. 즉 도메인 네임을 이용하여 어떤 컴퓨터로 찾아갈 것인가를 결정하며, 계정 이름을 이용하여 어떤 사용자에게 보내어질 것인가를 결정하게 되는 것이다. '@'은 'at'이라고 읽으며 계정 이름과 도메인 네임을 구분하기 위해 쓰인다.

```
htlim@emerald.yonsei.ac.kr
```

위에 나타낸 것처럼 @ 앞에 있는 것은 특정 사용자를 구분하기 위한 것으로 전 세계적으로 여러 htlim이 있을 수 있지만, @ 이하의 도메인 네임과 결합하여 고유한 사용자를 나타내게 된다.

❙ 도메인 네임 구조 ❙

인터넷에서 일반적으로 사용하는 호스트 이름은 무작위로 정해진 것이 아니다. 도메인 네임은 앞서 언급한 도메인이라는 개념 하에 정해진 이름으로, 하나의 호스트의 호스트 이름을 보면 그 호스트가 어느 국가 어느 단체에 속해 있는 것인지 알 수 있다.

일반적인 도메인 네임의 구조는 다음과 같다.

〈호스트 이름〉 . 〈소속 단체〉 . 〈단체 성격〉 . 〈소속 국가〉

(3단계) (2단계) (최상위) ← 도메인 레벨

예를 들어 'emerald.yonsei.ac.kr'이라는 이름은 한국(kr)에 있는 교육 기관(ac) 중의 하나인 연세대학교(yonsei)의 emerald라는 호스트를 의미한다. 하지만 인터넷은 미국에서 발생되었기 때문에 미국의 최상위 도메인(Top Level Domain, TLD)에는 국가가 들어가지 않는다. 단지 미국을 제외한 다른 국가에서만 자국을 나타내는 도메인이 들어가게 된다. 미국에서 사용되는 최상위 도메인의 예를 들면 [표 7.8]과 같다.

표 7.8 기관을 나타내는 최상위(Top Level) 도메인

도메인	의미
edu	교육기관
mil	군대
gov	정부기관
com	기업체
net	네트워크기관
org	기구 및 기관
int	국제단체

미국을 제외한 모든 국가에서는 최상위 도메인에 국가명을 사용하고, 그 다음 2단계 도메인에는 연구소나 학교와 같은 단체 성격을 나타내는 이름을 사용한다. [표 7.9]는 우리나라에서 단체 성격을 나타내는 도메인을 보여주고 있다. 각 국가에 할당된 최상위 도메인을 어떻게 관리하는지는 각 국가 도메인 관리자의 역할이다.

표 7.9 단체 성격을 나타내는 단계 도메인

도메인	의미
ac	교육기관
go	정부기관
co	기업체
nm	네트워크기관
or	기구 및 기관
re	연구소

3단계 도메인은 2단계 도메인에 속해 있는 소속 단체를 표시한다. 예를 들어, 2단계 도메인 ac의 하부에 yonsei, kaist 등과 같은 대학명이 속해 있으며 co의 하부에 kepco, auction 등과 같은 회사명이 속해 있다.

호스트 이름은 3단계 도메인의 하부에 속해 있으며 소속 단체의 성격에 따라 다양한 형태의 이름을 가질 수 있다.

여기서 반드시 기억해야 할 것은 앞에서 설명한 도메인 네임은 사용자들로 하여금 기억하기 편리하도록 만들어진 것에 불과하며, 이들이 사용될 때에는 DNS라는 인터넷 상의 컴퓨터에 의하여 165.132.30.68 혹은 165.132.30.41과 같이 숫자 형태의 IP 주소로 변환되어 사용된다.

DNS 구성 요소

DNS는 크게 도메인 네임 스페이스(Domain Name Space), DNS 서버, 로컬 DNS 서버와 같이 세 가지 요소로 구성된다.

도메인 네임 스페이스(Domain Name Space)

DNS는 전 세계적으로 저장, 관리되어 있는 거대한 분산 시스템으로 간주될 수 있으며 , 도메인 네임 스페이스는 이러한 DNS가 계층적 구조를 가지고 있음을 의미한다. [그림 7.22]와 같이 도메인 네임 스페이스는 가장 위에 이름 없는 루트가 존재하고, 관련된 하위 레벨로 연속하여 이

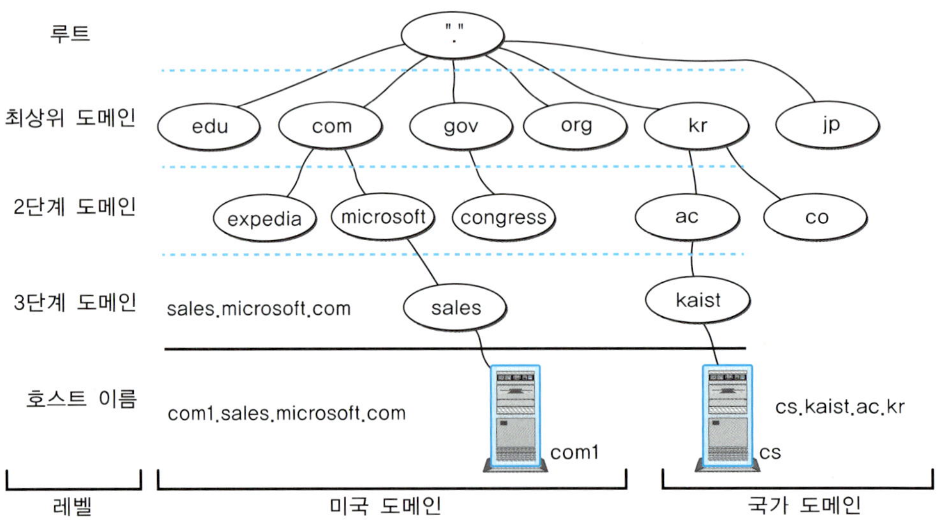

그림 7.22 DNS의 계층적 구조

어지는 계층적 구조로 구성되어 있다. 이러한 구조는 컴퓨터 시스템의 폴더, 파일의 계층적 구조와 유사함을 알 수 있는데, 상위 레벨 도메인은 하위 레벨 도메인에 관한 정보를 관리하는 구조이다.

DNS 서버

앞서 설명하였듯이 DNS는 사용자가 사용하기 편한 도메인 네임을 컴퓨터가 사용할 수 있는 IP 주소로 변환하는 작업을 수행한다. 이러한 작업을 수행하기 위해서는 [그림 7.23]과 같이 도메인 네임 스페이스의 계층적 구조에 대한 정보가 필요하며, 이러한 정보를 가지고 있는 서버를 DNS 서버라고 한다.

DNS 서버는 루트 DNS 서버, edu나 com과 같은 최상위 DNS 서버 그리고 mit나 amazon과 같은 2단계 DNS 서버 등으로 구분된다. 미국을 제외한 국가는 국가 도메인을 최상위 도메인으로 하므로 국가 DNS 서버가 최상위 DNS 서버가 된다.

이러한 DNS 서버는 로컬 DNS 서버로부터 도메인 이름에 대한 IP 주소로의 변환 요청을 받아 그 결과를 로컬 DNS 서버로 전달해주는 역할을 한다. [그림 7.24]는 로컬 DNS 서버와 DNS 서버와의 관계를 보여주고 있다.

로컬 DNS 서버

로컬 DNS 서버는 해석기(Resolver)와 캐시(cache)를 포함한다. 해석기는 웹 브라우저와 같은 사용자 프로그램으로부터 요청을 받아 DNS 서버로 전달하고 DNS 서버로부터 정보(도메인 이름과 IP 주소)를 받아 다시 사용자 프로그램에게 제공하는 기능을 수행한다. 사용자 호스트에는 로컬 DNS 서버의 IP 주소만을 등록하여 역할을 간소화 하는 방식을 취하고 있다.

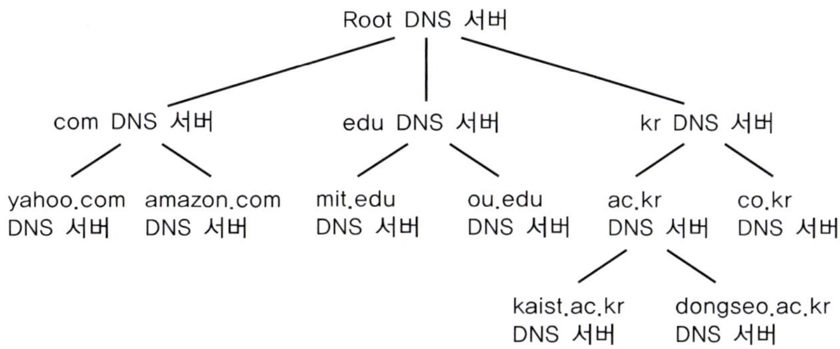

그림 7.23 **DNS 서버의 트리 구조**

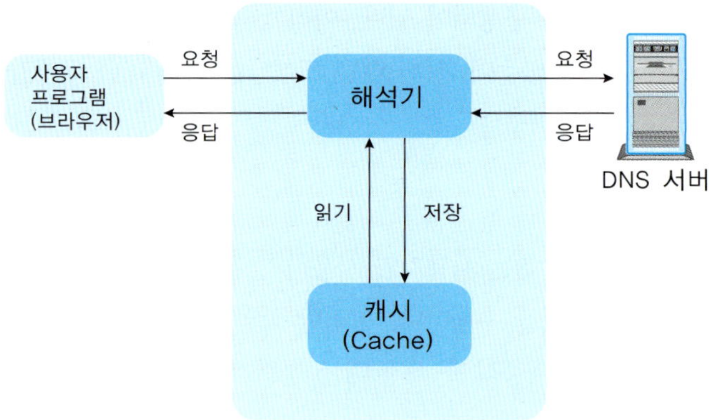

그림 7.24 로컬 DNS 서버의 구성

DNS 동작 원리

DNS의 동작 원리를 소개하기 위해 간단한 예를 살펴보자. 호스트 cs.dongseo.ac.kr이 www.cs.ou.edu의 IP 주소를 원한다고 가정하자. 또한 호스트의 로컬 DNS 서버가 dns.dongseo.ac.kr이고 www.cs.ou.edu에 대한 기관(authoritative) DNS 서버는 dns.ou.edu라고 가정하자.

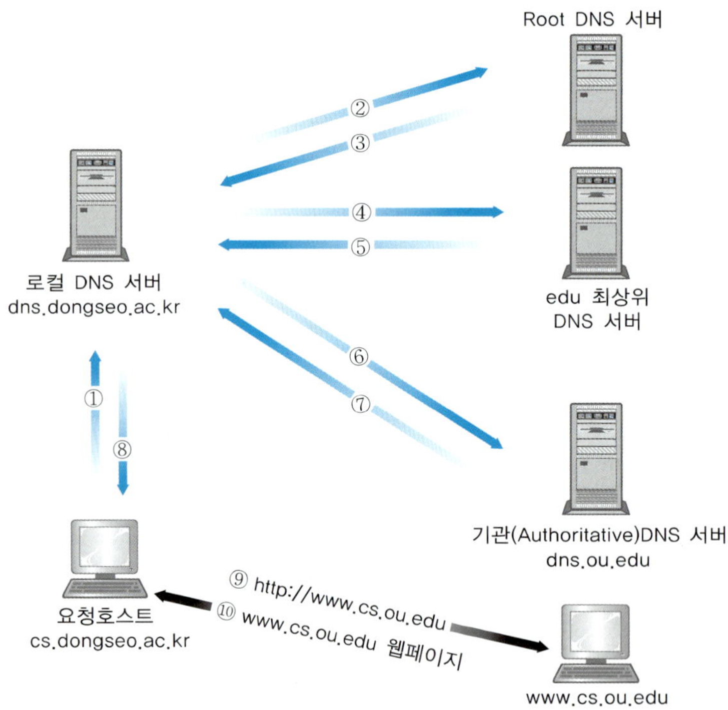

그림 7.25 DNS 동작절차

[그림 7.25]에 보이는 것처럼 호스트 cs.dongseo.ac.kr이 먼저 자신의 로컬 DNS 서버 dns.dongseo.ac.kr에게 DNS 질의(Query) 메시지를 보낸다. 질의에는 IP 주소를 얻고자하는 호스트 이름, 즉 www.cs.ou.edu를 포함하고 있다. 로컬 DNS 서버는 그 질의 메시지를 루트 DNS 서버로 전달한다. 루트 DNS 서버는 edu 접미어를 인식해서 edu 최상위 DNS 서버의 IP 주소를 로컬 DNS 서버에게 반환한다. 로컬 DNS 서버는 수신한 edu 최상위 DNS 서버에게 다시 질의를 보낸다. 질의를 수신한 edu 최상위 DNS 서버는 ou.edu 접미어를 인식하게 되고 dns.ou.edu의 IP 주소를 반환한다.

마침내 로컬 DNS 서버는 질의 메시지를 직접 dns.ou.edu으로 보내게 되며 dns.ou.edu로부터 www. cs.ou.edu의 IP 주소를 반환받아 이를 요청 호스트에게 전달한다. IP 주소를 받은 요청 호스트는 이제서야 HTTP 요청 메시지를 보낼 수 있다. 이 예에서 하나의 호스트이름에 대한 IP 주소를 얻기 위해 8개의 DNS 메시지, 즉 4개의 질의 메시지와 4개의 응답 메시지가 사용된 점에 주목할 필요가 있다.

지금까지는 edu 최상위 DNS 서버가 ou.edu 기관 DNS 서버의 IP 주소를 알고 있고, ou.edu 기관 DNS 서버는 www.cs.ou.edu의 IP 주소를 알고 있는 것으로 가정하였는데 항상 그렇지는 않다. 예를 들어 ou.edu 대학의 각 학과도 로컬 DNS 서버를 갖고 있고, 학과의 로컬 DNS 서버가 소속된 호스트에 대한 IP 주소를 유지하고 있다고 가정하자.

이 경우에 ou.edu의 DNS 서버인 dns.ou.edu가 cs.ou.edu로 끝나는 호스트에 대한 질의를 받게 되면 dns.cs.ou.edu의 IP 주소를 dns.dongseo.ac.kr에게 반환한다. 로컬 DNS 서버인 dns.dongseo.ac.kr는 질의를 다시 dns.cs.ou.edu로 보내고, 결국 요청한 www.cs.ou.edu의 IP 주소를 반환받는다. 이 경우에는 5개의 질의 메시지와 5개의 응답메시지, 총 10개의 메시지를 보내게 된다.

지금까지는 DNS의 중요한 특성인 DNS 캐싱(Caching)은 다루지 않았다. 실제로 DNS는 성능향상과 네트워크 내의 DNS 메시지 수를 줄이기 위해 캐시를 많이 사용한다. DNS 서버가 어떤 호스트 이름에 대한 IP 주소를 포함하는 메시지를 수신하면 그 메시지를 로컬 메모리(디스크 혹은 램)에 저장한다. 나중에 캐시에 저장된 호스트에 대한 질의가 임의의 DNS 서버에 도착한다면 그 DNS 서버는 비록 호스트 이름에 대한 DNS 서버는 아니지만 원하는 IP 주소를 제공할 수 있다.

한 예로서 cs.dongseo.ac.kr이 호스트 이름 www.ietf.org에 대한 IP 주소를 요청하는 DNS 질의를 했다고 가정하자. 또한 몇 시간 후에 다른 호스트인 ee.dongseo.ac.kr이 www.ietf.org에 대한 DNS 질의를 한다고 하자. dongseo.ac.kr 로컬 DNS 서버는 캐시 기능으로 다른 DNS 서버로 질의를 하지 않고 요청 호스트인 ee.dongseo.ac.kr로 www.ietf.org의 IP 주소를 바로 보낼 수 있다. 임의의 DNS 서버는 DNS 정보를 캐싱 할 수 있다.

DNS 캐시에 저장된 모든 DNS 레코드는 TTL(Time-to-Live) 값을 가지고 있다. TTL 값(단위: 초)은 DNS 레코드가 캐시에 저장되는 시간을 나타내는 값이며 시스템 관리자가 선택하여 결정할 수 있다. 윈도우 환경에서는 ipconfig /displaydns 명령으로 DNS 캐시 내용을 확인해 볼 수 있으며 다음과 같은 형식으로 화면에 출력된다.

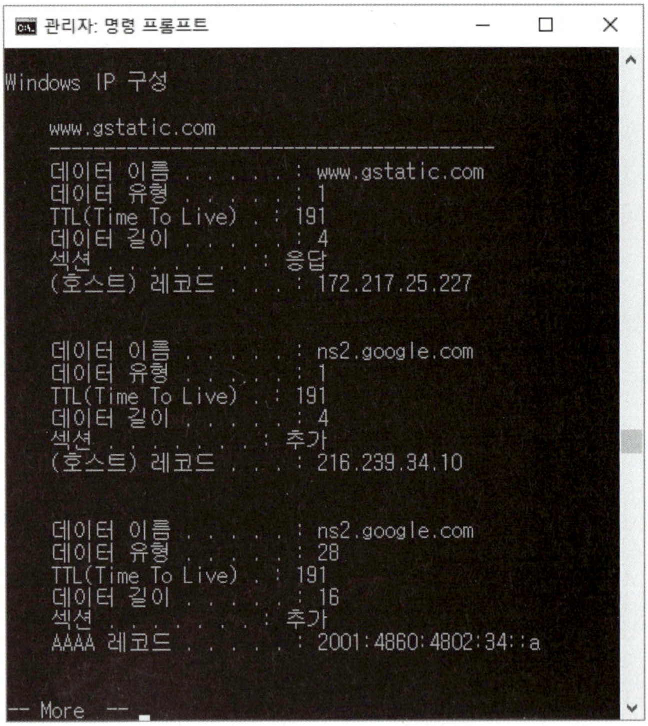

연습문제

7.1 사용자들이 가장 많이 사용하는 인터넷 서비스 세 가지를 열거하고 각각의 사용 용도를 정확히 기술하시오.

7.2 다음은 TCP/IP 응용 계층에서 제공되는 서비스들이다. 각각에 대해 간단히 설명하시오.

1) telnet

2) SMTP

3) DNS

7.3 HTTP 요청 메시지에서 사용되는 메소드 중에서 4가지 메소드를 나타내고 각각이 언제 사용되는지 설명하시오.

7.4 HTTP 1.0과 HTTP 1.1의 차이점은 무엇인가?

7.5 이메일 접속 프로토콜(Email Access Protocol)로서 대표적으로 사용되는 두개의 프로토콜을 설명하시오.

7.6 이메일 시스템의 전체 구성에 대해서 서술하고 SMTP와 POP 프로토콜이 사용되는 부분은 어디인지 설명하시오.

7.7 나의 Gmail 계정에서 이메일을 작성하여 POP3를 사용하는 친구에게 이메일을 보내는 경우를 고려해 보자. 나의 컴퓨터에서 친구의 컴퓨터로 어떻게 이메일이 전달되는지를 간단히 설명하시오.

7.8 사용자가 FTP를 이용하여 파일을 전송하고자 할 때 얼마나 많은 TCP 연결이 만들어지는지 설명하시오.

7.9 DNS의 목적은 무엇인가?

7.10 DNS는 도메인 질의 메시지와 응답 메시지를 위해 하위계층으로 TCP 대신에 UDP를 사용한다. 그 이유는 무엇인가?

7.11 웹 사용자가 www.dongseo.ac.kr/home.html URL을 입력한다고 하자.
위의 html 문서는 하나의 텍스트 객체와 8개의 jpeg 이미지 파일을 포함하고 있다고 가정하자. 또한 웹 사용자에서 웹서버간의 지연시간은 d msec로 가정하며, 즉 RTT(Round Trip Time)은 2d msec이며 그 외의 모든 지연시간을 없는 것으로 가정한다.
비지속(Non-persistent)연결과 지속(Persistent)연결을 사용한 경우 위의 웹페이지를 보기까지의 지연시간(delay)을 풀이과정을 포함하여 모두 구하시오. 지속연결은 두 가지 버전이 있는데 파이프라인 방식과 비파이프라인 방식, 두 가지 경우를 모두 구하시오.

7.12 웹브라우저에서 페이지를 보기 위해 링크를 클릭한다고 하자. 연관 URL에 대한 IP 주소가 로컬 호스트에 캐쉬되어 있지 않다. 그래서 IP 주소를 얻기 위해 DNS 질의가 필요하다고 하자. DNS로부터 IP 주소를 얻게 될 때까지 n개의 DNS 서버를 방문한다고 가정하자. 연속되는 방문은 RTT1, …, RTTn의 시간이 걸린다. 그리고 링크와 관련된 웹페이지가 작은 양의 HTML 텍스트, 즉 하나의 객체만을 가지고 있다고 가정하자. RTT_{HTTP}는 로컬호스트와 객체를 갖고 있는 서버간의 RTT를 나타낸다. 객체의 전송시간은 무시한다면 클라이언트가 링크를 클릭해서 객체를 수신할 때까지의 경과된 시간은 얼마인가?

7.13 위의 문제와 연관 지어서, HTML 파일이 같은 서버에 세 개의 아주 작은 객체를 참조한다고 가정하자. 전송시간은 무시한다고 할 때 다음에 대하여 시간이 얼마나 걸리는가?
1) 병렬 TCP connection을 하지 않은 비지속 HTTP

2) 3개의 병렬 TCP connection을 하는 비지속 HTTP

3) 파이프라인 방식의 지속 HTTP

7.14 HTTP 2는 HTTP 1.1에 비하여 어떠한 특징을 갖고 있는지 조사하시오.

7.15 다음 중에서 인터넷 표준문서를 나타하기 위해 사용되는 것은 무엇인가?

1) RFC

2) IETF

3) DNS

4) PPP

7.16 HTTP 요청 메시지와 응답 메시지는 사람이 읽을 수 없다?

1) True

2) False

7.17 다음 중 어느 것이 Out-of-Band 시그널링을 사용하는가?

1) HTTP

2) SMTP

3) FTP

4) 위의 모두

CHAPTER 08

데이터 압축과 암호화

8.1 | 데이터 압축

최근에 인터넷이 널리 이용됨에 따라 데이터를 보내거나 받는 일들이 빈번히 이루어지고 있다. 이러한 환경 하에서 데이터의 전송 속도를 줄이는 것은 중요한 문제이며 이러한 문제를 해결하기 위해 많은 기법들이 고안되고 있으며 데이터 압축 기술도 하나의 대안이 되고 있다.

데이터 압축 기술은 송신자가 원래의 데이터를 압축하여 크기를 줄인 후 전송하거나 저장하는 기술로서 전송 속도를 줄이거나 저장 공간을 절약할 수 있는 장점이 있다. 예를 들어 NTSC 비디오 데이터를 전송할 때 압축하지 않는다면 약 100Mbps의 전송 속도를 요구한다. 하지만 데이터 압축으로 요구되는 전송 속도를 상당히 줄일 수 있다. [표 8.1]은 압축으로 줄일 수 있는 전송속도의 예를 보여주고 있다.

데이터 압축을 위해 여러 가지 압축 알고리즘이 연구되어 왔다. 이러한 압축 알고리즘은 데이터의 특성에 맞는 알고리즘을 사용하면 압축률을 상당히 높일 수 있다. 즉, 모든 종류의 데이터에 적용할 수 있는 최상의 알고리즘은 없으며 데이터의 특성에 맞는 알고리즘을 선택하는 것이 중요하다.

표 8.1 **압축 전후의 필요한 전송속도**

응용	압축 전	압축 후
NTSC	100Mbps	1.5 – 15Mbps
HDTV	1000Mbps	6 – 60Mbps
FAX page	3Mbps	100Kbps
Telephone	64Kbps	16Kbps
Hi-Fi	1.4Mbps	350Kbps

허프만(Huffman) 코드

허프만 코드는 가장 널리 쓰이는 압축방법이다. 아스키 코드와 같이 모든 문자들은 같은 수의 비트들을 사용하게 되는데 허프만 코드는 문자가 나타나는 빈도수에 따라 그 크기를 다르게 하는 것이다. 그러한 코드를 **빈도수 의존 코드(frequency dependent code)**라고도 한다. 모음과 'L', 'R', 'S', 'N', 'T' 등과 같이 자주 나타나는 문자들은 더 적은 비트를 할당하여 문자들을 전송할 때 전송되는 비트의 양을 줄일 수 있다.

예를 들어 각각의 확률이 0.4, 0.35, 0.2, 0.05인 4개의 기호 x_1, x_2, x_3, x_4가 있다고 가정하자. 만일 x_1, ..., x_4 각각을 나타내기 위해 코드 값 00, 01, 10 11을 사용한다면 x_i를 전송하기 위해 2비트가 필요하다. 그러나 만일 x_1을 나타내기 위해 0, x_2를 나타내기 위해 10, x_3을 나타내기 위해 110, x_4를 나타내기 위해 111을 사용한다면, 기호당 평균 $0.4\times1+0.35\times2+0.2\times3+0.05\times3 = 1.85$비트가 필요하다. 이 예에서 사용한 코드는 가변 길이를 갖는다. 허프만 코드로 압축된 일련의 코드를 전송할 때 별도의 분리기호가 필요하지 않다. 예를 들어 $x_3x_1x_4x_3x_3x_2$는 110011111011010으로 압축되고 이 연속된 비트들은 항상 올바르게 원래의 기호로 복원할 수 있다. 그 이유는 언제 코드 값이 끝나는지를 항상 알 수 있기 때문이다. 즉, 어떤 코드 값도 다른 코드 값의 시작 부분과 같지 않기 때문이다. 이런 성질을 갖는 코드를 **접두 코드(prefix code)**라 한다.

허프만 코드는 기호 당 평균 비트수를 가장 적게 필요로 하는 접두 코드로서 다음과 같이 만들어진다. 허프만 코드를 만들기 위한 허프만 알고리즘은 다음과 같다.

1) 단 하나의 노드만을 가지고 있는 이진트리와 각 문자를 매핑시킨다. 각 트리에 문자들의 빈도수를 할당하고 이것을 트리의 가중치(weight)라고 한다.
2) 두 개의 가장 작은 가중치를 가지고 있는 트리를 찾고 만약 두 개 이상이 되면 그들 중 두 개를 랜덤하게 선택한다. 두 개를 하나의 트리로서 합치고 새로운 루트 노드를 만들어 낸다. 이 새 트리의 가중치는 합쳐진 두 트리의 가중치 합이 된다.
3) 마지막으로 하나의 트리가 남을 때까지 이 과정을 반복한다. 이 과정이 끝났을 때 각 문자는 마지막 이진트리의 말단 노드(leaf)가 된다. 이진트리에서 루트로부터 말단 노드에 이르는 유일한 경로(path)가 있게 되고 이 경로가 허프만 코드가 된다. 즉, 각 노드의 왼쪽 자식으로의 경로에 0을 할당하고, 오른쪽 자식으로의 경로에 1을 할당하여 허프만 코드 값이 결정된다.

[그림 8.1]은 앞에서 설명된 예제의 허프만 코드 생성과정을 보여주고 있다.

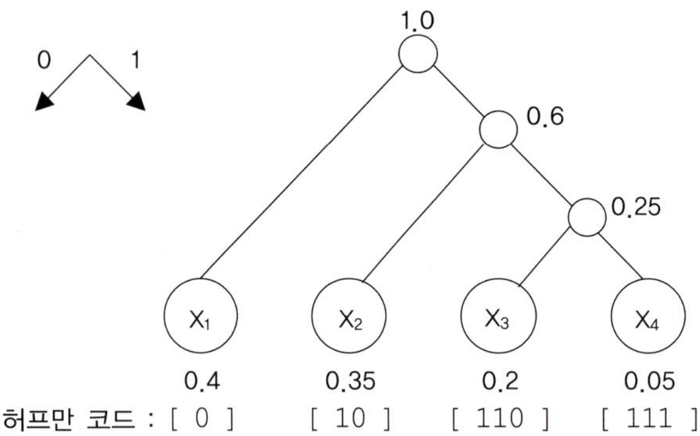

그림 8.1 **허프만 코드의 생성과정**

런 길이 인코딩(Run Length Encoding)

허프만 코드는 보내는 비트의 수를 줄일 수 있지만 문자의 빈도수를 알아야 가능하다. 통신매체를 통해 전달되는 데이터에는 이진 파일, 팩스 데이터, 비디오 신호 등도 포함되어 있어 허프만 코드로 압축하기에는 어려운 부분이 있다.

예를 들어 팩시밀리는 종이를 스캔하여 밝은 부분과 어두운 부분에 해당하는 비트를 전송하기 때문에 직접적으로 문자를 전송하지는 않는다. 결과적으로 임의의 비트 문자열들을 압축할 수 있는 일반적인 기법이 필요하다. 런 길이 인코딩 기법은 단순하지만 효과적인 방법으로서, 0 또는 1이 계속해서 나타나는 비트 문자열을 분석해서 모든 비트를 보내는 대신에 0과 1이 나타나는 횟수를 전송한다.

팩시밀리는 종이를 줄(line)단위로 스캔하고 각 줄을 따라 반사되는 빛의 밝기를 측정한다. 이러한 측정의 결과로 비트열을 만들어 내는데 이때의 각 비트는 각 줄에 있는 점(dot)이 흰색인지 검은색인지를 나타낸다. 일반적으로 흰점은 비트값을 0, 검은점은 비트값을 1로 한다.

만일 팩시밀리가 1인치당 200줄을 스캔하고, 각 줄마다 1인치당 200개의 점들의 밝기를 측정한다면 8.5인치 × 11인치 크기의 종이는 $200 \times 200 \times 8.5 \times 11 = 3.74 \times 10^6$ 비트로 표현된다. 이 비트들을 14,400bps 모뎀으로 전송한다면 약 4.3분이 걸리며 A4크기 종이를 보내는데 너무 긴 시간이다. 이러한 문제점으로 인해 팩시밀리는 전송시간을 줄이기 위한 압축 기법이 필요하다. [그림 8.2]는 런 길이 인코딩 기법을 사용하여 압축하는 한 가지 예를 보여주고 있다.

압축전 비트열: 000000111111111111110000000000000111111111 (42비트)

비트 0의 런 　 비트 1의 런

b:n으로 표기된 런	0:6, 1:14, 0:13, 1:9 [압축전 비트열의 런(run)을 "b:n" (b는 0 또는 1, n은 런의 길이)로 표시]
각 런의 5비트 표기	00110, 11110, 01101, 11001 [각 런을 5비트로 가정]

압축후 비트열: 00110111100110111001 (20비트)

그림 8.2 **런 길이 인코딩 예**

상대적 인코딩(Relative Encoding)

지금까지 얘기한 두 압축 기법은 각각의 응용을 가지고 있지만 어떤 상황에서는 도움이 되지 않을 수도 있다. 일반적인 예로 비디오는 팩시밀리의 어둡고 환한 이미지 전송과 텍스트 파일 전송에 비해 매우 복잡하다. 전에 소개된 방법으로는 비디오 신호를 압축할 수 있는 방법은 없다.

비디오는 정지된 이미지 또는 프레임을 연속적으로 표시하도록 하여 만들어진다. 비디오 이미지 내에서는 거의 반복을 가지고 있지 않지만 이미지들 사이에서는 많은 반복이 있다. 일반적인 텔레비전 신호는 1초 당 약 30개의 프레임을 보낸다. 프레임 각각은 이전의 프레임에 비해 조금만 변형이 일어난다. 따라서, 각각의 프레임을 개별적인 단위로서 압축하려고 시도하지 않고 각 프레임 이 전의 것보다 얼마나 다른지를 고려해야 한다. 정보를 압축하고 보내는 것은 프레임들 간의 차이가 아주 작을 때 효과적이다. 이러한 압축 기법을 상대적인 인코딩 또는 **차이 인코딩(Differential encoding)**이라고 한다.

상대적 인코딩의 원리를 간략히 설명하면 다음과 같다. 송신측은 첫 번째 프레임을 수신측에 보내고 이 프레임은 수신측의 버퍼에 저장된다. 송신측은 두 번째 프레임을 처음 것과 비교하고 그 차이를 인코드 한다. 그리고 차이를 인코드 한 데이터를 프레임 형식으로 수신측에 보낸다. 수신측은 프레임을 받아 프레임이 갖고 있는 차이를 적용해서 송신측이 가졌던 두 번째 프레임을 만들어낸다. 송신측은 그 다음 프레임에 대해서 위의 과정을 반복한다.

Lempel-Ziv 인코딩

데이터를 압축하는 또 하나의 방법으로 Lempel-Ziv 인코딩 기법이 인기를 얻고 있다. Lempel-Ziv 인코딩 방법은 흔하게 되풀이 되는 문자열을 찾아서 한 번만 저장한다. 여러 번 나타나는 단어나 문장은 원래의 것을 가리키는 위치 또는 인덱스를 나타내는 값으로 대치된다. 이것은 데이터베이스 관리정책의 기본 원리이기도 하다. 단지 하나의 장소에만 정보를 저장하고 인덱스를 통해 해당 정보를 검색하는 것이다. 이러한 기법은 UNIX 압축 명령인 "compress" 명령에서 사용된다. 이 알고리즘을 사용하면 긴 파일을 거의 1/2 길이로 압축할 수 있다.

[그림 8.3]은 이 알고리즘을 사용하여 문자열 "AAABABBBAAABA"을 압축하는 예를 보여주고 있다.

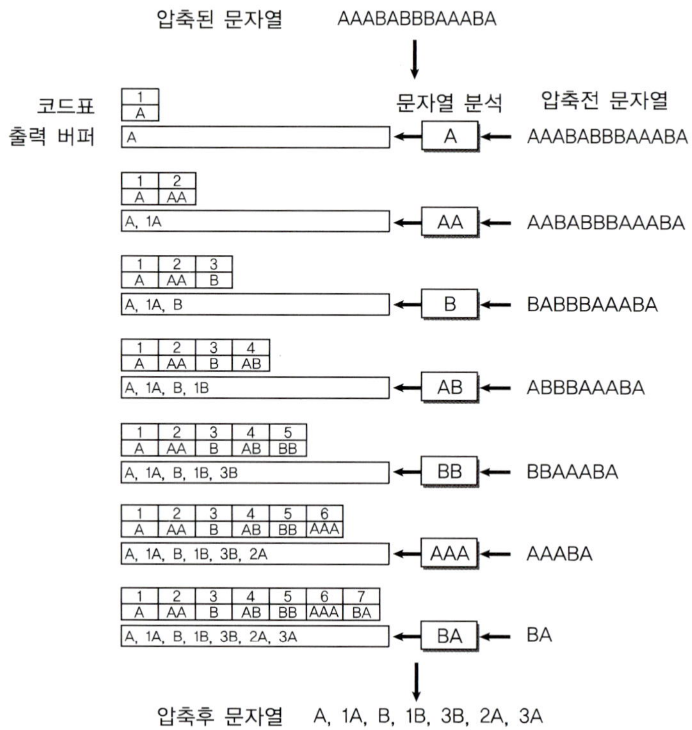

그림 8.3 Lempel-Ziv 인코딩 예

압축 전 문자열 중에서 첫 번째 문자 A는 처음으로 시작하는 문자이므로 A로 압축되고 A는 코드표(Code Table)의 인덱스(또는 위치) 1에 저장한다. 그 다음 문자 A는 이미 조회된 문자이므로 무시하고 코드 표에 저장되지 않은 새 문자열 AA을 찾는다. AA는 코드표 2에 저장되며, 1A로 압축이 되는데 여기서 1는 이미 저장된 A의 인덱스를 나타낸다. 다음으로 코드 표에 저장되지 않은 문자열 B를 찾는다. B는 코드표 3에 저장되며, B로 압축이 된다. 그 다음 문자 A는 이미 조회된 문자이므로 무시하고 코드 표에 저장되지 않은 새 문자열 AB를 찾는다. AB는 코드표 4에 저장되며, 1B로 압축이 되는데 여기서 1는 이미 저장된 A의 인덱스를 나타낸다.

같은 방법으로 코드표에 저장되지 않은 새 문자열 BB, AAA, BA를 찾게 된다. 최종적으로 압축된 문자열은 "A, 1A, B, 1B, 3B, 2A, 3A"가 된다.

이제 압축된 문자열을 이진수로 표현해 보기로 하자. 압축된 문자열을 정수와 문자로 일관성 있게 표현하기 위해 A와 B는 각각 0A 0B로 표시하면 "0A, 1A, 0B, 1B, 3B, 2A, 3A" 가 된다.

인덱스 n에 위치한 정수를 표현하기 위한 비트 수는 기껏해야 (n-1)번째 인덱스를 표현하기 위한 비트 수와 같다. 예를 들어, 인덱스 7의 정수 3을 표현하기 위한 비트 수는 인덱스 6을 이진수로 표현하기 위해 3비트가 필요하므로 3이 된다.

또한 각 문자는 ASCII 코드를 사용하므로 8비트가 필요하다. 아래 그림은 압축한 문자열을 이진수로 표현하기 위해 몇 비트가 필요한지를 보여주고 있다.

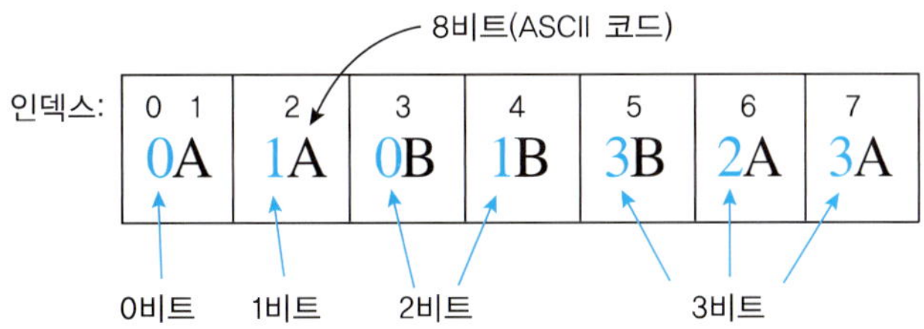

압축전의 문자열 AAA는 24비트(8+8+8)가 필요하지만 압축 후에 2A가 되어 11비트(3+8)가 된다.

[그림 8.4]는 압축을 해제하는 예를 보여주고 있다.

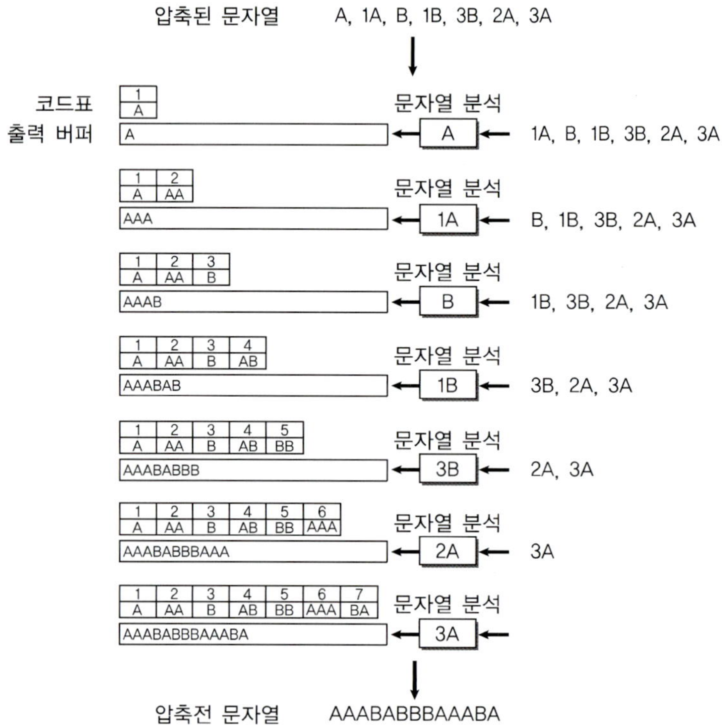

그림 8.4 Lempel-Ziv 디코딩 예

압축된 문자열 "A, 1A, B, 1B, 3B, 2A, 3A"를 압축하기 전의 문자열로 압축 해제하는 과정은 앞에서 설명한 압축하는 방법과 유사하다.

먼저 문자열의 첫 번째 문자는 처음으로 시작하는 문자이므로 A로 압축 해제되고 A는 코드표(Code Table)의 인덱스(또는 위치) 1에 저장한다. 그 다음 문자열 1A는 코드표 인덱스 1에 문자 A가 저장되어 있기 때문에 AA로 압축 해제되며 코드표 인덱스 2에 저장한다. 다음으로 B는 코드표 인덱스 3에 AB가 저장하고 B로 압축 해제된다. 그 다음 문자열 1B는 코드표 인덱스 1에 문자 A가 저장되어 있기 때문에 AB로 압축 해제되며 코드표 인덱스 4에 저장한다. 계속해서 같은 방법으로 수행하면 압축하기 전의 문자열 "AAABABBBAAABA"가 출력된다.

8.2 | 암호화

일반적으로 컴퓨터 시스템에서 사용되는 정보 암호화는 특정한 키(key) 값을 이용하여 평문(plain text)으로 된 정보를 암호문(Cipher text)으로 바꾸는 작업을 행하게 된다. 이와 같은 암호화를 수행하는 체계를 **암호화 시스템**이라고 부르며 기본적인 개념 모델은 [그림 8.5]와 같다. 현재 널리 알려진 안전한 암호화 방식을 분류하면 크게 대칭키(Symmetric key) 암호방식, 공개키(Public key) 암호방식 두 가지로 나눌 수 있다. 본 절에서는 먼저 오래 전부터 사용해 온 암호방식에 대해서 검토한 후 대칭키 및 공개키 암호방식에 대하여 설명한다.

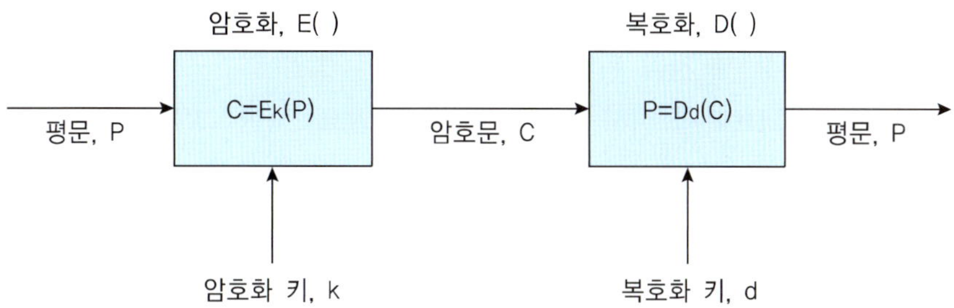

그림 8.5 **암호화 시스템의 개념 모델**

기존 암호화 알고리즘

암호는 이미 선사시대부터 사용되어 온 것으로 고고학자들에 의해 분석되고 있다. 많은 동굴 벽화나 상형문자들에서 적들이 알지 못하도록 자신들만의 정보교환을 위한 표현을 해온 사실이 다양하게 발견되고 있는 것이다. 또한 전쟁을 통해 이와 같은 암호기술은 발전하게 되었다. 그러나 이러한 것은 추측 및 분석의 결과이며 단순히 의미를 숨기기 위한 방법이었을 뿐 구체적으로 특별한 기술을 사용하지는 않았던 것으로 알려져 있다. 따라서 본 절에서는 이와 같은 시대 이후, 즉 보다 본격적인 암호화가 이루어지기 시작한 시대부터 알아보도록 한다.

대체 암호화

대체 암호(**Substitution cipher**)란 본래의 문자를 숨기기 위하여 평문상의 각 문자 또는 여러 개의 문자를 다른 문자로 대체시켜 만드는 방법을 말한다. 대체 암호에 대한 공격(attack) 또는 암호 분석(cryptanalysis)은 특정 문자 또는 단어의 발생 빈도수와 같은 자연어의 알려진 통계적 특성을 이용하여 주로 이루어진다.

예를 들면, 영어에서 가장 빈번한 문자는 알파벳 'e'로서 그 발생 확률이 13.05%이며 다음으로 빈번한 문자인 't'는 9.02%, 'o'는 8.21%, 그리고 'a'는 7.81% 등의 순서로 발생 확률을 찾을 수 있다. 또한 가장 빈번하지 않은 문자는 알파벳 'z'로서 발생 확률이 0.09%이며 그 다음이 'q'로 0.14%의 발생 확률을 갖는다. 한편 단어에서는 'the'가 가장 빈번히 발생하며 그 확률은 6.42%이다. 따라서 대체 암호방식을 공격하기 위해서는 먼저 암호문에서 가장 빈번히 발생하는 문자를 식별한 후 그것을 'e'로 가정하고, 다른 빈번한 문자들, 그리고 단어를 찾는다. 이와 같은 공격방법은 대체 암호방식으로 비화된 암호문의 크기가 작으면 작을수록 더욱 어려워지기는 하지만, 컴퓨터와 사전을 이용하여 작은 크기의 암호문일지라도 매우 짧은 시간에 해독할 수 있다.

대체 암호방식 중 하나는 시저(Julius Caesar) 황제가 만든 시저 암호화 방식으로 각 문자를 알파벳 순서상 세 자리 뒤의 문자로 대체하는 방법에 기초하고 있다. 예를 들어 평문 "MY NAME IS JULIUS"를 시저 암호화 방식으로 암호화하면 [그림 8.6]과 같다.

평문:	M	Y	N	A	M	E	I	S	J	U	L	I	U	S
	12	24	13	0	12	4	8	18	9	20	11	8	20	18
키:	+3	+3	+3	+3	+3	+3	+3	3+	3+	+3	+3	+3	+3	+3
	15	1	16	3	15	7	11	21	12	23	14	11	23	21
암호문:	P	B	Q	D	P	H	L	V	M	X	O	L	X	V

그림 8.6 **시저 암호화 방식의 예**

이 방법은 평문을 k(예제에서는 3) 자리만큼 문자를 이동시키는 것으로 일반화할 수 있다. 시저 암호화 방식은 대체 암호방식의 시초라고 볼 수 있다.

치환 암호화

대체 암호방식과 함께 오래 전부터 사용해 온 암호방식의 한 부류로 **치환 암호(Transposition cipher)**로 분류되는 암호방식이 있다. 이것은 평문의 문자들을 재배치하는 방법이다. 즉, 대체 암호가 평문 문자들의 순서를 유지하면서 그들을 대치하여 숨기려는 것과 비교하여 이 방법은 문자를 대치하기 보다는 순서를 재배열하여 암호화하는 것이다.

치환 암호방식의 한 예로 키워드 컬럼(Keyword Columnar) 암호화 방식이 있다. 이 방식의 암호화 과정은 평문을 2차원 배열(M x N, N: 키워드의 길이)에 행(row) 순서로 나열하고 키워드의 알파벳 순서대로 각각의 컬럼(column)을 읽어서 암호화 하는 방식이다. 만일 키워드가 6개의 문자로 구성된 단어라면, 2차원 배열의 컬럼의 수는 6이 된다. 예를 들어, 평문 "defend the east wall of the castle"을 암호화 하는 과정은 [그림 8.7]과 같다.

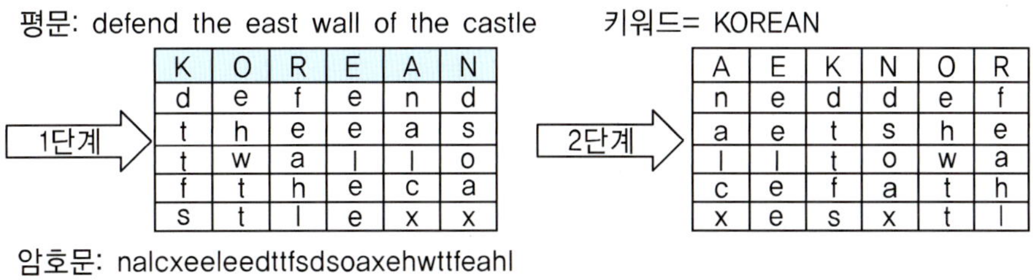

그림 8.7 **키워드 컬럼 암호화 예**

위 예의 1단계에서 5번째, 6번째 컬럼의 마지막에 문자가 존재하지 않는다. 이러한 경우 임의의 문자를 채워 빈 공간이 없게 만든다. 위 예에서는 빈 공간을 채우기 위해 문자 x를 사용하였다.

치환 암호는 평문의 문자를 숨기지 않기 때문에, 암호문이 알파벳 문자의 예상 빈도수를 갖는다는 것을 검증함으로써 공격할 수 있다.

암호화 시스템

대칭키 암호방식(Symmetric Key Cryptosystem)

대칭키 암호화 방식은 가장 널리 알려지고 또 일반적으로 사용되고 있는 암호방식으로서 컴퓨터 시스템과 통신망 등의 정보 암호화에 많이 이용되고 있다. 이 방식은 암호화 키와 복호화 키가 동일한 대칭 알고리즘을 사용하는데, 통신망에서 사용될 경우 일반적으로 세션 키(session key) 또는 비밀키(secret key)로 불리우는 이 대칭키를 암호화 이전에 서로 분배(distribution) 해야 하는 부담이 있다. 특히, 이 키 분배가 이루어질 때는 불법자가 키를 갈취할 수 없도록 비밀키를 서로 분배하는 통신로가 안전한 경로(trusted path)로써 보장되어야 한다. 그러므로 키 분배는 비용 증대와 시간지연이라는 단점을 가진다. 그러나 암호화 작업과 복호화 작업에서 계산량이 적고 빠르다는 장점으로 인해 현재 가장 많이 사용되고 있다.

이 암호방식의 대표적인 예로는 미국 IBM에서 개발한 DES(Data Encryption Standard)와 PES(Proposed Encryption Standard)를 개량한 IDEA(International Data Encryption Algorithm) 등이 있다.

특히 DES는 가장 일반적으로 사용되는 암호방식으로서 UNIX의 패스워드 처리 및 자료 저장에 응용되고 있으며, IDEA는 56비트의 키를 쓰는 DES와 달리 128비트의 비교적 큰 키를 쓰는 한편 대치 및 치환이 아닌 간단한 연산을 통해 암호화를 빠르게 처리한다. IDEA는 PGP(Pretty Good Privacy)에서 사용되며 인터넷을 통하여 그 이용이 늘어나고 있다.

대칭키 암호방식의 조건을 일반적으로 [정의 8.1]과 같으며 그 개념도는 [그림 8.8]과 같다.

정의 8.1 대칭키 암호방식의 조건

$E(\ )$: 암호화 함수
$D(\ )$: 복호화 함수
k : 키
m : 평문
c : 암호문

① $D(k,c)=D(k,E(k,m))=m$ 식이 성립해야 한다.

② $E(\ )$, $D(\ )$의 효율이 양호해야 한다. 즉, 임의의 입력에 대해서 출력을 계산하는 계산 량이 적어야 한다.

③ $E_k(m)=E(k,m)$

$D_k(c)=D(k,c)$

$E_k(\ )$, D_k의 합법적인 수행 시 계산 량이 적어야 한다. 즉, 빨라야 한다.

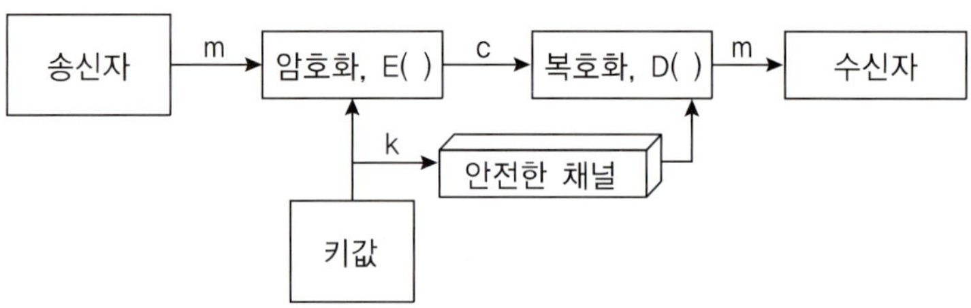

그림 8.8 **대칭키 암호방식 개념**

공개 키 암호방식(Public key cryptosystem)

공개키 암호방식은 대칭키 암호방식의 가장 큰 문제점이었던 키 분배 문제를 해결한 암호방식이다. 이 방식은 암호화 키와 복호화 키가 서로 다른 비대칭 알고리즘을 사용하고 암호화 키는 안전한 경로를 사용할 필요 없이 공개해도 무방하다는 특징을 갖는다.

즉, 상대방이 공개한 **공개 키(public key)**를 암호화 키로 사용해서 정보를 암호화 하고 암호문을 받은 쪽에서는 자신의 **비공개 키(private key)**로 복호화하면 된다. 따라서 키 분배에 따르는 부담이 크게 줄어들게 되고, 통신망에서 사용하기에는 대칭키 암호화 방식보다 더 적합하다고 판단되어지나 암호화 및 복호화 작업에 필요한 계산량이 크다는 문제점을 갖고 있다. 공개 키 암호방식의 조건은 [정의 8.2]와 같으며 개념도는 [그림 8.9]와 같다.

정의 8.2 공개 키 암호방식의 조건

$E(\ )$: 암호화 함수
$D(\ )$: 복호화 함수
d : 비공개 키
e : 공개 키
m : 평문
c : 암호문

① $D(d, c) = D(d, E(e, m)) = m$ 식이 성립해야 한다.
② $E(\ )$, $D(\ )$, d, e의 효율이 양호해야 한다. 즉, 임의의 입력에 대해 출력을 계산하는 계산량이 적어야 한다.
③ $D(d, c)$의 합법적인 수행 시 계산량이 적어야 한다. 즉, 빨라야 한다.
그러나 이 조건을 만족할 때, 불법자가 부수적인 정보와 키 값으로 임의의 D( ) 계산을 할 경우에는 계산량이 충분히 커야 한다.

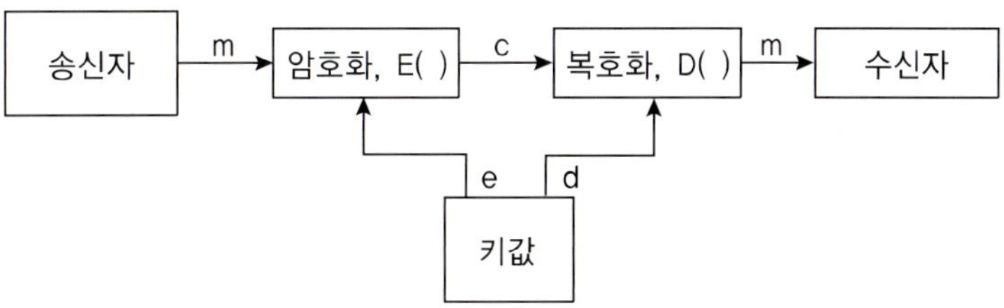

그림 8.9 **공개 키 암호방식 개념**

이 방식의 가장 대표적인 알고리즘은 최초의 공개 키 방식으로 알려져 있는 **RSA(Rivest Shamir Adleman) 알고리즘**이다.

RSA 알고리즘

RSA 알고리즘은 대표적인 공개 키 암호방식으로, 큰 수의 소인수분해가 매우 어렵다는 것을 기반으로 만들어 졌다. 즉 $n = p \times q$일 때, p와 q로 n을 구하기는 쉬우나 n으로 p와 q를 찾기 힘들다는 소인수분해의 어려움을 이용하였다.

RSA 알고리즘은 [그림 8.10]에서 보는 바와 같이 우선 공개 키와 비공개 키를 생성하는 과정이 필요하다. 이는 평문을 암호화하기 위해서 공개 키를 필요로 하며 아울러 암호문을 평문으로 복호화하기 위해서 비공개 키가 필요하기 때문이다.

키생성

p, q 선택 :	p와 q는 소수, $p \neq q$
n 계산 :	$n = p \times q$,
	$\phi(n) = (p-1)(q-1)$
정수 e 선택 :	$gcd(\phi(n), e) = 1; 1 < e < \phi(n)$
d 계산 :	$d \times e \bmod \phi(n) = 1$
공개 키(PU) :	$PU = \{e, n\}$
비공개 키(PR) :	$PR = \{d, n\}$

암호화

평문	$m \ (m < n)$
암호문	$c = m^e \bmod n$

복호화

암호문	c
평문	$m = c^d \bmod n$

그림 8.10 RSA 알고리즘

공개 키(public key)는 (e, n)의 조합으로 구성되며 비공개 키(private key)는 (d, n)의 조합으로 구성된다(여기서 e, d, n은 양의 정수이다). 암호화 할 대상은 0과 $n-1$사이의 정수 값으로 표현된다. 암호화 할 평문이 크면 암호화 할 대상인 정수로 분리된다. 컴퓨터에서 사용되는 모든 문자들은 사실상 컴퓨터 내부에서 숫자로 표현된다는 것을 상기하자.

RSA에서 가장 어려운 점이 공개 키와 비공개 키를 생성하는 방법이다. 우선 서로 같지 않고 소수(Prime number)인 p와 q를 선택한다. 정수 n은 p, q의 곱으로 표현되는 수이다.

$$n = p \times q$$

암호화 함수에서 사용되는 e의 값은 $(p-1) \times (q-1)$과 서로소가 되는 값 중에서 하나를 선택한다. 즉, 다음과 같은 관계를 만족해야 한다.

$$\text{최대 공약수 } [e,\ (p-1)\times(q-1)] = 1$$

마지막으로 정수 값 d는 e, p, q로부터 다음과 같은 관계를 만족하는 d를 구한다.

$$e \times d \bmod (p-1)\times(q-1) = 1$$

키 생성 과정의 예를 들어보자.

$p=11$, $q=3$이라고 가정하면 위에서 언급한 바와 같이 $n=33$, $\phi(n)=(p-1)\times(q-1)=20$이 된다. $\gcd[e,\ (p-1)\times(q-1)]=1$ 관계를 만족하는 경우는 e가 3인 경우이므로 e는 3이 된다. 또한 $e\times d \bmod (p-1)\times(q-1)=1$ 조건을 만족하는 d가 7인 경우이므로 d는 7이 된다. 결국, 공개 키는 (3, 33), 비공개 키는 (7, 33)이 되며 이 공개키와 비공개키를 이용하여 각각 암호화, 복호화를 할 수 있게 된다.

RSA 암호화, 복호화 함수는 다음과 같다(여기서 $E(\ )$는 암호화 함수이고 $D(\ )$는 복호화 함수이다).

$$E(m) = m^e \bmod n = c$$
$$D(c) = c^d \bmod n = m$$

평문, $m=5$라고 가정할 때의 암호화, 복호화 과정을 살펴보자.

공캐키 (3, 33)을 이용해서 암호화 하게 되면,

$$c = m^e \bmod n$$
$$c = 5^3 \bmod 33 = 125 \bmod 33 = 26$$

이 된다. 즉 암호화 된 값은 26이 된다.

이제 비공개 키, (7, 33)를 이용해서 복호화를 하게 되면,

$$m = c^d \bmod n$$
$$m = 26^7 \bmod 33$$

와 같이 원래의 5값을 찾을 수 있게 된다.

문자 등도 아스키코드 값을 이용하여 숫자로 변형해서 암호화 및 복호화가 가능하다.

연습문제

8.1 대칭키 암호화 방식과 공개키 암호화 방식의 차이점을 설명하시오.

8.2 시저의 암호는 대체 암호방식이다. "I AM A HACKER"라는 문구를 시저의 암호로 암호화하시오. (키 값은 3으로 가정하고 암호화 후 빈칸을 지우시오.)

8.3 p=7, q=11, 평문 m=25라고 가정했을 때 RSA 알고리즘을 이용하여 공개키, 비공개키를 구하시오. 또한 평문 m을 암호화하고 복호화하는 과정을 보이시오.

8.4 빈도가 각각 0.30, 0.25, 0.22, 0.15, 0.08인 기호 a, b, c, d, e를 사용하여 구성한 메시지를 전송하기 위한 Huffman code를 만들고 문자당 평균 비트수를 계산하시오.

8.5 aeebcddegfced 문자열을 허프만 코드로 압축하고 각 문자에 대한 평균 비트수를 계산하라.

8.6 다음을 런길이 인코딩을 사용하여 압축하고 압축된 비트의 수를 계산하시오. 각 런을 5비트로 가정하시오.

'000000000000000111111100000001111111111100000000'

8.7 문자열 "BAABABBBAABBBBAA"을 Lempel-Ziv 인코딩 방식을 사용하여 압축하고 압축을 해제하는 과정을 보이시오.

8.8 평문 "HEAVEN HELPS THOSE WHO HELP THEMSELVES"을 키워드 컬럼 암호화 방식으로 암호화 하시오. 키워드는 NETWORK로 한다.

PART 3

프로그래밍

CHAPTER 09

네트워크 프로그래밍 기초

9.1 | TCP/IP 모델

컴퓨터 간의 통신은 [그림 9.1]에 도시되어 있는 것처럼, 사용자 컴퓨터는 네트워크 장치에 유선 또는 무선으로 연결되어, 양측에 있는 컴퓨터끼리 통신을 하게 된다. 네트워크 장치는 전기 신호로 통신을 처리하는데, 이는 우리가 전화를 사용하는 것과 유사한 방법으로 데이터를 전기신호 또는 무선주파수로 변환하는 방식을 가진다.

그림 9.1 **네트워크에 연결된 컴퓨터**

사용자 컴퓨터의 어플리케이션이나 프로그램는 표준 규칙들을 이용하여 통신을 하며 [그림 9.2]는 현재 사용하고 있는 인터넷 프로토콜 구조를 보여주고 있다.

소프트웨어 프로그램과 인터넷 프로토콜은 컴퓨터 또는 모바일 장치와 같은 호스트 내에 존재한다. 두 호스트가 서로 통신을 하기 위해서는 각 호스트는 표준적인 방법이나 규칙을 따라야한다. 서로 통신을 하기 위해 두 호스트 시스템 간에 서로 약속한 이 표준 방법이나 규칙을 **프로토콜**이라 한다. 그 예로 [그림 9.2]에서 보여주고 있는 바과 같이, 통신을 위해 두 시스템이 TCP/IP 프로토콜이라고 알려진 인터넷 프로토콜을 사용하기로 서로 약속했다고 볼 수 있다. TCP/IP 프로토콜은 호스트 시스템 간의 통신을 위한 가장 널리 알려진 프로토콜이다.

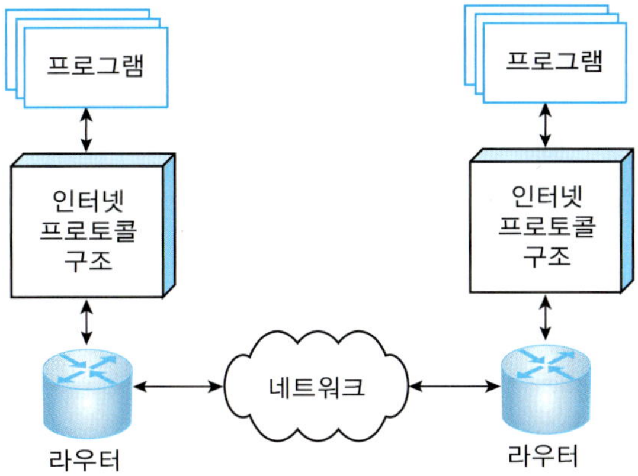

그림 9.2 **컴퓨터 통신구조**

TCP/IP 모델 표준문서는 IETF(Internet Engineering Task Force)에 의해 만들어졌고, RFC 문서 1122에 정의되어 있다. IETF에 의해 출판되는 RFC(Request for Comment) 문서는 다양한 프로토콜의 표준과 구현 세부사항에 관한 정보를 담고 있다. RFC 문서는 IETF 웹사이트인 http://www.ietf.org/rfc.html에서 확인해 볼 수 있으며, 가끔씩 RFC 문서들의 업데이트가 이루어진다. RFC 문서를 확인해보면 인터넷 프로토콜 구조는 [그림 9.3]에서 보는 바와 같이 응용 계층, 트랜스포트 계층, 인터넷 계층, 데이터링크 계층, 물리 계층이라 불리는 다섯 개의 계층으로 구성되어 있다.

이러한 계층구조는 프로토콜 설계자가 다른 계층에 대한 문제들을 걱정하지 않고 그 계층의 프로토콜 자체의 기능이나 서비스에만 집중할 수 있도록 하는 유연함을 제공한다.

그림 9.3 **인터넷 프로토콜 구조**

각 계층의 프로토콜은 하나의 모듈과 같이 동작하는데, 이로 인해 하나의 모듈에 이뤄지는 변경이 다른 계층에 존재하는 모듈에 영향을 주지 않게 된다. 다시 말해, 다른 계층에 의해 제공될 기능이나 서비스를 구현할 필요가 없는 것이다.

계층 모델에서 데이터는 하나의 계층에서 다른 계층으로 이동된다. 예를 들어, 송신하는 호스트 측에서는 데이터가 응용 계층으로부터 데이터링크 계층으로 이동하면서, 이전 계층보다 더 많은 정보가 데이터에 단계적으로 추가 된다. 이렇게 추가되는 정보를 **메타데이터**(데이터에 대한 데이터)라고 하는데, 이 메타데이터의 추가는 데이터가 임의의 계층에서 다른 계층으로 이동될 때, 이전 계층으로부터 헤더정보가 데이터에 추가되는 방식으로 이뤄진다. 이렇게 추가된 메타데이터들은 수신측 호스트의 데이터링크 계층으로부터 응용 계층으로 이동해 가면서 읽혀지게 된다.

9.1.1 응용 계층(Application Layer)

TCP/IP 프로토콜의 다섯 개의 계층 중에서, 응용 계층은 사용자와 가장 밀접한 관계를 가진다. 사용자는 응용 계층의 프로토콜을 이용하는 웹 브라우저, 이메일, 파일 전송과 같은 기능을 수행할 수 있다. 응용 계층 프로토콜에는 웹 브라우저의 HTTP(Hypertext Transfer Protocol), 이메일에서 사용하는 SMTP(Simple Mail Transfer Protocol)와 POP3(Post Office Protocol Version 3), 두 호스트 간에 파일을 전송하고 수신하기 위한 FTP(File Transfer Protocol), 원격 접속을 위한 Telnet 프로토콜 등이 있다. 최상위 계층인 응용 계층의 프로토콜들은 사용자와 그 하위 계층과의 인터페이스 역할을 한다.

9.1.2 트랜스포트 계층(Transport Layer)

트랜스포트 계층은 두 호스트 간에 종단간(end-to-end) 통신을 처리한다. 트랜스포트 계층에는 잘 알려진 두 개의 프로토콜이 존재하는데, 하나는 TCP(Transmission Control Protocol) 이고, 다른 하나는 UDP(User Datagram Protocol) 이다. TCP는 신뢰성이 높은 종단간 전송 서비스를 제공하는 연결형 프로토콜이다. TCP는 11장에서, UDP는 12장에서 더 자세한 내용을 다루도록 하겠다.

9.1.3 인터넷 계층(Internet Layer)

인터넷 계층은 IP(Internet Protocol)이라고 하는 가장 중요한 프로토콜을 가진다. IP는 VoIP(Voice over Internet Protocol)나 IPTV(Internet Protocol Television) 등과 같은 다양한 제품이나 서비스에서 찾아볼 수 있다. IP는 IP 데이터그램(datagram) 내에 명시된 IP 주소에 의해 송신측으로부터 수신측까지 데이터를 운반하는 비연결형 프로토콜이다. IP 데이터그램에서 사용되는 주소지정

방식에 대해서는 9.3절에서 설명하게 될 것이다. 인터넷 계층에서 IP가 가장 중요한 프로토콜이긴 하지만, 멀티캐스팅을 위한 IGMP(Internet Group Management Protocol), 에러보고를 위한 ICMP(Internet Control Message Protocol)과 같은 프로토콜도 이 계층에 존재한다.

9.1.4 데이터링크 계층(Datalink Layer)과 물리 계층(Physical Layer)

네트워크 접근 계층(Network Access Layer)이라고도 알려져 있는 데이터링크 계층은 네트워크의 기초를 이루는 하드웨어적인 측면을 다룬다. 데이터링크 계층의 통신 프로토콜은 소프트웨어와 하드웨어 간의 인터페이스를 처리하며, 매우 하드웨어 의존적이다. 그렇기 때문에, 상위계층 소프트웨어에서 물리 계층에 해당하는 하드웨어로의 통신을 하기 위해서 하드웨어에 따라 다른 장치 드라이버를 가지고 있어야 한다. 네트워크의 종류에 따라 데이터링크 계층에서 사용되는 프로토콜 또한 달라져야 한다. 데이터링크 계층의 프로토콜중 하나의 예를 들자면, 대부분의 LAN 카드에서 사용하는 CSMA/CD(Carrier sense Multiple Access/Collision Detection)가 있다.

9.2 | 프로토콜과 포트

프로토콜은 데이터 통신을 위한 두 종단점 간에 사용되는 규칙 또는 표준의 집합이다. 프로토콜은 데이터의 구조나 형식, 통신이 이뤄지는 방법을 정의한다. TCP/IP 모델의 각 계층은 9.1절에서 설명했던바와 같이, 응용 계층의 HTTP, 전송 계층의 TCP, 인터넷 계층의 IP, 링크 계층의 CSMA/CD와 같은 그 계층만의 프로토콜을 가진다.

TCP나 UDP와 같은 전송 프로토콜을 이용하는 응용 프로토콜은 포트(Port) 번호라고 불리는 식별자를 가진다. 이것은 네트워크 프로그램으로부터 들어오는 데이터의 종류를 구별하는데 사용된다.

9.2.1 일반적인 응용 프로토콜

IETF는 인터넷에 사용하는 프로토콜을 표준화했다. [표 9.1]에는 널리 사용되고 있는 응용 프로토콜과 그와 연관된 RFC문서가 열거되어 있다.

표 9.1 자주 사용되는 응용 프로토콜

프로토콜	이름	RFC	목적
HTTP	Hypertext Transfer Protocol	RFC 2616	웹 페이지 검색
FTP	File Transfer Protocol	RFC 959	파일 송수신
Telnet	Telnet Protocol	RFC 854	원격 터미널 접근
SMTP	Simple Mail Transfer Protocol	RFC 5321	이메일 송신
POP3	Post Office Protocol Ver. 3	RFC 1939	이메일 수신

9.2.2 포트 번호

TCP와 UDP 같은 전송 프로토콜은 헤더 내에 정의되어 있는 송신측 포트번호 필드와 수신측 포트번호 필드가 있다. 포트번호는 호스트 시스템 내에서 어플리케이션을 식별하는데 유용하다. 참고로, 같은 포트번호를 사용하는 두 개 이상의 어플리케이션을 가질 수 없다. 이것은 전송 프로토콜이 데이터가 어디로 향해야 하는지를 구별하기 위해 포트번호를 사용하기 때문이다. TCP와 UDP에서 모두 사용되는 포트번호는 16비트의 길이를 가진다. 만약 우리가 16비트를 모두 활용한다면, 사용할 수 있는 포트번호의 개수는 다음과 같다.

$$\text{총 포트 번호} = 2^{16} = 65536\text{개}$$

포트번호의 범위는 0에서부터 65,535까지 이며, 세 개의 부류로 나눠 질 수 있다. 이는 Well Known 포트, Registered 포트 그리고 Dynamic/Private 포트이다. IANA(Internet Assigned Numbers Authority)는 전 세계에서 사용되는 포트번호를 할당하고 표준화하는 단체이다. IANA의 Well Known 포트번호는 0부터 1023까지를 의미하고, 1024부터 49151까지가 Registered 포트번호, 나머지 49152부터 65535까지가 Dynamic/Private 포트번호이다. [표 9.2]에는 Well Known 포트의 몇 가지 예와 그것을 사용하는 관련된 네트워크 프로토콜이 나타나 있다.

모든 Well Known, Registered 포트는 http://www.iana.org/assignments/port-numbers에서 확인할 수 있다. (IANA 웹사이트)

[표 9.2]로부터, HTTP가 포트번호 80에 할당되어 있다는 것을 알 수 있다. 만약에 포트번호와 함께 URL 전체를 명시한다고 한다면, 위에서 언급했던 IANA 웹사이트의 주소는 http://www. iana.org:80/assignments/port-numbers라고 써야 할 것이다.

표 9.2 Well Known 포트번호

Protocol	Name	Port
HTTP	Hypertext Transfer Protocol	80
HTTPS	Hypertext Transfer Protocol(Secure)	443
FTP	File Transfer Protocol(Data)	20
FTP	File Transfer Protocol(Control)	21
Telnet	Telnet Protocol	23
SMTP	Simple Mail Transfer Protocol	25
POP3	Post Office Protocol – Version 3	110
IMAP	Internet Message Access Protocol	143
SSH	Secure Shell Remote Login Protocol	22

9.3 | IP 주소

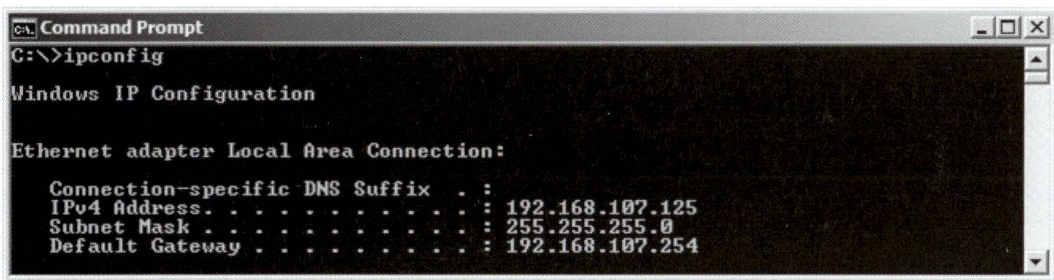

그림 9.4 ipconfig를 이용한 IP 주소 출력

인터넷 프로토콜을 이용하는 모든 호스트는 IP 주소라고 불리는 유일한 식별자를 가진다. [그림 9.4]와 같이 여러분의 컴퓨터에서도 ipconfig 명령을 이용해서 IP 주소를 확인해 볼 수 있다. 또는 [그림 9.5]처럼 네트워크 연결 상태를 통해서도 확인해 볼 수가 있겠다. 이러한 IP 주소는 데이터가 어디서 오는지, 또는 어디로 가야할지를 판단하는데 중요한 역할을 한다.

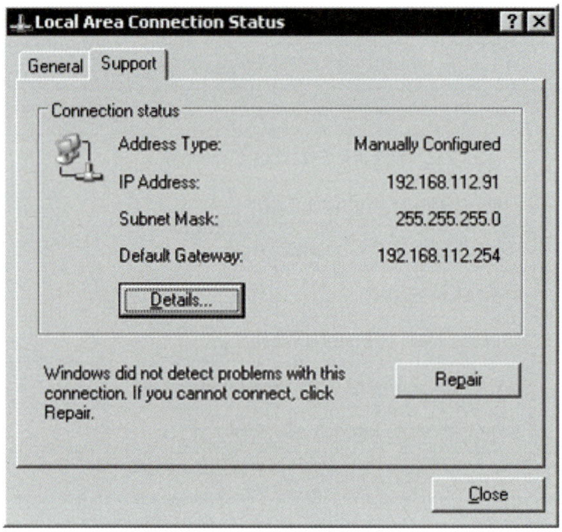

그림 9.5 **네트워크 연결 상태 창으로 본 IP 주소**

사용되고 있는 IP 주소에는 두 가지 버전이 존재하는데, 하나는 IP 버전 4(IPv4)이고, 다른 하나는 IP 버전 6(IPv6)이다. 이름이 암시하는 것처럼, IPv6는 IPv4 버전에서 새롭게 향상된 버전이다. 비록 IPv6가 몇몇 시스템에서 나타나기 시작했지만, 현재 사용되고 있는 대부분의 컴퓨터가 IPv4 버전을 사용한다. 이러한 이유로, 이 책에서는 IPv4 주소가 사용될 것이다. 특별히 명시되어 있지 않다면, 이 책에 나오는 IP 주소는 일반적으로 IPv4 주소임을 알아두기 바란다.

9.3.1 IPv4

4비트	4비트	8비트	3비트	13비트
Version	Header Length	Type of Service	Total Length	
Identifcation			Flags	Fragment Offset
Time to Live		Protocol	Header Checksum	
Source Address				
Destination Address				
Options				

그림 9.6 **IPv4 데이터그램 헤더**

[그림 9.6]에 나와 있는 IP 데이터그램 헤더에 있는 첫 번째 필드는 4비트로 이루어진 버전 필드이다. IPv4인 경우, 이 버전번호는 10진수 4에 해당하는 이진수 0100이 될 것이다. RFC 791에 있는 IPv4 데이터그램은 32비트로 이루어진 송신측 주소 필드와 수신측 주소 필드를 가진다. 이 필드가 32비트로 이루어져 있기 때문에, 쓸 수 있는 주소의 개수는 다음과 같다.

$$
\begin{aligned}
\text{총 IPv4 주소의 합계} &= 2^{32} \\
&= 4{,}294{,}967{,}296 \\
&= 4.29 \times 10^{9}
\end{aligned}
$$

이 결과 값처럼 약 40억 개의 주소가 나올 수 있겠지만, 이러한 이진법을 이용하여 주소를 구분하기에는 다소 혼란이 있을 것이다. IPv4는 보통 [그림 9.7]에 표시된 바와 같이, 십진수와 구분 점을 이용하여 표현이 된다. 즉, 8비트씩 4개의 부분으로 나누어지며, 점과 함께 표현된다. 각 부분의 이진수가 총 8개로 이루어져 있기 때문에, 십진수로 각각 0에서 255까지의 값을 가질 수 있다. 물론 이론적으로는 주소를 이러한 영역(0~255)내에서 사용이 가능하겠지만, IPv4에는 특수목적을 위한 예약된 주소가 존재한다. [표 9.3]에서 그러한 주소들을 보여주고 있다.

이진수	11000000	10101000	01110000	01011011
	⇩	⇩	⇩	⇩
점-십진수	192 .	168 .	112 .	91

그림 9.7 십진수와 점으로 표현된 IPv4 주소

표 9.3 특수목적으로 사용되는 IPv4주소의 예(RFC 3330)

IP 주소 범위	설명
0.0.0.0 – 0.255.255.255	현재 네트워크상의 호스트
10.0.0.0 – 10.255.255.255	사설(Private) 네트워크에서 사용(예:Intranet)
127.0.0.0 – 127.255.255.255	루프백(Loopback) 주소
192.168.0.0 – 192.168.255.255	사설(Private) 네트워크에서 사용(예:Intranet)

특정 주소로 예를 들어 127.0.0.1이 있는데, 이것은 Localhost라고도 알려져 있다. Localhost는 자신의 호스트를 나타내며 루프백(loopback) 주소를 사용하는 현재 호스트에게 주어진 이름이다. 이 책에는 127.0.0.1 즉, 로컬 호스트 IP 주소를 이용한 예제가 많이 들어 있다. 물론, 컴퓨터에 할당된 실제 IP 주소로 바꾸어도 실행이 가능하다.

9.3.2 IPv6

IPv4 주소체계의 한 가지 최대단점은 지원 가능한 주소의 개수가 유일하다는 점이다. 인터넷에는 점점 더 많은 장치들이 연결이 되고 있는 가운데, 이 40억 가량의 주소가 유일한 주소에 대한 요구량을 감당해내지 못해 곧 한계에 부딪히게 될 것이다. 그래서 IPv6가 이러한 주소고갈 문제를 해결하기 위해 도입이 되었다. [그림 9.8]은 RFC 2460에 정의된 IPv6 데이터그램 헤더를 보여주고 있다.

IPv6은 IPv4의 한계를 극복함과 동시에, 인터넷 프로토콜의 효율성을 향상시키기 위해 설계되었다. 보는 바와 같이 IPv6은 매우 간단해졌다고 볼 수 있다. IPv4에서 IPv6로의 가장 두드러지게 바뀐 점은 송신측과 수신측 주소를 위한 비트의 개수가 128비트로 기존 32비트에 비해 무려 4배나 증가했다.

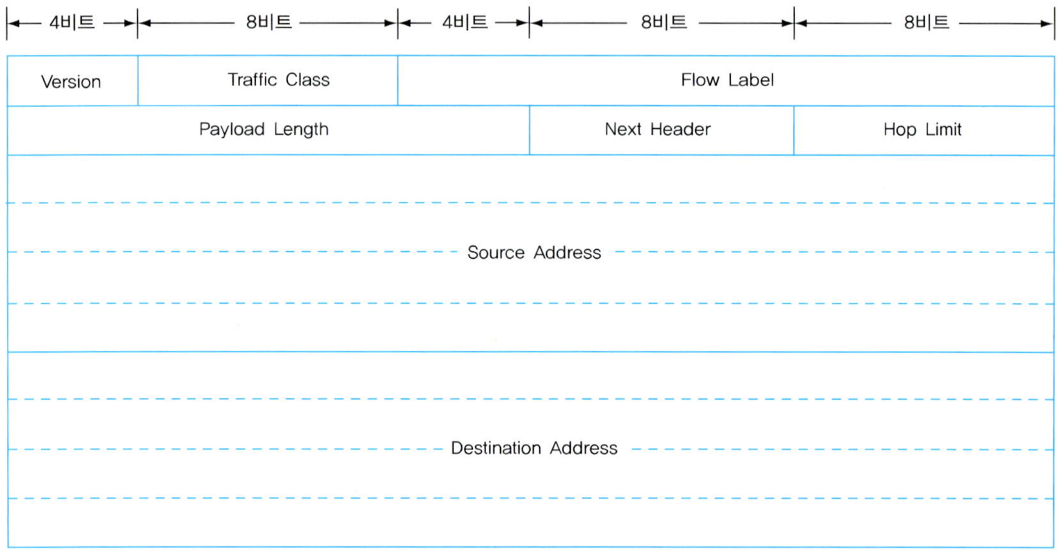

그림 9.8 IPv6 데이터그램 헤더

IPv4와 같은 방법으로 주소의 개수를 계산해보면, 128비트를 이용하는 IPv6 주소의 개수는 다음과 같다.

$$\begin{aligned}\text{총 IPv6 주소의 합계} &= 2^{128} \\ &= 340{,}282{,}366{,}920{,}938{,}463{,}463{,}374{,}607{,}431{,}768{,}211{,}456 \\ &= 3.40 \times 10^{38}\end{aligned}$$

한 번 읽어보자. 삼백사십간 이천팔백이십삼구 육천육백구십이양 구백삼십팔시 사천육백삼십사해 육천삼백삼십칠경 사천육백칠조 사천삼백십칠억 육천팔백이십일만 천사백오십육.

이진수	0010000000000001	0000010111000000	0001000000000000	0000000000001011	0000000000000000	0000000000000000	0000000000000000	0010001111011111
	⇩	⇩	⇩	⇩	⇩	⇩	⇩	⇩
16진수	2001 :	05C0 :	1000 :	000B :	0000 :	0000 :	0000 :	23DF

그림 9.9 IPv6 주소의 16진수 표기법

IPv4와는 다르게 훨씬 더 많은 비트를 사용하는 IPv6 주소체계는 다른 표현법을 가진다. [그림 9.9]에서와 같이 16진수가 콜론에 의해 그룹화 되어 있는 것을 볼 수 있다.

IPv6 주소는 16비트씩 8부분으로 구분되며, 구분된 이진수들은 각각 16진수에 대응된다. RFC 4291 문서에 설명되어 있는 것처럼, 이렇게 긴 주소를 짧게 표현하는 여러 가지 방법들이 존재한다. 먼저, 앞에 오는 0은 생략될 수 있으며, 콜론으로 나누어진 부분이 모두 0일 경우 0 하나로 표현되어 질 수 있다. 이 방법을 이용하면, [그림 9.9]에 있는 주소는 다음과 같이 줄여서 (2001:5C0:1000:B:0:0:0:23DF)로 표현할 수 있다. 만약에 주소가 하나이상의 파트에 연속적인 0을 포함할 경우, 이는 더블콜론(::)으로 압축될 수 있다. 이 방법을 위의 주소에 적용을 하면, (2001:5C0:1000:B::23DF) 이렇게 줄일 수 있다. 참고로, 더블콜론(::)은 주소에서 한번만 사용 될 수 있다. 그 이유는 조금만 생각해 보면 알 수 있을 것이다.

IPv4와 같이, IPv6에도 특별한 주소들이 존재한다. [표 9.4]에는 이러한 주소들의 예가 열거되어 있다. Localhost는 IPv6에서 이진수 1이다. 16진수로 표현하면 (0:0:0:0:0:0:0:1), 이것은 다시 (::1)로 줄여질 수 있다.

표 9.4 IPv6에서 사용되는 특수용도 주소들의 예

IP 주소	설명
0:0:0:0:0:0:0:0 또는 ::	명시되지 않은 주소
0:0:0:0:0:0:0:1 또는 ::1	루프백 주소
FF00::/8	멀티캐스트 주소

9.3.3 도메인 네임 시스템(DNS, Domain Name System)

인터넷 검색을 할 때, URL에 IP 주소를 직접 사용할 수도 있지만, 사용자는 일반적으로 호스트 이름을 사용한다. 반면, IP 데이터그램 내에서는 수신측과 송신측 주소에 IP 주소가 아닌 이름을 사용할 수 없다. 그렇기 때문에 호스트 이름을 IP 주소로 변환하는 방법이 필요하게 된다. 호스트 이름을 IP 주소로 변환하는 것은 도메인 네임 시스템(DNS)의 검색을 거쳐 이뤄진다.

도메인 이름은 ICANN(Internet Corporation for Assigned Names and Numbers)이 관리하고 있다. IP 주소에 대한 도메인 이름은 도메인 이름 등록기관에 의해 등록된다.

DNS 검색은 전화번호부에서 사람이름을 보고 그 사람의 전화번호를 찾는 것과 유사한 방법으로 이뤄진다. [그림 9.10]은 ping 명령을 이용하여 도메인 이름에 대한 IP 주소를 찾는 것을 보여준다. 도메인 이름을 검색한 후, ping 명령은 IP 주소를 이용하여 ping 기능을 수행한다.

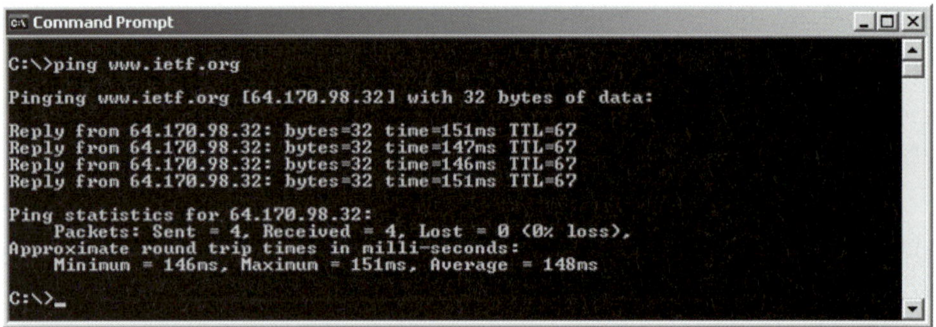

그림 9.10 **도메인 이름으로 IP 주소 확인**

9.4 | 클라이언트/서버 모델

서버는 서비스를 제공하는 컴퓨터이고, 클라이언트는 서버에 의해 제공되는 서비스를 제공받는 상대 컴퓨터라 할 수 있다. 클라이언트와 서버의 조합은 우리가 매일 사용하는 웹 브라우저와 이메일과 같이 여러 다양한 어플리케이션의 기초가 된다. 이 책에 나오는 예제들은 대부분 클라이언트/서버 모델을 기초로 할 것이다.

클라이언트/서버 환경에서, 클라이언트 어플리케이션은 서버로 요청을 보내고, 서버로부터의 응답을 대기한다. 클라이언트로부터 요청을 받은 서버는 클라이언트가 요청한 작업을 수행하고 그에 대한 응답을 클라이언트로 보낸다. 이 시나리오에서 서버는 클라이언트가 요청을 보내기를 기다리는 것 외에는 아무것도 하지 않는다.

이를 설명하기 위해 일반적인 웹 서버의 예를 들어보겠다. 우리가 브라우저에 URL을 입력하면, 웹 브라우저(클라이언트)는 목적 웹 페이지를 서버에 요청하고, 서버는 요청한 웹 페이지를 가져와 웹 브라우저로 응답을 보낸다. 그리고 웹 브라우저는 응답받은 웹 페이지를 스크린에 표시한다.

9.5 | 소켓

소켓(Socket)이라는 단어를 언급할 때, 무언가 떠오르는 것이 있을 것이다. 바로 우리 일상에서 사용하고 있는 전원소켓이다([그림 9.11]). 이 책에 나와 있는 소켓, 더 정확히 말해 네트워크 소켓은 우리가 친숙하게 알고 있는 전원소켓이 아니지만, 비슷한 점은 있다. 진공청소기로 예를 들어 보겠다.

우리가 진공청소기를 사용하려면, 전원소켓에 플러그를 꽂아야 한다. 플러그를 꽂으면 전원소켓은 진공청소기에게 필요한 전류를 흘려보내고, 진공청소기는 제 역할을 할 수 있게 된다. 이와 비슷하게, 클라이언트는 진공청소기로, 서버는 전원소켓으로 비유해 볼 수 있다. 클라이언트는 서버로 플러그-인을 하고, 전류처럼 데이터 전송이 이뤄진다. 오늘날 여러 종류의 전원소켓이 존재하는 것처럼, 네트워크 소켓에도 다양한 종류가 있다. 하지만, 전원소켓과 달리 네트워크 소켓은 클라이언트와 서버 양측 모두 소켓을 가진다는 점에서 차이가 있다.

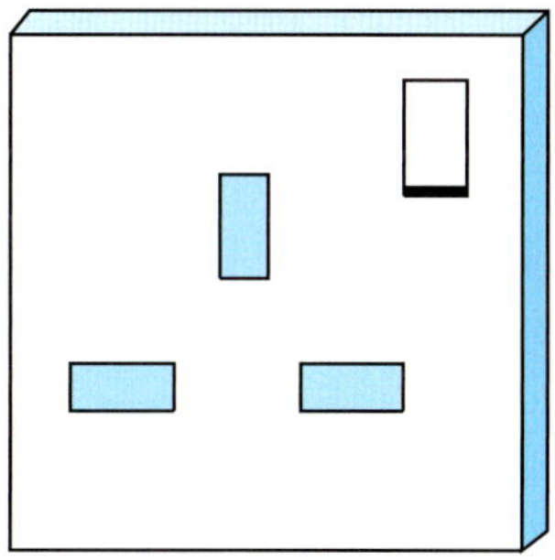

그림 9.11 **전원 소켓**

9.5.1 기본 개념

소켓은 IP 네트워크를 통해 데이터가 흘러갈 수 있도록 하는 프로세스에 대한 통신 종단점이며, 클라이언트와 서버 프로세스 모두 소켓을 가진다. 멀티스레드 환경에서, 각 스레드는 그들만의 소켓을 각자 가질 수 있다. 소켓은 클라이언트와 서버 간에 양방향(two-way) 통신을 용이하게 하고, 프로세스 간 통신(IPC, Inter-Process Communication)을 위해 흔히 사용된다. 소켓을 이용한 IPC는 서로 다른 프로세스의 요구에 대한 인터페이스를 손쉽게 할 수 있다. 소켓은 다음으로 구성된다.

- **프로토콜**
- **송신측 IP 주소**

- **송신측 포트번호**
- **수신측 IP 주소**
- **수신측 포트번호**

프로토콜은 TCP, UDP 뿐만 아니라 raw IP도 사용할 수 있지만, TCP와 UDP에 초점을 맞추도록 하겠다. 소켓의 종류는 우리가 선택한 프로토콜에 기초하여 분류해 볼 수 있다. 예를 들면, TCP는 스트림 소켓, 비연결형 프로토콜인 UDP같은 경우에는 데이터그램 소켓이라 부른다. raw 소켓은 오직 raw IP만을 사용한다.

9.5.2 Winsock

윈도우에서 네트워크 응용 프로그램을 위한 API(Application Programming Interface)를 Windows Sockets 또는 Winsock이라 한다. Winsock은 BSD UNIX C로 만들어진 버클리 소켓 API에 기초한다. 마이크로소프트 Winsock2 API는 일반적으로 버클리 소켓과 유사한 함수들을 제공하며, 몇몇 특수 함수를 추가로 제공한다.

[표 9.5]에는 Winsock2 API에 포함되어 있는 몇 가지 함수들이 열거 되어 있다. 서로 다른 호스트와 프로세스들 간에 통신을 하기 위해 표준 인터페이스를 생성하기 때문에, 다른 운영체제의 IPC 또한 용이하게 할 수 있다. 오늘날 우리가 사용하는 인터넷은 이 표준 인터페이스의 혜택을 많이 받고 있다.

표 9.5 Winsock2 API 함수들의 예

버클리 소켓에서 인용한 함수	마이크로소프트 함수
accept()	WSAAccept()
bind()	WSAAsyncGetHostByAddr()
closesocket()	WSAAsyncGetHostByName()
connect()	WSAAsyncGetProtoByName()
gethostbyaddr()	WSAAsyncGetProtoByNumber()
gethostbyname()	WSAAsyncGetServByName()
getpeername()	WSAAsyncGetServByPort()
getsockname()	WSAAsyncSelect()
getsockopt()	WSACleanup()
htonl()	WSACloseEvent()
htons()	WSAConnect()
inet_addr()	WSAGetLastError()
inet_ntoa()	WSAHtonl()
ioctlsocket()	WSAHtons()
listen()	WSAIoctl()
ntohl()	WSANtohl()
ntohs()	WSANtohs()
recv()	WSAPoll()
recvfrom()	WSARecv()
select()	WSARecvFrom()
send()	WSASend()
sendto()	WSASendTo()
setsockopt()	WSASetLastError()
shutdown()	WSASocket()
socket()	WSAStartup()

9.6 | Python 소켓 클래스

Python socket 클래스은 BSD Socket API를 통해서 네트워크에 접근할 수 있게 하는 클래스이다. [표 9.6]은 socket 클래스에서 자주 사용되는 몇몇 메서드를 보여주고 있다. Winsock API에 있는 함수들과 socket 클래스에 있는 메서드들을 한 번 비교해 보기 바란다.

Winsock API에 있는 소켓 옵션처럼 Python socket 클래스에서도 프로토콜을 선택하기 위해 사용하는 소켓 옵션이 있다. socket.SOCK_STREAM은 TCP 프로토콜을 선택하기 위한 소켓 옵션이고 socket.SOCK_DGRAM은 UDP 프로토콜을 선택하기 위한 소켓 옵션이다.

표 9.6 Socket 클래스의 일부 메서드들

메서드 또는 함수	설명
accept	접속 요청을 수락
bind	로컬 종단점으로 소켓을 바인딩
close	접속을 종료하고 모든 리소스를 해제
connect	원격 호스트로 접속
listen	접속 요청을 대기
recv	연결 지향형 소켓으로부터 데이터를 수신
recvfrom	비 연결형 데이터 그램 수신
send	연결 지향형 소켓으로 데이터를 송신
sendto	특정 종단점으로 데이터를 송신

9.7 | 요약

이 장에서는, 네트워크 통신을 위한 인터넷 프로토콜 구조를 소개하였다. 인터넷 프로토콜 구조에 대한 계층모델은 개발자로 하여금 각 계층의 프로토콜을 쉽게 구현할 수 있도록 해준다. 데이터 통신을 위해 IP를 사용하는 많은 프로토콜이 있으며 IP 주소지정은 IPv4 또는 IPv6에서 호스트를 식별하기 위한 기술을 제공한다. 소켓은 포트번호를 사용하여 프로세스 간 통신을 위한 인터페이스를 제공한다.

연습문제

9.1 프로토콜이란 무엇이며, 왜 필요한지 설명하시오.

9.2 MAC 주소와 IP 주소의 차이를 설명하시오.

9.3 32비트의 IP 주소를 4자리의 점-십진수로 표현하는 방법을 설명하시오.

9.4 서브넷 마스크가 필요한 이유를 설명하시오.

9.5 C 클래스 IP에서 서브넷 마스크가 255.255.255.0이 아니고 255.255.255.128이라면 네트워크를 어떻게 구성한 것인지 설명하시오.

9.6 포트 번호가 필요한 이유를 간략하게 설명하고 최대 몇 번까지 사용할 수 있는가?

9.7 새로운 서버의 네트워크를 설정하려고 한다. 네트워크를 설정하기 위해 반드시 알아야 할 것은 무엇인지 설명하시오.

CHAPTER 10

소켓 프로그래밍

10장에서는, 처음으로 소켓 프로그램을 만들어 볼 것이다. 이를 위해 서버와 클라이언트 양 쪽에서 소켓 프로그램을 어떻게 만드는지 단계적으로 살펴보도록 하겠다. 또한, 예제 프로그램을 어떻게 실행하는지와 디버깅 툴을 이용하여 프로그램을 한 줄씩 실행하면서 검사하는 방법에 대해 설명한다. 이 장에서 Python (버전 3) socket 클래스를 사용할 것이며 나머지 부분에서는 IP 주소의 프로그램 관점에 대해 논의해 보도록 하겠다.

10.1 | 개요

Python 소켓 클래스는 BSD 소켓 API를 통해서 많은 운영체제(윈도우, 유닉스, Mac OS 등)에서 실행할 수 있다. 참고로 이 장에서 독자는 객체지향 언어 프로그래밍에 대한 기초적인 이해를 하고 있다고 가정하고 있다. 그리고 사용하는 주 프로그래밍 언어는 Python 임을 알아두기 바란다. Python에 대해 사전지식이 있거나, 다른 객체지향 언어를 사용한 경험이 있는 독자라면 이해하는데 도움이 될 것이다.

또한 Python 기반의 소켓 프로그래밍을 위해 **PyCharm**이라는 Python 통합 개발 환경(IDE)을 사용할 예정이며 다른 Python 개발도구를 사용해도 된다. Python 개발도구에 익숙하다면 10.3절로 바로 넘어가도 좋다. 반면, 이들 통합 개발 환경 (IDE)에 익숙하지 않은 분들을 위해 10.2절에서 단계적으로 설명을 하도록 하겠다.

10.2 | 프로젝트 생성

컴퓨터에 필요한 IDE 설치를 마치고 나면, 소켓 어플리케이션 프로젝트를 생성할 수 있다.

10.2.1 PyCharm 사용하기

PyCharm을 실행하면, [그림 10.1]과 같은 인터페이스가 나타난다. 예제코드를 넣어서 프로그램을 실행하려면 우선 프로젝트를 생성해야 한다. 새 프로젝트를 생성하기 위해 다음과 같이 단계적으로 따라해 보기 바란다.

그림 10.1 PyCharm 통합 개발 환경

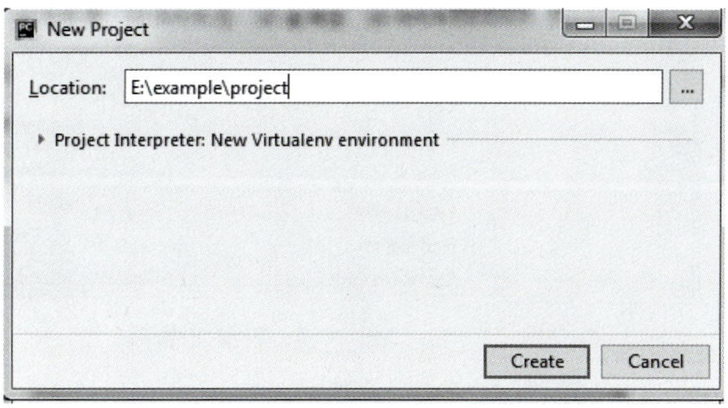

그림 10.2 PyCharm New Project 창

1. 메뉴에서 Create New Project을 선택한다. 그러면 [그림 10.2]와 같이 New Project 창이 나타난다.
2. Location에 프로젝트를 저장하고 싶은 디렉터리를 입력한다.
3. Create 버튼을 클릭한다.

Create 버튼을 누르면 [그림 10.3]과 같은 화면이 출력된다. 도구와 패널과 같은 레이아웃은 사용자의 개인설정에 따라 다르게 보일 수 있다.

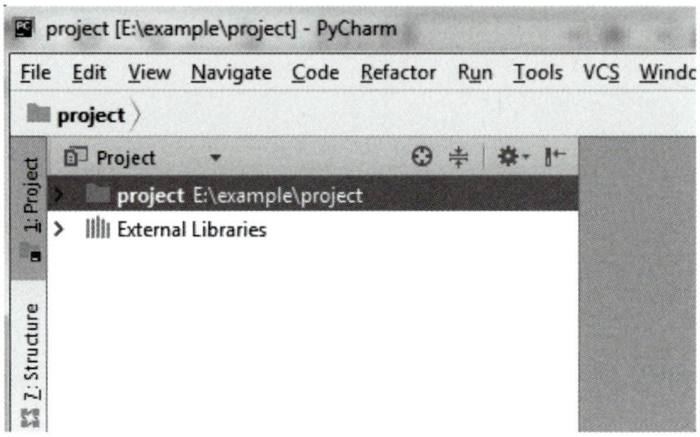

그림 10.3 **PyCharm에서 프로젝트를 생성한 후 화면**

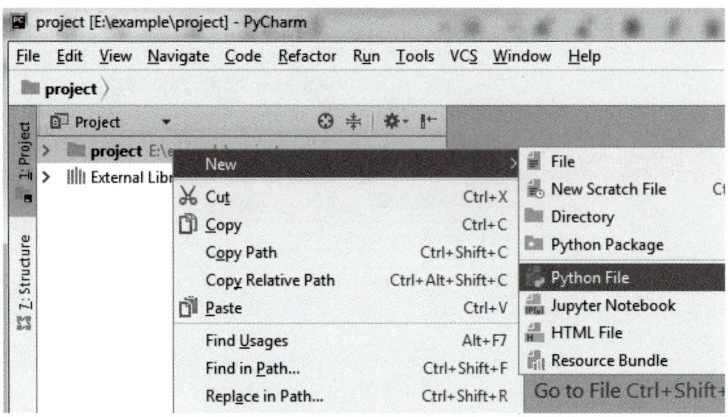

그림 10.4 **파일 만들기**

Python 파일을 만들려면, [그림 10.4]와 같이 프로젝트에서 오른쪽 마우스를 클릭하고, New, Python File을 클릭한다. 새로운 파일을 만들고 나면 소켓 프로그램을 만들기 위한 준비가 끝났다.

10.2.2 통합 개발 환경(IDE) 인터페이스

어떤 IDE를 선택하든지 간에, IDE 인터페이스는 몇몇 공통점을 가진다. 여기서 IDE를 구성하는 다양한 컴포넌트들에 대해 간단하게 설명하고자 한다. 이러한 컴포넌트들은 현재 IDE 레이아웃에 나타나있지 않은 경우에 보기메뉴를 이용하여 활성화 될 수 있다.

가장 많이 사용하는 인터페이스 중의 하나는 아마도 프로그램 코드를 입력하는 코드 작성 창([그림 10.5])이다. 코드를 편집할 때 코드 조언(메서드, 클래스 등)이 자동적으로 보인다. 코드 조언이 보이지 않는 경우에는 Ctrl+Space으로 보이게 할 수 있다.

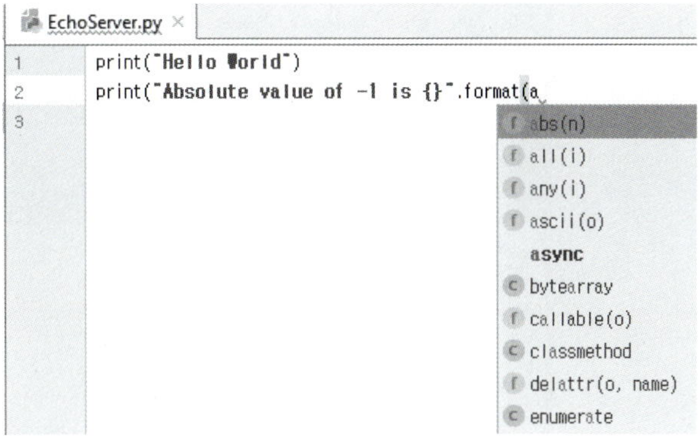

그림 10.5 **코드 편집기**

[그림 10.6]과 [그림 10.7]의 실행 창은 코드 실행과 관련된 출력이나 오류를 검사하는데 유용하다. 만약에 어떠한 오류가 있을 경우에는, 코드 어느 부분에서 오류가 발생했는지에 대한 간단한 설명이 [그림 10.6]과 같이 나타난다. [그림 10.7]과 같이 성공적으로 실행하기 위해서는 모든 오류가 올바르게 고쳐져야 함을 명심하기 바란다.

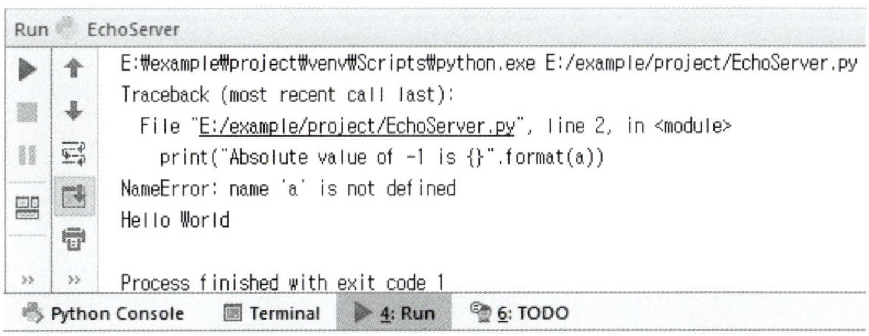

그림 10.6 **오류를 출력하는 실행 창**

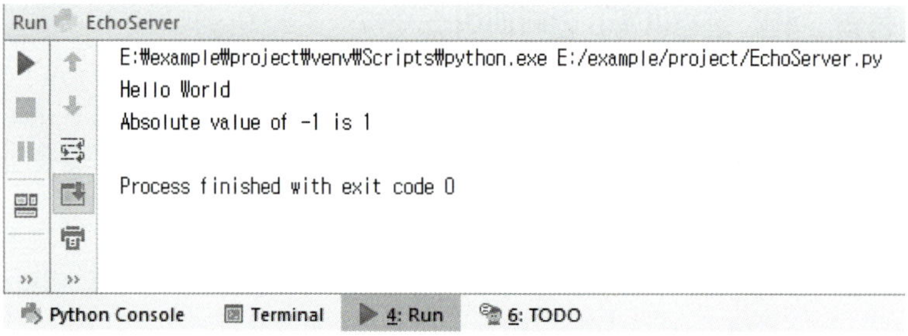

그림 10.7 **오류없이 출력하는 실행 창**

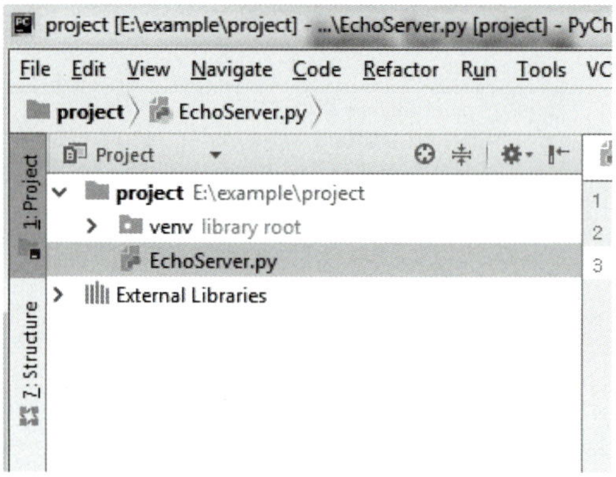

그림 10.8 **프로젝트 탐색기**

[그림 10.8]과 같이 프로젝트 탐색기에는 열려진 프로젝트에 대한 모든 관련된 파일의 목록이 열거되어 있다. 하나의 프로젝트는 여러 개의 소스코드, 이미지, 설정파일들을 가질 수 있다.

10.3 서버 소켓

먼저 서버 쪽의 소켓을 만들어 보기로 하자. 9장에서 설명한 바와 같이, 서버는 클라이언트의 요청을 기다리고 처리하기 위해 시작된다. 만들고자 하는 서버 소켓의 예제소스에서는 TCP를 전송 프로토콜로 활용할 것이며, 11장에서 TCP에 대한 자세한 내용을 다루어 볼 것이다.

10.3.1 소켓 클래스를 사용하는 서버

일반적인 소켓은 통신을 하기 위한 IP 종단점을 필요로 한다. Socket 클래스는 소켓을 생성하기 위해 사용된다. Socket 클래스는 이를 위해 다음과 같은 생성자를 제공한다.

```
socket.socket(AddressFamily, SocketType)
```

생성자는 두 개의 인자를 필요로 한다. 첫 번째 인자인 AddressFamily로 소켓의 주소 지정 방법을 선택할 수 있다. 아래 [표 10.1]에는 열거형인 AddressFamily의 종류들이 나타나 있다. 이 인자의 디폴트값은 AF_INET이다.

표 10.1 AddressFamily 종류

Name	Address Family
AF_INET	IPv4 주소 및 포트
AF_INET6	IPv6 주소 및 포트
AF_UNIX	Unix 시스템
AF_TCIP	Linux 클러스터 시스템

두 번째 인자는 9.5.1절에 나왔던 소켓의 종류를 구분한다. [표 10.2]에는 SocketType의 종류들이 나타나 있다. 이 인자의 디폴트값은 SOCK_STREAM이다. Socket을 시작하려면 AdressFamily 중에서 하나를 필요로 한다. AF_INET 같은 경우에는 IP 주소(string)와 포트번호를 필요로 한다.

표 10.2 SocketType 종류

Name	Socket Type
SOCK_STREAM	Transmission Control Protocol(TCP)
SOCK_DGRAM	User Datagram Protocol(UDP)
SOCK_RAW	Raw socket
SOCK_RDM	Reliably Delivered Messages(RDM)
SOCK_SEQPACKET	Sequence ordered byte stream

10.3.2 Echo 서버

Echo 서버와 Echo 클라이언트는 일반적인 프로그래밍 예제로 나오는 Hello World 프로그램과 흡사하다. Echo 서버의 주목적은 클라이언트에서 보낸 메시지에 대해 메아리(똑같은 메시지로 응답)를 보내는 것이다. 다음의 예제 소스는 Echo 서버 프로그램을 보여주고 있다.

EchoServer.py

```
1. import socket
2.
3. sock = socket.socket(socket.AF_INET, socket.SOCK_STREAM)
4. server_address = ('localhost', 8888)
5. print('starting up on %s port %s' % server_address)
6. sock.bind(server_address)
7. sock.listen(1)
8. while True:
9.     print('waiting for a new connection')
10.    connection, client_address = sock.accept()
11.    try:
12.        print('connection from', client_address)
13.        while True:
14.            byte_data = connection.recv(24)
15.            encoding='euc-kr'
16.            print('received "%s"' % byte_data.decode(encoding))
17.            if byte_data:
18.                print('sending data back to the client')
19.                connection.send(byte_data)
20.            else:
21.                print('no more data from', client_address)
22.                break
23.    finally:
24.        connection.close()
25.        print('connection closed')
```

우선 socket 모듈을 import하고(줄번호 1), socket을 생성하고(줄번호 3), IP 주소와 포트번호(줄번호 4)를 통해서 소켓 바인딩할 수 있다(줄번호 6). 그 다음에 서버는 클라이언트의 접속에 대한 리스닝을 시작하게 된다(줄번호 7).

리스닝을 하는 동안, 서버는 클라이언트가 접속할 때까지 기다리게 된다. 클라이언트가 접속하면 connection과 클라이언트의 주소를 accept() 메서드 통해서 받게 된다(줄번호 10). connection.recv(24) 메서드 통해서 한 번에 최대한 24바이트 데이터를 클라이언트에게 받게 된다(줄번호 14).

이 데이터를 string 타입으로 바꾸려면 decode(encoding) 메서드를 사용한다. 한글이 필요하면 "euc-kr" 인코딩을 사용하면 된다(줄번호 15-16). 에코 서버는 클라이언트에게 받은 데이터를 다시 클라이언트에게 전송한다(줄번호 19). 클라이언트로부터 더 이상 데이터를 받지 않는다면 loop에서 끊고(줄번호 22) 서버는 연결을 해제한다(줄번호 24). 이후로 서버가 종료할 때까지 메시지 주고받기가 이루어지게 된다.

10.4 | 클라이언트 소켓

이제 클라이언트 소켓을 만들어 보기로 하자. PyCharm에서 한 프로젝트 안에 여러 파일을 같이 실행할 수 있기 때문에 새로운 프로젝트를 만들지 않아도 된다.

10.4.1 소켓 클래스를 사용하는 클라이언트

클라이언트에서도 서버와 같이, Socket과 서버 IP 주소와 서버 포트번호 객체를 생성한다. 리스닝과는 다르게 클라이언트에서는 어디로 접속을 할지를 알아야 한다. 예제 소스에서는, 같은 컴퓨터 내에서 서버 프로그램이 동작하기 때문에, 루프백 주소인 localhost(127.0.0.1)을 사용할 것이다.

10.4.2 Echo 클라이언트

우선 원하는 AddressFamily와 SocketType에 따라 소켓을 만든다(줄번호 3). bind() 메서드 대신에 클라이언트는 connect() 메서드 통해서 서버와 연결한다(줄번호 6).

EchoClient.py

```
1. import socket
2.
3. sock = socket.socket(socket.AF_INET, socket.SOCK_STREAM)
4. server_address = ('localhost', 8888)
```

```
5. print('connecting to %s port %s' % server_address)
6. sock.connect(server_address)
7. try:
8.     # Send data
9.     message = '안녕하세요. This message will be repeated.'
10.    print('sending "%s"' % message)
11.    encoding = 'euc-kr'
12.    byte_message = message.encode(encoding)
13.    sock.sendall(byte_message)
14.    # Receive data
15.    amount_received = 0
16.    amount_expected = len(byte_message)
17.    while amount_received < amount_expected:
18.        byte_data = sock.recv(24)
19.        amount_received += len(byte_data)
20.        data = byte_data.decode(encoding)
21.        print('received "%s"' % data)
22. finally:
23.    print('closing socket')
24.    sock.close()
```

소켓을 통해서 메시지를 보내기 전에(줄번호 13), string 타입(줄번호 9)을 바이트 타입으로 encode(encoding) 메서드 통해서 바꾼다(줄번호 12). 한글이 필요하면 'euc-kr' encoding을 사용하면 된다.

서버는 클라이언트가 보낸 메시지를 그대로 클라이언트에게 보낼 것이다. 클라이언트는 메시지를 보낸 뒤에 메시지를 다시 받는다(줄번호 15-21). 이 절차가 끝나고 나서 클라이언트는 소켓을 끊는다(줄번호 24).

10.5 | 소켓 프로그램 실행

Python은 인터프리터(Interpreter) 언어이기 때문에 C나 Java 같은 컴파일러(Compiler) 언어와 달리 컴파일 없이 바로 실행할 수 있다. 이제 PyCharm 실행창과 Terminal(명령 프롬프트 창)에서 코드를 실행시켜 보자.

10.5.1 IDE에서 프로그램 실행

PyCharm 실행창에서 프로그램 실행은 [그림 10.9]처럼 상위 메뉴를 이용하여 하는 방법이 있고, [그림 10.10]처럼 파일 탭에서 마우스 오른쪽 버튼을 클릭하여 실행하는 방법이 있다.

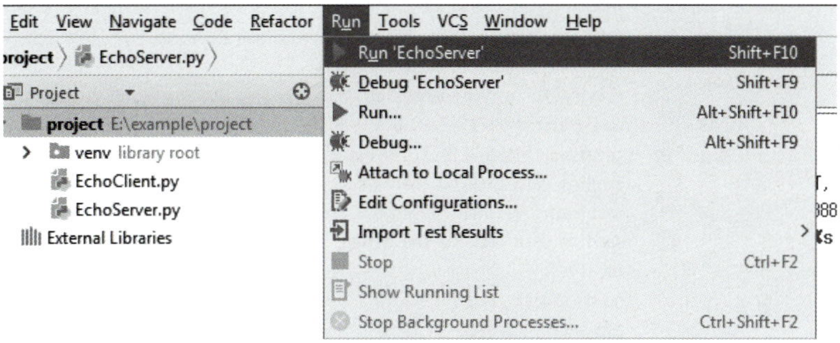

그림 10.9 실행메뉴를 이용한 실행

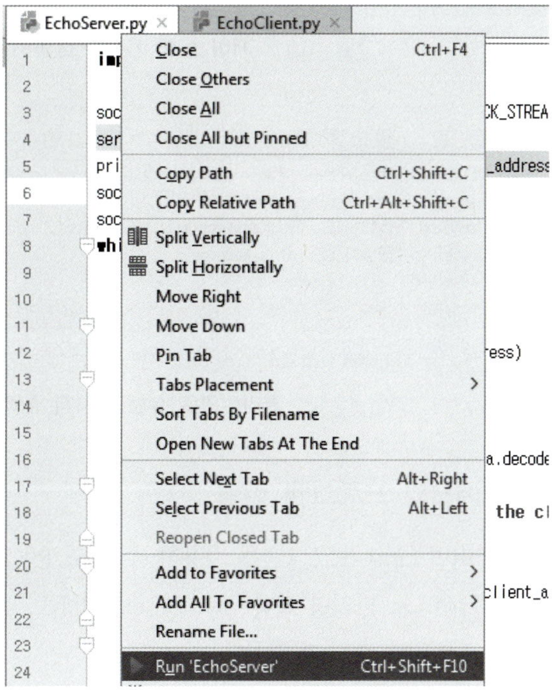

그림 10.10 파일 탭을 이용한 빌드

클라이언트와 서버 모두 이 같은 방법으로 실행할 수 있다. 서버 파일을 실행하고 나서 클라이언트 파일을 실행하면 [그림 10.11]과 [그림 10.12]처럼 밑에 있는 실행 출력 창에서 각각 출력 탭이 나타난다. 서버 실행 출력에서 나온 ('127.0.0.1', 58915)이 클라이언트 IP 주소와 포트 번호이다.

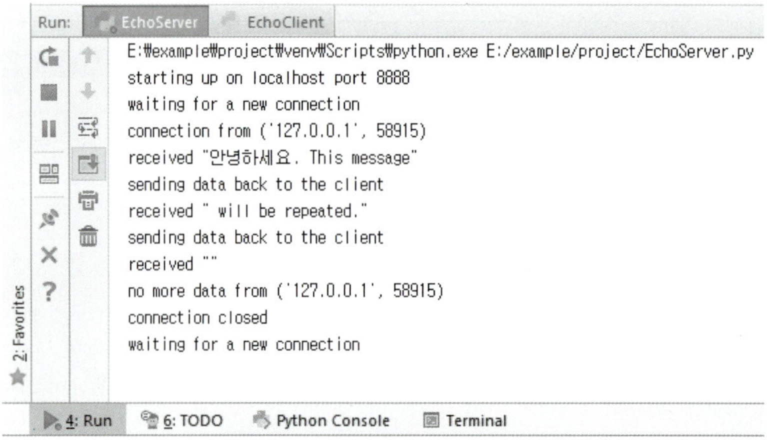

그림 10.11 **서버 실행 메시지 출력**

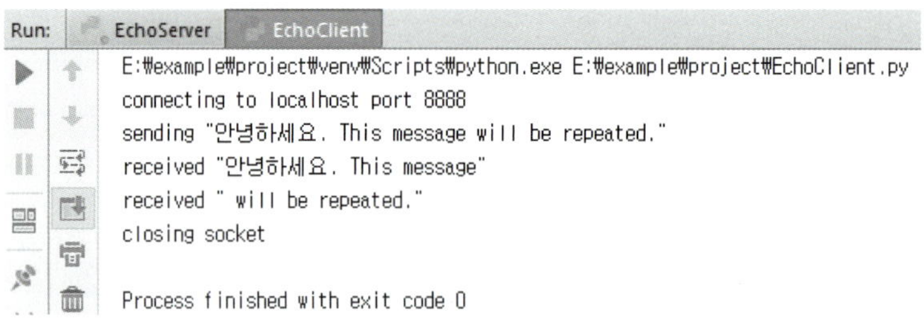

그림 10.12 **클라이언트 실행 메시지 출력**

10.5.2 명령 프롬프트에서의 프로그램 실행

명령 프롬프트 창을 열려면 cmd 프로그램을 사용할 수 있고 PyCharm 밑에 있는 Terminal도 사용할 수 있다. 그 다음에 "python 파일명"이나 "python.exe 파일명"을 통해서 실행한다. [그림 10.13]과 [그림 10.14]는 명령 프롬프트 출력 화면이다.

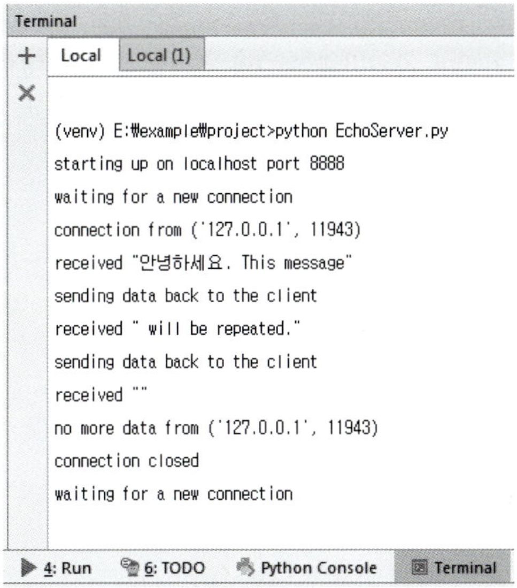

그림 10.13 **서버 프로그램 실행**

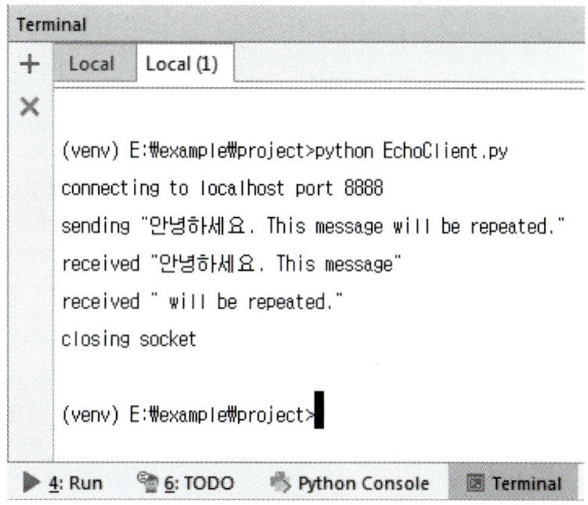

그림 10.14 **클라이언트 프로그램 실행**

10.6 | 추적과 디버깅

프로그램이 예상했던 대로 실행이 이루어지지 않는 경우에, 프로그램 흐름을 추적해볼 필요가 있다. 이러한 오류들을 제거해 나가는 것을 **디버깅(Debugging)**이라 한다.

PyCharm은 디버깅 기능을 내장하고 있다. 다음 예에서는 서버 파일을 실행하고 있는 채로 클라이언트 파일을 추적할 것이다. 디버깅을 하려면 실행 메뉴에서 "Debug"을 선택하거나 [그림 10.15]와 같이 디버깅을 시작할 수 있다.

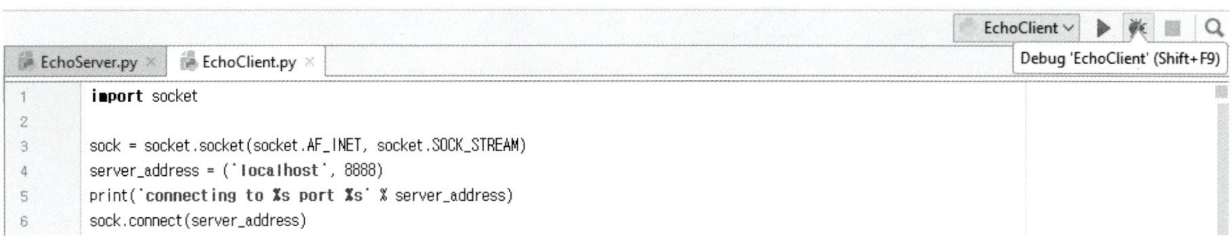

그림 10.15 **클라이언트 프로그램 실행**

디버깅을 하기 전에 [그림 10.16]처럼 줄번호 옆을 클릭하면 빨간 동그라미로 표시된 감시점(Watch Point)이 나타난다. 이대로 디버깅을 시작하면 감시점에 해당한 줄번호에 있는 코드를 실행하기 전까지 멈출 수 있다.

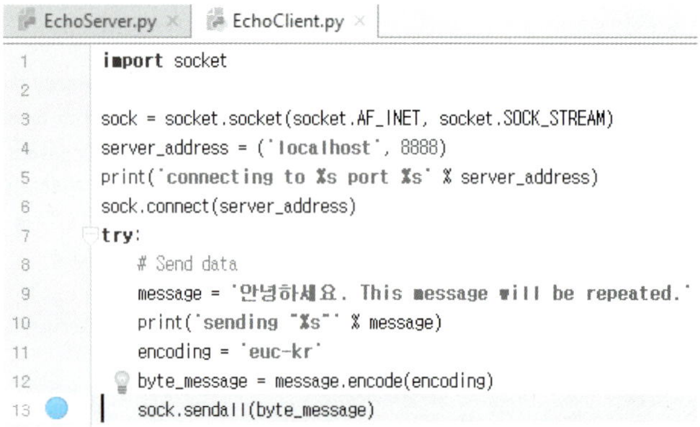

그림 10.16 **클라이언트 프로그램 디버깅**

디버깅할 때 [그림 10.17] 같은 디버깅 창이 나타날 것이다.

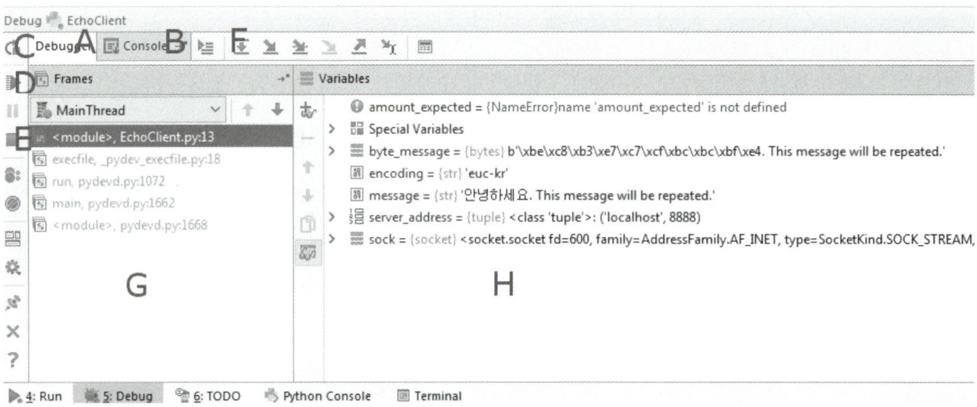

그림 10.17 **클라이언트 디버깅 창**

- **A Debugger(디버깅 탭)**: 현재 디버깅 상황
- **B Console(콘솔 탭)**: 디버깅 실행 출력
- **C Rerun**: 디버깅을 다시 시작한다
- **D Resume**: 다음 빨간 동그라미까지 실행한다

- **E Stop**: 디버깅 종료
- **F StepOver**: 현재 줄 실행한다
- **G**: 현재 실행한 파일과 줄번호
- **H**: 현재 변수와 해당한 값

[그림 10.18]과 [그림 10.19]에서 디버깅 때 클라이언트와 서버 실행 출력을 볼 수 있다.

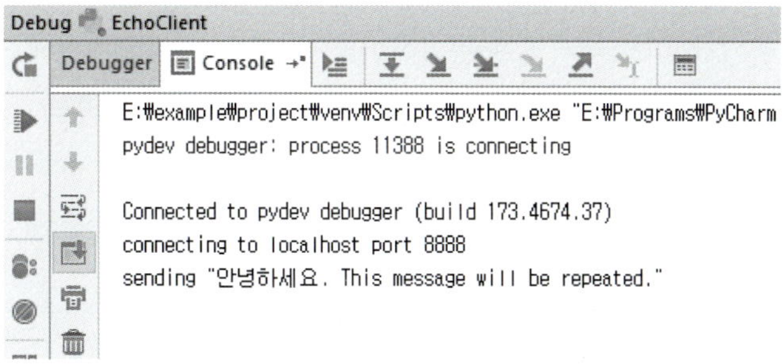

그림 10.18 **클라이언트 콘솔 탭(디버깅)**

그림 10.19 **서버 실행 출력(디버깅)**

줄번호 13에서 한번 StepOver을 클릭하면 [그림 10.20]과 같은 서버 실행 출력이 나타난다.

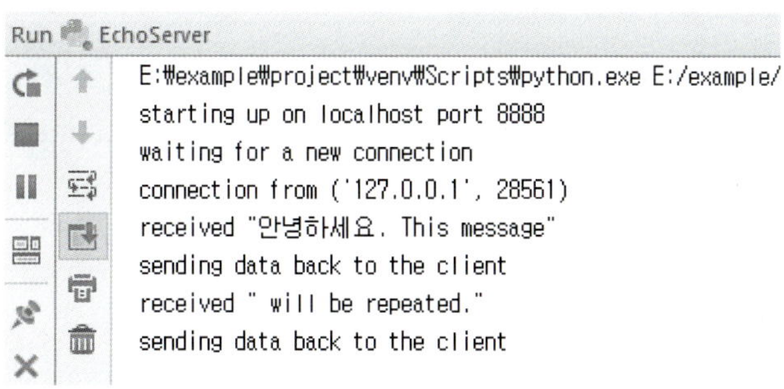

그림 10.20 **서버 실행 출력(StepOver한 뒤)**

지금까지는 디버깅 기능의 일부분을 살펴본 것이며 보다 상세한 기능에 대한 내용은 관련 참고자료나 도서를 이용하기 바란다.

10.7 | 소켓 클래스 메서드

Echo 프로그램에서 우리는 서버와 클라이언트 모두 socket 클래스에서 제공된 메서드들을 이용하여 프로그램을 생성하였다. 서버에서 나타난 그 첫 번째 메서드는 바로 socket.bind() 메서드인데, 이는 다음과 같은 메서드 선언을 가진다.

```
public void bind(address)
```

socket.bind() 메서드는 소켓을 종단점으로 바인딩 한다. 이 메서드의 인자는 address 형인데, 네트워크 연결을 표현하는 추상 클래스이다. 이렇게 소켓에 종단점을 바인딩하면, 들어오는 접속요청에 대한 리스닝을 시작하게 된다.

```
public void listen(int)
```

socket.listen() 메서드를 호출하고 나면, 소켓은 클라이언트로부터의 접속 요청을 대기하는 리스닝 모드가 된다. socket.listen() 메서드는 정수형의 인자를 가지는데, 이는 클라이언트의 접속요청이 대기할 수 있는 최대 큐의 길이를 의미한다. 서버가 리스닝을 시작하면 클라이언트의 접속요청을 받아들일 준비가 된다.

```
public void connect(address)
```

Echo 클라이언트는 socket.connect() 메서드를 이용하여 서버로 접속을 시도하게 된다. 종단점은 서버 IP 주소와 포트번호를 포함한다. 클라이언트는 이 종단점을 거쳐서 서버로의 접속을 시도하여, 서버가 이를 수락하길 기다린다.

```
public socket accept()
```

socket.accept() 메서드는 큐에 대기하고 있는 첫 번째 접속요청을 수락한다. 이 메서드는 클라이언트와 통신을 하기 위해 새로운 socket 오브젝트를 반환하고 클라이언트와 서버 간에 데이터 송수신을 하기 위한 준비가 된다.

```
public void sendall(bytes)
```

Echo 프로그램에서는 socket.sendall(bytes) 메서드를 이용하여 데이터를 송신한다. 모든 데이터를 보내거나 오류가 발생하기 전까지 이 메서드가 실행된다. Python에서 데이터를 송신하기 위해 send()과 sendall() 메소드를 사용할 수 있다. send() 메서드는 Low-level에서 작동되는 시스템콜 형태로 요청한 데이터보다 더 적게 전송할수도 있다. sendall() 메서드는 High-level 메소드로 버퍼내의 데이터를 모두 전송한다. 그렇게 되지 않을때 예외처리를 한다. 사실상 sendall()은 내부적으로는 send()를 이용하는데 데이터가 모두 전송할 때까지 send()를 호출한다.

```
public bytes recv(int)
```

connection.recv() 메서드는 데이터를 수신한다. 이 메서드는 byte 배열에 수신 받은 바이트 데이터를 저장한다.

```
public void close()
```

모든 데이터 송수신이 완료되면, 위 메서드를 이용하여 소켓을 닫을 수 있다. 소켓을 닫으면, 소켓에 관련된 모든 자원이 해제된다.

socket 클래스의 모든 세부사항을 알고 싶은 경우, Python 라이브러리를 살펴보길 바란다.

10.8 | 소켓 오류

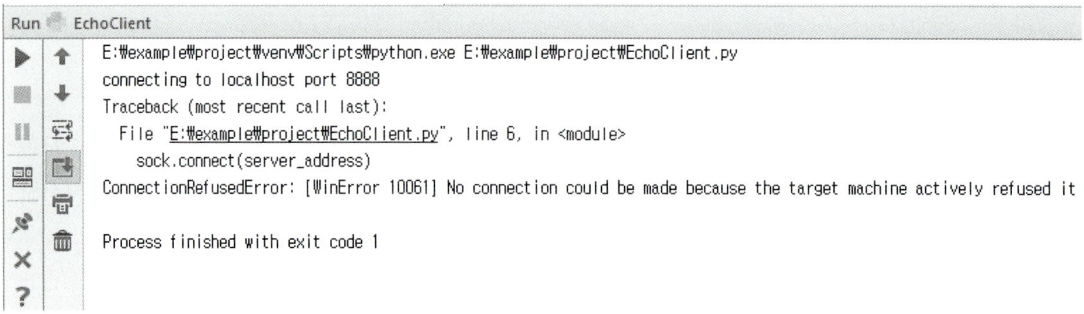

그림 10.21 **클라이언트 오류의 예**

소켓 프로그램을 실행하는 동안, 프로그램을 만들 때에는 알지 못했던 실행 오류가 발생할 수 있다. 만약에 오류를 바로잡지 않고 그대로 둔다면, 예상하지 못했던 상황이 일어나게 될 것이다. 그럼 여기서 클라이언트와 서버프로그램 예제에서 일어날 수 있는 소켓 오류에 대해 설명해보고자 한다. 클라이언트 소켓에서는, 클라이언트가 리스닝을 하고 있지 않은 서버에 접속을 시도하려 한다면, [그림 10.21]과 비슷한 오류가 발생할 것이다. 서버 소켓에서는, 서버가 이미 다른 프로세스에 의해 사용 중인 포트번호로 리스닝을 시작하려고 한다면, [그림 10.22]과 같은 오류가 발생할 것이다.

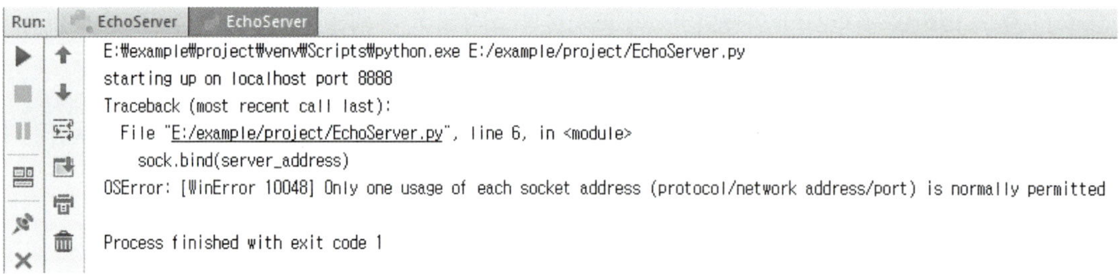

그림 10.22 **서버 오류의 예**

오류를 처리하는 한 가지 방법은 코드 내에서 try-except 블록을 사용하는 것이다. Python은 socket.error 같은 소켓에 관련된 예외 클래스를 제공한다. 예외가 발생하면 즉시, 소켓 오류코드와 함께 메시지가 생성된다. 다음 예제는 Echo 클라이언트 프로그램을 수정하여 예외 처리를 한다.

EchoClientSE.py

```python
import socket
import sys

try:
    sock = socket.socket(socket.AF_INET, socket.SOCK_STREAM)
    server_address = ('localhost', 8888)
    print('connecting to %s port %s' % server_address)
    sock.connect(server_address)
    try:
        # Send data
        message = '안녕하세요. This message will be repeated.'
        print('sending "%s"' % message)
        encoding = 'euc-kr'
        byte_message = message.encode(encoding)
        sock.sendall(byte_message)
        # Receive data
        amount_received = 0
        amount_expected = len(byte_message)
        while amount_received < amount_expected:
            byte_data = sock.recv(24)
            amount_received += len(byte_data)
            data = byte_data.decode(encoding)
            print('received "%s"' % data)
    finally:
        print('closing socket')
        sock.close()
except socket.error as err:
    print("Socket error: {0}".format(err))
    sys.exit(1)
```

EchoServerSE.py

```python
import socket
import sys

try:
    sock = socket.socket(socket.AF_INET, socket.SOCK_STREAM)
    server_address = ('localhost', 8888)
    print('starting up on %s port %s' % server_address)
    sock.bind(server_address)
    sock.listen(1)
```

```
    while True:
        print('waiting for a new connection')
        connection, client_address = sock.accept()
        try:
            print('connection from', client_address)
            while True:
                byte_data = connection.recv(24)
                encoding='euc-kr'
                print('received "%s"' % byte_data.decode(encoding))
                if byte_data:
                    print('sending data back to the client')
                    connection.sendall(byte_data)
                else:
                    print('no more data from', client_address)
                    break
        finally:
            connection.close()
            print('connection closed')
except socket.error as err:
    print("Socket error: {0}".format(err))
    sys.exit(1)
```

10.9 | IP 주소

소켓 프로그래밍을 함에 있어, IP 주소는 필수적인 요소이다.

10.9.1 로컬 호스트의 IP 주소

로컬 호스트의 IP 주소를 보기 위해서는 명령 프롬프트 또는 윈도우의 네트워크 연결속성을 확인하면 되지만, socket 클래스를 활용하는 방법도 존재한다.

HostIP.py

```
1. import socket
2.
3. hostname = socket.gethostname()
4. addresses = socket.getaddrinfo(hostname, None)
5. for address in addresses:
6.     print(address[4][0])
```

socket.gethostname() 메서드로 로컬 호스트네임을 얻고 getaddrinfo(hostname, port) 메서드로 DNS을 사용하여 해당한 호스트에 관련된 IP 주소를 얻는다. 예제소스에서는 특별한 포트가 필요 없기 때문에 "None"이 인자로 쓰인다. 줄번호 4를 수행 후 addresses에는 다양한 정보(AddressFamily, 포트 등)도 있지만 IP 주소만 출력하게 된다(줄번호 6).

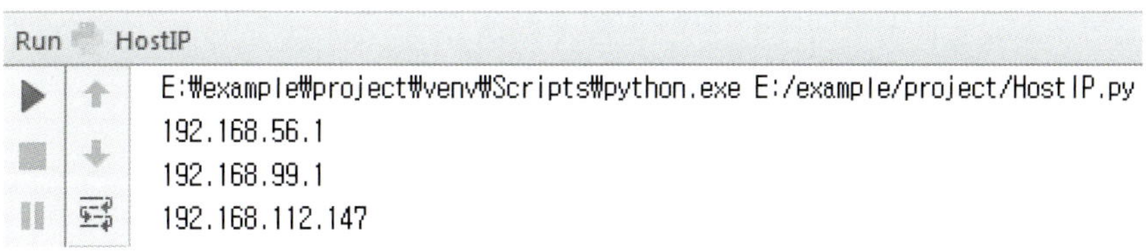

그림 10.23 로컬 호스트의 IP 주소 출력

10.9.2 IP 주소 검색

socket 클래스로 로컬 호스트의 IP 주소를 알아볼 수 있을 뿐만 아니라, DNS 서비스를 이용하는 인터넷의 어떠한 호스트 이름으로도 IP 주소를 검색할 수 있다.

위의 예제와 달리 검색하고자 하는 호스트 이름을 입력하여 실행하면, 호스트에 설정된 DNS 서버로부터 세부사항을 가져오게 된다. 다음 예제는 DNS 서비스를 이용하여 호스트 이름에 대한 IP 주소 검색을 어떻게 하는지 보여주고 있다.

IPLookup.py

```
import socket

hostname = input("Domain name: ")
addresses = socket.getaddrinfo(hostname, "http")
for address in addresses:
    print('AddressFamily :', address[0])
    print('SocketType    :', address[1])
    print('IPAddress,port:', address[4])
```

위의 예제에서 getaddrinfo() 메서드를 사용하여 원하는 호스트 이름과 포트(웹 서버 같은 경우에는 "http")를 매개변수로 하면 IP 주소 외에도 AddressFamily와 SocketType을 출력할 수 있다.

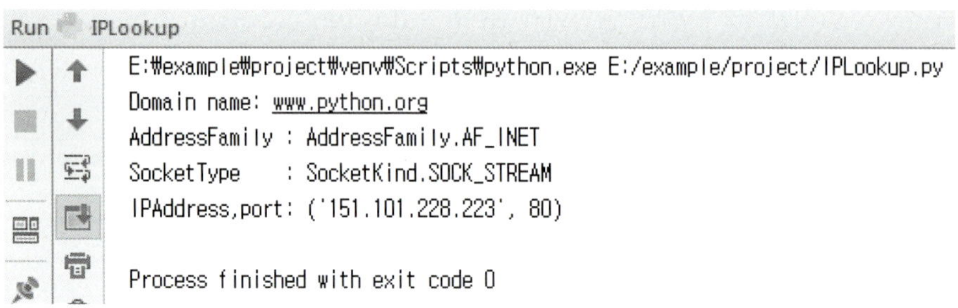

그림 10.24 **도메인 이름으로 IP 주소 검색**

10.10 요약

이 장에서는 PyCharm 통합 개발 환경을 이용하여 콘솔 응용 프로젝트를 어떻게 생성하는지에 대해서 알아보았다. 그리고 socket 클래스를 이용하여 클라이언트와 서버 소켓 프로그램을 만들어 보았고, 프로그램의 추적과 디버깅 및 실행에 대해서 다루었다.

소켓을 생성하기 위해서는 AddressFamily와 SocketType 같은 정보가 필요하다. 두 소켓 간의 데이터 통신을 위해서 서버와 클라이언트 모두 IP 종단점을 가져야 한다는 것도 배웠다. 하나의 IP 종단점은 IP 주소, 포트번호와 같은 정보를 포함한다. 이장의 후반부에서는, 어떻게 도메인 이름을 이용하여 로컬 머신의 IP 주소를 알아보는 방법에 대해서도 알아보았다.

연습문제

10.1 서로 다른 컴퓨터에서 서버와 클라이언트 프로그램을 동작시켜 보아라. 클라이언트 프로그램을 로컬 호스트가 아닌 새로운 서버 호스트에 연결하도록 변경하라.

10.2 Echo 예제와 비슷한 소켓 프로그램을 만들되, 사용자가 서버의 리스닝 포트를 변경할 수 있게 해야 하며, 클라이언트 프로그램은 어떤 IP 주소나 포트번호로든 접속할 수 있게 하라.

10.3 디버깅 모드에서 Echo 프로그램을 실행하고 클라이언트와 서버의 실행순서에 대해서 설명하라.

10.4 클라이언트가 종료하면 다시 리스닝 상태로 돌아가도록 Echo 서버 프로그램을 변경하라.

CHAPTER 11

TCP 소켓

Transmission Control Protocol(TCP)는 인터넷에서 가장 널리 이용되는 중요한 프로토콜이다. TCP는 두 종단점 간에 신뢰성이 높은 데이터 통신을 제공한다. 이 장에서는, 어떻게 TCP가 동작하는지에 대해 설명하고, 전송 프로토콜로 TCP를 사용한 소켓 프로그램을 만들어 보도록 하겠다.

11.1 | TCP 소켓 개념

TCP개념은 1974년 RFC 675에서 Transmission Control Protocol이라는 이름으로 처음 소개되었다. 현재 우리가 사용하고 있는 TCP는 RFC 793을 따르고 있다. TCP 헤더포맷은 1980년 이후로 많은 변경이 이루어지지는 않았다.

11.1.1 TCP 소켓 개요

4비트	4비트	8비트	16비트
Source Port			Destination Port
Sequence Number			
Acknowledgement Number			
Header Length	Reserved	CWR ECE URG ACK PSH RST SYN FIN	Window
Checksum			Urgent Pointer
Options			

그림 11.1 TCP 세그먼트 헤더포맷

TCP는 데이터를 작은 세그먼트 형태로 전달한다. 그리고 이 세그먼트들은 나중에 전송을 위해 IP 패킷에 캡슐화 된다. [그림 11.1]은 RFC 793에 있는 TCP 세그먼트 헤더의 형태이며 RFC 3168에 설명되어 있는 업데이트가 적용되어 있다. 업데이트는 두 개의 추가 제어비트를 포함하며, 그 중 하나는 CWR(Congestion Window Reduced)이고, 다른 하나는 ECE(ECN-Echo)이다. ECE는 ECN(Explicit Congestion Notification)을 위해 사용된다.

헤더포맷에서 가장 눈에 띄는 것은 아마도 포트번호에 대한 두 개의 필드일 것이다. 포트번호는 전송 계층에서 식별을 위해 꼭 필요하다. 각 포트번호는 9.2.2절에서 설명했던 대로 16비트 길이를 가지고 0에서 65535까지 표현이 가능하다. 송신측 포트번호와 수신측 포트번호는 데이터 세그먼트가 어디에서 왔는지 그리고 어디로 향해야 하는지를 구분한다.

데이터는 전송을 위해 세그먼트로 만들어지기 때문에, 이 세그먼트들의 순서 번호(Sequence Number)를 알아야 한다. 이 순서 번호 필드는 세그먼트로 된 데이터에 대한 이름표 역할을 하며, 수신 받는 쪽에서는 이 번호를 이용하여 원래의 데이터로 다시 복원된다. 순서 번호는 신뢰성 있는 데이터 통신을 위해 필수적인 요소이다.

TCP는 신뢰성 높은 데이터 통신을 제공하는 것으로 알려져 있다. 순서 번호와 확인 번호(Acknowledgment Number)를 이용하여, 데이터는 순서대로 수신측에 도착하게 된다. 만약에 어떤 세그먼트가 가는 도중에 손실된다면, 순서 번호에 기초하여 재전송이 이루어지게 된다. 만약 똑같은 세그먼트가 두 번 이상 보내지면, 중복된 세그먼트는 폐기된다. 그리고 세그먼트에는 첵섬(Checksum)이 추가되어 오류 없는 전송을 보장한다. TCP 세그먼트 헤더의 윈도우(Window) 필드는 흐름과 혼잡 제어를 위해 필요하다.

11.1.2 연결형 소켓

TCP를 사용하는 소켓은 연결형 소켓이라고도 한다. TCP의 또 다른 특징은 바로, 데이터 통신이 이루어지기 전에 연결을 설정하는 것이다. 하위 계층인 IP가 신뢰성을 보장하지 않는 패킷 교환 기술을 이용하기 때문에 연결 설정이라는 개념은 신뢰성 높은 데이터 통신을 보장하기 위해 필수이다.

클라이언트에서 서버로의 연결 설정은 [그림 11.2]와 같이 3단계 핸드쉐이킹(Three-way handshaking)라 불리는 방법을 사용한다. 클라이언트 소켓은 SYN(동기화 플래그)를 서버로 보내어 접속요청을 개시한다. 여기서 SYN은 연결 동기화를 위한 TCP 세그먼트 헤더에 있는 플래그 중 하나로, 1로 설정될 것이다. 그리고 연결을 개시하는 동안 순서 번호 필드에는 랜덤번호로 채워질 것이다.

서버는 클라이언트로부터 받은 TCP 세그먼트 헤더의 SYN을 검사하여 적절하게 처리를 한다. 만약 서버 쪽에 방화벽과 같이 들어오는 데이터를 걸러내는 규칙을 가지고 있지 않다면, ACK와 SYN 플래그 둘 다 1로 설정하여 응답을 할 것이다. 또한 응답 시에 서버는 클라이언트로부터 받은 세그먼트의 순서 번호를 1만큼 증가시켜 확인 번호 필드에 넣고, 순서 번호에는 랜덤 번호로 채워서 응답하게 된다.

그러고 나서 클라이언트는 서버로부터 ACK가 1로 설정된 응답 세그먼트를 받게 될 것이다. 이제, 새로운 TCP 세그먼트의 확인 번호 필드에는 서버로부터 받은 세그먼트의 순서 번호에서 1이 증가된 값으로 채워질 것이다.

조금 복잡해보이기는 하지만 신뢰성 높은 전송을 위해서 필수적으로 이루어져야 한다. 데이터 교환은 연결이 설정된 후로 이루어질 것이며, 모두 완료되면 연결을 종료하게 된다. 일반적인 연결 종료는 FIN 플래그를 1로 설정하여 보내면 그것을 받은 쪽에서 ACK로 응답을 함으로써 이루어진다.

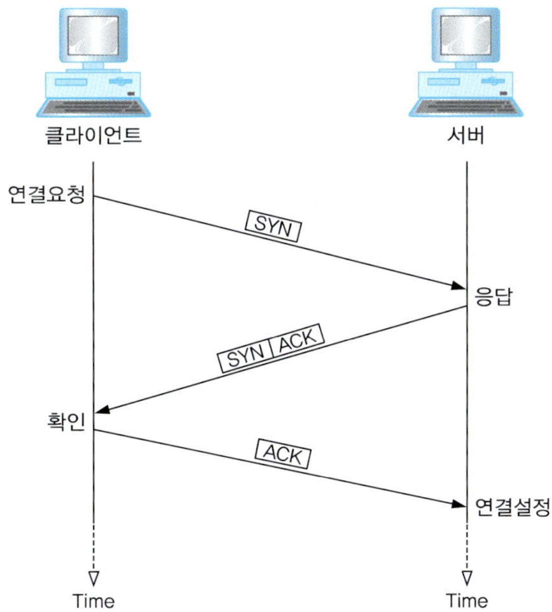

그림 11.2 **3 단계 연결 설정**

11.1.3 TCP 소켓 프로세스 흐름

일반적인 TCP 서버 소켓 프로그램은 [그림 11.3]과 비슷한 처리흐름을 가진다. 서버 소켓은 리스너 소켓을 생성하고, 지정된 포트번호로 종단점을 바인딩 하여 시작된다. 소켓을 바인딩하면 서버는 바운드 포트에 리스닝을 시작할 수 있게 된다. 그 다음 서버는 리스닝 상태가 되며, 다음 단계로 넘어가기 전에 들어오는 접속요청을 대기한다. 그러면 이제 클라이언트 쪽은 어떻게 이루어지는지 살펴보자.

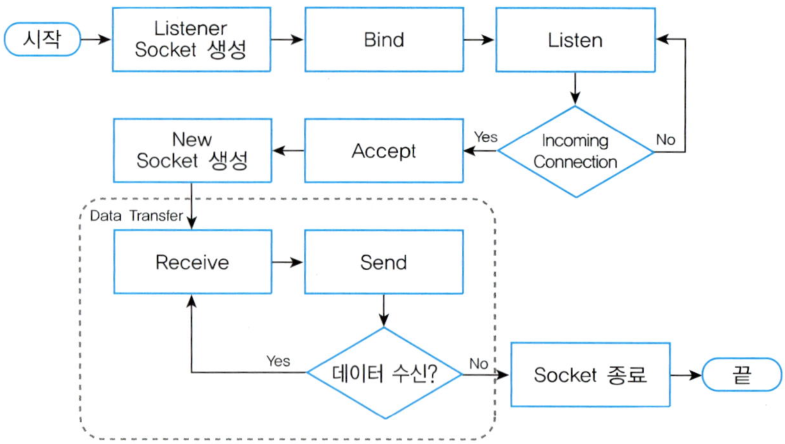

그림 11.3 TCP 소켓 서버 프로세스 흐름도

클라이언트는 [그림 11.4]에 나와 있는 것처럼 소켓을 생성함으로써 시작된다. 클라이언트 소켓은 11.1.2절에서 설명했던 것과 같이 3단계 핸드쉐이킹을 통해 서버로의 접속을 시도하게 된다. 클라이언트의 접속요청이 수락되면, 서버는 접속된 클라이언트와의 통신을 위한 새로운 소켓을 생성한다.

접속이 성립되면, 클라이언트와 서버 소켓은 이제 데이터를 교환할 준비가 된다. 어느 쪽이든 상대편이 수신할 준비가 되어있으면 먼저 데이터 전송을 시작할 수 있다. [그림 11.3]에서는 서버가 클라이언트로부터 데이터를 수신하기를 기다리며, 클라이언트 쪽에서 데이터전송을 먼저 시작한다.

송수신 사이클은 모든 데이터의 전송이 이루어질 때까지 계속 이루어진다. 접속 종료 또한 어느 쪽에서든 먼저 행할 수 있다. 어느 한쪽이 소켓 종료 호출을 하면, 접속 종료가 된다. 그러면 소켓이 점유한 모든 자원이 해제된다. 소켓의 상태는 명령 프롬프트에서 netstat 명령을 통해 확인할 수 있다.

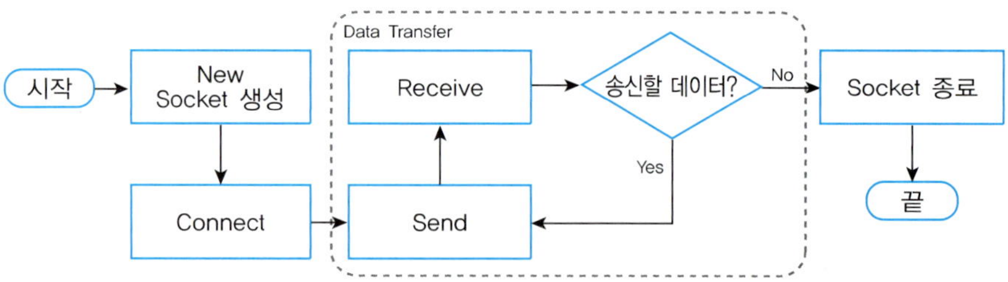

그림 11.4 TCP 소켓 클라이언트 프로세스 흐름도

[그림 11.5]는 클라이언트가 서버에 접속(포트번호 8888)된 후 netstat 명령으로 확인한 화면이다. netstat 명령을 실행하면, TCP 또는 UDP와 같은 프로토콜의 상태와 관련된 포트번호를 확인할 수 있다.

그림을 보면 포트번호 8888을 가지는 두 개의 항목이 ESTABLISHED 상태인 것을 알 수 있다. 이는 접속이 성립되었다는 것을 의미하며, 여기서 서버와 클라이언트 모두 같은 호스트에서 실행시켰기 때문에, 두 항목의 Foreign Address를 살펴보면 Local Address와 서로 일치한다는 것을 알 수 있다. 그리고 여기서 포트번호 8888을 가지는 또 다른 항목의 상태는 현재 LISTENING 상태인 것을 확인해 두자.

실제로 소켓 프로그램에서 리스닝 소켓은 접속이 성립된 후 다시 리스닝 상태로 돌아간다. 우선 클라이언트로부터의 접속요청을 수락한 후, 프로그램은 클라이언트와 서버 간의 데이터 전송을 위해 또 다른 소켓 객체를 생성한다. 그리고 원래 소켓은 또 다른 접속을 계속 대기하게 된다. 이런 방식은 서버에 하나이상의 클라이언트 접속을 수락할 필요가 있을 때 유용하다. 여러 클라이언트의 접속에 대해서는 다음 장에서 다루도록 하겠다.

```
Command Prompt

C:\>netstat -an

Active Connections

  Proto  Local Address          Foreign Address        State
  TCP    0.0.0.0:21             0.0.0.0:0              LISTENING
  TCP    0.0.0.0:135            0.0.0.0:0              LISTENING
  TCP    0.0.0.0:445            0.0.0.0:0              LISTENING
  TCP    0.0.0.0:912            0.0.0.0:0              LISTENING
  TCP    0.0.0.0:990            0.0.0.0:0              LISTENING
  TCP    0.0.0.0:3389           0.0.0.0:0              LISTENING
  TCP    0.0.0.0:5004           0.0.0.0:0              LISTENING
  TCP    0.0.0.0:5101           0.0.0.0:0              LISTENING
  TCP    0.0.0.0:5357           0.0.0.0:0              LISTENING
  TCP    0.0.0.0:6004           0.0.0.0:0              LISTENING
  TCP    0.0.0.0:8888           0.0.0.0:0              LISTENING
  TCP    0.0.0.0:49152          0.0.0.0:0              LISTENING
  TCP    0.0.0.0:49153          0.0.0.0:0              LISTENING
  TCP    0.0.0.0:49154          0.0.0.0:0              LISTENING
  TCP    0.0.0.0:49155          0.0.0.0:0              LISTENING
  TCP    0.0.0.0:49156          0.0.0.0:0              LISTENING
  TCP    127.0.0.1:5679         0.0.0.0:0              LISTENING
  TCP    127.0.0.1:7438         0.0.0.0:0              LISTENING
  TCP    127.0.0.1:8888         127.0.0.1:53704        ESTABLISHED
  TCP    127.0.0.1:14147        0.0.0.0:0              LISTENING
  TCP    127.0.0.1:49164        127.0.0.1:49165        ESTABLISHED
  TCP    127.0.0.1:49165        127.0.0.1:49164        ESTABLISHED
  TCP    127.0.0.1:53642        127.0.0.1:53643        ESTABLISHED
  TCP    127.0.0.1:53643        127.0.0.1:53642        ESTABLISHED
  TCP    127.0.0.1:53646        127.0.0.1:53647        ESTABLISHED
  TCP    127.0.0.1:53647        127.0.0.1:53646        ESTABLISHED
  TCP    127.0.0.1:53704        127.0.0.1:8888         ESTABLISHED
  TCP    192.168.10.1:139       0.0.0.0:0              LISTENING
```

그림 11.5 **접속 성립 후 netstat 로 확인**

소켓 예제 프로그램에서 EXIT로 접속을 종료하면, [그림 11.6]과 같이 소켓의 상태가 변경된다. 서버가 포트번호 8888에서 리스닝을 중단했기 때문에, LISTENING 상태에 있던 항목은 목록에서 제거되었다. 반면, 서버와 클라이언트에서 사용되었던 포트는 즉시 닫히지 않고, TIME_WAIT 상태에 있게 된다.

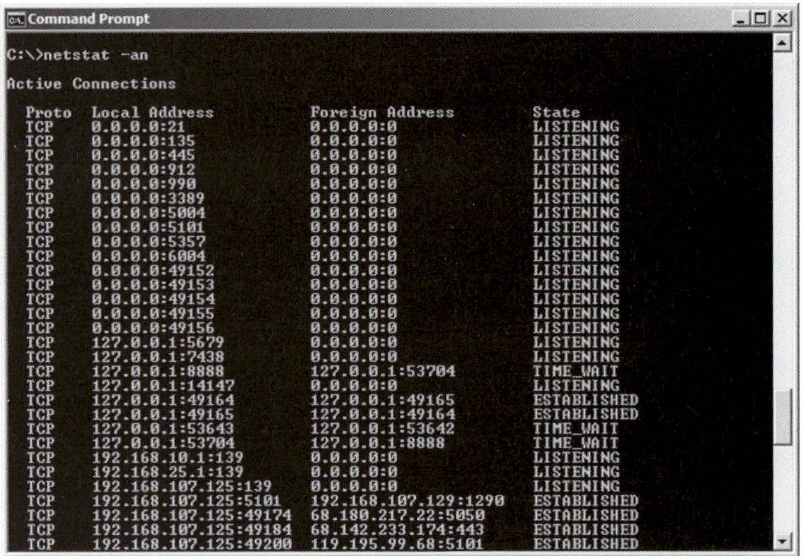

그림 11.6 **접속 종료 후 netstat 로 확인**

TIME_WAIT 상태 동안에는 TCP 포트가 timeout 이벤트가 발생할 때까지 대기한다. 이렇게 TIME_WAIT 상태는 종료하기 전에 모든 남아있는 세그먼트들에 대해 응답확인이 이뤄지도록 하여 신뢰성 있는 데이터 전송을 보장한다. 모든 TCP 상태변화에 대한 내용은 RFC 793에 설명되어 있다.

11.2 | TCP 소켓을 이용한 프로그램

10장에서는 소켓 클래스를 사용하여 TCP 프로토콜을 사용하는 서버와 클라이언트를 만들어 보았다. 이제 이를 이용하여 다양한 소켓 응용 프로그램들을 만들어 보기로 하자. 먼저 메시지의 대문자 자동 변환 프로그램부터 간단한 채팅 프로그램 그리고 파일 전송 프로그램들을 하나씩 살펴보도록 하겠다.

11.2.1 대문자 변환 프로그램

대문자 변환 프로그램은 Echo 프로그램을 참조하여, 서버 프로그램을 수정하면 만들 수 있다. 대문자 변환 프로그램에서의 서버 프로그램은 Echo 서버 프로그램처럼 클라이언트로부터 받은 메시지를 그대로 보내지 않고, 약간의 처리를 거친 후 보낸다.

다음의 대문자 변환 서버 프로그램은 문자열 조작을 통해 클라이언트로부터 받은 메시지를 대문자로 바꾼 후 클라이언트로 다시 보내게 된다.

UppercaseServer.py

```python
import socket
import sys

try:
    sock = socket.socket(socket.AF_INET, socket.SOCK_STREAM)
    server_address = ('localhost', 8888)
    print('starting up on %s port %s' % server_address)
    sock.bind(server_address)
    sock.listen(1)
    while True:
        print('waiting for a new connection')
        connection, client_address = sock.accept()
        try:
            print('connection from', client_address)
            encoding = 'euc-kr'
            message = 'Send message to convert. Send "exit" to terminate connection'
            connection.sendall(message.encode(encoding))
            while True:
                byte_data = connection.recv(1024)
                data = byte_data.decode(encoding)
                data = data.upper()
                print('Send: "%s"' % data)
                byte_data = data.encode(encoding)
                connection.sendall(byte_data)
                if data == 'EXIT':
                    break
        finally:
            connection.close()
            print('connection closed')
except socket.error as err:
    print("Socket error: {0}".format(err))
    sys.exit(1)
```

위의 예제 소스는 이전에 만들었던 Echo 서버 프로그램 중에서 줄번호 16부터 26까지 새로운 코드가 추가되었다. 클라이언트와 연결한 후에 처음에는 대문자로 바꾸고 싶은 문자를 클라이언트에게 알리는 메시지나 종료 신호인 'exit'을 알리는 메시지를 보낸다(줄번호 16-17). 그 다음에 줄번호 19에서 24까지 클라이언트로부터 메시지를 받아 대문자로 바꾸고 다시 클라이언트에게 메시지를 보낸다. string.upper() 메서드 통해서 대문자로 바꾼다(줄번호 21). 데이터를 받은 후에 decoding을 해야 되고 데이터를 보내기 전에 encoding을 해야 된다는 것을 참고하기 바란다.

UppercaseClient.py

```python
import socket
import sys

try:
    sock = socket.socket(socket.AF_INET, socket.SOCK_STREAM)
    server_address = ('localhost', 8888)
    print('connecting to %s port %s' % server_address)
    sock.connect(server_address)
    try:
        encoding = 'euc-kr'
        byte_data = sock.recv(1024)
        data = byte_data.decode(encoding)
        print(data)
        while True:
            while True:
                message = input('Message >> ')
                byte_message = message.encode(encoding)
                if len(byte_message) > 0 and len(byte_message) <= 1024:
                    break
                else:
                    print('Message length must be between 1 and 1024')
            sock.sendall(byte_message)
            byte_data = sock.recv(1024)
            data = byte_data.decode(encoding)
            print('Reply >> "%s"' % data)
            if data=='EXIT':
                break
    finally:
        print('closing socket')
        sock.close()
```

```
31. except socket.error as err:
32.     print("Socket error: {0}".format(err))
33.     sys.exit(1)
```

위의 예제 소스는 이전에 만들었던 Echo 클라이언트 프로그램에서 줄번호 11부터 27까지 새로운 코드가 추가되었다. 서버와 연결한 후에 처음에는 서버로부터 메시지를 받는다(줄번호 12-13). 그 다음에 줄번호 15에서 21까지 최대 1024바이트 메시지 입력을 받는다. 그 다음에 서버에게 메시지를 보내고 나서 서버로부터 대문자로 바꾼 메시지를 받는다. 클라이언트는 'exit' 메시지를 보내 연결을 종료하기 전까지 메시지를 보낼 수 있다. 서버 코드와 같이 데이터를 받은 후에 decoding을 해야 되고 데이터를 보내기 전에 encoding을 해야 된다는 것을 참고하기 바란다.

[그림 11.7]과 [그림 11.8]은 대문자 변환 프로그램의 출력화면을 보여주고 있다.

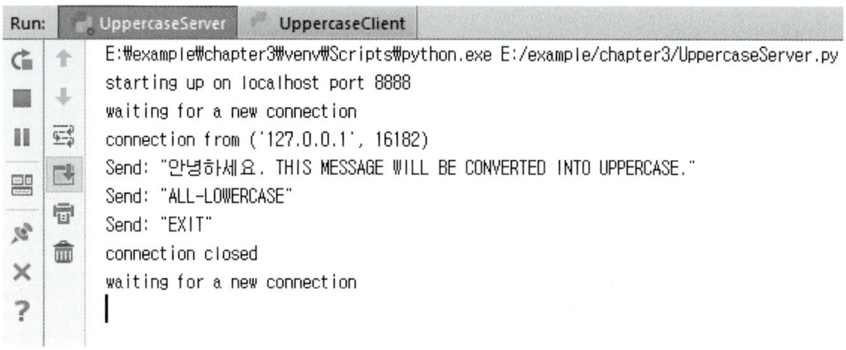

그림 11.7 **대문자 변환 서버 프로그램 출력화면**

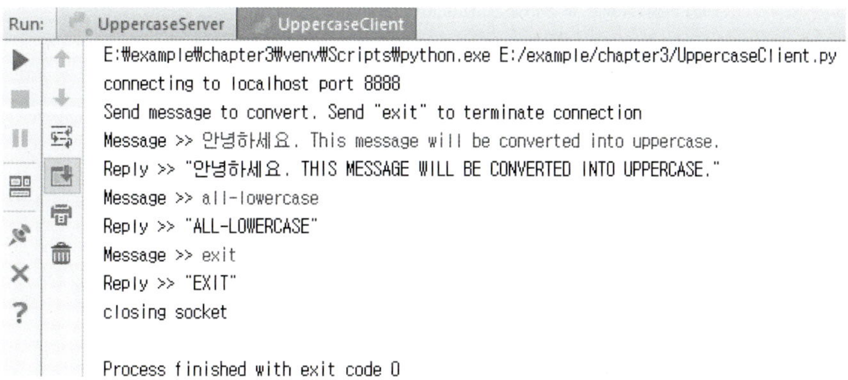

그림 11.8 **대문자 변환 클라이언트 프로그램 출력화면**

11.5.2 간단한 채팅 프로그램

대문자 변환 프로그램에서는 단지 서버가 정의된 메서드를 가지고 메시지를 처리한 후 클라이언트에게 응답했으며, 그 외의 다른 어떠한 상호작용은 없었다. 그래서 이번에는 서버를 대화형으로 향상시켜 보기로 하자. 다음 예제 프로그램에서는, 이제 서버가 클라이언트로 어떠한 메시지든 보낼 수 있다.

ChatServer.py

```
import socket
import sys

try:
    serverName = input("Nickname: ")
    sock = socket.socket(socket.AF_INET, socket.SOCK_STREAM)
    server_address = ('localhost', 8888)
    print('starting up on %s port %s' % server_address)
    sock.bind(server_address)
    sock.listen(1)
    while True:
        print('waiting for a new connection')
        connection, client_address = sock.accept()
        try:
            print('connection from', client_address)
            encoding = 'euc-kr'
            connection.sendall(serverName.encode(encoding))
            byte_data = connection.recv(1024)
            clientName = byte_data.decode(encoding)
            print(clientName + " has joined chat conversation")
            print("Send 'exit' to end conversation")
            while True:
                message = input(serverName + ": ")
                byte_message = message.encode(encoding)
                connection.sendall(byte_message)
                if message.upper() == 'EXIT':
                    break
                byte_data = connection.recv(1024)
                data = byte_data.decode(encoding)
                print(clientName + ": " + data)
                if data.upper() == 'EXIT':
```

```
                    break
        finally:
            connection.close()
            print('connection closed')
except socket.error as err:
    print("Socket error: {0}".format(err))
    sys.exit(1)
```

채팅 서버는 클라이언트와 채팅 세션을 시작하기 전에 먼저 닉네임을 주고받는다. 서버가 먼저 메시지를 보내면 그 다음 클라이언트가 메시지를 보낼 것이다. 채팅 프로그램에서는 서버와 클라이언트 모두 비슷한 절차를 수행한다. 차이점은 클라이언트에서 서버로의 접속을 시도한다는 것이다.

ChatClient.py

```
import socket
import sys

try:
    clientName = input("Nickname: ")
    sock = socket.socket(socket.AF_INET, socket.SOCK_STREAM)
    server_address = ('localhost', 8888)
    print('connecting to %s port %s' % server_address)
    sock.connect(server_address)
    try:
        encoding = 'euc-kr'
        byte_data = sock.recv(1024)
        serverName = byte_data.decode(encoding)
        print("Joined a conversation with " + serverName)
        print("Send 'exit' to end conversation")
        sock.sendall(clientName.encode(encoding))
        while True:
            byte_data = sock.recv(1024)
            data = byte_data.decode(encoding)
            print(serverName + ": " + data)
            if data.upper() == 'EXIT':
                break
            message = input(clientName + ': ')
```

```
            byte_message = message.encode(encoding)
            sock.sendall(byte_message)
            if message.upper() == 'EXIT':
                break
    finally:
        print('closing socket')
        sock.close()
except socket.error as err:
    print("Socket error: {0}".format(err))
    sys.exit(1)
```

[그림 11.9]와 [그림 11.10]은 채팅 프로그램의 실행화면을 보여주고 있다.

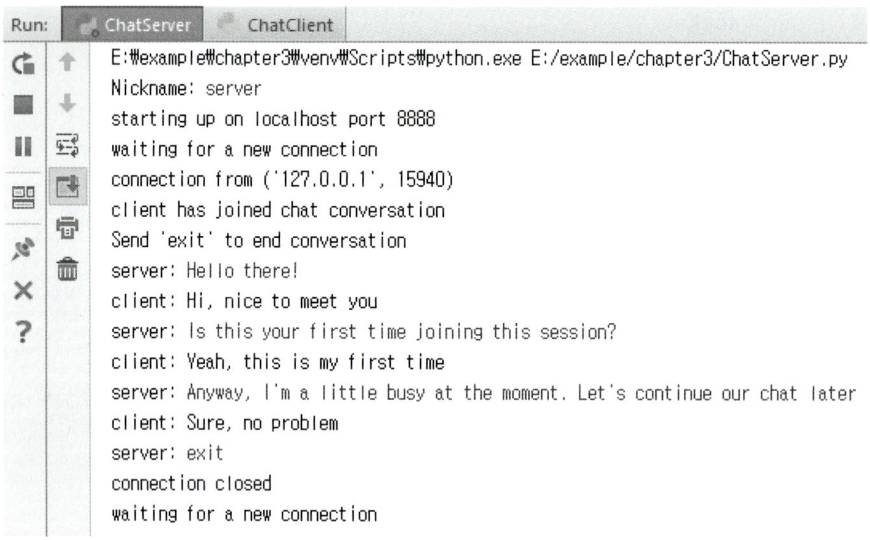

그림 11.9 **채팅 서버 프로그램**

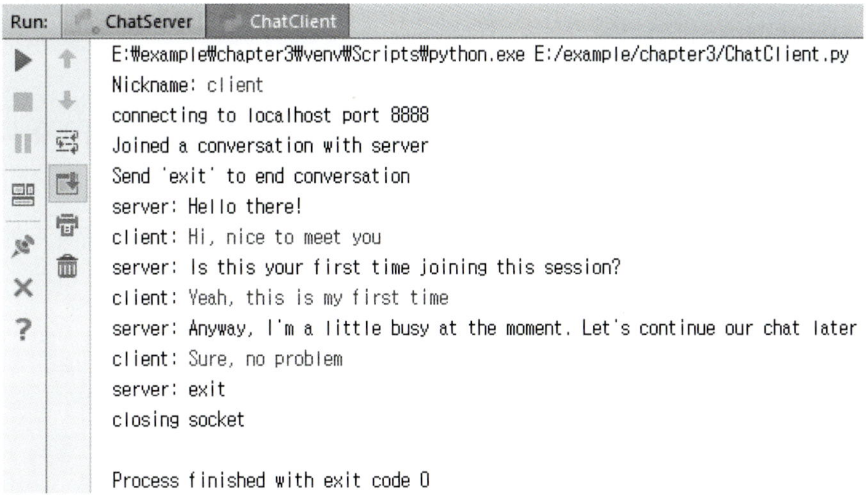

그림 11.10 **채팅 클라이언트 프로그램**

11.3 | 요약

이 장에서는 TCP가 어떻게 신뢰성 있는 데이터 전송을 제공하는지 TCP의 헤더정보와 필드들을 살펴보면서 알아보았다. TCP가 가지는 한 가지 중요한 점은 연결 설정을 한다는 점이다. TCP 전송 프로토콜을 이용하는 소켓 프로그램은 데이터를 전송하기 전에 연결을 설정해야 하며, 데이터 전송 후에는 연결을 종료한다. 이 장의 마지막 부분에서는 클라이언트/서버 프로그램에 TCP 소켓 개념을 응용하는 방법에 대해서 알아보았다.

연습문제

11.1 Echo 프로그램을 수정하여 소켓에 의해 송수신되는 바이트 수를 추가하여 출력되도록 하라.

11.2 아래와 같이 서버에서 각 단어의 첫 번째 문자는 대문자로, 나머지는 소문자로 변환하여 응답하도록 소켓 프로그램을 작성하라.

```
Input> all in lowercase

Reply> All In Lowercase

Input> mIxED daTA CaSeS

Reply> Mixed Data Cases
```

11.3 서버 측에서 클라이언트로부터 보내지는 문장내의 단어수를 알아내어 다시 클라이언트로 보내 출력시키도록 프로그램을 작성하라.

11.4* 아래와 같이, 채팅과 파일전송을 하나의 프로그램에서 할 수 있도록 채팅 프로그램을 구현하라.

```
Your View
[Nick_1] could you send me a copy of the handout?
[Friend] which handout?
[Nick_1] data structure reading material
<Friend is sending Data_Struct.pdf to you>
<File Transfer Complete>
[Nick_1] Thanks!

Friend's View
[Nick_1] could you send me a copy of the handout?
[Friend] which handout?
[Nick_1] data structure reading material
[Friend] <FILE> Data_Struct.pdf
<Transferring Data_Struct.pdf to Nick_1>
<File Transfer Complete>
[Nick_1] Thanks!
[Friend] _
```

CHAPTER 12

UDP 소켓

12.1 | UDP 개념

지금까지는 TCP를 소켓 프로그램에 활용하는 것에 대해 알아보았다. 이제부터는 트랜스포트 계층의 또 다른 프로토콜인 UDP(User Datagram Protocol)에 대해서 알아볼 것이다. TCP와는 달리 UDP는 비연결형 프로토콜이다. 이 장에서는 UDP가 어떻게 동작하고, TCP와는 어떻게 다른지에 대해 살펴보도록 하겠다.

UDP는 RFC 768에 정의되었고, 네트워크를 통해 데이터를 전송하기 위해 데이터그램을 사용한다. UDP는 TCP와 같이 신뢰성 있는 전송 서비스를 제공하지 않으며 최소한의 전송 프로토콜을 필요로 할 때 적합하다.

12.1.1 UDP 소켓 개요

[그림 12.1]은 RFC 768에 정의되어 있는 UDP 데이터그램 헤더 형식을 보여주고 있다. 데이터그램은 오직 4개의 필드로 구성되어 있으며, TCP 세그먼트 헤더보다는 적은 수의 필드를 가진다. 송신측과 수신측 포트번호 모두 16비트 길이를 가지고, 0에서 65,535의 범위를 가진다는 점에서는 TCP와 동일하다. 하지만 UDP는 송신측 포트번호가 선택사항이라는 점에서 차이점을 지닌다. UDP가 제공하는 유일한 신뢰성은 첵섬(checksum)이다.

UDP는 데이터 전송을 위해 접속 성립이 요구되지 않는 비 연결형 프로토콜이다. 즉, 데이터가 네트워크를 통해 목적지까지 전송이 되었는가에 대해서 보장을 하지 않는다. 유추해보면, 이 UDP는 우리가 이용하는 우편 서비스랑 유사하게 동작한다. 우리가 편지를 보내면, 그 편지가 목적지까지 도착할 것이라는 추측만 할 뿐이지, 편지가 수령인에게 도착했다는 것을 보장하지는 못한다.

16비트	16비트
Source Port	Destination Port
Length	Checksum

그림 12.1 **UDP 데이터그램 헤더 형식**

만약에 신뢰성보다는 시간이 최우선이라면, UDP가 좋은 선택이 될 것이다. 미디어 스트리밍 어플리케이션 같은 경우에는 가능한 빨리 데이터가 목적지까지 도착하도록 요구되며, 늦게 도착한 데이터는 쓸모가 없다. 데이터는 손실되어도 상관없으며, 높은 신뢰성은 요구되지 않는다. 비교적 간단한 헤더를 가지는 것은 전송 시에 전체 바이트수를 줄일 수 있기 때문에, 좀 더 빨리 목적지까지 데이터가 이동할 수 있게 된다.

12.1.2 TCP와의 차이점

표 12.1 **UDP와 TCP의 차이점**

UDP	TCP
접속 성립이 요구되지 않음	접속 성립이 요구됨
데이터가 순서대로 도착하지 않음	데이터가 순서대로 도착함
신뢰성이 낮음, best-effort	신뢰성이 높음
데이터그램(Datagram)	스트림(Stream)
브로드캐스트와 멀티캐스트 지원	유니캐스트만 지원

[표 12.1]은 UDP와 TCP의 차이점을 나타내는 목록이다. 가장 두드러진 차이점은 데이터 전송이 이루어지기 전에 접속 성립이 요구되느냐 안 되느냐 하는 점이다. UDP는 TCP처럼 3단계 핸드쉐이킹 연결 설정을 요구하지 않는다. 연결이 이루어지지 않기 때문에 UDP에서는 데이터가 순서대로 도착하지 못할 수도 있다. 또한, UDP는 best-effort(메시지 전달에만 집중)에 기초하여 메시지를 보낸다. 이것은 신뢰성을 보장하지 않을 뿐만 아니라, 데이터가 손실된 경우에도 재전송을 하지 않는다. TCP에서는 데이터가 순서대로 보내지지만, UDP에서는 데이터를 데이터그램에 넣어 개별적으로 보낸다. TCP는 두 호스트 간에 연결이 설정되어야 하기 때문에 특정 수신자에게만 데이터를 송신할 수 있거나(유니캐스트) 1 대 1 통신만을 지원한다. 반면, UDP에서는 유니캐스트, 브로드캐스트, 멀티캐스트로 데이터가 보내질 수 있다.

12.1.3 UDP 프로세스 흐름

[그림 12.2]와 [그림 12.3]은 일반적인 UDP 소켓 서버와 클라이언트 프로세스 흐름을 보여주고 있다. [그림 11.3]과 [그림 11.4]의 TCP 프로세스 흐름과 비교하면, 매우 간단하다는 것을 알 수 있다.

UDP 서버 프로세스는 [그림 12.2]와 같이 소켓을 생성함으로써 시작된 후, 포트에 바인딩을 한다. 포트 바인딩 후에는, 연결 요청에 대한 리스닝 없이 바로 데이터 전송을 수행할 수 있다. 데이터 송신 및 수신은 TCP와는 약간의 차이점이 있다. 이 부분에 대해서는 다음 절에서 설명할 것이다.

UDP의 클라이언트 프로세스는 [그림 12.3]과 같이 서버에 접속할 필요가 없고, 소켓 생성 후 즉시 데이터 전송을 시작할 수 있다. UDP에서 클라이언트와 서버 간의 차이점은 서버는 포트 바인딩을 하고, 클라이언트는 하지 않는다는 점이다.

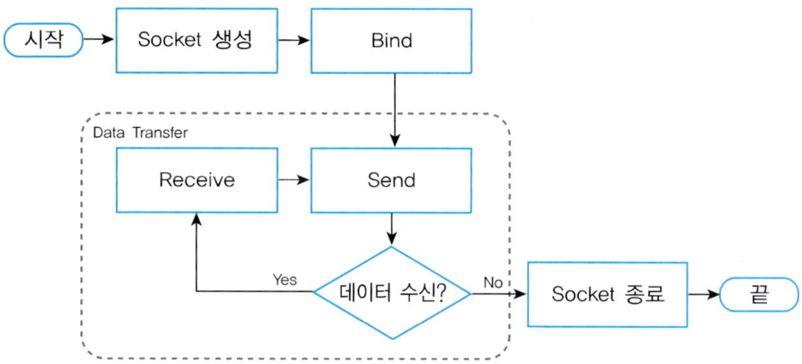

그림 12.2 UDP 소켓 서버 프로세스 흐름도

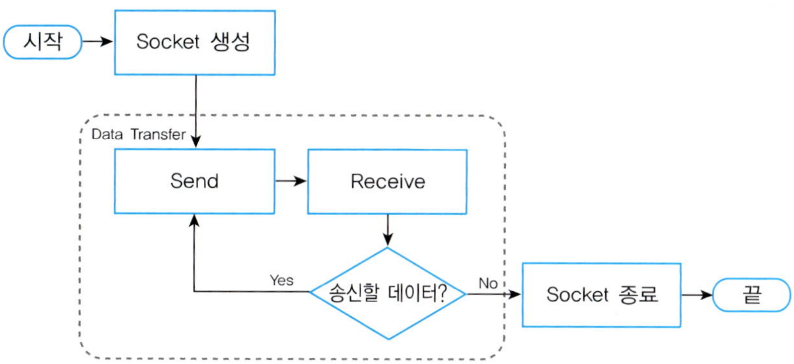

그림 12.3 UDP 소켓 클라이언트 프로세스 흐름도

12.2 | UDP 소켓을 이용한 프로그램

10장과 11장에서 TCP 소켓을 생성하기 위해 Socket 클래스를 이용했었는데, UDP는 소켓과 프로토콜 종류를 변경할 필요가 있다. UDP 프로토콜을 선택하기 위해 SOCK_STREAM 대신에 SOCK_DGRAM을 사용한다.

지금까지 sendall()와 recv() 메서드를 이용하여 TCP 기반의 데이터를 전송하였다. socket 클래스는 sendto()와 recvfrom()이라는 비 연결형 데이터그램을 위한 또 다른 데이터 전송 메서드를 제공한다.

socket.sendto(bytes, address) 메서드는 송신할 데이터 바이트와 상대방 주소를 매개변수로 필요로 하며 보낸 데이터의 바이트 수를 반환한다. socket.recvfrom(bufsize) 메서드는 매개변수로 버퍼 사이즈가 필요하며 수신한 바이트 데이터와 데이터를 보낸 호스트 주소를 반환한다.

EchoServerUDP.py

```
1. import socket
2. import sys
3.
4. try:
5.     sock = socket.socket(socket.AF_INET, socket.SOCK_DGRAM)
6.     server_address = ('localhost', 8888)
7.     print('starting up on %s port %s' % server_address)
8.     sock.bind(server_address)
9.     while True:
10.        print('waiting for a new message')
11.        byte_data, client_address = sock.recvfrom(1024)
12.        encoding='euc-kr'
13.        print('received ' + byte_data.decode(encoding))
14.        print('sending data back to ' + str(client_address))
15.        sock.sendto(byte_data, client_address)
16. except socket.error as err:
17.     print("Socket error: {0}".format(err))
18.     sys.exit(1)
```

UDP Echo 서버는 줄번호 5-8에서와 같이 UDP 소켓을 정의하고, 포트번호 8888에 소켓을 바인딩 하여 시작된다. 줄번호 11에서는 데이터와 원격 호스트의 주소를 받고 줄번호 15에서는 보낸 클라이언트에게 같은 데이터를 다시 보낸다.

EchoClientUDP.py

```
import socket
import sys

try:
    sock = socket.socket(socket.AF_INET, socket.SOCK_DGRAM)
    server_address = ('localhost', 8888)
    try:
        # Send data
        message = '안녕하세요. This message will be repeated.'
        print('sending "%s"' % message)
        encoding = 'euc-kr'
        byte_message = message.encode(encoding)
        sock.sendto(byte_message, server_address)
        # Receive data
        byte_data, server = sock.recvfrom(1024)
        data = byte_data.decode(encoding)
        print('received "%s"' % data)
    finally:
        print('closing socket')
        sock.close()
except socket.error as err:
    print("Socket error: {0}".format(err))
    sys.exit(1)
```

UDP Echo 클라이언트는 데이터를 보낸 서버의 위치를 명시하는 것 빼고는 서버와 비슷하다. 프로그램 실행화면은 다음과 같다.

[그림 12.4]와 [그림 12.5]는 UDP Echo 프로그램의 실행화면을 보여주고 있다.

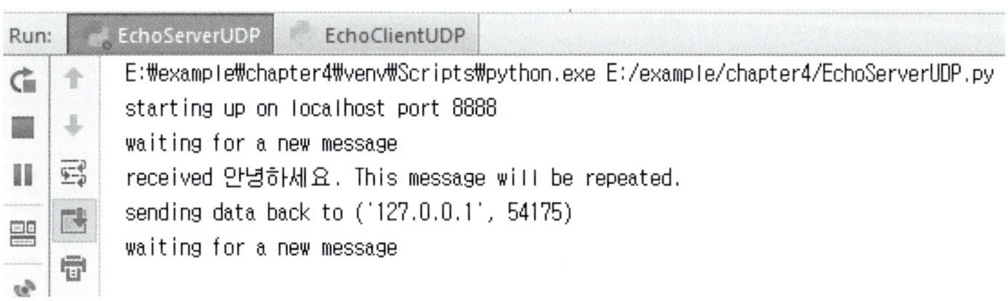

그림 12.4 UDP Echo 서버 프로그램

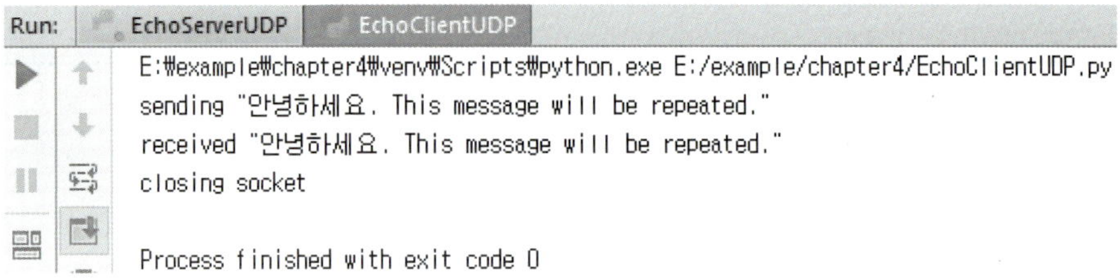

그림 12.5 UDP Echo 클라이언트 프로그램

12.3 | 브로드캐스팅

TCP에서는 찾아볼 수 없었던 UDP가 가지는 한 가지 기능은 다수의 클라이언트에 메시지를 전달하는 브로드캐스팅(Broadcasting)이다. 9장에서 언급했듯이, IPAddress.Broadcast라고 하는 브로드캐스트 주소가 IPAddress 클래스 내에 정의되어 있다. 이는 IPv4의 주소 255.255.255.255를 의미한다. IPv6 브로드캐스트 주소는 존재하지 않는다. 만약에 이 주소로 데이터를 보내면, 송신자와 같은 서브 넷에 있는 수신자들은 이 브로드캐스트 메시지를 받을 수 있다.

12.3.1 브로드캐스트 Sender

브로드캐스트 Sender는 UDP 프로토콜을 활용하여, 특정 IP 주소 대신에 브로드캐스트 주소를 사용하여 구현할 수 있다.

BroadcastSender.py

```
import socket
import sys

try:
    sock = socket.socket(socket.AF_INET, socket.SOCK_DGRAM)
    sock.setsockopt(socket.SOL_SOCKET, socket.SO_REUSEADDR, 1)
    sock.setsockopt(socket.SOL_SOCKET, socket.SO_BROADCAST, 1)
    receiver_address = ('255.255.255.255', 8888)
    print('Send exit to stop application')
    try:
        # Send data
        while True:
```

```
            message = input("Broadcast message> ")
            encoding = 'euc-kr'
            byte_message = message.encode(encoding)
            sock.sendto(byte_message, (receiver_address))
            if message.upper() == 'EXIT':
                break
    finally:
        print('closing socket')
        sock.close()
except socket.error as err:
    print("Socket error: {0}".format(err))
    sys.exit(1)
```

프로그램 실행화면은 [그림 12.6]에 나와 있다. 여러 Sender가 동시에 실행할 수 있다.

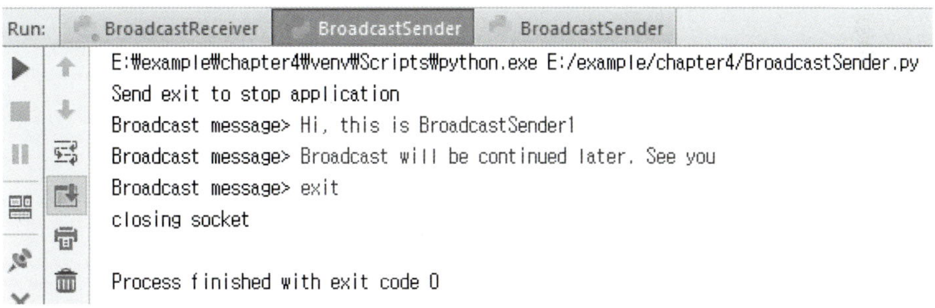

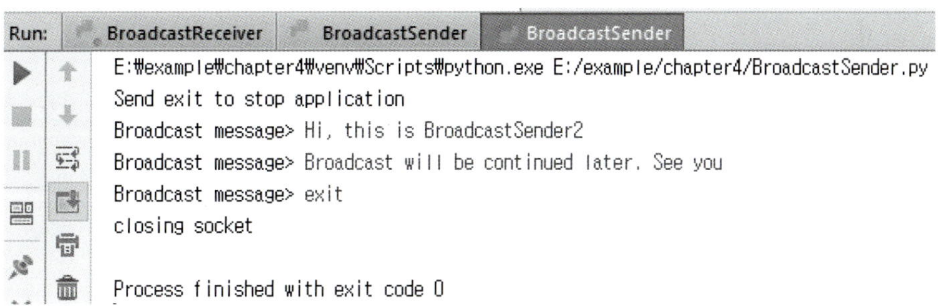

그림 12.6 브로드캐스트 Sender 프로그램 실행화면

12.3.2 브로드캐스트 Receiver

브로드캐스트 Receiver는 포트에 소켓을 바인딩을 한다는 점에서 Sender와 다르다. Sender 프로그램과 같은 서브 넷에 있는 여러 컴퓨터에서 Receiver 프로그램을 실행해보기 바란다. 주어진 예제 프로그램을 실행할 때에는, 같은 포트번호를 사용하는 다른 프로그램이 없어야 한다.

[그림 12.7]은 브로드캐스트 Receiver 프로그램의 실행화면을 보여주고 있다.

BroadcastReceiver.py

```
import socket
import sys

try:
    sock = socket.socket(socket.AF_INET, socket.SOCK_DGRAM)
    receiver_address = ('', 8888)
    print('starting up on %s port %s' % receiver_address)
    sock.bind(receiver_address)
    while True:
        print('waiting for a new message')
        byte_data, sender_address = sock.recvfrom(1024)
        encoding='euc-kr'
        data = byte_data.decode(encoding)
        print(str(sender_address) + ' >>' + data)
except socket.error as err:
    print("Socket error: {0}".format(err))
    sys.exit(1)
```

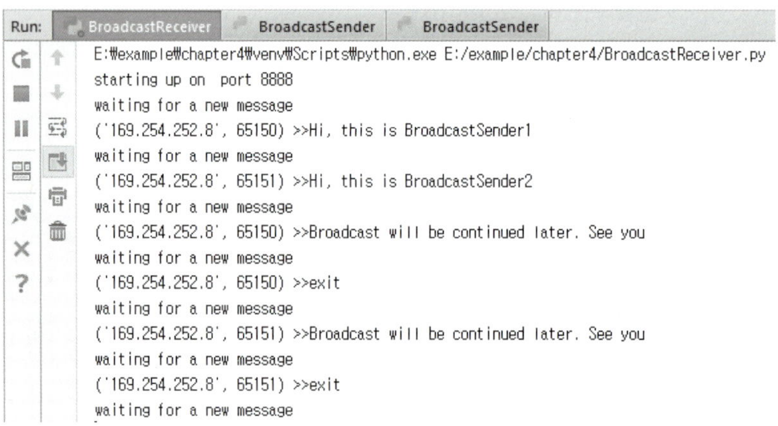

그림 12.7 브로드캐스트 Receiver 프로그램 실행화면

12.4 | 멀티캐스팅

멀티캐스팅(Multicasting)은 TCP에서는 가능하지 않는 UDP의 또 다른 기능이다. 멀티캐스트의 목적은 여러 수신자에게 메시지를 보낸다는 점에서 브로드캐스트와 유사하다. 하지만 서브 넷의 모든 호스트에게 메시지를 전달하는 브로드캐스트와는 달리, 멀티캐스트는 멀티캐스트 그룹에 가입된 호스트에게 메시지를 전달하는 것을 말한다.

IPv4에서 멀티캐스트 그룹은 주소 224.0.0.0에서 239.255.255.255 까지를 말하고, IPv6의 멀티캐스트 주소범위는 RFC 2375를 통해 알아볼 수 있다. 멀티캐스트 메시지를 수신하기 위해서는 호스트가 멀티캐스트 그룹에 가입하면 되고, 원하지 않을 경우에는 그룹에서 탈퇴하면 된다.

송신자는 멀티캐스트 그룹에 가입 없이 멀티캐스트를 보낼 수 있다. 그리고 Sender가 소켓 옵션 IP_MULTICAST_TTL을 통해서 멀티 캐스팅된 데이터그램에 허용되는 라우터 홉(Hop)수(TTL, Time to Live)를 조절할 수 있다. 데이터그램이 이동하면서 경유한 라우터 홉 수가 이 수를 넘어가면 폐기된다. 로컬 라우터가 넘어가지 않도록 TTL을 1로 조절해야 한다.

수신자는 소켓 옵션 IP_ADD_MEMBERSHIP을 통해서 멀티캐스트 그룹에 가입할 수 있다. 멀티캐스트 그룹에 가입하기 전에, 포트에 소켓을 바인딩 해야 한다.

12.4.1 멀티캐스트 송신자

멀티캐스트 그룹에 메시지를 보내는 것은 매우 간단하다. 메시지를 보내기 위해 멀티캐스트 그룹에 가입할 필요가 없기 때문이다. 단지 여기서는 멀티캐스트 그룹 IP 주소를 명시하는 것 외에는 UDP 클라이언트와 별반 다를 것이 없다.

MulticastSender.py

```
import socket
import struct
import sys
try:
    sock = socket.socket(socket.AF_INET, socket.SOCK_DGRAM)
    # Set the time-to-live for messages to 1
    ttl = struct.pack('b', 1)
    sock.setsockopt(socket.IPPROTO_IP, socket.IP_MULTICAST_TTL, ttl)
    multicast_group = ('225.225.225.225', 8888)
```

```
    print('Send exit to stop application')
    try:
        # Send data
        while True:
            message = input('Multicast message> ')
            encoding = 'euc-kr'
            byte_message = message.encode(encoding)
            sock.sendto(byte_message, multicast_group)
            if message.upper() == 'EXIT':
                break;
    finally:
        print('closing socket')
        sock.close()
except socket.error as err:
    print("Socket error: {0}".format(err))
    sys.exit(1)
```

프로그램 실행화면은 [그림 12.8]에서 보여주고 있다. 여러 Sender가 동시에 실행할 수 있다.

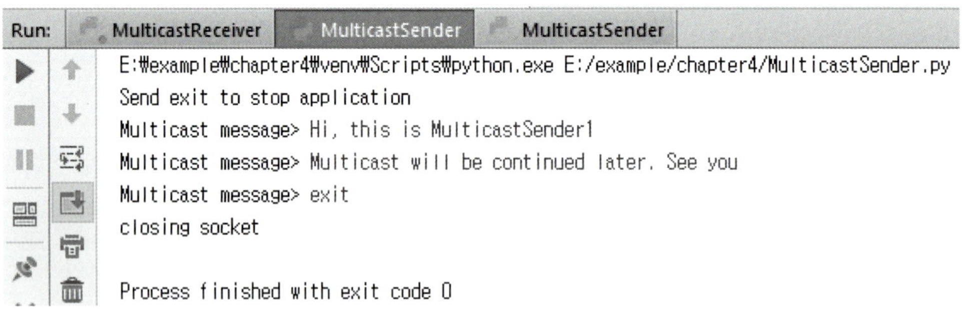

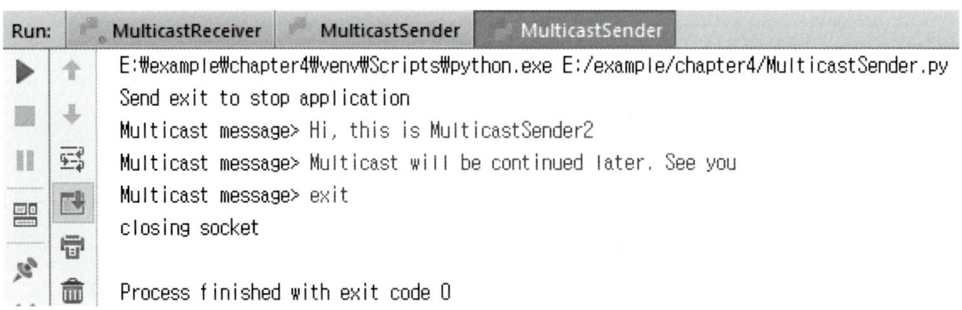

그림 12.8 멀티캐스트 Sender 프로그램 실행화면

12.4.2 멀티캐스트 수신자

멀티캐스트 그룹에 메시지를 보내는 것과 달리, 메시지를 받기 위해서는 멀티캐스트 그룹에 가입을 해야 한다. 또한 멀티캐스트 그룹에 가입하기 위해 포트 바인딩이 요구된다.

[그림 12.9]는 프로그램 실행화면을 보여주고 있다.

MulticastReceiver.py

```
import socket
import struct
import sys

try:
    sock = socket.socket(socket.AF_INET, socket.SOCK_DGRAM)
    server_address = ('', 8888)
    sock.bind(server_address)
    # Add the socket to the multicast group on all interfaces.
    multicast_group = '225.225.225.225'
    group = socket.inet_aton(multicast_group)
    mreq = struct.pack('4sL', group, socket.INADDR_ANY)
    sock.setsockopt(socket.IPPROTO_IP, socket.IP_ADD_MEMBERSHIP, mreq)
    while True:
        print('waiting for a new message')
        byte_data, sender_address = sock.recvfrom(1024)
        encoding='euc-kr'
        data = byte_data.decode(encoding)
        print(str(sender_address) + ' >>' + data)
except socket.error as err:
    print("Socket error: {0}".format(err))
    sys.exit(1)
```

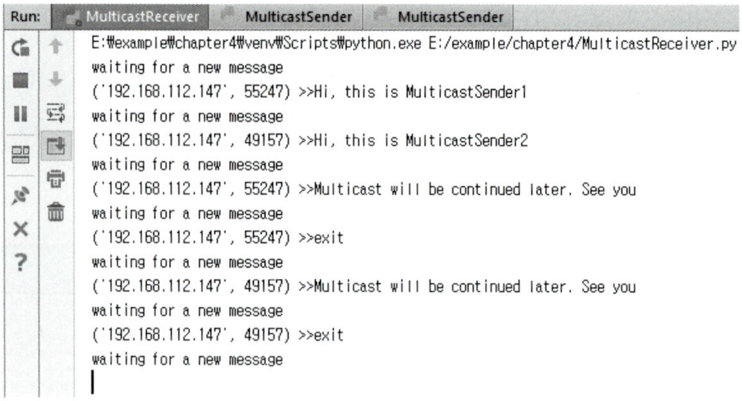

그림 12.9 **멀티캐스트 Receiver 프로그램 실행화면**

12.5 | 요약

이 장에서는, 전송 계층의 또 다른 프로토콜인 UDP에 대해서 알아보았다. 이름이 암시하는 것처럼 UDP는 네트워크를 통해 데이터를 전송할 때, 데이터그램을 사용한다. UDP는 비연결형 프로토콜이며, TCP처럼 신뢰성을 보장하지 않는다. UDP가 가지는 이점은, 구현이 간단하고 가볍다는 것이다. 그렇기 때문에 전송시간에 예민한 데이터에 대해서는 좋은 선택이 될 수 있다.

UDP는 TCP에는 없는 브로드캐스트와 멀티캐스트 기능을 가지고 있다. 브로드캐스팅은 같은 서브넷에 존재하는 모든 호스트에게 데이터를 보낼 수 있는 IPv4의 주소 255.255.255.255를 사용하여 수행될 수 있다. 반면, 멀티캐스트는 멀티캐스트 그룹에 가입한 호스트들에게만 데이터를 보낸다. 멀티캐스트 그룹은 이미 정의된 특수 IP 주소 범위로 일반적인 유니캐스트 주소와는 구별된다.

연습문제

12.1 클라이언트의 메시지를 소문자로 변경하는 UDP 소켓 프로그램을 만들어라.

12.2 UDP를 사용하여 1대1 채팅 프로그램을 만들어라.

12.3* 여러 사용자가 동시에 사용할 수 있는 회의 채팅 프로그램을 만들어라. 기본적으로 한 사용자가 메시지를 보내면 브로드캐스트로 모든 사용자에게 전달이 되도록 하고, 또한 특정 사용자에게만 메시지를 전달할 수도 있도록 하라.

CHAPTER 13

네트워크 응용 프로토콜

12장까지는 Python에 의해 제공되는 클래스들을 활용하여 기본적인 소켓 응용 프로그램을 만드는 방법에 대해서 알아보았다. 지금부터는 표준 네트워크 프로토콜에 기초하여 네트워크 응용 프로그램을 만들어 보도록 하자. 13장에서는 흔히 사용되는 네트워크 서비스인 웹 서버, 이메일 서버, 파일 서버에 접속하는 간단한 클라이언트 프로그램들을 만들어 보자.

13.1 | 개요

오늘날 네트워크 통신을 위해 사용하고 있는 다양한 프로토콜들이 IETF에 의해 정의되었다. IETF는 프로토콜 표준을 정의하기 위해 RFC문서의 형태로 제공한다. 또한, RFC는 프로토콜 표준 외에 Best Current Practice(BCP: 인터넷상에서 현재 사용되는 최상의 관행)와 Experimental Proposal(실험 제안서)과 같은 정보도 포함한다. 모든 RFC 문서는 Status(상태)를 나타내는 꼬리표와 함께 고유한 식별번호를 가진다. RFC 상태는 새로운 RFC 번호를 가지는 업데이트가 나오면 이전의 RFC는 쓸모없어지기 때문에 (Obsoleted by [새로운 RFC 번호])의 형태로 꼬리표가 붙고, 새 업데이트는 (Obsoletes [이전의 RFC번호])의 형태로 꼬리표가 붙게 된다.

이 장에서는 HTTP(Hypertext Transfer Protocol), SMTP(Simple Mail Transfer Protocol), POP3(Post Office Protocol version 3)과 FTP(File Transfer Protocol)를 다루도록 하겠다. 참고로, 이 책을 쓸 당시에는 HTTP에 대한 가장 최신의 프로토콜이 RFC 2616이었고, 나머지 세 개의 프로토콜인 SMTP, POP3, FTP는 각각 RFC 5321, RFC 1939, RFC 959가 최신이었음을 알아두기 바란다.

13.2 | HTTP(Hypertext Transfer Protocol)

HTTP는 HTML(Hypertext Markup Language) 문서와 문서 내의 그림과 같은 리소스들을 전송하기 위해 브라우저에서 가장 많이 사용되고 있다. HTTP 버전 1.1은 IETF에 의해 RFC 2616에 정의되어있고, 전체 표준문서와 관련정보는 W3C(http://www.w3.org/Protocol/)의 웹사이트에서도 확인이 가능하다.

HTTP는 클라이언트와 서버 간에 메시지 전송을 위해 TCP를 사용한다. 그래서 클라이언트는 요청을 보내기 전에 서버와 연결을 맺어야 한다. HTTP는 HTTP서버 또는 웹서버에서 요청-응답 메시지 교환 방식을 사용하기 때문에 클라이언트는 요청을 보낸 후 서버에 의해 순서대로 처리되고 응답이 올 때까지 대기해야한다. HTTP 요청과 응답 메시지는 RFC 2616에 [그림 13.1]과 같이 그 형식이 설명되어 있다. 이 형식은 RFC 822의 형식에 기초한 것이다.

Start Line
Message Header
Blank Line
Message Body

그림 13.1 **일반적인 HTTP 메시지 형식**

HTTP 메시지의 시작 라인(Start Line)에는 요청 라인(Request line)이나 상태 라인(Status line)이 올 수 있다. 메시지 헤더(Message Header)는 몇 가지가 올 수 있는데, 각 헤더는 키보드의 엔터키를 의미하는 CRLF(캐리지리턴, 라인피드)로 구분된다. 공백 라인(Blank Line)은 헤더의 끝을 의미하고, 또한 CRLF로 나타낸다. 메시지 바디(Message Body)에는 실제 메시지가 온다.

13.2.1 HTTP 요청

HTTP 요청 메시지는 [그림 13.2]에서 보는 바와 같이 몇 가지 정보로 구성된다. HTTP 요청 메시지의 시작 라인은 요청 라인(request line)이다. Request line은 메서드, 공백, 요청할 URI, 공백, HTTP 버전 그리고 CRLF로 마무리 되는 구성을 가진다. 메서드는 대소문자를 구별하며, 여러 가지 메서드(OPTIONS, GET, HEAD, POST, PUT, DELETE, TRACE, CONNECT)가 존재한다. 이 각각의 메서드는 그 다음에 오는 요청 URI를 다루게 된다. HTTP 버전 필드는 사용하고자 하는 HTTP의 버전을 나타낸다. 여기 예제에서는 HTTP/1.1 버전을 사용하게 될 것이다.

Method		Request URI		HTTP Version	CRLF
General Header					
Request Header					
Entity Header					
Blank Line					
Message Body					

그림 13.2 **HTTP 요청 메시지 형식**

HTTP 요청 메시지는 하나이상의 헤더를 가질 수 있다. 이 헤더들은 클라이언트가 어떤 종류의 콘텐트를 받아들일 수 있는지를 나타내는 Accept 헤더와 같이, 클라이언트에 관한 정보를 제공한다. 헤더는 또한, Date, Content-Type, Referer와 같은 요청에 관한 정보도 제공한다. 각 헤더는 헤더 이름과 콜론 그리고 공백이 온 다음에 헤더정보가 오게 되며, CRLF로 마무리된다. HTTP 버전 1.0에서 Host 헤더는 HTTP 요청 메시지에서 필수사항이다.

헤더 다음에는 공백 라인(Blank Line)이 오며, 그 다음 메시지 바디(선택사항)가 온다. 따라서 HTML 페이지인 http://www.ietf.org/rfc.html 를 요청하는 메시지는 다음과 같다.

```
GET /rfc.html HTTP/1.1<CR><LF>
Host: www.ietf.org<CR><LF>
<CR><LF>
```

13.2.2 HTTP 응답

HTTP Version		Status Code		Reason	CRLF
General Header					
Request Header					
Entity Header					
Blank Line					
Message Body					

그림 13.3 **HTTP 응답 메시지 형식**

HTTP 요청 메시지를 보낸 후에는, HTTP 서버가 응답 메시지로 응답을 하게 된다. [그림 13.3]은 응답 메시지의 형식을 보여주고 있다. 상태 라인(Status line)이라고 불리는 응답 메시지의 시작 라인은 HTTP 버전, 공백, Status Code(상태코드), 공백, Reason Phrase(설명 구)와 CRLF로 구성된다.

표 13.1 HTTP 상태 코드

분류	코드	설명
정보(1##)	100	Continue
	101	Switching Protocols
성공(2##)	200	OK, 성공적으로 요청이 전달됨
	201	Created, 요구가 충족되어 새로운 자원을 생성함
	202	Accepted, 요구가 접수되었으나 처리가 완료되지 않음
	203	Non-Authoritative Information, 인증되지 않은 정보
	204	No Content, 요청을 처리했으나 전송할 데이터가 없음
	205	Reset Content
	206	Partial Content
라다이렉션(3##)	300	Multiple Choices, 복수 선택
	301	Moved Permanently, 리소스가 영구 URI에 할당되어 이동
	302	Found
클라이언트 오류(4##)	400	Bad Request, 클라이언트의 요청이 잘못됨
	401	Unauthorized, 권한 없음
	402	Payment Required, 예약됨
	403	Forbidden, 금지된 요청
	404	Not Found, 요청한 URI를 찾을 수 없음
	405	Method Not Allowed, 허용되지 않는 메서드
	406	Not Acceptable, 접수불가
	407	Proxy Authentication Required, Proxy 인증이 요구됨
	408	Request Time-out, 요청한 시간 내에 응답을 하지 못함
서버 오류(5##)	500	Internal Server Error, 내부 서버 오류
	501	Not Implemented, 요청 처리를 위한 기능이 구현되지 않음
	502	Bad Gateway, 게이트웨이 상태가 나쁨
	503	Service Unavailable, 서비스 불가
	504	Gateway Time-out
	505	HTTP Version not supported

[표 13.1]은 HTTP 응답 메시지의 상태코드와 설명 구를 함께 보여주고 있다. 이 상태코드들은 응답 메시지가 무엇을 나타내는지를 알려주는 역할을 한다. HTTP 상태코드는 첫 번째 숫자에 기초하여

5개의 클래스로 분류될 수 있다. 가장 흔히 볼 수 있는 상태코드로는 리소스를 찾을 수 없다는 것을 나타내는 404코드가 있다. 요청 라인(Request Line)과 같이, 상태 라인(Status Line)은 CRLF로 끝난다.

응답 메시지는 또한 메타데이터를 포함하는 0개 혹은 여러 개의 헤더를 가진다. 헤더필드는 요청 메시지 포맷과 같이 CRLF로 구분된다. 응답 메시지의 내용은 공백 라인(Blank Line) 다음에 오며 HTML 문서와 같은 내용이 오게 된다.

13.2.3 HTTP 클라이언트

다음 예제에서는 TCP 소켓을 이용하여 HTTP 클라이언트가 생성된다. 이 HTTP 클라이언트 예제 프로그램은 리소스를 요청하기 위한 최소한의 HTTP 요청 메시지를 서버로 보내게 된다. 프로그램은 요청메시지, 응답메시지와 함께 HTML 문서를 출력할 것이다.

HTTPClient.py

```
import socket

while True:
    print('Send exit to stop')
    host = input('HTTP URL: ')
    if host.upper() == 'EXIT':
        break
    full = input('Show full content? (Y/N)')
    try:
        sock = socket.socket(socket.AF_INET, socket.SOCK_STREAM)
        server_address = (host, 80)
        sock.connect(server_address)
        if full.upper() == 'Y':
            request_header = 'GET'
        else:
            request_header = 'HEAD'
        request_header += ' / HTTP/1.1\n'
        request_header += 'Host: ' + host + '\n\n'
        sock.send(request_header.encode())
        sock.settimeout(1)

        response = ''
```

```
        while True:
            byte_data = sock.recv(1024)
            data = byte_data.decode()
            print(data)
            if not data:
                break
        sock.close()
    except socket.error as err:
        print("Socket error: {0}".format(err))
        continue
```

[그림 13.4]는 HTTP 클라이언트의 실행화면을 보여주고 있다.

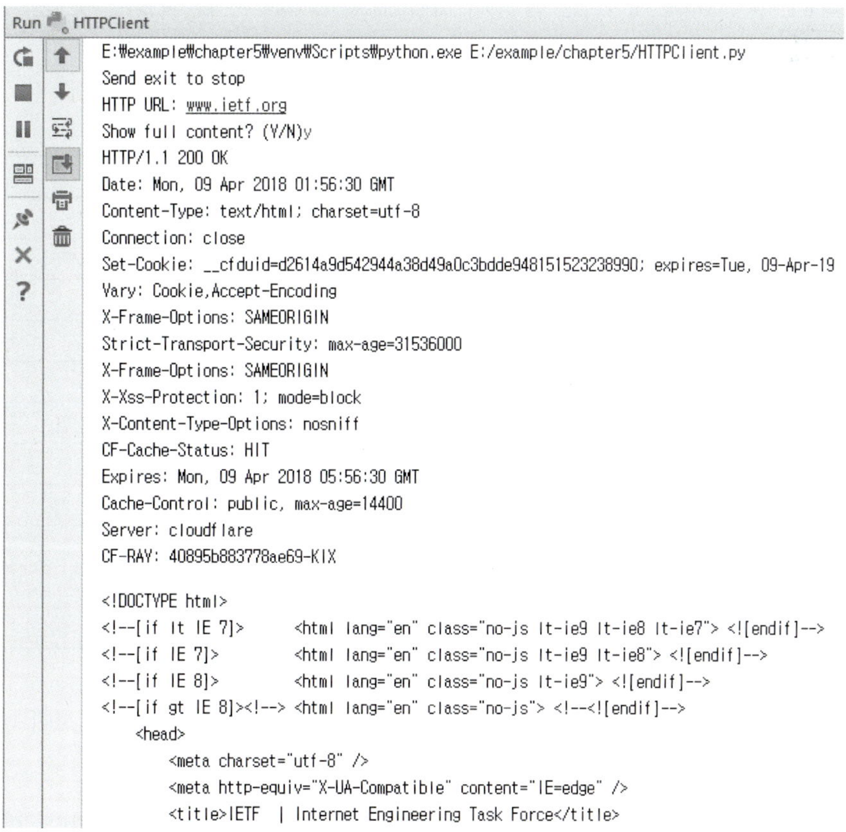

그림 13.4 HTTP 요청과 응답 메시지의 헤더와 내용

13.3 | SMTP(Simple Mail Transfer Protocol)

SMTP는 이메일 프로그램에서 메일을 보낼 때 사용되는 프로토콜이다. SMTP에서 지원되는 명령과 그 응답에 대한 내용이 설명되어 있는 SMTP 표준문서는 RFC 5321에서 찾아볼 수 있다. SMTP는 TCP를 전송 프로토콜로 이용한다.

13.3.1 SMTP 명령

SMTP 표준문서에는 지원할 수 있는 명령과 그 사용법에 대한 설명이 열거되어있다. [표 13.2]는 RFC 5321에 정의되어 있는 SMTP 명령들을 요약하고 있다. 각 명령은 CRLF로 끝난다. 우선 SMTP 서버에 접속을 한 후, HELO 또는 EHLO 명령과 함께 도메인 이름이나 IP 주소를 대괄호 안에 넣어서 보내면, welcome 메시지를 볼 수가 있다. 만약 EHLO가 사용되었을 때에는, 확장된 명령이 함께 출력된다.

표 13.2 SMTP 명령과 설명

명령	설명
HELO 〈SP〉 *Domain*	도메인 이름을 사용하여 클라이언트 식별
EHLO 〈SP〉 *Domain*	도메인 이름을 사용하여 클라이언트 식별(ESMTP)
MAIL FROM: *〈Email〉*	송신자의 이메일 식별
RCPT TO: *〈Email〉*	수신자의 이메일 식별
DATA	클라이언트에서 메시지 내용 전송을 초기화
RSET	전체 메시지 트랜잭션을 무효화하고 버퍼 재설정
VRFY 〈SP〉 *Username*	이메일 사용자명을 확인
EXPN 〈SP〉 *Listname*	메일링 리스트 확장
HELP *Command*	도움말
NOOP	OK 응답 외에는 아무것도 수행하지 않음
QUIT	메시지 종료

송신자와 수신자의 이메일 주소는 MAIL FROM과 RCPT TO 명령을 사용하여 나타낸다. 메일 내용은 DATA 명령을 입력한 후 내용을 넣고, 마지막 부분에 도트(.)를 입력한 후 CRLF로 마무리한다.

우리가 주로 보게 되는 메일의 내용은 DATA와 마침표(.)사이에 위치한다. 이 이메일 내용에는, From, To, Bcc, Cc, Subject 필드와 같은 정보를 넣을 수 있다. 여기서 Date 필드 같은 경우에는

RFC 5322에 정의된 형식을 이용하여 나타내야 한다. 다음은 그 예로 2018년 크리스마스 오후 1시 15분(GMT+9)를 나타낸 것이다.

```
Fri, 25 Dec 2018 13:15:33 +0900
```

13.3.2 SMTP 응답

SMTP 클라이언트가 명령을 실행하면, 서버는 [표 13.3]과 같은 코드를 포함하는 메시지로 응답한다. 만약에 멀티라인 응답일 경우에는 각 라인이 마이너스(-) 기호와 함께 코드가 출력되고 그 다음에 메시지가 오게 된다. 그리고 멀티라인 응답 메시지의 마지막 라인은 항상 싱글라인과 동일한 방식('-' 기호 없이)으로 출력된다. [표 13.3]은 RFC 5321에 정의된 응답코드를 보여주고 있다.

표 13.3 SMTP 응답 코드

코드	설명
211	시스템 상태
214	도움말 메시지
220	서비스가 준비됨
221	도메인 서비스가 전송채널을 폐쇄하고 있음
250	요청한 메일 처리가 완료되었음
251	사용자가 Local이 아님
252	사용자를 VRFY 할 수 없음, 하지만 메시지 접수 및 전달은 시도함
354	메일 입력을 시작하여 〈CRLF〉.〈CRLF〉로 끝남
421	서비스가 수행가능하지 않음, 전송채널을 폐쇄하고 있음
450	요청한 메일이 처리되지 않음, 메일박스를 사용할 수 없음
451	요청한 작업이 처리되지 않음, 로컬 에러 발생
452	요청한 작업이 처리되지 않음, 시스템 공간 부족
500	구문 오류, 명령이 인식되지 않음
501	구문 오류, 매개변수나 인수가 잘못됨
502	명령이 구현되지 않았음
503	요청한 작업의 순서가 잘못됨
504	매개변수가 구현되지 않았음
550	요청한 작업이 처리되지 않음, 메일박스를 사용할 수 없음
551	사용자가 Local이 아님
552	요청한 메일 작업이 강제 종료됨, 저장 공간 할당량을 초과
553	요청한 작업이 처리되지 않음, 메일박스 이름 사용불가
554	트랜잭션 실패
555	MAIL FROM/RCPT TO 인수가 잘못되었거나 구현되지 않았음

코드의 첫 번째 숫자는 응답 상태를 나타내고, 두 번째는 범주, 세 번째는 부류를 나타낸다.

13.3.3 SMTP 클라이언트

일반적인 SMTP 트랜잭션은 다음과 같이 이뤄진다. [S – Server, C – Client]

```
S: 220 example.com ESMTP
C: EHLO example.org
S: 250-Hello [208.77.188.166]
S: 250-8BITMIME
S: 250-SIZE
S: 250 HELP
C: MAIL FROM:<user@example.com>
S: 250 OK
C: RCPT TO:<otheruser@example.org>
S: 250 OK
C: DATA
S: 354 Enter mail. End mail with <CRLF>.<CRLF>
C: whatever content that should goes here
C: .
S: 250 OK
C: QUIT
S: 221 Bye
```

다음 예제는, TCP 소켓을 이용하는 SMTP 클라이언트를 생성한다.

SMTPClient.py

```python
import socket
import base64
import ssl

mailserver = ("smtp.gmail.com", 465)
clientSocket = socket.socket(socket.AF_INET, socket.SOCK_STREAM)
sock = ssl.wrap_socket(clientSocket, ssl_version= ssl.PROTOCOL_SSLv23)
sock.connect(mailserver)
recv = sock.recv(1024).decode()
print("Message after connection request:" + recv)
if recv[:3] != '220':
    print('220 reply not received from server.')
```

```
ehloCommand = 'EHLO client.example.com\r\n'
sock.send(ehloCommand.encode())
recv1 = sock.recv(1024)
recv1 = recv1.decode()
print("Client: " + ehloCommand)
print("Server: " + recv1)
if recv1[:3] != '250':
    print('250 reply not received from server.')
#authentication
username = "socketapplication@gmail.com" #사용자 이메일 입력
password = "your123password" #비밀번호 입력
base64_str = ("\x00"+username+"\x00"+password).encode()
base64_str = base64.b64encode(base64_str)
authMsg = "AUTH PLAIN ".encode()+base64_str+"\r\n".encode()
sock.send(authMsg)
recv_auth = sock.recv(1024)
print("Client: AUTH PLAIN username+password")
print("Server: " + recv_auth.decode())
#Sender and recipient
mailFrom = "MAIL FROM: <socketapplication@gmail.com>\r\n" #사용자 이메일 입력
sock.send(mailFrom.encode())
recv2 = sock.recv(1024)
recv2 = recv2.decode()
print("Client: " + mailFrom)
print("Server: " + recv2)
rcptTo = "RCPT TO: <yourfriend@gmail.com>\r\n" #받을 사용자 이메일 입력
sock.send(rcptTo.encode())
recv3 = sock.recv(1024)
recv3 = recv3.decode()
print("Client: " + rcptTo)
print("Server: " + recv3)
#Email's content
data = "DATA\r\n"
sock.send(data.encode())
recv4 = sock.recv(1024)
recv4 = recv4.decode()
print("Client: " + data)
print("Server: " + recv4)
```

```
54. subject = "Subject: Socket Application\r\n\r\n"
55. sock.send(subject.encode())
56. msg = "SMTP Client Application Text"
57. endmsg = "\r\n.\r\n"
58. sock.send(msg.encode())
59. sock.send(endmsg.encode())
60. recv_msg = sock.recv(1024)
61. print("Client: " + subject + msg + endmsg)
62. print("Server: " + recv_msg.decode())
63. #Quit
64. quit = "QUIT\r\n"
65. sock.send(quit.encode())
66. recv5 = sock.recv(1024)
67. print("Client: " + quit)
68. print("Server: " + recv5.decode())
69. sock.close()
```

이 예에서는 구글메일 SMTP 서버(smtp.gmail.com 포트 465)를 사용하였다. SMTP의 기본 포트번호는 25 이나 구글의 SMTP 서버 포트번호는 465로 설정되어 있이므로 이 포트번호를 사용한다. 데이터 전송을 보호하기 위해 SMTP 서버와 연결하기 전에 SSL를 사용한다(줄번호 7). EHLO 명령을 보낸 뒤에 기본 통신을 확인할 수 있다(줄번호 13-20). 사용자 이름과 비밀번호를 베이스64로 인코딩을 해야 한다(줄번호 26). 로그인할 때는 "AUTH PLAIN"과 인코딩된 사용자 이름과 비밀번호를 보낸다(줄번호 28).

이메일을 보낼 때에 보낸 사람이 "MAIL FROM: 〈보낸_사람_이메일_주소〉"이 표시되고 받을 사람이 "RCPT TO: 〈받을_사람_이메일_주소〉"이 표시된다(줄번호 34,40). 내용을 보내기 전에 "DATA\r\n"를 보내야 되고 제목인 "Subject: 제목\r\n\r\n"을 보내야 된다(줄번호 48,54). 내용을 보낸 뒤에 "\r\n.\r\n"를 보내고 메일을 전송하게 된다. 마지막으로 접속종료를 하려면 "QUIT\r\n" 메시지를 보내면 된다. [그림 13.5]는 코드 실행화면을 보여주고 있다.

```
E:\example\chapter5\venv\Scripts\python.exe E:/example/chapter5/SMT
Message after connection request:220 smtp.gmail.com ESMTP b72-v6sm9

Client: EHLO client.example.com
Server: 250-smtp.gmail.com at your service, [203.241.183.12]
250-SIZE 35882577
250-8BITMIME
250-AUTH LOGIN PLAIN XOAUTH2 PLAIN-CLIENTTOKEN OAUTHBEARER XOAUTH
250-ENHANCEDSTATUSCODES
250-PIPELINING
250 SMTPUTF8

Client: AUTH PLAIN username+password
Server: 235 2.7.0 Accepted

Client: MAIL FROM: <socketapplication@gmail.com>
Server: 250 2.1.0 OK b72-v6sm9077816iti.17 - gsmtp

Client: RCPT TO: <josephwitanto@gmail.com>
Server: 250 2.1.5 OK b72-v6sm9077816iti.17 - gsmtp

Client: DATA
Server: 354  Go ahead b72-v6sm9077816iti.17 - gsmtp

Client: Subject: Socket Application

SMTP Client Application Text
.
Server: 250 2.0.0 OK 1523253365 b72-v6sm9077816iti.17 - gsmtp

Client: QUIT
Server: 221 2.0.0 closing connection b72-v6sm9077816iti.17 - gsmtp
Process finished with exit code 0
```

그림 13.5 SMTP 클라이언트 실행화면

13.4 | POP3(Post Office Protocol version 3)

이메일 프로그램과 관련된 또 다른 프로토콜은 POP3이다. 이메일을 보낼 때, 우리는 SMTP를 이용하여 메시지를 보내는 반면, 메일박스에 있는 메일을 가져올 때에는 POP3을 이용한다. POP3 표준문서는 RFC 1939에 정의되어 있다. RFC 1939에는 메일박스에 접근하기 위한 모든 명령들과 그에 대한 응답메시지가 포함되어 있다. SMTP와 같이 POP3 또한 TCP를 이용한다.

13.4.1 POP3 명령

RFC 1939는 메일박스에 접근하기 위한 명령들과 메일 서버에서 구현된 명령들을 포함한다. 각 명령은 대소문자에 관계없이 쓰일 수 있고, CRLF로 끝난다. 명령이 인수를 포함할 경우에는 명령과 인수 사이를 공백으로 구분한다. 그리고 각 인수는 40문자를 넘을 수 없다. [표 13.4]는 POP3 서버에서 지원되는 명령 목록이다.

표 13.4 **POP3 명령**

명령	반환	설명
QUIT		접속 종료
STAT	〈count〉 〈size〉	전체 메시지 수와 크기를 보여줌
LIST 〈message #〉	〈msg #〉 〈size〉	특정 메시지의 크기를 보여줌
RETR 〈message #〉	메시지 내용	실제 메일을 가져옴
DELE 〈message #〉		메일 삭제
NOOP		아무것도 하지 않음
RSET		삭제 마크 리셋
TOP 〈msg #〉 〈line〉	메시지 내용	특정 메시지를 헤더를 제외한 line 수만큼 보여줌
UIDL 〈message #〉	〈message #〉 〈id〉	특정 메시지의 ID를 보여줌
USER 〈name〉		메일박스 사용자명
PASS 〈password〉		메일박스 암호
APOP 〈name〉 〈md5〉		MD5로 암호화된 로그인

13.4.2 POP3 응답

서버에서 반환되는 응답상태는 두 가지가 있으며, 긍정적인 상태는 +OK로 부정적인 상태는 -ERR로 나타낸다. 둘 모두 대문자로 반환되며, STAT명령을 사용할 경우에 메시지 수, 크기와 같은 추가적인 정보가 함께 제공된다. RFC 1939에서 응답메시지는 CRLF문자와 함께 총 512의 길이를 가질 수 있다고 명시되어 있다. 멀티라인 메시지를 반환하는 LIST와 같은 명령에 대한 응답메시지를 반환할 경우에는, 마지막 라인이 〈CRLF〉.〈CRLF〉로 마무리 된다.

어떠한 명령은 인수를 가지는지 여부에 따라 응답메시지가 약간씩 달라질 수 있다. 예를 들어 LIST 명령 같은 경우에는, 인수가 없을 경우 모든 메시지의 크기를 출력하는 반면, 인수로 특정 메시지 번호를 넣을 경우에는 그에 해당하는 메시지의 사이즈에 대해서만 출력하게 된다.

13.4.3 POP3 클라이언트

일반적으로, 서버접속 후에는 로그인 과정을 거쳐 메일박스로부터 메일 목록을 확인할 수 있다. 그리고 메일을 읽고 삭제할 수 있으며, 모든 작업이 완료된 후에는 서버로부터 접속을 종료하게 된다. 다음 예제는 Gmail POP3 서버를 통해 이메일을 어떻게 확인하는지 보여주고 있다.

POP3Client.py

```
import socket
import base64
import ssl

mailserver = ("pop.gmail.com", 995)
clientSocket = socket.socket(socket.AF_INET, socket.SOCK_STREAM)
sock = ssl.wrap_socket(clientSocket, ssl_version= ssl.PROTOCOL_SSLv23)
sock.connect(mailserver)
recv = sock.recv(1024).decode()
print("Server:" + recv)
if recv[:3] != '+OK':
    print('+OK reply not received from server.')


#authentication
username = "youremail@gmail.com"  #사용자 이메일 입력
password = "your1234password"  #비밀번호 입력
```

```python
base64_str = ("\x00"+username+"\x00"+password).encode()
base64_str = base64.b64encode(base64_str)
authMsg = "AUTH PLAIN ".encode()+base64_str+"\r\n".encode()
sock.send(authMsg)
recv_auth = sock.recv(1024).decode()
print("Client: AUTH PLAIN username+password")
print("Server: " + recv_auth)
while True:
    choice = input("1. Number of messages and total size\n2. Message number and size of message\n3. Retrieve message\n4. Exit\nInput: ")
    if choice == "1":
        #Number, total size of messages
        data = "STAT\r\n"
        sock.send(data.encode())
        recv2 = sock.recv(1024).decode()
        print("Client: " + data)
        print("Server: " + recv2)
    elif choice == "2":
        #Message # and size of message
        data = "LIST\r\n"
        sock.send(data.encode())
        recv3 = sock.recv(1024).decode()
        print("Client: " + data)
        print("Server: " + recv3)
    elif choice == "3":
        message_number = input("Message number: ")
        #Email's content
        data = "RETR " + message_number + "\r\n"
        sock.send(data.encode())
        print("Client: " + data)
        print("Server: ")
        message = sock.recv(1024).decode()
        print(message)
        if message[:3] != '+OK':
            continue
        while True:
            message = sock.recv(1024).decode()
            print(message)
            if message[-5:] == "\r\n.\r\n":
                break
    elif choice == "4":
```

```
        break
#Quit
quit = "QUIT\r\n"
sock.send(quit.encode())
recv5 = sock.recv(1024)
print("Client: " + quit)
print("Server: " + recv5.decode())
sock.close()
```

이 코드를 실행하기 전에 [그림 13.6]과 같이 Gmail 환경설정 화면에서 POP3를 설정해야 한다. [그림 13.7]과 [그림 13.8]는 코드 실행화면을 보여주고 있다.

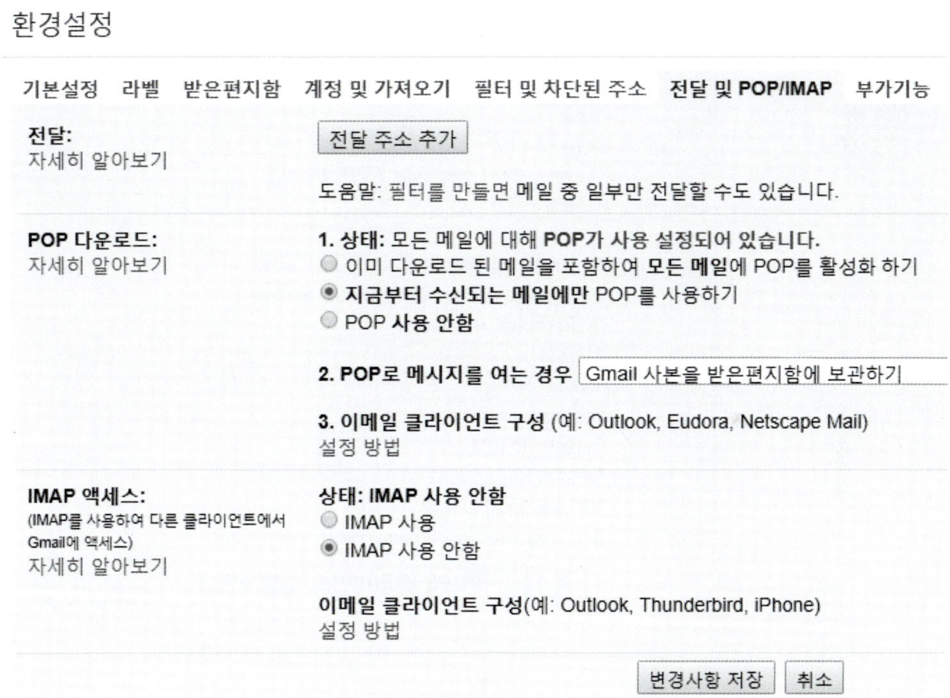

그림 13.6 Gmail POP3 설정 화면

```
Run  POP3Client
E:₩example₩chapter5₩venv₩Scripts₩python.exe E:/example/
Server:+OK Gpop ready for requests from 203.241.183.12

Client: AUTH PLAIN username+password
Server: +OK Welcome.

1. Number of messages and total size
2. Message number and size of message
3. Retrieve message
4. Exit
Input: 1
Client: STAT
Server: +OK 1 6208

1. Number of messages and total size
2. Message number and size of message
3. Retrieve message
4. Exit
Input: 2
Client: LIST
Server: +OK 1 messages (6208 bytes)
1 6208
.
1. Number of messages and total size
2. Message number and size of message
3. Retrieve message
4. Exit
Input: 3
Message number: 1
Client: RETR 1
Server:
+OK message follows
Delivered-To: socketapplication@gmail.com
```

그림 13.7 POP3 클라이언트 실행화면 1

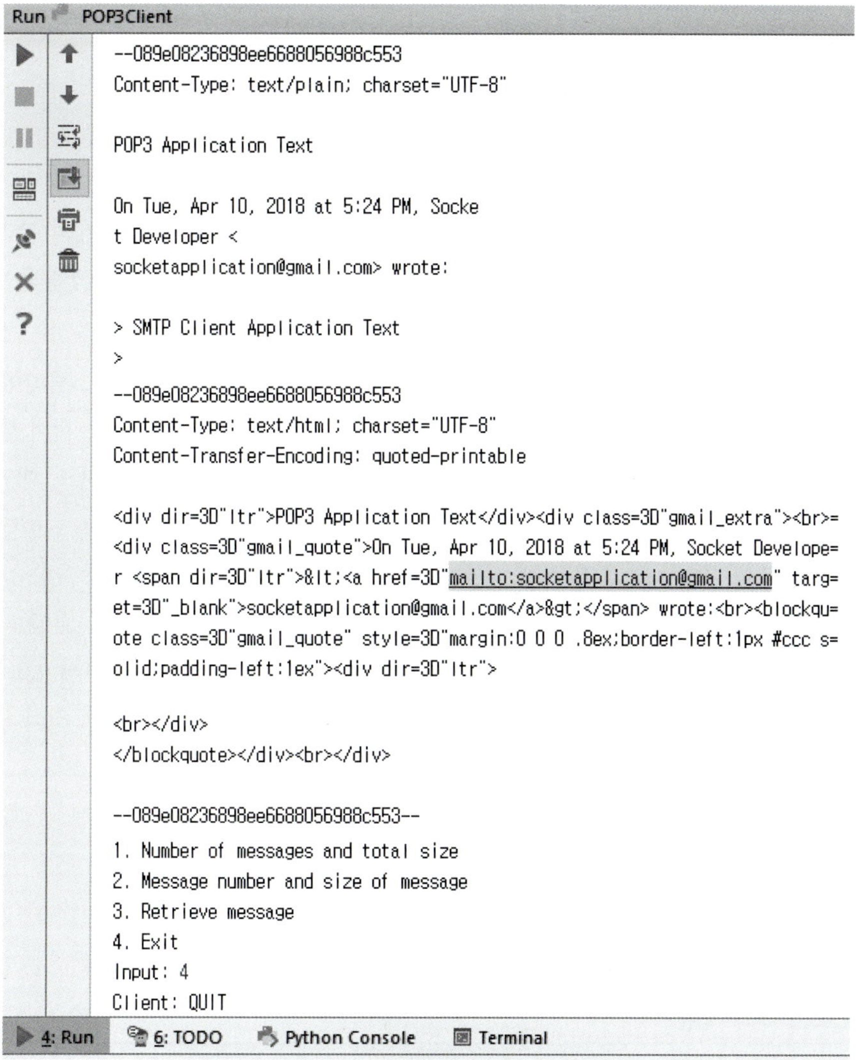

그림 13.8 POP3 클라이언트 실행화면 2

13.5 | FTP(File Transfer Protocol)

HTTP외에, 웹 브라우저는 파일 다운로드를 위한 FTP 또한 포함하고 있다. FTP는 RFC 959에 정의되어있고, FTP가 어떻게 동작하는지에 대한 세부적인 설명을 포함한다. FTP는 파일 전송을 위해 TCP를 이용한다. FTP는 다른 세 개의 프로토콜과는 달리 서버에 대한 두 개의 분리된 연결을 요구한다. 이 분리된 연결 중 하나는 제어를 위해 존재하며, 다른 하나는 데이터 전송을 위한 것이다. 이는 데이터 전송과 제어가 같은 연결을 공유하지 않기 때문에 out-of-band control이라 불린다.

FTP에서 클라이언트는 사용자 인터페이스와 클라이언트 제어 프로세스, 클라이언트 데이터 전송 프로세스의 세 가지 부분으로 구성되어 있다. 서버는 서버 제어 프로세스와 서버 데이터 전송 프로세스의 두 가지로 구성되어 있다. 제어 연결은 제어 프로세스 사이에 만들어지고, 데이터 연결은 데이터 전송 프로세스 사이에 설정 된다.

제어 연결은 전체 상호 작용적인 FTP 세션 동안 연결된 상태로 유지된다. 데이터 연결은 전송되는 각 파일마다 열렸다 닫힌다. 이 연결은 파일 전송에 관련된 명령이 사용될 때마다 설정되고, 파일 전송이 끝나면 종료된다. 달리 말하면, 사용자가 FTP 세션을 시작할 때, 제어 연결은 설정된다. 제어 연결이 설정되어 있는 동안 만일 여러 개의 파일이 전송된다면 데이터 연결은 여러 번 설정, 종료 과정을 거치게 된다.

13.5.1 FTP 명령

[표 13.5]는 FTP 명령과 그에 대한 설명이 요약되어 있다.

표 13.5 FTP 명령

명령	설명
ABOR	파일 전송을 중단
ACCT *info*	사용자 계정정보를 서버에 보냄
ALLO *size*	파일 저장 공간 할당
APPE *filename*	파일 끝에 추가
CDUP	상위 디렉터리로 이동
CWD *pathname*	특정 디렉터리로 이동
DELE *filename*	파일 삭제
HELP [*command*]	도움말

LIST [*filename*]	파일이나 디렉터리 목록 확인
MKD *pathname*	디렉터리 생성
MODE *S/B/C*	전송 모드 변경
NLST [*pathname*]	디렉터리 내의 파일 목록 확인
NOOP	아무런 수행을 하지 않음
PASS *password*	비밀번호 입력
PASV	수동으로 포트번호를 얻음
PORT $a_1, a_2, a_3, a_4, p_1, p_2$	특정 주소와 포트번호로 데이터 포트를 열기 위해 사용
PWD	현재 디렉터리 확인
QUIT	로그아웃
REIN	접속을 다시 초기화
REST *position*	특정위치부터 파일 이어받기
RETR *filename*	서버로부터 파일 수신
RMD *pathname*	디렉터리 제거
RNFR *filename*	파일 이름을 변경할 때 사용되며, RNTO와 함께 사용
RNTO *filename*	파일 이름을 변경할 때 사용되며, RNFR과 함께 사용
SITE *command*	특정 사이트에서 지원되는 명령 실행
SMNT *pathname*	다른 파일 시스템 데이터 구조를 마운트할 때 사용
STAT [*pathname*]	현재 상태 확인
STOR *filename*	서버로 파일 송신
STOU	파일 송신시에 서버에서 유일한 파일이름을 생성하도록 함
STRU *F/R/P*	파일 구조 변경
SYST	현재 접속된 서버의 시스템 타입(OS) 확인
TYPE *A/E/I/L*	데이터 타입을 변경(ASCII, EBCDIC, BINARY 등)
USER name	로그인 사용자명

대부분의 FTP 명령어들은 인자를 필요로 하며, 어떤 것은 상수를 요구하기도 한다. 위의 명령 중 몇 개를 살펴보면 다음과 같다.

```
MODE : S(Stream), B(Block), C(Compressed)
STRU : F(File), R(Record), P(Page)
TYPE : A(ASCII), E(EBCDIC), I(Image), L(Local)
```

PORT 명령 같은 경우에는 콤마(,)로 분리된 여섯 개의 입력 값을 가지는데, 처음 네 개는 IPv4 주소의 네 개의 십진수를 의미한다. 반면 마지막 두 개는 포트번호를 의미하는데, 이는 포트번호의 상위 8비트와 하위 8비트를 각각 십진수로 나타낸 것을 의미한다. 여기서 포트번호 전체에 대한 십진수를 알고 싶다면, 간단하게 다음 공식을 따르면 된다.

$$portnumber = p_1 \times 256 + p_2$$

13.5.2 FTP 응답

FTP 응답 형식은 SMTP의 응답 포맷과 아주 유사하다. FTP 또한 3개의 숫자로 된 응답 코드를 가진다. [표 13.6]은 코드 형식과 그 의미에 대해서 설명하고 있다. 코드 전체를 보고자 한다면 RFC 959를 참조하기 바란다.

표 13.6 **FTP 응답 코드와 그 의미**

응답 코드	의미
1##	긍정적 예비 응답
2##	긍정적 완료 응답
3##	긍정적 중간 응답
4##	임시 부정적 완료 응답
5##	영구 부정적 완료 응답
#0#	구문 오류
#1#	정보 : 시스템 상태나 도움말
#2z	접속 상태
#3#	인증
#4#	정의 되지 않음
#5#	파일 시스템

어떤 FTP 응답 메시지는 SMTP와 같이 멀티라인으로 이뤄져 있을 수 있다. 여러 줄로 응답을 할 경우에는, 마지막 라인을 제외한 모든 라인의 코드 뒤에 마이너스(-) 기호가 붙게 된다. 반면, 마지막 라인에는 마이너스 기호가 붙지 않는다.

13.5.3 FTP 서버

FTP 서버를 준비하기 위해서 새로운 패키지(라이브러리)를 설치할 것이다. [그림 13.9]에서 [그림 13.11]까지는 pyftpdlib 패키지를 설치하는 과정을 나타낸다.

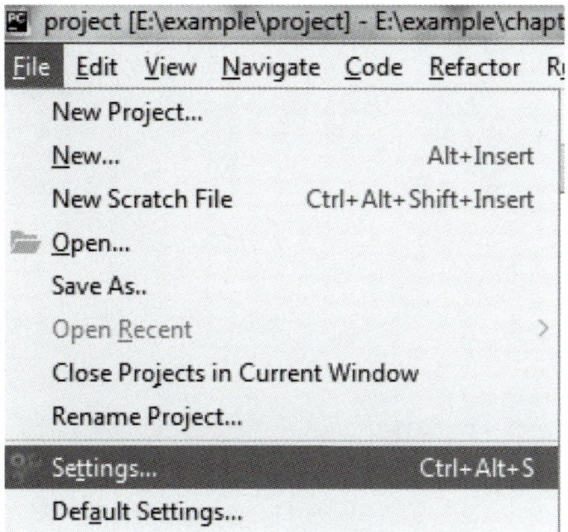

그림 13.9 PyCharm 설정

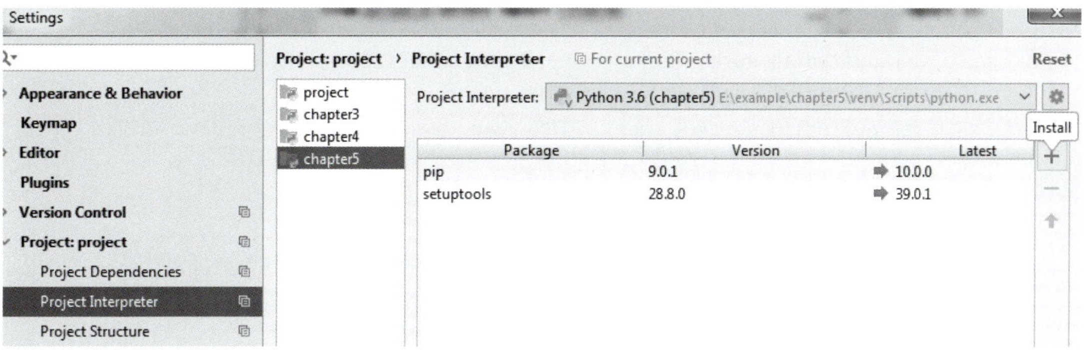

그림 13.10 Python 패키지 설치

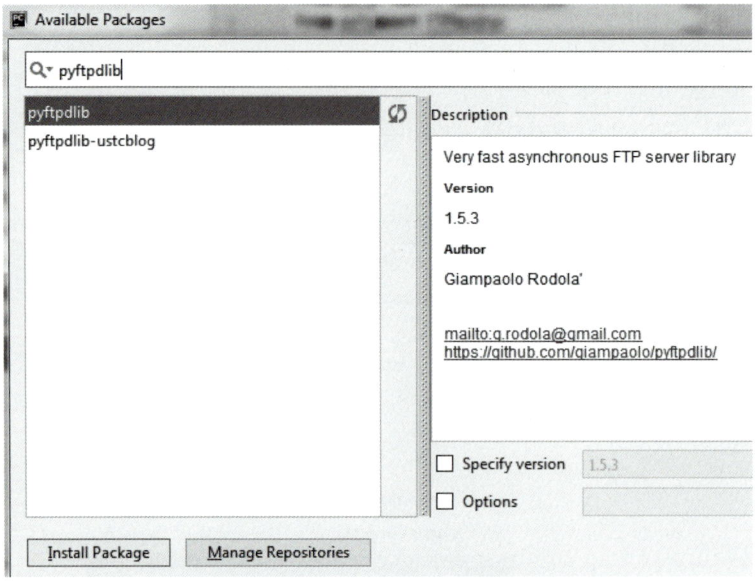

그림 13.11 pyftpdlib 패키지 설치

FTPServer.py

```
from pyftpdlib.authorizers import DummyAuthorizer
from pyftpdlib.handlers import FTPHandler
from pyftpdlib.servers import FTPServer


authorizer = DummyAuthorizer()
authorizer.add_user("user", "pass", "E:/example/chapter5/server", perm="elradfmw")
authorizer.add_anonymous("E:/example/chapter5/server", perm="elradfmw")
handler = FTPHandler
handler.authorizer = authorizer

server = FTPServer(("127.0.0.1", 8888), handler)
server.serve_forever()
```

FTP 서버 예제 소스에서 보는 바와 같이 authorizer.add_user와 authorizer.add_anonymous 기능을 통해서 사용자와 해당한 디렉터리를 정한다. perm="elradfmw" 인자는 사용자 권한을 나타나는 것으로 다음과 같은 종류의 권한이 있다.

e : 디렉터리 이동함(CWD, CDUP)

l : 파일을 나열함(LIST, NLST 등)

r : 파일을 다운로드함(RETR)

a : 파일에 추가함(APPE)

d : 파일이나 디렉터리 삭제함(DELE, RMD)

f : 이름 변경(RNFR, RNTO)

m : 디렉터리 생성함(MKD)

w : 파일 업로드(STOR, STOU)

M : 파일 권한 변경(SITE CMOD)

T : 파일수정시각 변경(SITE MFMT)

[그림 13.12]는 FTP 서버의 실행화면을 보여주고 있다.

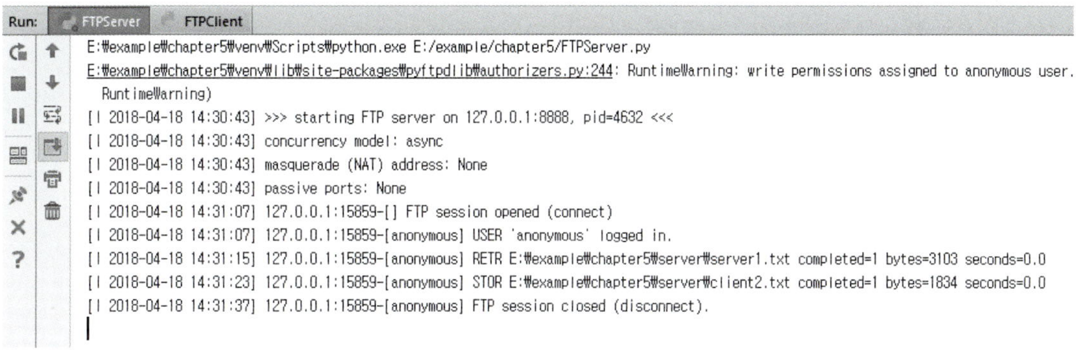

그림 13.12 **FTP 서버 실행화면**

13.5.4 FTP 클라이언트

다음 예제는 세 가지 기능을 제공하는 간단한 FTP 클라이언트 프로그램이다. 이 세 가지 기능은 기본 FTP 디렉터리에 있는 파일목록 출력, 서버로부터 파일 다운로드 및 업로드이다. 예제 프로그램에서, 서버로부터 파일을 다운로드 할 때에는, FTP 클라이언트 프로그램이 위치한 디렉터리에 파일을 저장하게 되며, 이와 비슷하게 업로드 시에는 서버 프로그램이 위치한 곳에 파일이 저장된다.

FTP서버와 연결한 후에 USER와 PASS 명령 통해서 로그인한다(줄번호 9-18). FTP 서버 데이터를 받을 포트를 찾기 위해서 PASV 명령을 보내고 맞는 포트를 계산한다(줄번호 20-27). LIST 명령 통해서 서버 디렉터리에 있는 파일과 디렉터리를 나열한다(줄번호 32-47). "RETR 파일명" 명령을 통해서 서버 디렉터리에 있는 파일을 다운로드 한다(줄번호 50-69). "STOR 파일명" 명령을 통해서 클라이언트 디렉터리에 있는 파일을 업로드 한다(줄번호 74-90).

FTPClient.py

```
1. import socket
2.
3. ftpserver = ("localhost", 8888)
4. sock = socket.socket(socket.AF_INET, socket.SOCK_STREAM)
5. sock.connect(ftpserver)
6. sock.settimeout(10)
7. recv = sock.recv(1024).decode()
8. print("Server: " + recv)
9. req = ("USER anonymous\r\n").encode()
10. sock.send(req)
11. data = sock.recv(1024).decode()
12. print("Client: USER anonymous")
13. print("Server: " + data)
14. req = ("PASS anonymous\r\n").encode()
15. sock.send(req)
16. data = sock.recv(1024).decode()
17. print("Client: PASS anonymous")
18. print("Server: " + data)
19.
20. def get_server():
21.     req = ("PASV\r\n").encode()
22.     sock.send(req)
23.     data = sock.recv(1024).decode()
24.     list = data.split('(')[1].split(')')[0].split(',')
25.     port = int(list[4]) * 256 + int(list[5])
26.     print("Connecting to port: " + str(port))
27.     return ("localhost", port)
28.
29. while True:
30.     choice = input("1. List file at server\n2. Download from server\n3. Upload to
                    server\n4. Exit\n")
31.     if choice == "1":
32.         req = ('LIST\r\n').encode()
33.         sock.send(req)
34.         data = sock.recv(1024).decode()
35.         print("Client: LIST")
```

```
        print("Server: " + data)

        ftpdata = get_server()
        sockdata = socket.socket(socket.AF_INET, socket.SOCK_STREAM)
        sockdata.connect(ftpdata)
        sockdata.settimeout(10)
        recv = sockdata.recv(1024).decode()
        sockdata.close()
        print("Server:" + recv)

        data = sock.recv(1024).decode()
        print(data)
    elif choice == "2":
        filename = input("Filename: ")
        req = ("RETR " + filename + "\r\n").encode()
        sock.send(req)
        check = sock.recv(1024).decode()
        print(check)
        if "150" in check:
            ftpdata = get_server()
            sockdata = socket.socket(socket.AF_INET, socket.SOCK_STREAM)
            sockdata.connect(ftpdata)
            sockdata.settimeout(3)
            o = open('client/'+ filename, 'wb')
            while True:
                recv = sockdata.recv(1024)
                o.write(recv)
                if recv.decode() == '':
                    break
            sockdata.close()
            o.close()

            data = sock.recv(1024).decode()
            print(data)
        else:
            print("Error no such file\n")
    elif choice == "3":
        filename = input("Filename: ")
        req = ("STOR " + filename + "\r\n").encode()
        sock.send(req)
        check = sock.recv(1024).decode()
```

```
        print(check)
        if "150" in check:
            ftpdata = get_server()
            sockdata = socket.socket(socket.AF_INET, socket.SOCK_STREAM)
            sockdata.connect(ftpdata)
            sockdata.settimeout(3)
            o = open(filename, 'rb')
            file = o.read()
            sockdata.sendall(file)
            sockdata.close()
            o.close()

            data = sock.recv(1024).decode()
            print(data)
    elif choice == "4":
        print("Exiting\n")
        break
quit = "QUIT\r\n"
sock.send(quit.encode())
recv = sock.recv(1024)
print("Client: " + quit)
print("Server: " + recv.decode())
sock.close()
```

[그림 13.13]과 [그림 13.14]는 클라이언트 실행화면을 나타난다.

Run: FTPServer FTPClient

```
E:\example\chapter5\venv\Scripts\python.exe E:/example/chapter5/FTPClient.py
Server: 220 pyftpdlib 1.5.3 ready.

Client: USER anonymous
Server: 331 Username ok, send password.

Client: PASS anonymous
Server: 230 Login successful.

1. List file at server
2. Download from server
3. Upload to server
4. Exit
1
Client: LIST
Server: 150 File status okay. About to open data connection.

Connecting to port: 15866
Server:
-rw-rw-rw-   1 owner   group        3103 Apr 18 04:40 server1.txt
-rw-rw-rw-   1 owner   group         454 Apr 18 04:40 server2.txt

226 Transfer complete.

1. List file at server
2. Download from server
3. Upload to server
4. Exit
2
Filename: server1.txt
Client: RETR server1.txt
Server: 150 File status okay. About to open data connection.

Connecting to port: 15880
226 Transfer complete.

1. List file at server
2. Download from server
3. Upload to server
4. Exit
3
```

그림 13.13 FTP 클라이언트 실행화면 1

```
Run: FTPServer FTPClient
1. List file at server
2. Download from server
3. Upload to server
4. Exit
3
Filename: client2.txt
Client: STOR client2.txt
Server: 150 File status okay. About to open data connection.

Connecting to port: 15899
226 Transfer complete.

1. List file at server
2. Download from server
3. Upload to server
4. Exit
1
Client: LIST
Server: 150 File status okay. About to open data connection.

Connecting to port: 15909
Server:
-rw-rw-rw-   1 owner    group        1834 Apr 18 05:31 client2.txt
-rw-rw-rw-   1 owner    group        3103 Apr 18 04:40 server1.txt
-rw-rw-rw-   1 owner    group         454 Apr 18 04:40 server2.txt

226 Transfer complete.

1. List file at server
2. Download from server
3. Upload to server
4. Exit
4
Exiting

Client: QUIT

Server: 221 Goodbye.


Process finished with exit code 0
```

그림 13.14 FTP 클라이언트 실행화면 2

13.6 | 요약

13장에서는, 각각 다른 네트워크 프로토콜 상에서 어떻게 소켓 프로그램을 생성하는지에 대해 알아보았다. HTTP, SMTP, POP3, FTP를 이용하여 클라이언트 프로그램을 만들어 보았고, 표준 네트워크 프로토콜에 대한 표준문서는 RFC 문서를 통해 찾아 볼 수 있다. RFC는 메시지 형식, 지원되는 명령 그리고 그에 따른 응답메시지 등의 정보를 제공한다. 이러한 정보들은 프로그램을 만드는데 있어 아주 중요한 정보들이다.

연습문제

13.1 GET 메서드 대신에 POST 메서드를 이용하여 HTTP 클라이언트를 구현하라.

13.2 이메일 작성에서 Cc와 Bcc 필드를 명시할 수 있도록 SMTP 클라이언트를 수정하라.

13.3* FTP 클라이언트 프로그램을 수정하여 FTP 클라이언트에 파일을 삭제하고 이름을 변경할 수 있는 기능을 추가하라.

13.4* FTP 클라이언트 프로그램에 디렉터리를 생성, 수정, 제거할 수 있는 기능을 추가하라.

APPENDIX

Wireshark 소개

APPENDIX

Wireshark 소개

1 | 개요

TCP/IP는 컴퓨터 통신에 있어서 사실상 표준 프로토콜이다. IP(Internet Protocol)는 라우팅 기능을 제공하고, TCP(Transmission Control Protocol)는 통신하는 양쪽 끝 사이에 가상의 연결(virtual circuit)을 만들고 제어하는 기능을 제공한다.

이외에도, UDP(User Datagram Protocol), ICMP(Internet Control Message Protocol), IGMP (Internet Group management protocol), SNMP(Simple Network Management Protocol) 같은 여러 유용한 프로토콜들이 존재하며, 이 모든 통신 프로토콜은 패킷(packet)을 교환하여 통신한다. 단어 뜻 그대로, 패킷은 일종의 소포와도 같다. 소포에는 보내는 사람의 정보, 받는 사람의 정보 등이 기재되며, 이 정보는 받는 사람에게 소포가 도착하는 동안 사용되어 지고, 받는 사람은 자신의 소포인지를 확인 후 개봉함으로써, 기재된 정보는 역할을 다하게 된다.

이 같은 네트워크 통신상에서의 일련의 패킷 전송 과정들을 분석하기 위한 도구들을 소개하여 보다 자세한 수준의 통신 프로토콜을 이해해 보고, 각 프로토콜들이 OSI 참조모델에 어떻게 대응되는지 알아본다.

2 | Wireshark(http://www.wireshark.org/)

소개

기존의 프로토콜 분석기들은 거의 유료이며, 사용방법이 복잡해 일반 사용자들이 사용하기에는 힘든 점이 있었다. Wireshark는 무료이며, Unix 계열은 물론 Windows 기반의 운영체제에서 사용 가능한 네트워크 프로토콜 분석기로서 최근까지 Ethereal이라는 이름으로 많이 사용되어 왔다.

Wireshark는 Network 상에서의 패킷을 캡처하여 File의 형태로 저장하여 GUI(Graphic User Interface)의 비교적 쉬운 환경을 제공한다. 또한 캡처한 패킷 데이터에 대하여 모든 정보를 요약된 형태로 볼 수 있으며, 이 정보들은 다시 해당 정보에 대한 간단한 요구 작업에 의해 세부적인 값들을 볼 수 있는 대화형 방식을 제공한다.

Wireshark는 이렇게 손쉽게 구성된 계층적인 방식의 패킷 분석과 여러 종류의 다양한 프로토콜의 분석을 제공함으로써 많은 분야에 있어서 널리 사용되고 있는 프로토콜 및 패킷 분석 도구이다.

다음은 Wireshark에서 제공하는 프로토콜의 종류들이다(Wireshark 2.6.2 현재).

BOOTP/DHCP, DCE/RPC, DHCPv6, ENIP, Ethernet, FCIP, Frame Relay, H.245, HTTP, IPsec, iSCSI, LDAP, LWRES, NCP, NFS, SCCP, SCTP, SMB, Fibre Channel, IGMP, IPsec, iSCSI, LDAP, LDP, SCSI, WBXML, 802.11, Ethernet, FDDI, GSSAPI, TCP, IP 등 이외 다수...

다운로드 및 설치

http://wireshark.org/#download에서 각 운영체제에 맞는 프로그램을 다운로드하여 설치할 수 있다.

패킷 캡처

Wireshark에서 패킷을 캡처하는 방식은 비교적 쉽다. Capture 메뉴에서 간단한 몇 가지 옵션을 설정하면 패킷을 캡처하는 데몬이 실행되게 된다.

이때 분석을 하고자 하는 작업을 수행하면 네트워크상에서의 일련의 작업에 관련한 모든 패킷들이 File의 형태로 저장이 되고, 캡처를 종료하면 데몬이 종료하게 된다.

TCP/IP 패킷 분석의 예

다음은 TCP/IP 기반의 iSCSI(Internet SCSI) 패킷을 캡처하여 TCP/IP 부분만을 분석한 예이다.

<table>
<tr><th colspan="8">0</th><th colspan="8">1</th><th colspan="8">2</th><th colspan="8">3</th></tr>
<tr><td>0</td><td>1</td><td>2</td><td>3</td><td>4</td><td>5</td><td>6</td><td>7</td><td>0</td><td>1</td><td>2</td><td>3</td><td>4</td><td>5</td><td>6</td><td>7</td><td>0</td><td>1</td><td>2</td><td>3</td><td>4</td><td>5</td><td>6</td><td>7</td><td>0</td><td>1</td><td>2</td><td>3</td><td>4</td><td>5</td><td>6</td><td>7</td></tr>
<tr><td colspan="4">Version</td><td colspan="4">IHL</td><td colspan="8">Type of Service</td><td colspan="16">Total Length</td></tr>
<tr><td colspan="16">Identification</td><td colspan="4">Flags</td><td colspan="12">Fragment Offset</td></tr>
<tr><td colspan="8">Time To Live</td><td colspan="8">Protocol</td><td colspan="16">Header Checksum</td></tr>
<tr><td colspan="32">Source Address</td></tr>
<tr><td colspan="32">Destination Address</td></tr>
<tr><td colspan="24">Options</td><td colspan="8">Padding</td></tr>
</table>

그림 A.1 IP Header 형식(RFC 791)

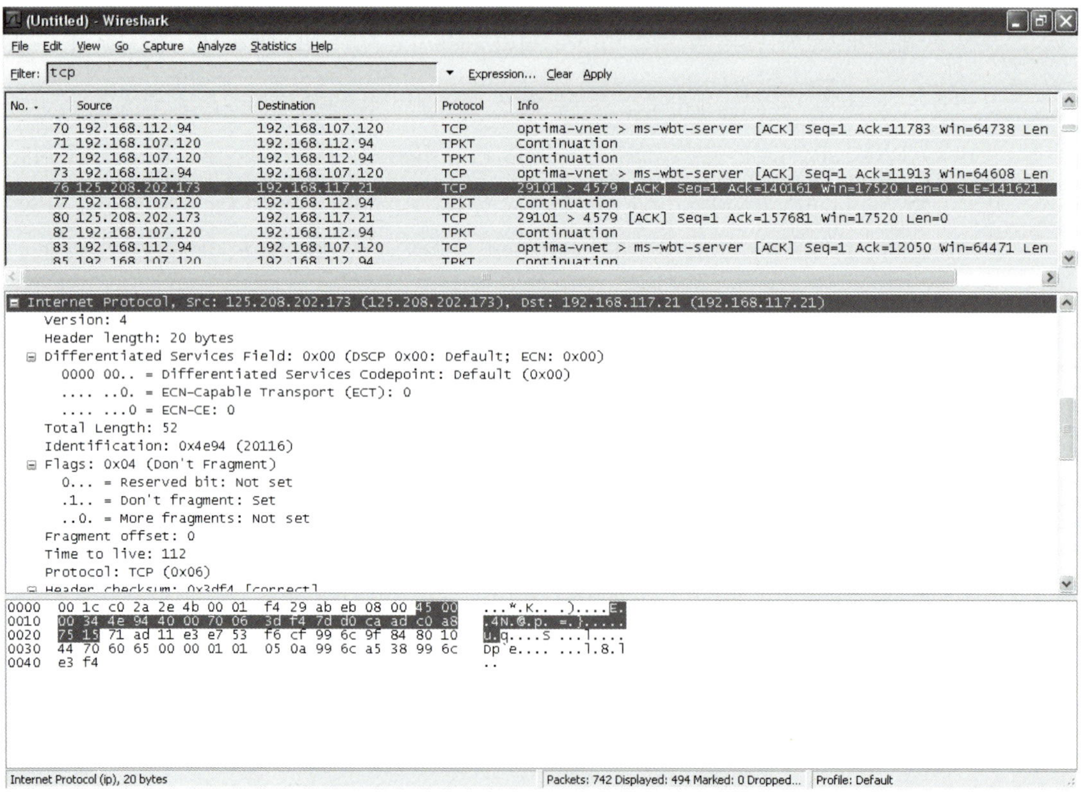

그림 A.2 Wireshark의 IP Header 정보

[그림 A.1]은 RFC 791 문서에 나와 있는 IP(Internet Protocol) 패킷 헤더의 형식이고, [그림 A.2]는 Wireshark를 이용하여 실제 패킷을 캡처한 것으로서, 전체 프레임 중 IP 데이터그램 부분을 나타낸 것이다. 그림에서 보는 바와 같이, Wireshark는 네트워크상에서 일어난 패킷 교환 정보를 모두 저장하여 해당 프로토콜의 양식에 맞게 한눈에 볼 수 있도록 일목요연하게 표현해 주고 있다.

[그림 A.3]과 [그림 A.4]는 TCP(Transmission Control Protocol) 부분을 분석한 결과이다. 두 그림을 비교하며 Wireshark의 장점을 느껴보자.

<table>
<tr><th colspan="8">0</th><th colspan="8">1</th><th colspan="8">2</th><th colspan="8">3</th></tr>
<tr><td>0</td><td>1</td><td>2</td><td>3</td><td>4</td><td>5</td><td>6</td><td>7</td><td>0</td><td>1</td><td>2</td><td>3</td><td>4</td><td>5</td><td>6</td><td>7</td><td>0</td><td>1</td><td>2</td><td>3</td><td>4</td><td>5</td><td>6</td><td>7</td><td>0</td><td>1</td><td>2</td><td>3</td><td>4</td><td>5</td><td>6</td><td>7</td></tr>
<tr><td colspan="16">Source Port</td><td colspan="16">Destination Port</td></tr>
<tr><td colspan="32">Sequence Number</td></tr>
<tr><td colspan="32">Acknowledgement Number</td></tr>
<tr><td colspan="4">Data Offset</td><td colspan="6">Reserved</td><td>URG</td><td>ACK</td><td>PSH</td><td>RST</td><td>SYN</td><td>FIN</td><td colspan="16">Window</td></tr>
<tr><td colspan="16">Checksum</td><td colspan="16">Urgent Pointer</td></tr>
<tr><td colspan="24">Options</td><td colspan="8">Padding</td></tr>
<tr><td colspan="32">Data</td></tr>
</table>

그림 A.3 TCP Header 형식(RFC 793)

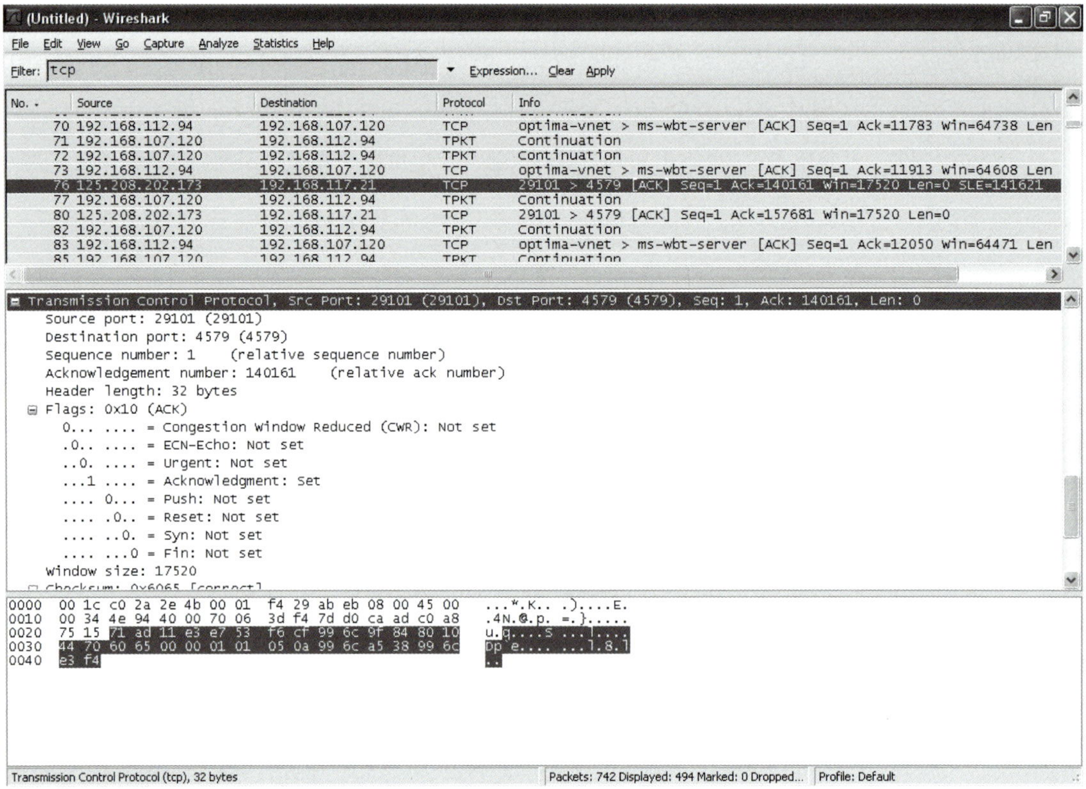

그림 A.4 Wireshark의 TCP Header 정보

관련 참고 자료

- http://www.wireshark.org/
- http://www.wireshark.org/docs/
- http://www.protocols.com/

3 | 패킷 분석 예제

Wireshark를 사용한 HTTP & TCP 분석 (IPv4)

1. 먼저 www.wireshark.org 사이트로 가서 최신 wireshark를 다운 받아 설치한다.
2. **설치가 끝나면 실행을 한다.** 그러면 다음과 같은 화면이 나타난다.

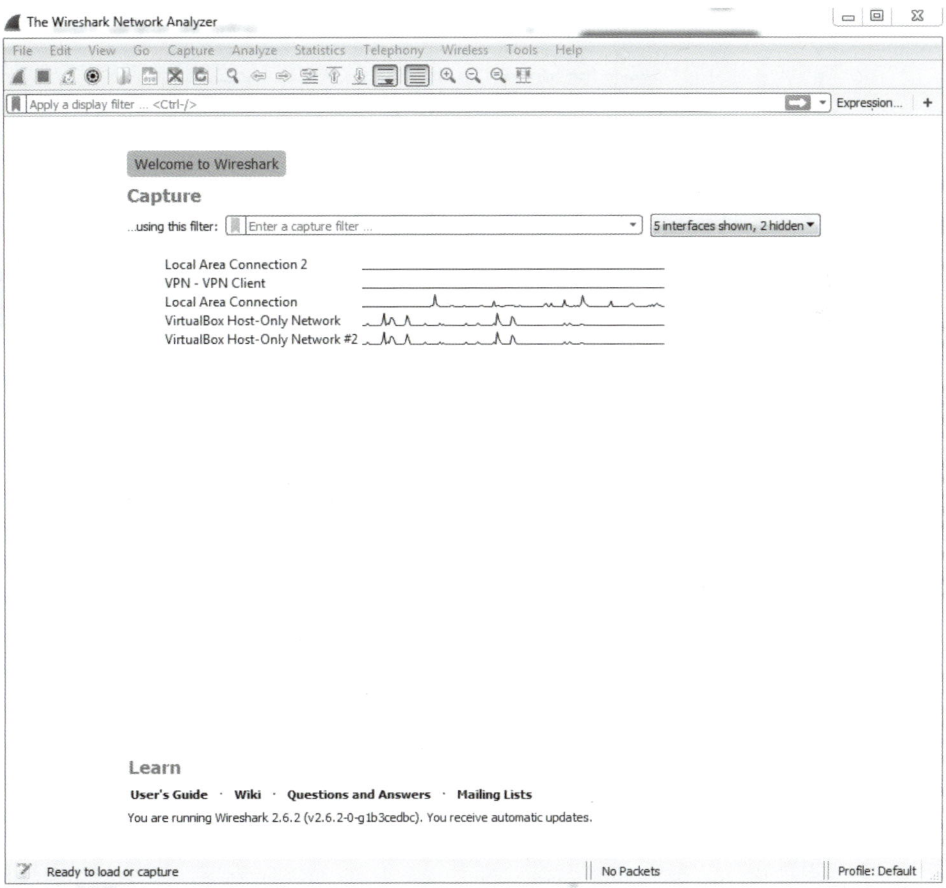

3. 다음 화면과 같이 메뉴의 **Capture에서 Options를 실행**한다.

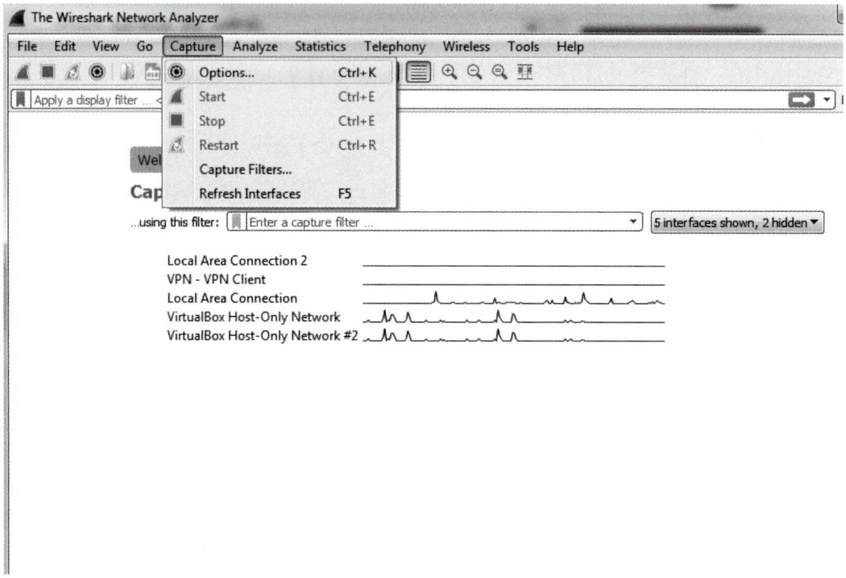

4. Capture-Options를 실행시키면 **다음과 같은 화면이 나타난다.**

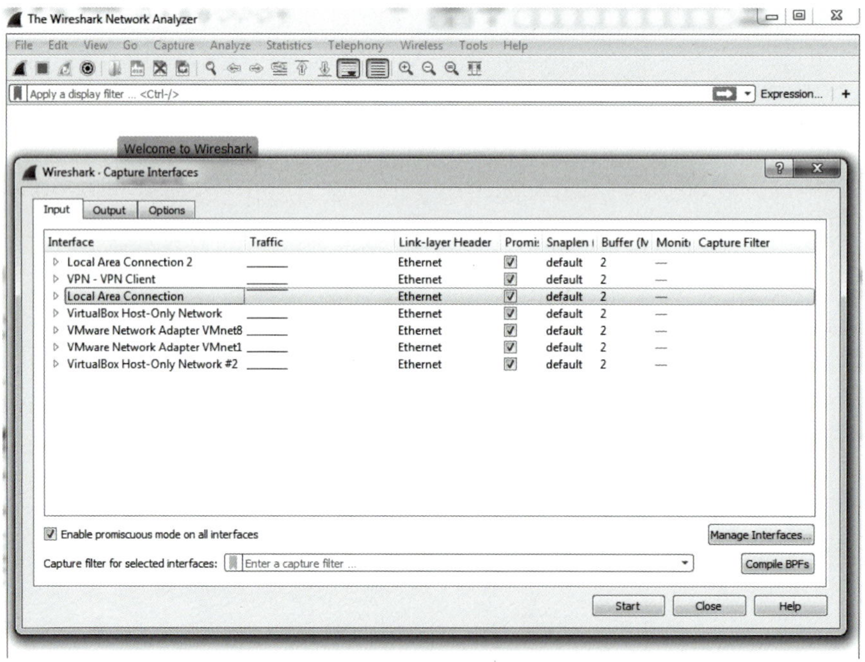

다음은 아래 부분의 Start **버튼을 클릭**한 후의 화면이다.

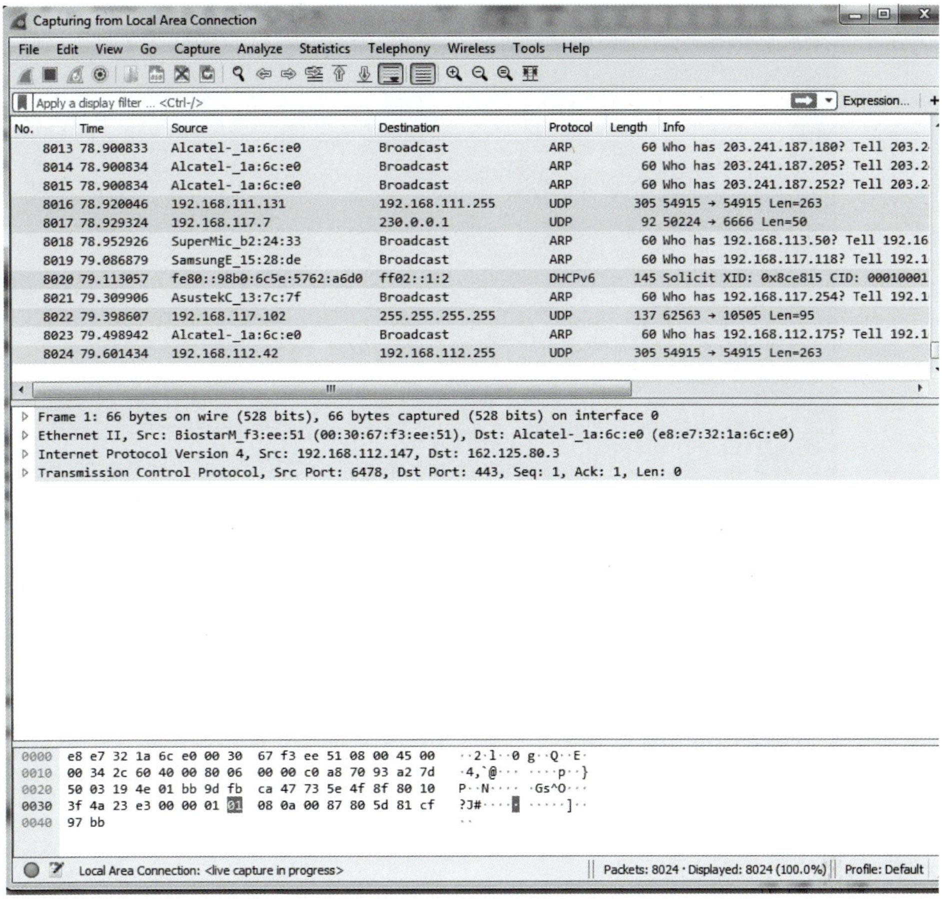

5. 다음과 같이 분석할 사이트(http://www.ietf.org)로 접속한 뒤 **Stop을 눌러 캡처를 중지**한다.

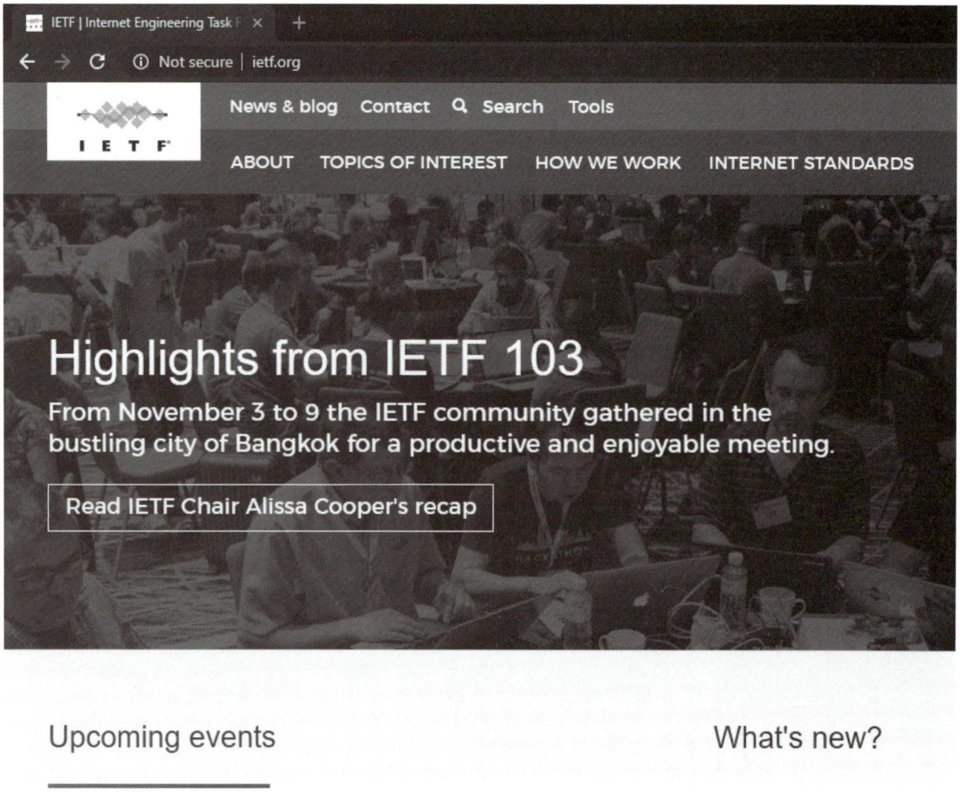

6. 캡처를 중단하면 다음과 같이 **캡처되는 동안 분석된 프로토콜을 화면**에 보여준다. HTTP와 TCP간의 전송과정을 알 수 있다.

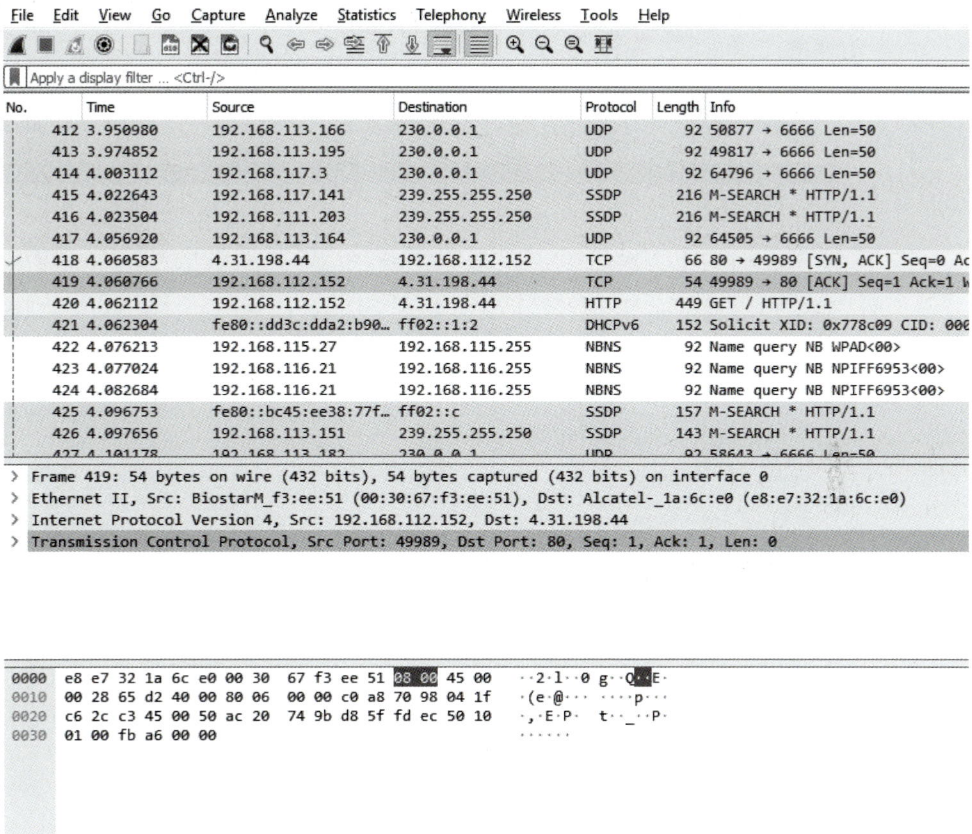

7. 분석된 프로토콜 중에서 우리가 원하는 프로토콜(TCP, HTTP)만을 보여주게 하기 위해 **상단의 Filter에 tcp나 http를 입력**한다. 아래 화면은 http를 입력한 예를 보여주고 있다.

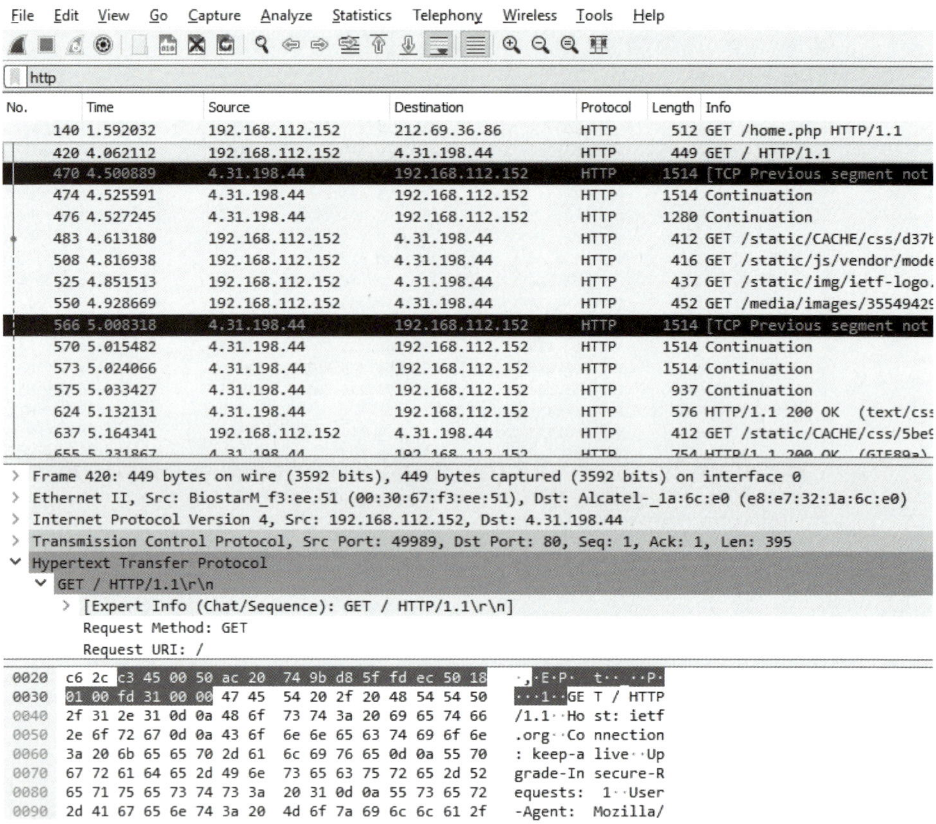

8. 필터된 프로토콜 중에서 하나를 선택하여 분석한다.

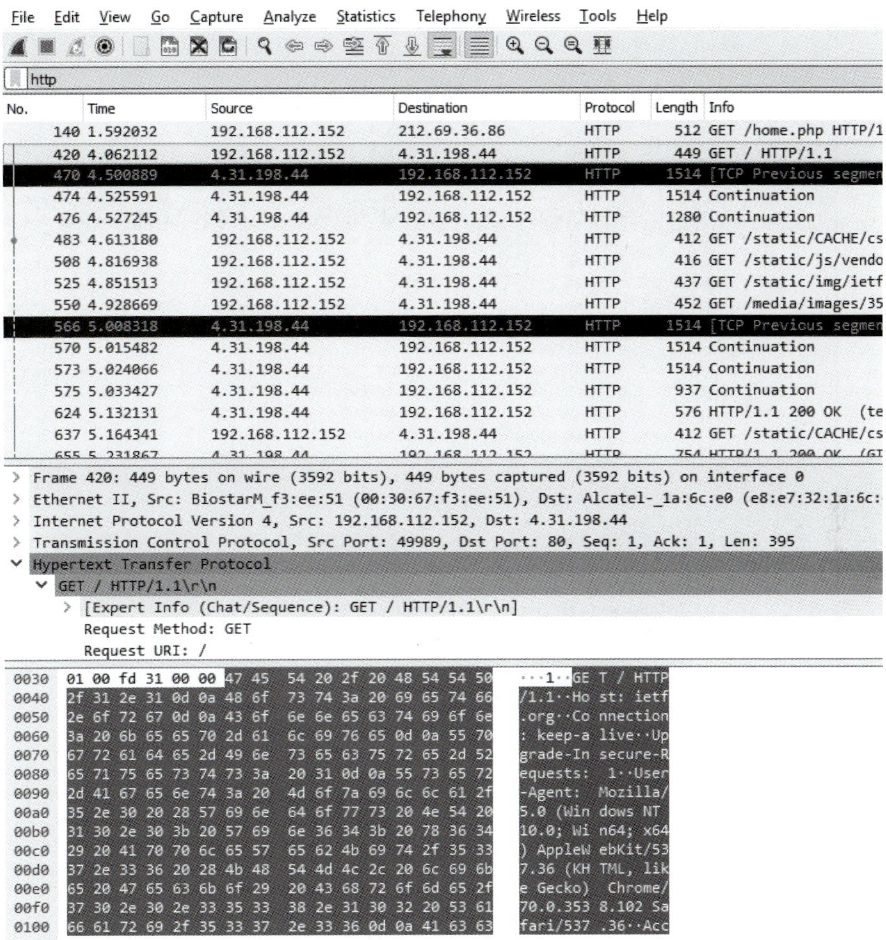

위의 화면을 통해 네트워크를 지나가는 패킷들을 각 프로토콜 포맷에 맞게 분석할 수 있도록 하여 실제 네트워크상에서 일어나는 대부분의 일을 확인할 수 있다.

Wireshark는 크게 세 가지 창으로 구성된다. 첫 번째 창에서는 캡처된 패킷 리스트가 나타난다. 송신지, 수신지, 사용된 프로토콜을 알 수 있고 그 프로토콜이 어떤 정보를 가지고 있는지를 간단히 알 수 있다. 두 번째 창은 첫 번째 창에서 선택된 패킷을 사용자가 알아볼 수 있도록 계층 구조로 표현한 내용이다. 해당 프로토콜을 통해 전송된 패킷에 대한 계층별 데이터를 프로토콜 형식에 맞추어 자세히 보여준다. 그리고 세 번째 창은 선택된 패킷의 실제 내용으로 16진수로 구성되어 있어서 패킷 내에 저장된 실제 저장된 정보를 볼 수 있다.

9. 분석(HTTP)

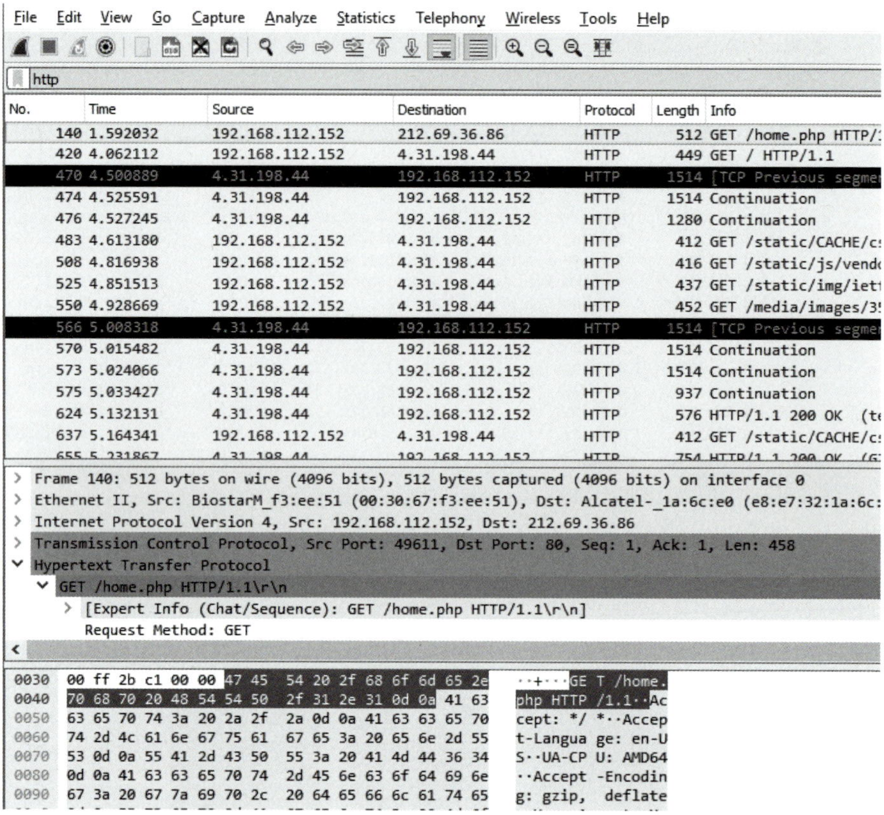

HTTP GET 명령을 분석해 보기로 하자.

우선 두 번째 창의 GET 명령이 포함된 라인을 선택한 후 오른쪽 마우스를 클릭하면 여러 선택 항목이 나타난다. 이 중에서 Follow 항목을 찾아 TCP Stream을 선택하면 다음과 같은 화면을 볼 수 있다.

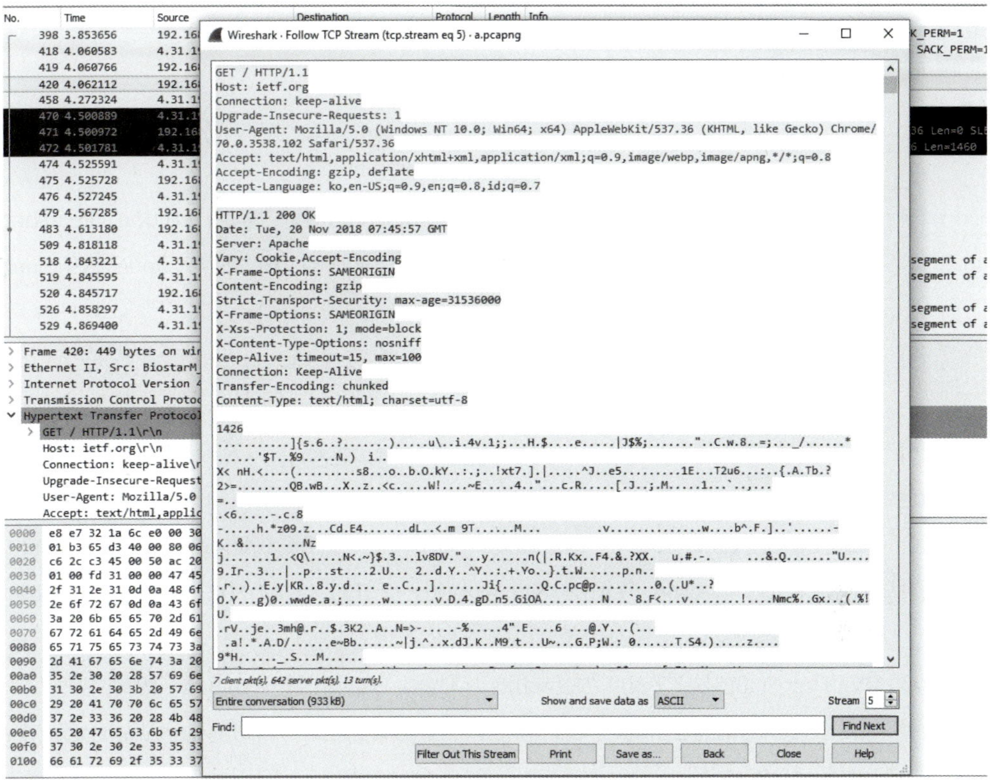

위 그림은 웹 클라이언트와 서버간에 주고 받은 HTTP 요청과 메시지를 보여주고 있다.

먼저 화면의 윗 부분에 웹 클라이언트가 웹서버에게 전송한 HTTP 요청 메시지(GET / HTTP/1.1 요청 라인과 여러 가지 요청 헤더)를 보여주고 있다. 다음으로 웹 서버가 HTTP 요청 메시지에 대한 응답으로 클라이언트에게 전송한 HTTP 응답 메시지(HTTP/1.1 200 OK 상태라인, 응답 헤더, 응답 메시지)를 보여주고 있다.

참고문헌

[1] Douglas Comer, "Computer Networks and Internets", Sixth Edition. Pearson, 2015

[2] William Stallings, "Networking Standards: A Guide to OSI, ISDN, and MAN Standards", Addison Wesley, 1993.

[3] Jean Walrand, "Communication Networks": A First Course, Second Edition. Irwin Professional Publishing, 1998.

[4] Fred Halsall, "Computer Networking and the Internet", Fifth Edition. Addison Wesley, 2006.

[5] William Stallings, "Data and Computer Communications", Tenth Edition. Pearson, 2014.

[6] Andrew S. Tanenbaum, "Computer Networks", Fifth Edition. Pearson, 2011.

[7] Thomas W. Madron, "LANS: Applications of IEEE/ANSI 802 Standards", John Wiley & Sons, 1989.

[8] William Stallings, "Local Networks", Third Edition. Macmillan, 1989.

[9] Jim Kurose, Keith Ross, "Computer Networking, A Top-Down Approach", Seventh Edition, Pearson, 2017

[10] Larry L. Peterson, Bruce S. Davie, "Computer Networks, A Systems Approach", Fourth Edition, Morgan Kaufmann, 2007

[11] Mischa Schwartz, "Broadband Integrated Networks", Prentice Hall, 1996.

[12] Stevens, "Unix Network Programming, Volume 2: Interprocess Communication", Second Edition. Prentice Hall, 1998.

[13] Rago, "UNIX System V Network Programming", Addison Wesley, 1993.

[14] Martin, "TCP/IP Networking: Architecture, Administration and Programming", Prentice Hall, 1994.

[15] Uyless Black, "TCP/IP & Related Protocols", Third Edition. McGraw Hill, 1998.

[16] David M. Peterson, "TCP/IP Networking: A Guide to The IBM Environment", McGraw Hill, 1995.

[17] Frank Martin, "SSL Certificates HOWTO", 2002

[18] Array Network, "SSL VPN vs. IPSec VPN", http://www.arraynetworks.net, 2002.

[19] William Stallings, "Cryptography and Network Security: Principles and Practice", Prentice Hall, 2016.

[20] Douglas Comer, "Internetworking with TCP/IP Vol. I : Principles, Protocols, and Architecture", Fifth Edition. Pearson, 2005.

[21] Douglas Comer, Stevens, "Internetworking wit TCP/IP Vol. II : Design, Implementation and Internals", Third Edition. Pearson, 1998.

[22] Douglas Comer, "Internetworking wit TCP/IP Vol. III : Client-Server Programming and Applications", Second Edition. Pearson, 1996.

[23] Dimitris N. Chorafas, "Beyond LANs : Client/Server Computing", McGraw Hill, 1994.

[24] John Bloomer, "Power Programming with RPC", O'Reilly & Associates, 1992.

[25] Glass G, "Unix for Programmers and Users", Third Edition. Pearson, 2003.

[26] Uyless Black, "Computer Networks: Protocol, Standards, and Interface", Second Edition. Prentice Hall, 1993.

[27] Iskra Popova, "Routing Basics, RIP", August 1999

[28] Wushow Chou, "Computer Communications: Principles", Prentice Hall, 1982

[29] Ilya Grigorik, "High Performance Browser Networking", O'Reilly Media, 2013

[30] Simson Garfinkel, Gene Spafford, "Practical UNIX and Internet Security, 2nd Edition", O'Reilly Media, 1996

[31] Charles M. Kozierok, "The TCP/IP Guide", No Starch Press, 2005.

[32] T. Berners-Lee, R. Fielding, H. Frystyk, "Hypertext Transfer Protocol—HTTP/1.0," RFC 1945, May 1996.

[33] R. Fielding, J. Gettys, J. Mogul, H. Frystyk, L. Masinter, P. Leach, T. Berners Lee, "Hypertext Transfer Protocol—HTTP/1.1," RFC 2616, June 1999.

[34] Mike Belshe, Roberto Peon, Martin Thomson, "Hypertext Transfer Protocol Version 2 (HTTP/2)", RFC 7540, May 2015.

[35] Willard F. Emmons, A. S. Chandler, "OS1 Session layer: Services and Protocols", Proceedings Of The IEEE, VOL. 71, NO. 12, December 1983.

[36] Keith G. Knightson, "The Transport layer Standardization", Proceedings Of The IEEE, VOL. 71, NO. 12, December 1983.

[37] Achmad Fauzi1, Nurhayati, Robbi Rahim, "Bit Error Detection and Correction with Hamming Code Algorithm", International Journal of Scientific Research in Science, Engineering and Technology, 2017

[38] Jim Kurose, Keith Ross, "Computer Networking, A Top-Down Approach", Second Edition, Pearson, 2003

[39] Cisco Systems, "Introduction to TRILL - The Internet Protocol Journal, Volume 14, No.3", https://www.cisco.com/c/en/us/about/press/internet-protocol-journal/back-issues/table-contents-53/143-trill.html

[40] Chua Hock-Chuan, "Introduction to HTTP Basics", http://www.ntu.edu.sg/home/ehchua/programming/webprogramming/http_basics.html

[41] Jeff Rothenberg, "Ensuring the Longevity of Digital Information", http://www.clir.org/wp-content/uploads/sites/6/ensuring.pdf

[42] Vikas Singh Bhadouria, "Data Compression", https://www.slideshare.net/blackdevilvikas/data-compression-43937814

[43] Wikipedia, "HTTP persistent connection", https://en.wikipedia.org/wiki/HTTP_persistent_connection

[44] GeeksforGeeks, "Computer Networks, Error Detection", https://www.geeksforgeeks.org/error-detection-computer-networks/

[45] OmniSecu, "TCP Three-way Handshake", http://www.omnisecu.com/tcpip/tcp-three-way- handshake.php

[46] 김선우, "TCP/IP 윈도우 소켓 프로그래밍", 한빛아카데미, 2013

[47] 박기현, "데이터 통신과 컴퓨터 네트워크", 한빛아카데미, 2016

[48] 임효택, "네트워크 프로그래밍", 홍릉과학출판사, 2010

[49] 이종원, "페도라 리눅스, 시스템&네트워크", 한빛아카데미, 2017

[50] 안순신, 김은기, "컴퓨터 네트워크-데이터 통신에서 B-ISDN까지-", 이한출판사, 1997

찾아보기

D

E

F

G

H

O

P

Q

R

ㅇ

ㅈ

ㅊ

기타

저자약력

임효택 htlim@dongseo.ac.kr

연세대학교 컴퓨터과학과에서 박사학위를 받았으며 현재 동서대학교 컴퓨터공학부 교수로 재직 중이다. 한국전자통신연구원과 미국의 미네소타 주립 대학교에서 각각 연구원과 Post-Doc을 하였으며 네트워킹 관련분야에서 연구 및 개발을 수행하였다. 컴퓨터 네트워크와 네트워크 프로그래밍 분야의 관련 저서가 있으며 관심분야는 컴퓨터 네트워크, 클라우드 컴퓨팅, 모바일 네트워킹 등이다.

정가 23,000원

데이터 통신과 컴퓨터 네트워크

2019년 1월 22일 초판 인쇄
2019년 1월 28일 초판 발행
저　자 : 임효택
발행자 : 송　준
발행처 : 홍릉과학출판사
주　소 : 서울시 강북구 인수봉로 50길 10
01093
등　록 : 1976년 10월 21일 제5-66호
전　화 : (02) 999-2274~5, 903-7037
팩　스 : (02) 905-6729
e-mail: hongpub@hongpub.co.kr
http://www.hongpub.co.kr
ISBN: 979-11-5600-636-7

저자와의 협의하에 인지생략